中等职业学校机械大类基础课规划教材

机械基础

（多学时）

邹振宏　黄运祥　主　编
芮春燕　郭　茜　副主编
钟耀光　陈震乾　赵春辉　何　平　参　编
赵光霞　主　审

中国铁道出版社
CHINA RAILWAY PUBLISHING HOUSE

内 容 简 介

本书以“知识够用、实用”为原则，从机电类职业岗位群必需的知识出发，根据目前职业教育院校的学生特点和认知规律，对传统的“机械基础”课程内容进行较大整合，降低了理论难度，力求做到深入浅出、简单实用。本书是一本体现理论实践一体化的专业基础课教材，主要内容包括：绪论、零件与构件的静力分析、直杆的基本变形、工程材料、连接、机构、机械传动、支承零部件、机械的节能环保与安全防护、机械零件的精度、气压传动与液压传动、机械基础综合实践等。

本书适合作为中等职业学校机械类专业的专用教材，也可作为相关行业的岗位培训教材及相关专业人员的自学用书。

图书在版编目(CIP)数据

机械基础：多学时/邹振宏，黄运祥主编．—北京：中国铁道出版社，2010.12

中等职业学校机械大类基础课规划教材

ISBN 978-7-113-12238-6

Ⅰ.①机… Ⅱ.①邹… ②黄… Ⅲ.①机械学—专业学校—教材 Ⅳ.①TH11

中国版本图书馆CIP数据核字(2010)第231403号

书　　名：机械基础（多学时）
作　　者：邹振宏　黄运祥　主编

策划编辑：周　欢　陈　文
责任编辑：周　欢　　读者热线电话：400-668-0820
封面设计：付　巍　　编辑助理：陈　庆
责任印制：李　佳　　封面制作：李　路

出版发行：中国铁道出版社（北京市宣武区右安门西街8号　　邮政编码：100054）
印　　刷：北京鑫正大印刷有限公司
版　　次：2010年12月第1版　　2010年12月第1次印刷
开　　本：787mm×1092mm　1/16　印张：17.25　字数：407千
印　　数：3000册
书　　号：ISBN 978-7-113-12238-6
定　　价：28.00元

序

在《国务院关于大力发展职业教育的决定》和《教育部关于进一步深化中等职业教育教学改革的若干意见》文件精神指引下，有这样一群优秀园丁在职教百花园中辛勤地耕耘着：他们遵循职业教育原则和技能型人才成长规律，围绕着如何有效提高职业教育教学质量，努力探索适合中国国情的技能人才培养过程和模式；在教育教学实践中，不断升华成功的经验和总结失败的教训；忠实践行"做中教、做中学"的现代职教思想，为职业教育的发展和深化改革作出了贡献。

编写出版满足职业教育事业科学发展与提高教学质量需求的中等职业教育机械类及其相关专业基础课程适用教材是我们的追求与愿望。我们组织职业教育一线骨干教师和有关工程技术人员在课程专家的指导下，根据教育部新一轮课程改革专业基础平台课程大纲的要求，在深入研讨课程实施模式、教学方法运用、课程评价方法改革的基础上，编写出这套以就业为导向、以能力为本位的理实一体系列教材。正因为编写作者均具有丰富的职业教育教学和工程实践经验，所以本系列教材具有良好的科学性、针对性、灵活性和可操作性。

职业教育的春天已经来临，职业教育人才培养的硕果需要我们用心培育，我们希望更多的职教同仁积极投身到职教改革创新的主旋律中来，为办人民满意的职业教育而努力奋斗。

教材编审委员会

2010 年 3 月

FOREWORD

前　言

“机械基础”是中等职业学校机械类及工程技术类相关专业的一门基础课程，是学生认识和掌握专业基本技能的基础，也是学好后续专业课程的关键。通过对本课程的学习，既要达到各类中职教育人才的培养目标及规格，又要兼顾职业资格证书的培训考核需要，以“学生好学，教师好教”为最佳效果。

本书是依照教育部2009年颁发的《中等职业学校机械基础教学大纲》，并总结近年来中职学校机械基础教学改革经验的基础上组织编写的。本书在编写过程中，贯彻以下原则。

1. 以“够用、实用”、“精炼、易学”为指导思想，力求做到突出实用性和实践性，有利于学生综合素质的形成和科学思维方法与创新能力的培养。

2. 采用图文并茂的编写形式，减少理论推导，注重应用实例的介绍，降低学习难度，提高学生学习兴趣。

3. 突出教材的先进性，较多地编入新技术、新工艺、新材料等内容。

本书适合作为中等职业学校机械类专业的专用教材，也可作为相关行业的岗位培训教材及有关人员的自学用书。

本书基础模块参考教学时长为96学时，选学模块参考教学时数为32学时，综合实践模块参考教学时长为1～2周，各章节的推荐学时分配如下表所示。

模　块	教学单元	建议学时数		
		合　计	讲　授	实　践
基础模块	绪论	4	4	0
	杆件的静力分析	8	8	0
	直杆的基本变形	18	18	0
	工程材料	10	10	0
	连接	8	6	2
	机构	12	10	2
	机械传动	24	20	4
	支承零部件	8	6	2
	机械的节能环保与安全防护	4	4	0
综合实践模块	机械基础综合实践	1～2周	0	1～2周
选学模块	机械零件的精度	12	10	2
	气压传动与液压传动	12	10	2
	其他选学内容及机动	8	8	0
合　计		128学时＋1～2周	114学时	14学时＋1～2周

本书由邹振宏、黄运祥任主编，芮春燕、郭茜任副主编。具体的编写分工如下：第 1 章由黄运祥编写；第 7 章、第 12 章由邹振宏编写；第 2 章、第 3 章、第 10 章由钟耀光编写；第 4 章由郭茜编写；第 5 章、第 8 章由芮春燕编写；第 6 章由赵春辉编写；第 9 章由何平编写；第 11 章由陈震乾编写。本书在编写过程中得到江苏省无锡立信中等专业学校领导和老师的大力支持，在此深表谢意。

本书由赵光霞老师审稿，并提出很多宝贵意见和建议，在此表示衷心的感谢。

本书借鉴了参考文献中各位老师的宝贵经验，得到中国铁道出版社领导和编辑的大力支持和指导，在此一并表示衷心感谢！限于编者水平有限，疏漏和不妥之处在所难免，恳请广大读者和同仁批评指正，以便下次修订。

编　者

2010 年 4 月

CONTENTS

目录

第1章 绪论

在现代日常生活和生产活动中，人们广泛使用着各种各样的机械。在机械发展方面，中国古代有许多发明创造，东汉时张衡发明了世界上第一台地震仪（即候风地动仪），西汉时出现了记里鼓车和指南车，明朝时宋应星编写了《天工开物》，书中记录了许多先进的工艺技术和科学创见，这些发明创造充分显示了我国劳动人民卓越的创造才能，如图 1-1 所示。

候风地动仪　　记里鼓车　　《天工开物》

图 1-1　中国古代发明创造

机械的发展程度、机械工业的发展水平是国家现代化建设水平的主要标志之一。为了更好地运用、研究、发展机械，对于从事机械、机电类工作的应用型技术人员，学习和掌握一定的机械基础知识是非常重要的。

1.1　课程的内容、性质、任务和基本要求

1. 课程的性质和任务

本课程是中等职业学校机械类及工程技术类相关专业的一门基础课程。其任务是使学生掌握必备的机械基本知识和基本技能，懂得机械工作原理，了解机械工程材料性能，能准确表达机械技术要求，正确操作和维护机械设备；培养学生分析问题和解决问题的能力，使其形成良好的学习习惯，具备继续学习专业技术的能力；对学生进行职业意识培养和职业道德教育，使其形成严谨、敬业的工作作风，为今后解决生产实际问题和职业生涯的发展奠定基础。

2. 课程的内容和基本要求

本书第1～9章主要介绍对构件进行受力分析的基本知识，直杆的基本变形的判断，机械工程常用材料的基本知识，常用机构的结构和特性，主要机械零部件的工作原理、结构和特点，机械的节能环保与安全防护知识；第10～11章主要介绍机械零件几何精度的国家标准，气压传动和液压传动的原理、特点及应用；第12章是以典型机械拆装、调试和分析为主的综合性实践教学内容。

基础模块是各专业学生必修的基础性内容和应该达到的基本要求。通过对本课程的学习和综合性实践，可以使学生具备获取、处理和表达技术信息，执行国家标准，使用技术资料的能力；能够运用所学知识和技能参加机械小发明、小制作等实践活动，尝试对简单机械进行维修和改进；具备改善润滑、降低能耗、减小噪声等方面的基本能力；养成自主学习的习惯，具备良好的职业道德和职业情感，提高适应职业变化的能力。

1.2 一般机械的组成及基本要求

日常生活中随处可见各种机械，虽然形状各异，功用不同，但它们的组成都有共性。使用各种机械就要了解保持机械正常工作的基本要求。

1.2.1 一般机械的组成

什么是机械？机械是机器和机构的总称。如图1-2所示，图1-2（a）是机器牛头刨床；图1-2（b)是机器牛头刨床简图；图1-2（c）是驱动牛头刨床工作台来回运动的棘轮机构。

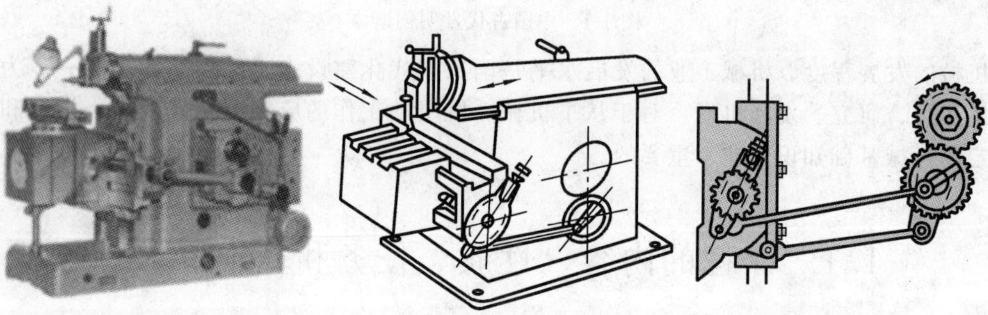

（a）　　（b）　　（c）

图1-2　牛头刨床

1. 机器和机构

任何机器都是为实现某种功能而设计制作的，比如自行车、汽车、洗衣机、电动机等，它们的作用是实现能量转换或完成有用的机械功，用以减轻或代替人的劳动。随着科学技术的发展，机器的种类、形式、功能将越来越多。

由图1-3所示的单缸内燃机可知，机器是由若干机构组合而成的，比如平面连杆机构、凸轮机构、齿轮机构等，而所有机构都由若干构件组成，因此机器都具有以下三个共同的特征。

① 任何机器都由许多构件组合而成。图 1-3 所示的单缸内燃机是由汽缸、活塞、连杆、曲轴、轴承等构件组合而成的。

② 各运动实体之间具有确定的相对运动。如图 1-3 所示的活塞 2 与汽缸 1 的往复移动，曲轴 4 与相对两端轴承 5 的连续转动。

③ 能实现能量的转换、代替或减轻人类的劳动，完成有用的机械功。

机构的作用是传递运动和动力，但不能做机械功，也不能实现能量的转换。

构件是机构中的运动单元。一个构件可以是不能拆开的整体，如图 1-4 所示的连杆，就是由多个零件刚性连接而成的。

零件是制造单元，如齿轮、轴、螺钉、弹簧、活塞等。

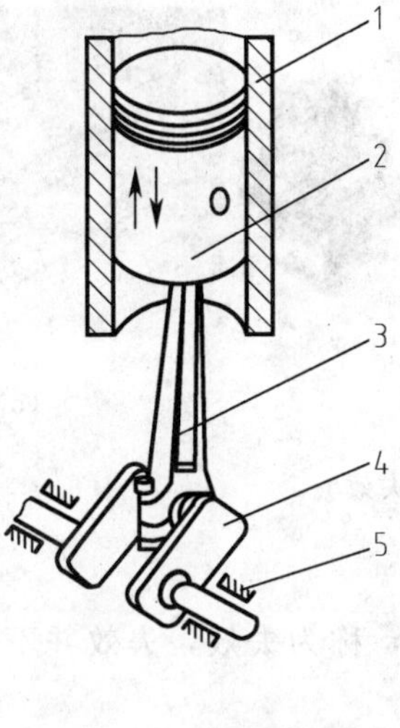

图 1-3　单缸内燃机

1—汽缸；2—活塞；3—连杆；4—曲轴；5—轴承

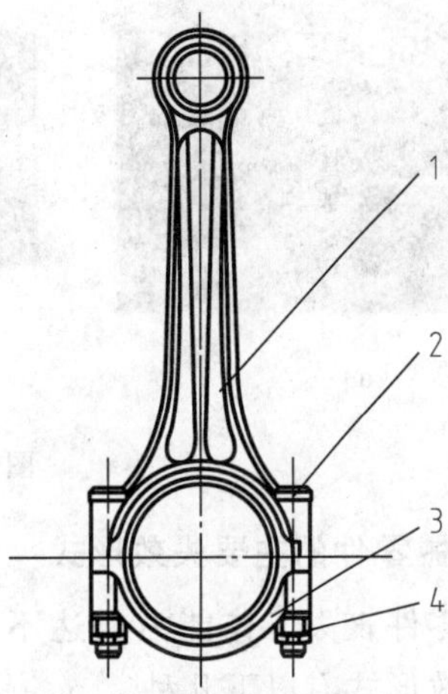

图 1-4　单缸内燃机连杆

1—连杆体；2—螺栓；3—连杆盖；4—螺母

2. 机器的组成

一部完整的机器可归纳为由四大部分组成。

（1）动力部分

动力部分的作用是把其他形式的能量转换为机械能，以驱动机器各部件。比如机床中的电动机。

（2）执行部分

执行部分是机器中直接完成工作任务的组成部分，处于整个传动装置的终端，其结构形式取决于机器的用途。比如车床中的主轴、牛头刨床中的刨刀和工作台等。

（3）传动部分

传动部分是将原动机的运动和动力传递给执行部分的中间环节，利用它可以调速（增速或减速）、改变转矩以及改变运动形式等，从而满足执行部分的各种要求。比如牛头刨床中的棘轮机构、车床中的主轴箱等。

（4）检控部分

检控部分包括检测部分和控制部分，其作用是显示和反映机器的运行位置和状态，控制机器正常运行和工作。比如行程开关、位移传感器、电气控制箱等。

但简单的机器往往只由前三部分组成，有时甚至只有动力部分和执行部分，如水泵、排风扇等。

1.2.2　一般机械的基本要求

图 1-5（a）所示为货运列车由于发生机械故障而突然翻倾；图 1-5（b）所示为由于过载造成驱动齿轮轴被扭断；图 1-5（c）所示外层板开裂。机械零件的失效，有可能会酿成大的事故，因此要了解机械零件保持正常工作能力的基本要求。

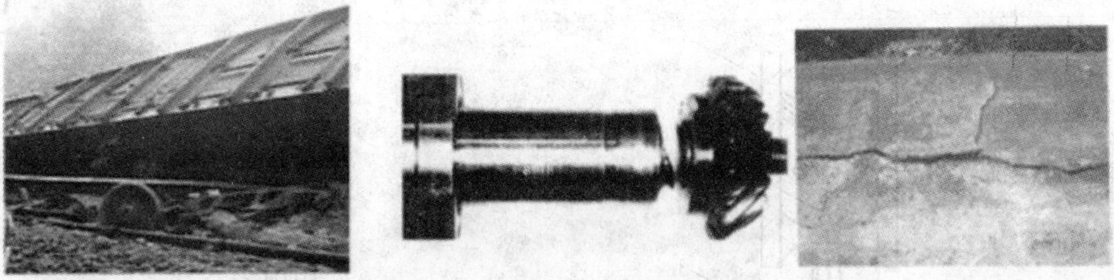

（a）　（b）　（c）

图 1-5　机械故障与零件失效

1. 机械零件的主要失效形式

机械零件丧失工作能力或达不到设计要求性能时，称为失效，失效并不意味着破坏。常见的失效形式有以下几种。

（1）断裂

断裂是一种严重的失效形式，它不但使零件失效，有时还会造成严重的人身及设备事故。

断裂可分为韧性断裂、脆性断裂和疲劳断裂等几种形式。疲劳断裂是突然发生的，因此具有很大的危险性。

（2）过量变形

机械零件受载时，必然会发生弹性变形。过量的弹性变形会使零件或机器不能正常工作，或者会造成较大的振动，致使零件损坏。

当零件过载时，塑性材料还会发生塑性变形。这会造成零件尺寸和形状的较大改变，破坏零件或部件的相互位置或配合关系，使零件或机器不能正常工作。

（3）表面失效

机器的运转质量很大程度上取决于零件的表面质量，表面失效包括压溃、磨损、疲劳点蚀、胶合、表面塑性变形、腐蚀等，零件的使用寿命在很大程度上受到表面失效的限制。

（4）破坏正常工作条件引起的失效

有些零件只有在一定的工作条件下才能正常工作，如果破坏了正常工作条件就会失效。如带传动，当过载时就将发生打滑失效。

2. 一般机械的基本要求

① 机械零件要有正常的工作能力。任何一部机器（如图 1-6 所示的自行车）都是由零件、部件组成的，而零部件在使用时都承受外力的作用。因此机械零件要有一定的强度、刚度、表面硬度、耐磨性等，比如：骑着才买的新自行车上坡，链条断了，说明链条强度不够；或车架变形了，说明车架刚度不够等。这就要求选择合适的材料和热处理，才能避免机械零件由于某种原因而丧失正常的工作能力。

图 1-6 自行车

② 机械零件要有良好的加工工艺性。零件的结构和材料会影响加工工艺性，而工艺性能直接影响到零件制造工艺和质量，最终影响机器的使用性能。因此零件结构在满足使用要求的前提下，应尽可能简单、紧凑、易加工。

③ 机械零件要有一定的承载能力。机械零件在工作中，不仅会受到静载荷，而且往往有时要受到冲击载荷，更多的情况下会受到交变载荷。对于在工作中会受到冲击载荷的，零件材料要有一定的韧性，韧性好的金属抗冲击的能力强，比如骑自行车经过凹坑或凸块时，车架突然断裂，说明车架材料的抗冲击能力差；对于在工作中受到交变载荷的，比如轴、齿轮、轴承、弹簧等，经过较长时间的工作后，零件会产生裂纹或突然发生完全断裂的疲劳破坏，自行车的链条、链轮就受交变载荷作用，使用年限长以后，在正常骑行中，也有可能产生疲劳断裂。零件的结构形式、零件表面粗糙度的改善都能提高零件的疲劳强度。

④ 机械产品在规定的时间内要有必要的安全可靠性要求。机械运行时，由于相对运动构件间的摩擦，造成运动副接触表面磨损，消耗大量能量，当磨损量超过允许极限时会导致失效，影响机械的安全可靠，比如有些自行车的链条，使用年限长以后，在骑车过程中经常会发生脱链，就是由于链条磨损量过大造成的。因此，为减少摩擦、磨损，在机械产品的运动副处须采用合理的润滑，比如自行车的链条采用全封闭，链罩里添加润滑油，骑行时链条就得到充分的润滑，减少链条的磨损。

小 结

1. 机械基础是机械类及工程技术类相关专业的一门基础课程，为学习者今后解决生产实际问题和职业生涯的发展奠定基础。

2. 机器的三个特征：人为的实物组合体；各运动实体之间具有确定的相对运动；能代替人类做有用的机械功或进行能量的转换。

3. 机构是具有确定的相对运动，能用来传递运动和动力的实物组合体。

4. 构件是运动的单元，而零件是制造的单元。

5. 一部完整的机器由四大部分组成：动力部分、执行部分、传动部分、检控部分。

6. 一般机械的基本要求：机械零件要有正常的工作能力；机械零件要有良好的加工工艺性；机械零件要有一定的承载能力；机械产品在规定的时间内要有必要的安全可靠性要求。

习　题

1. 试述机器的组成及各部分的功能。

2. 试述机器与机构的特点，它们的区别是什么？

3. 机械零件常见的失效形式有哪些？

4. 在一般机械中，静强度与疲劳强度相比，哪一种更普遍？为什么？自行车轮的钢丝的螺纹端常常发生断裂，它属于何种失效形式？

第2章 零件与构件的静力分析

我国在力学方面也有很多发明创造。除了前面介绍的候风地动仪、记里鼓车及指南车外，还有隋朝李春主持建造的赵州桥等。赵州桥符合结构力学理论，敞肩拱式结构在承载时使桥梁处于有利的状况，如图 2-1 所示。

图 2-1　赵州桥

2.1　力的概念与基本性质

机器设备或工程结构都是由若干机构组成的，当它们传递运动、动力或承受载荷时，各个构件都要受到力的作用。掌握一定的力学知识可以帮助我们正确使用、安装、维护各类机械，分析和解决生产实际中简单的力学问题。

2.1.1　力的概念

1. 力的定义

力的概念是在人们的长期生活和生产实践中逐步形成的。例如：人用手推小车，小车就从静止开始运动；落锤锻压工件时，工件就会产生变形。力是物体之间相互的机械作用，这种作用对物体产生两种效应，即引起物体机械运动状态的变化或使物体产生变形，前者称为力的外效应或运动效应，后者称为力的内效应或变形效应。

力的作用离不开物体，因此谈到力时，必须指明相互作用的两个物体，并且要根据研究对象的不同来明确受力体和施力体。

2. 力的表示法

实践证明，力对物体的作用效应取决于力的大小、方向和作用点，这三个因素称为力的三要素。当这三个要素中有任何一个改变时，力的作用效应也将改变。因为力是一种有大小和方向的量，所以可以用一个定位的有向线段来表示力。线段的长度代表力的大小；线段的方位和指向代表力的方向；线段的起点（或终点）表示力的作用点，线段所在的直线称为力的作用线，如图 2-2 所示。

所以，要确定一个力，必须说明它的大小、方向和作用点。力是矢量，且是定位矢量。如图 2-3 所示，力 F 与 x 轴的夹角为 α，则力 F 在 x 轴和 y 轴上的投影为

$$F_x = F\cos\alpha$$
$$F_y = -F\sin\alpha$$

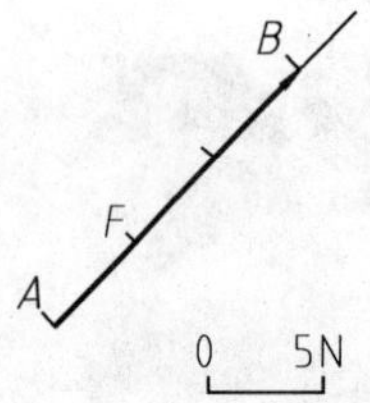

图 2-2 力的表示

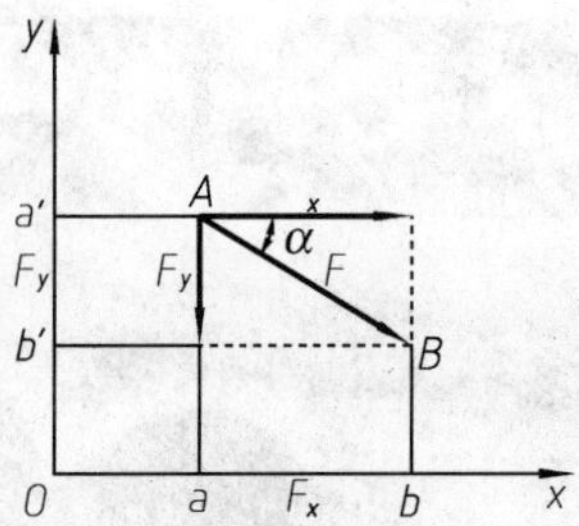

图 2-3 力在坐标轴上的投影

投影的正负号则规定由起点 a 到终点 b（或由 a' 到 b'）的指向与坐标轴正向相同时为正，反之为负。

3. 力的单位

为了表示力的大小，必须确定力的单位。本书采用国际单位制（SI）的导出单位，以“牛”作为力的单位，记作“ N ”，有时也以“千牛”作为单位，记作“ kN ”。

2. 1. 2 力的基本性质

人们经过长期的生活和生产实践的积累，建立了力的概念，并由此总结出了几条力的基本性质，因其正确性已被实践反复证明，并为大家所公认，所以也称静力学公理。

性质 1 力的平行四边形法则

作用在物体上同一点的两个力，可以合成一个合力，如图 2-4（a）所示。合力的作用点仍在该点，合力的大小和方向由这两个力为邻边所构成的平行四边形的对角线确定。

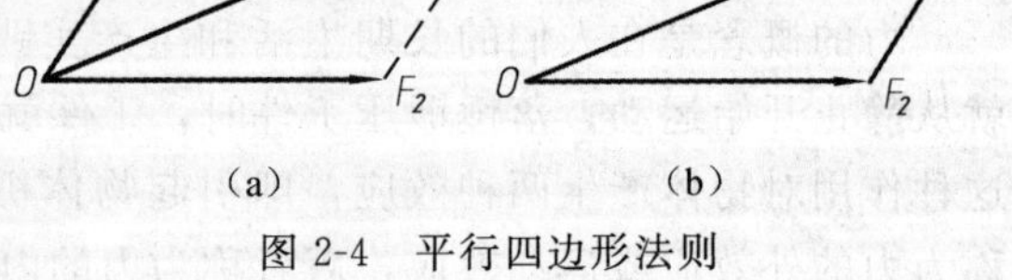

(a) (b)

图 2-4 平行四边形法则

根据公理求合力时，通常只须画出半个平行四边形就可以了，如图 2-4（b）所示，

这样力的平行四边形法则就演变为力的三角形法则。

性质 2　二力平衡公理

刚体仅受两个力作用且平衡的充分必要条件：两个力大小相等，方向相反，并作用在同一直线上，如图 2-5 所示。即

$$F_1=-F_2$$

工程上常将只受两个力作用且平衡的构件称为二力构件，如图 2-6 所示。根据性质 2，二力构件上的两力必沿两力作用点的连线，且等值、反向。

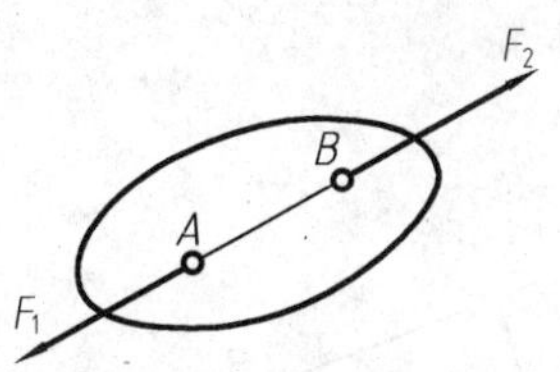

图 2-5　二力平衡公理

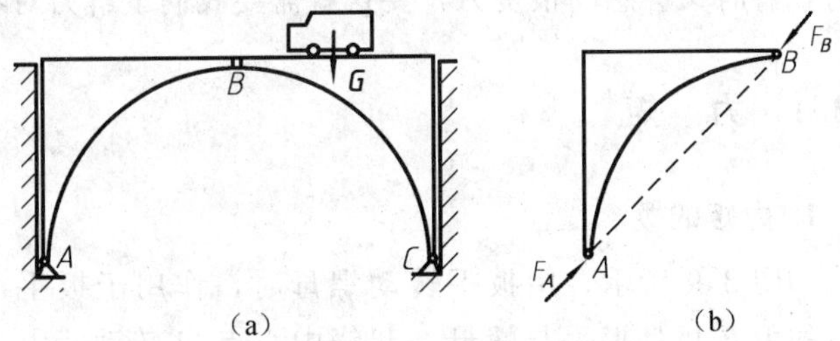

图 2-6　二力杆

性质 3　加减平衡力系原理

在作用于刚体上的已知力系上，加上或减去任一平衡力系，并不改变原力系对刚体的作用效果。加减平衡力系公理主要用来简化力系。但必须注意，此公理只适用于刚体而不适用于变形体。

根据上述性质可以导出以下推论。

推论 1　力的可传性原理

作用于刚体上的力，可以沿其作用线移至刚体内任意一点，而不改变该力对物体的作用效果，如图 2-7 所示。力对刚体的效应与力的作用点在其作用线上的位置无关。因此，作用于刚体上的力的三要素是：力的大小、方向、作用线。

推论 2　三力平衡汇交定理

若刚体受到同平面内三个互不平行的力的作用而平衡时，则该三个力的作用线必汇交于一点。此定理说明不平行的三个力平衡的必要条件，当两个力的作用线相交时，可用来确定第三个力的作用线的方位，如图 2-8 所示。

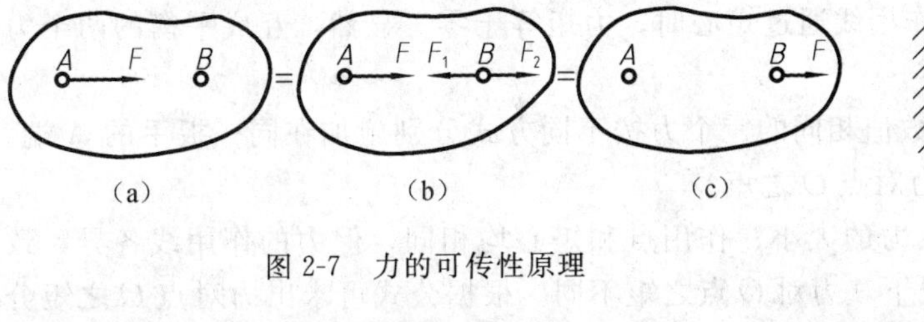

图 2-7　力的可传性原理

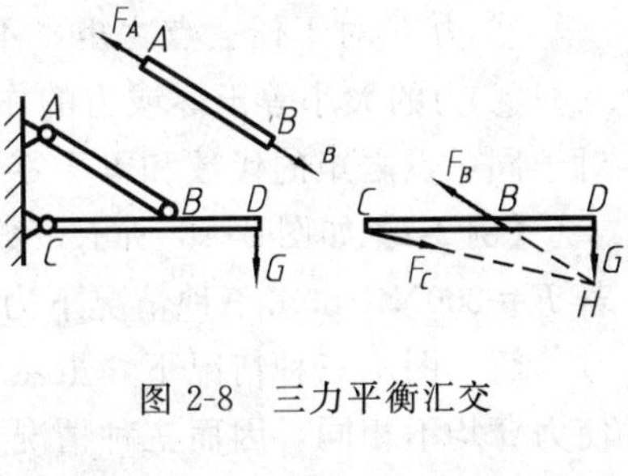

图 2-8　三力平衡汇交

性质 4　作用和反作用定律

作用力和反作用力总是大小相等，方向相反，作用线相同，但同时分别作用在两个相互作用的物体上。

这个定律表明，力总是成对出现的，只要有作用力就必有反作用力，而且同时存在，又同时消失。

2.2 力矩、力偶、力的平移

在日常生活和生产中，比如用扳手松紧螺母或用扳手和丝锥攻螺纹时，有时会感到很省力，有时又会感到很费力，要这就需要我们了解力对物体产生转动效应的性质。

2.2.1 力　矩

1. 力矩的概念

如图 2-9 所示，用扳手转动螺母时，作用于扳手 A 点的力 F 可使扳手与螺母一起绕中心点 O 转动。由经验可知，力的这种转动作用不仅与力的大小、方向有关，还与转动中心至力的作用线的垂直距离 d 有关。因此，将 Fd 的乘积定义为力使物体对点 O 产生转动效应的度量，称为力 F 对点 O 之矩，简称力矩，用 M_O（F）表示，即

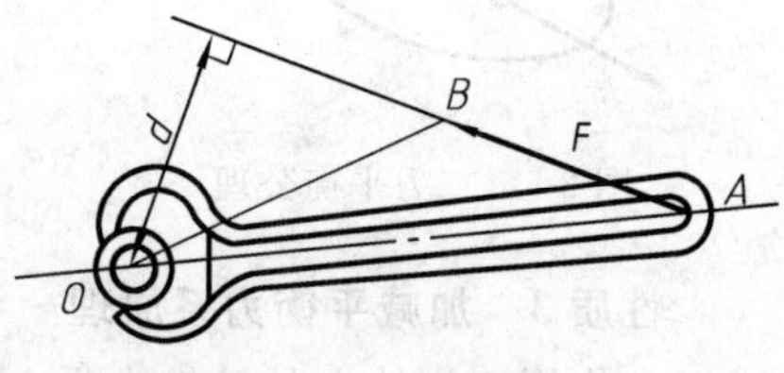

图 2-9　力对点之矩

$$M_O(F)=\pm Fd$$

式中，O 点称为力矩中心，简称矩心；d 称为力臂；乘积 Fd 称为力矩的大小；符号“±”表示力矩的转向，规定在平面问题中，逆时针转向的力矩取正号，顺时针转向的力矩取负号，故平面上力对点之矩为代数量。

力矩的单位常用 N·m 或 kN·m。

应当注意，同一个力对不同点产生的力矩是不同的，因此不指明矩心而求力矩是无任何意义的。在表示力矩时，必须标明矩心。

2. 力矩的性质

从力矩的定义式 $M_O(F)=\pm Fd$ 可知，力矩有以下几个性质。

① 力 F 对 O 点之矩不仅取决于 F 的大小，同时还与矩心的位置即力臂 d 有关。

② 力 F 对于任一点之矩，不应该力的作用点沿其作用线移动而改变。

③ 力的大小等于零或力的作用线通过矩心时，力矩等于零。显然，互成平衡的两个力对于同一点之矩的代数和等于零。

【例 2-1】 如图 2-10 所示，数值相同的三个力按不同方式分别施加在同一扳手的 A 端。若 $F=200$N，试求三种情况下力对点 O 之矩。

解　图示三种情况下，虽然力的大小、作用点和矩心均相同，但力的作用线各异，致使力臂均不相同，因而三种情况下，力对 O 点之矩不同。根据公式可求出力对点 O 之矩分别为：

① 图 2-10（a）中

$M_O(F)=-Fd=-200\text{N}\times200\text{m}\times10^{-3}\times\cos30°=-34.64\ \text{N}\cdot\text{m}$

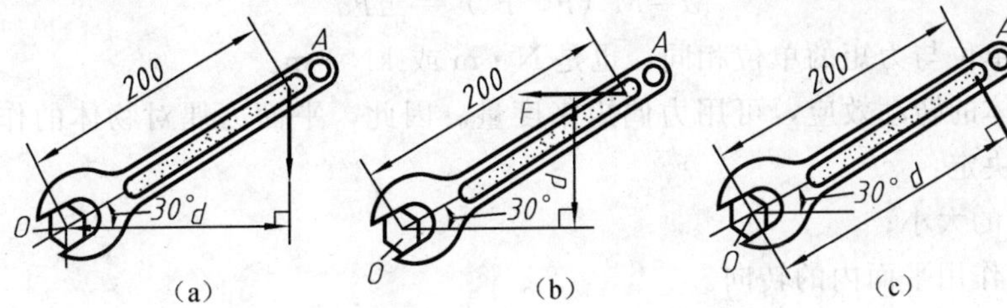

图 2-10　力对点之矩

② 图 2-10（b）中

$M_O(F)=Fd=200\text{N}\times200\text{m}\times10^{-3}\times\sin 30°=20.00\ \text{N}\cdot\text{m}$

③ 图 2-10（c）中

$M_O(F)=Fd=200\text{N}\times200\text{m}\times10^{-3}=40.00\ \text{N}\cdot\text{m}$

由计算结果看出，第三种情况（力臂最大）下力矩值为最大，这与我们的实践体会是一致的。

2.2.2　力　偶

1. 力偶的概念

大小相等、方向相反但不共线的两个平行力组成的力系称为力偶。如图 2-11 所示，力 F 和 F' 组成一个力偶，记作（F，F'）。力偶中两力作用线之间的垂直距离 d 称为力偶臂，力偶所在的平面称为力偶作用面。

在日常生活与生产实践中，经常见到在物体上作用的力偶的情况，如用两个手指拧水龙头或转动钥匙，手指对水龙头或钥匙施加的两个力；汽车司机用双手转动驾驶盘，如图 2-12 (a)所示；钳工用扳手和丝锥攻螺纹时，两手作用于丝锥扳手上的两个力，如图 2-12 (b)所示等。在力偶中，两力等值、反向且相互平行，其矢量和显然等于零，但是由于它们不共线、不满足二力平衡条件、不能相互平衡，因此将改变物体的转动状态。

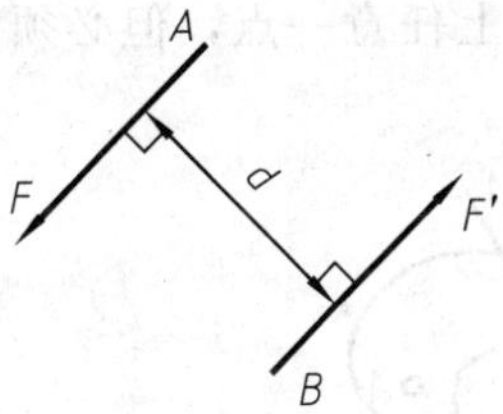

图 2-11　力偶

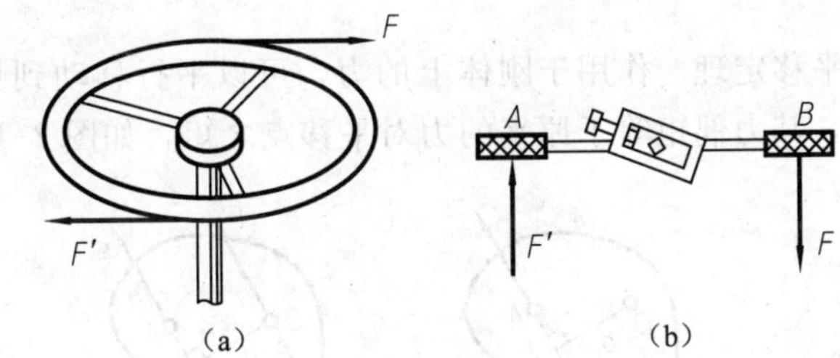

图 2-12　力偶实例

2. 力偶矩

力偶矩是一个代数量，其绝对值等于力的大小与力偶臂的乘积，正负号表示力偶的转向：逆时针转向为正，反之则为负。力偶矩以 M（F，F'）表示，一般简记为 M，如图 2-11所示，设力偶（F，F'）的力偶臂为 d，则

$$M=M(F, F')=\pm Fd$$

力偶矩的单位与力矩的单位相同，也是 N·m 或 kN·m。

力偶对物体的转动效应，可用力偶矩来度量。因此，平面力偶对物体的作用效应，由以下两个因素决定：

① 力偶矩的大小；

② 力偶在作用平面内的转向。

3. 平面力偶的等效定理

在同一平面内，力偶矩相等的两力偶等效。

4. 力偶的性质

根据力偶的定义和力偶的等效定理，可得力偶的性质如下：

性质 1　力偶无合力

力偶中的两个力在任何轴上的投影之和恒等于零。

因而力偶不能合成为一个力，或用一个力来等效替换；力偶也不能用一个力来平衡。因此，力和力偶是两个非零的最简单力系，它们是静力学的两个基本要素。

性质 2　力偶对其作用面内任一点之矩均等于力偶矩，而与矩心的位置无关。

性质 3　只要保持力偶矩不变，力偶可在其作用面内任意移动和转动，并可任意改变力的大小和力偶臂的长短，而不改变它对刚体的作用效应。

所以，常用图 2-13 所示的符号表示力偶。

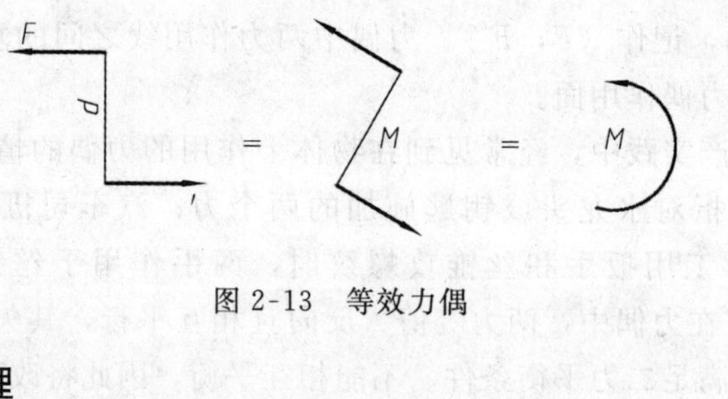

图 2-13　等效力偶

2.2.3　力的平移定理

力的平移定理　作用于刚体上的力，可以平行移动到该刚体上任意一点，但必须附加一个力偶，其力偶矩等于原来的力对平移点之矩，如图 2-14 所示。

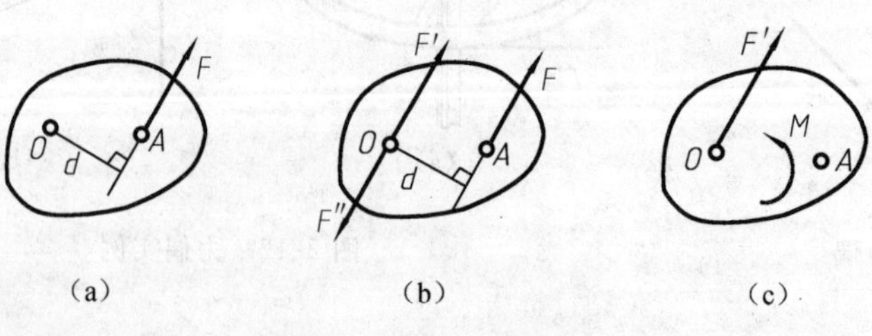

图 2-14　力的平移

设力 F 作用于刚体的点 A，F 力平移到 O 点，平移的距离为 d，附加力偶的矩为 $M=Fd$。

此定理不仅是力系简化的主要依据，而且可以解决一些实际问题。例如，用铰杠丝锥在工件上攻螺纹时，要求双手均匀用力，此时铰杠丝锥受到一个力偶（F，F'）作用，如

图 2-15所示，如果双手用力不均或者单手用力，则此时铰杠受到一个力和一个附加力偶作用，这个力常导致丝锥折断。又如图 2-16 所示转轴上的齿轮所受的圆周力 F 的作用，将力 F 平移至轴心 O 点，则力 F' 使轴弯曲，而力偶矩 M 使轴扭转。

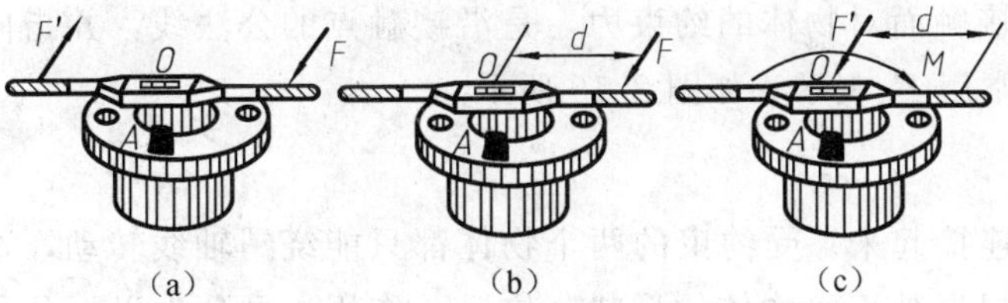

图 2-15　丝锥攻螺纹

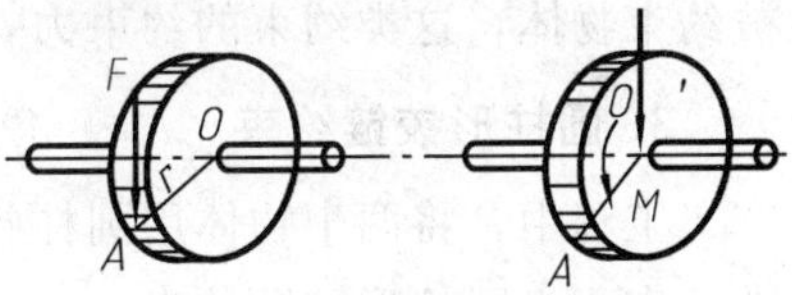

图 2-16　圆周力对轴的作用

2.3　约束、约束力、力系和受力图应用

为避免日常生活中随处可见的大广告牌被大风吹倒造成危险，就得知道如何固定广告牌，就得分析广告牌受到哪些力的作用，这样才能采取相应措施保证大广告牌处于安全状态。本节研究如何对物体进行受力分析，如何画受力图。

2.3.1　约束、约束力和力系

一个物体的运动受到周围物体限制时，这些周围物体就称为该物体的约束。如火车车轮被限制，只能沿铁轨运动，实现这种约束的铁轨称为约束体，而受到限制的车轮称为被约束体。按照习惯，今后把约束体简称为约束，将被约束体简称为物体。

约束对物体的位置和运动进行限制时产生力的作用。这里，把约束对物体的作用力称为约束力。除约束力以外，其他如重力、推力等，统称为主动力。约束力的大小往往是未知的，它与主动力的值有关，在静力学中将通过刚体的平衡条件求得。约束力的方向与物体被限制的运动方向相反。下面介绍几种在工程中常遇到的简单的约束类型和确定约束力方向的方法。

1. 柔索（绳索、链条、带等）约束

属于这类约束的有绳索、链条和带等（见图 2-17、图 2-18）。柔索本身只能承受拉力，不能承受压力。其约束特点是：限制物体沿着柔索伸长方向的运动，因此它只能给物体提供拉力，这类约束的约束力常用符号 F 表示。

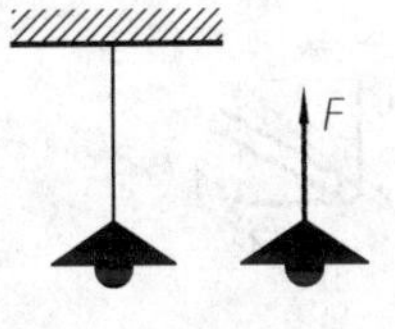

图 2-17　绳索约束

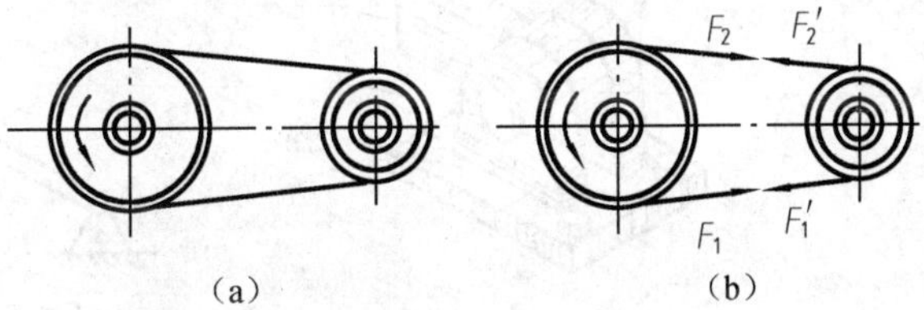

图 2-18　带约束

2. 光滑接触面约束

当物体之间以点、线、面形式接触时，可以认为是光滑接触面约束（接触处摩擦力很小，可以略去不计）。这种约束不限制物体沿约束面的切向位移，只阻止物体沿接触面公法线向约束体内的运动。因此，光滑接触面对物体的约束力，是沿接触点的公法线，并指向被约束物体，这类约束的约束力，常用 F_N 表示，如图 2-19 所示。

3. 圆柱形铰链约束

工程中，将两个物体用圆柱销连接起来。受约束的两个物体都只能绕销轴线转动，这类约束称为圆柱形铰链约束。一般根据被连接物体的形状、位置及作用，可分为以下几种形式。

（1）中间铰约束

如图 2-20（a）所示，1、2 分别是带圆孔的两个物体，将圆柱销穿入物体 1 和 2 的圆孔中，便构成中间铰，如图 2-20（b）所示，简图通常用图 2-20（c）的形式表示。

属于光滑接触面约束，故销对物体的约束力应通过物体圆孔中心。由于接触点不确定，则中间铰对物体的约束力是：作用线通过销轴中心，垂直于销轴线，方向不定，如图 2-20（d）表示。

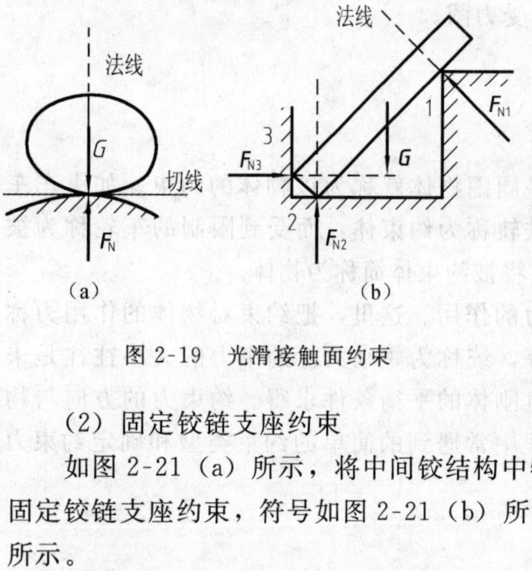

图 2-19　光滑接触面约束

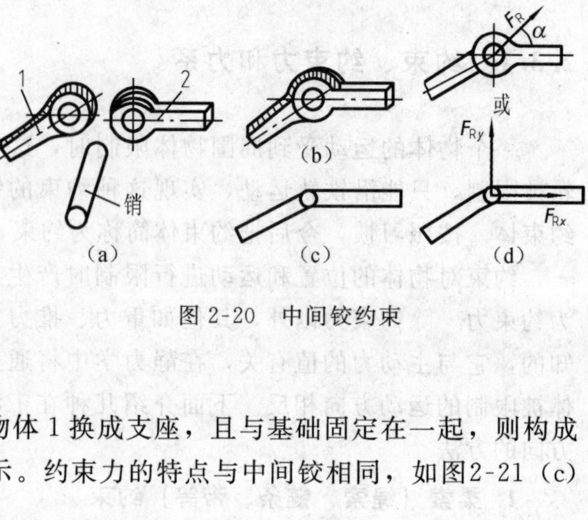

图 2-20　中间铰约束

（2）固定铰链支座约束

如图 2-21（a）所示，将中间铰结构中物体 1 换成支座，且与基础固定在一起，则构成固定铰链支座约束，符号如图 2-21（b）所示。约束力的特点与中间铰相同，如图2-21（c）所示。

为了方便，中间铰约束、固定铰链支座约束的约束力通常表示为沿坐标轴方向且作用于圆柱孔中心的相互垂直的两个分力，如图 2-20（d）和图 2-21（c）所示。

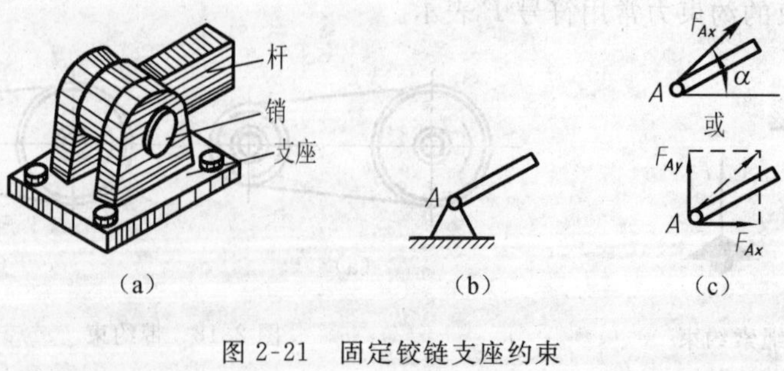

图 2-21　固定铰链支座约束

(3) 活动铰链支座约束

为了保证构件变形时既能发生微小的转动又能发生微小的移动，将固定铰链支座底部安放若干滚子，并与支承面接触，则构成活动铰链支座，又称辊轴支座，如图 2-22（a）所示。这类支座常见于桥梁、屋架等结构中，通常用简图 2-22（b）表示。活动铰链支座只能限制构件沿支承面垂直方向的移动，不能阻止物体沿支承面的运动或绕销钉轴线的转动。因此活动铰链支座的约束力通过销钉中心，垂直于支承面，如图 2-22（c）所示。

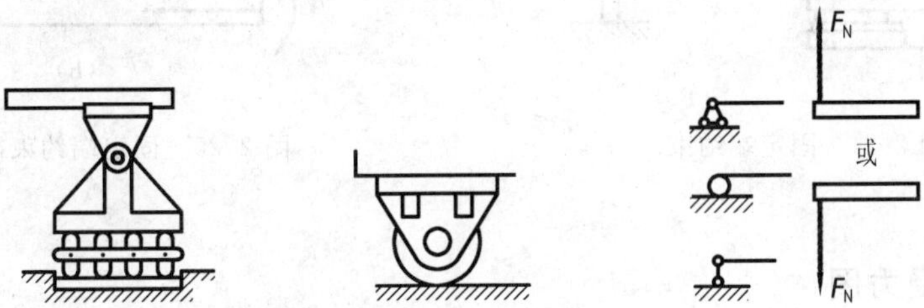

（a）　　（b）　　（c）

图 2-22　活动铰链支座约束

(4) 二力杆约束

不计自重，两端均用铰链的方式与周围物体相连接，且不受其他外力作用的杆件，称为二力构件，简称二力杆。根据二力平衡条件，二力杆的约束力必沿杆件两端铰链中心的连线，指向不定。图 2-23（a）中的杆 AC，图 2-23（b）中的杆 DC 均为二力杆。

4. 固定端约束

如图 2-24 所示，建筑物上的阳台、车床上的刀具、立于路旁的电线杆等均不能沿任何方向移动和转动，这种物体的一部分固嵌入另一物体所构成的约束称为固定端约束。

平面问题中一般用图 2-25（a）所示简图符号表示固定端约束，约束作用如图2-25（b）所示，两个正交约束力 F_{Ax}、F_{Bx}，起到限制构件移动的约束作用，一个约束力偶 M_A 起到限制构件转动的约束作用。

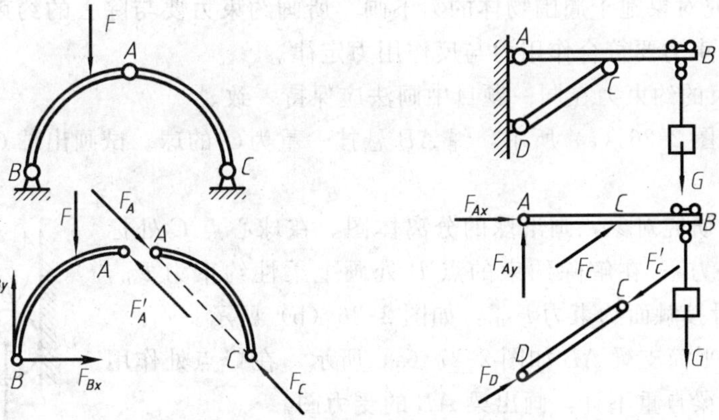

（a）　　（b）

图 2-23　二力杆约束

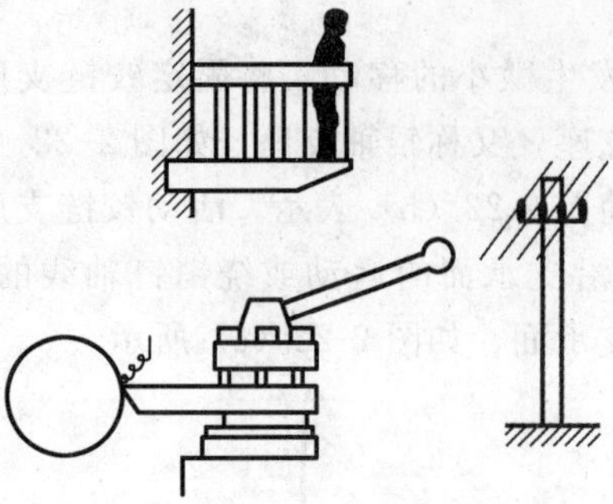

图 2-24　固定端约束

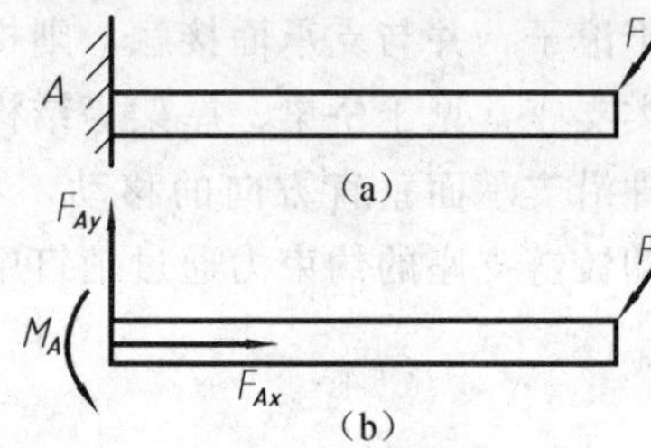

图 2-25　固定端约束简图符号

2.3.2　杠杆受力图

当受约束的物体在某些主动力作用下处于平衡时，若将其部分或全部的约束除去，代之以相应的约束反力，则物体的平衡不受影响，这一原理称为解除约束原理。

在解决力学问题时，首先要选定需要进行研究的物体，即确定研究对象，然后分析它的受力情况，这个过程称为受力分析。正确地画出受力图，是求解静力学问题的关键。画受力图时，应按以下步骤进行。

① 根据题意选取研究对象；

② 画作用于研究对象上的主动力；

③ 画约束反力。凡在去掉约束处，根据约束的类型逐一画上约束反力。应特别注意二力杆的判断。有些情况也可应用三力平衡汇交定理判断出铰链处约束反力的方向。

在画受力图时要注意：

① 受力图中只画研究对象的简图和所受的全部作用力。

② 每画一力要有依据，既不要多画，也不要漏画。研究对象内各部分间相互作用的力（即内力）和研究对象施予周围物体的力不画。所画约束力要与除去的约束性质相符合，而物体间的相互约束力要符合作用力与反作用力定律。

③ 同一约束的约束力在同一题目中画法应保持一致。

【例 2-2】如图 2-26（a）所示，绳 AB 悬挂一重为 G 的球。试画出球 C 的受力图（摩擦不计）。

解　以球为研究对象，画出球的分离体图。在球心点 C 处标上主动力 G（重力）；在解除约束的点 B 处画上柔性约束力 F_B，在 D 点画上光滑接触面约束力 F_{ND}，如图 2-26（b）所示。

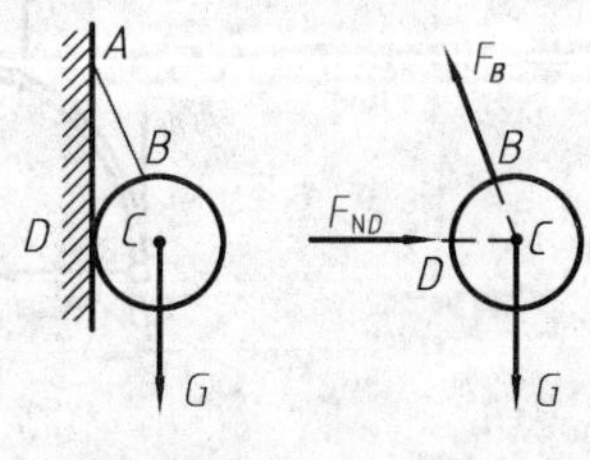

图 2-26　球的受力图

【例 2-3】水平简支梁 AB 如图 2-27（a）所示，在 C 点处作用一集中载荷 F，梁自重不计，画出梁 AB 的受力图。

解　取梁 AB 为研究对象。作用于梁上的力有集中载荷 F，B 端可动铰支座的反力 F_B 垂直于支承面，A 端固定铰支座的反力用通过 A 点的相互垂直的两个分力 F_{Ax} 与 F_{Ay} 表示。其受力图如图 2-27（b）所示。

进一步讨论，固定铰支座 A 处的反力也可用一力 F_A 表示，现已知力 F 与 F_B 相交于 D 点，根据三力平衡条件，则第三个力 F_A 亦必交于 D 点，从而确定反力 F_A 沿 A、D 两点连线。故梁 AB 的受力图亦可画成图 2-27（c）。

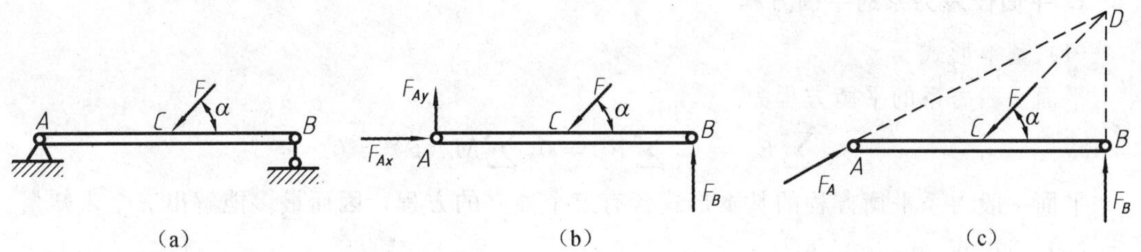

图 2-27　简支梁受力图

【例 2-4】 图 2-28（a）所示为三铰拱结构简图。A、B 为固定铰支座，C 为连接左、右半拱的中间铰。若左半拱受到水平推力 T 的作用，拱重不计。试分别画出左、右半拱的受力图。

解　① 先取右半拱为研究对象，画出其分离体图。因其本身重量不计，它只在 B、C 两铰处各受一个力作用而平衡，所以它是二力杆。因此可以确定约束力 F_{NB}、F_{NC}。的作用线必沿连线 BC，而方向相反，如图 2-28（c）所示。

② 再取左半拱为研究对象，并画出其分离体图。作用于其上的主动力有水平推力 T；此外，右半拱通过铰链 C 对左半拱所作用的力是 F'_{NC}，力 F'_N 与 F_{NC} 互为作用力与反作用力，因此 F'_{NC} 与 F_{NC} 等值、反向、共线；固定铰链支座 A 处有 F_{Ax}、F_{Ay} 两个正交约束力，指向暂时任意假定，如图 2-28（b）所示。

在研究平衡问题时，有时需要对由几个物体组成的系统进行受力分析。例如本例中，若取整个三铰拱为研究对象，则整个三铰拱只受到主动力 T，A 处的约束力 F_{Ax}、F_{Ay}，B 处的约束力 F_{NB} 的作用，其受力图如图 2-28（c）所示。

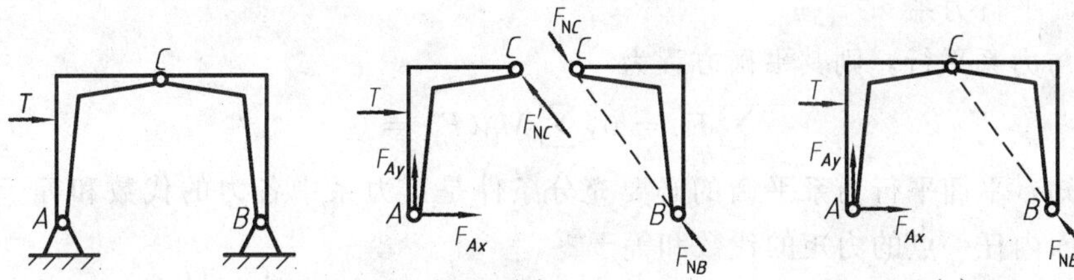

图 2-28　三铰拱受力图

*2.4　平面力系的平衡方程及应用

平面力系是指作用于物体上的各力的作用线均在同一平面内的力系。平面力系的各力作用线可能任意分布，也可能汇交于一点，也可能相互平行。本节主要研究平面力系的平衡问题和应用。

2.4.1 平面力系的平衡方程

1. 平面任意力系的平衡方程

（1）基本形式

平面一般力系的平衡方程为

$$\sum F_x = 0, \sum F_y = 0, \sum M_O(F) = 0$$

平面一般力系平衡方程的基本形式含有三个独立的方程，因而最多能解出三个未知量。

（2）二矩式

$$\sum F_x = 0, \sum M_A(F) = 0, \sum M_B(F) = 0$$

其中，A、B 两点的连线不能与 Ox 轴垂直。

（3）三矩式

$$\sum M_A(F) = 0, \sum M_B(F) = 0, \sum M_C(F) = 0$$

其中，A、B、C 三点不能在一条直线上。

2. 平面特殊力系的平衡方程

（1）平面汇交力系

在平面汇交力系中，对汇交点建立力矩方程，则有$\sum M_O(F) = 0$，因此，平面汇交力系平衡方程为

$$\sum F_x = 0, \sum F_y = 0$$

于是，平面汇交力系平衡的必要充分的条件是：力系中所有各力在两个坐标轴中每一轴上的投影的代数和等于零。

（2）平面平行力系

选 y 轴与力系平行，则其平衡方程为

$$\sum F_y = 0, \sum M_O(F) = 0$$

由此可知，平面平行力系平衡的必要充分条件是：力系中各力的代数和等于零，而且各力对于平面内任一点的力矩的代数和等于零。

由于平面平行力系只有两个独立的平衡方程，所以只能求解两个未知量。

2.4.2 平面力系的平衡方程应用

应用平面一般力系平衡方程的解题步骤如下：

① 根据题意，选取适当的研究对象。

② 受力分析并画受力图。

③ 选取坐标轴。坐标轴应与较多的未知反力平行或垂直。

④ 列平衡方程，求解未知量。列力矩方程时，通常选未知力较多的交点为矩心。

⑤ 校核结果。

应当注意：若由平衡方程解出的未知量为负，说明受力图上原假定的未知量的方向与

其实际方向相反。而不要去改动受力图中原假设的方向。

【例 2-5】 如图 2-29（a）所示的支架，在横梁 AB 的 B 端作用有一集中载荷 F，A、C、D 处均为铰链连接，忽略梁 AB 和撑杆 CD 的自重，试求铰链 A 的约束反力和撑杆 CD 所受的力。

解　将铰链 A 约束反力用两个正交分量表示，如图 2-29（b）所示。则力 F、F_C、F_{Ax}、F_{Ay} 组成一平面一般力系。列出平衡方程并求解。

$$\sum M_A = 0, F_C \sin 45^\circ \times \frac{l}{2} - Fl = 0$$

$$F_C = \frac{2F}{\sin 45^\circ} = 2\sqrt{2}F$$

$$\sum F_x = 0, F_{Ax} + F_C \cos 45^\circ = 0$$

$$F_{Ax} = - F_C \cos 45^\circ = -2F$$

$$\sum F_y = 0, F_{Ay} + F_C \sin 45^\circ - F = 0$$

$$F_{Ay} = F - F_C \sin 45^\circ = -F$$

式中，负号表明，约束反力 F_{Ax}、F_{Ay} 的方向与图中所设的方向相反。

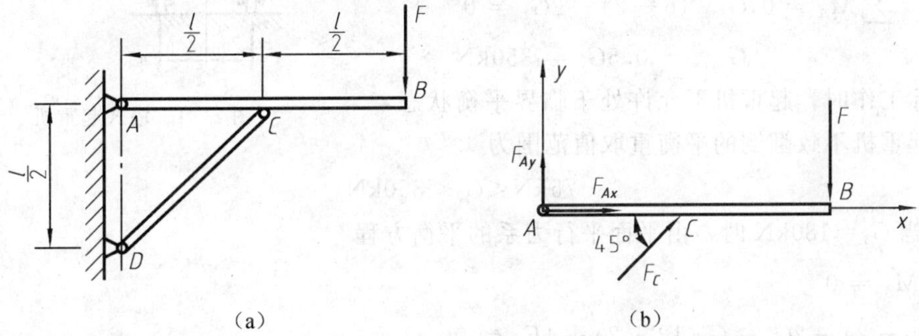

图 2-29　支架

【例 2-6】 重量 $G=20\text{kN}$ 的物体被绞车吊起，绞车的绳子绕过光滑的定滑轮 B。如图 2-30（a）所示。若滑轮由不计重量的杆 AB、BC 支持，A、B、C 三点都是光滑铰链连接，滑轮 B 的大小可忽略不计，试求 AB 杆和 BC 杆所受的力。

解　① 取滑轮 B 为研究对象。

② 画受力图，如图 2-30（b）所示。

③ 选取坐标轴，列平衡方程并求解。

$$\sum F_x = 0 - F_{NAB} - F_{NBC} \cos 30^\circ - F_T \sin 30^\circ = 0$$

$$\sum F_y = 0 - F_{NBC} \sin 30^\circ - F_T \cos 30^\circ - G = 0$$

解得

$$F_{NBC} = -74.6\text{kN}, F_{NAB} = 54.6\text{kN}$$

F_{NBC} 为负值说明它的实际指向与原假设的方向相反，即 BC 杆实际上受压力作用。

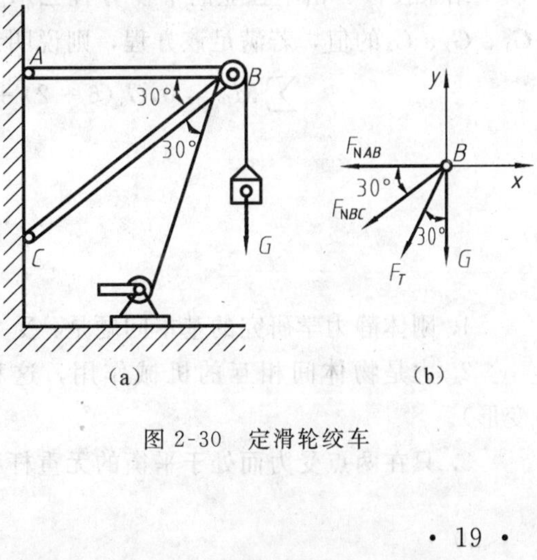

图 2-30　定滑轮绞车

【例 2-7】 塔式起重机如图 2-31 所示。机架

重量 $G_1=700\text{kN}$，作用线通过塔架的中心。最大起重量 $G_2=200\text{kN}$，最大悬臂长为 12m，轨道 AB 的间距为 4m。平衡重 G_3 到机身中心线距离为 6m。试问：①保证起重机在满载和空载时都不致翻倒，平衡重 G_3 应为多少？② 当平衡重 $G_3=180\text{kN}$ 时，求满载时轨道 A、B 的约束反力。

解 ① 起重机受力情况如图 2-31 所示，在起重机不翻倒的情况下，这些力组成的力系应满足平面力系的平衡条件。满载时，在起重机即将绕 B 点翻倒的临界情况下，有 $F_A=0$。由此可求出平衡重 G_3 的最小值。

$$\sum M_B=0, G_{3\min}(6+2)+2G_1-G_2(12-2)=0$$

$$G_{3\min}=\frac{1}{8}\ (10G_2-2G_1)\ =75\text{kN}$$

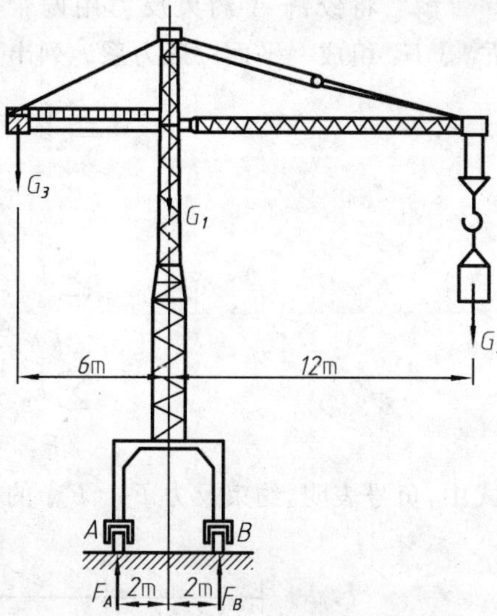

图 2-31 塔式起重机

空载时，载荷 $G_2=0$。在起重机即将绕 A 点翻倒的临界情况，有 $F_B=0$。由此可求出平衡重 G_3 的最大值。

$$\sum M_A=0, G_{3\max}(6-2)-2G_1=0$$

$$G_{3\max}=0.5G_1=350\text{kN}$$

实际工作时，起重机不允许处于临界平衡状态，因此，起重机不致翻倒的平衡重取值范围为

$$75\text{kN}<G_3<350\text{kN}$$

② 当 $G_3=180\text{kN}$ 时，由平面平行力系的平衡方程

$$\sum M_A=0$$

$$G_3(6-2)-2G_1-G_2(12+2)+4F_B=0$$

$$F_B=\frac{14G_2+2G_1-4G_3}{4}=870\text{kN}$$

解得

$$F_A=210\text{kN}$$

结果校核：由不独立的平衡方程 $\sum M_B=0$，可校核以上计算结果的正确性。代入 F_A、G_1、G_2、G_3 的值，若满足该方程，则说明计算无误。

$$\sum M_B=0, G_3(6+2)+2G_1-G_2(12-2)-4F_A=0$$

小　结

1. 刚体静力学研究的基本问题是：受力分析，平衡条件，解决静力平衡问题。

2. 力是物体间相互的机械作用，这种作用使物体的机械运动状态发生变化（包括变形）。

3. 只在两点受力而处于平衡的无重杆称为二力杆。

4. 约束力作用方向与其所限制的运动方向相反。

5. 力 F 对任一点 O 之矩为 $M_O(F)=\pm Fh$。合力对某点之矩等于其分力对该点之矩的代数和。

6. 作用在刚体上的力 F，可平移到任一点，但须附加一力偶，其矩等于力 F 对平移点的力矩 $M_O(F)$。

7. 平面一般力系简化的最终结果有三种可能：即一个力；一个力偶；或为平衡（合力为零）。

8. 平面力系的平衡方程（基本形式）为

平面一般力系：$\sum F_x=0,\sum F_y=0$,$M_O=\sum M_O(F)=0$；

平面汇交力系：$\sum F_x=0,\sum F_y=0$；

平面平行力系：$\sum F_y=0,\sum M_O(F)=0$。

9. 要掌握三个基本概念 ：(1) 力；(2) 力偶 ；(3) 约束。

10. 掌握三种基本能力：(1) 力的投影，(2) 力对点之矩，(3) 约束反力分析。

11. 掌握应用三类基本定理： (1) 合力投影定理，(2) 合力矩定理，(3) 力的平移定理。

12. 能灵活运用三组平衡方程（力系简化后的结论）：(1) 一般力系，(2) 汇交力系，(3) 平行力系。

习 题

2-1 试画出下图中物体 A 或构件 AB、BC 的受力图。未画重力的物体的质量均不计，所有接触处均为光滑接触。

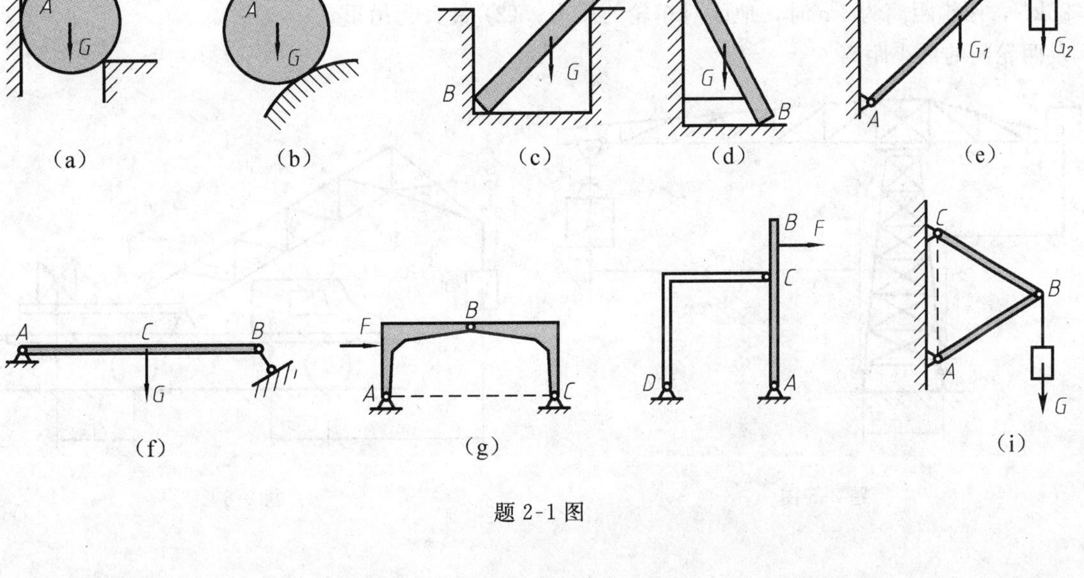

题 2-1 图

2-2　试计算下列图中力 F 对点 O 的力矩。

2-3　一大小为 80N 的力作用于扳手柄端，如图所示。(1) 当 $\theta=75^\circ$ 时，求此力对螺钉中心的力矩；(2) 当 θ 为何值时，该力矩为最小值；(3) 当 θ 为何值时，该力矩为最大值。

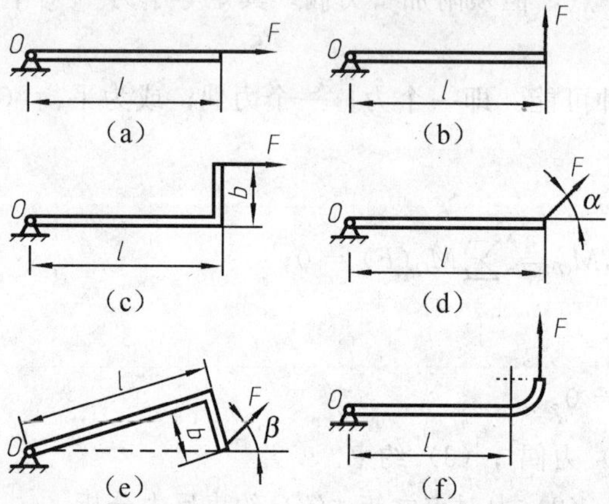

题 2-2 图

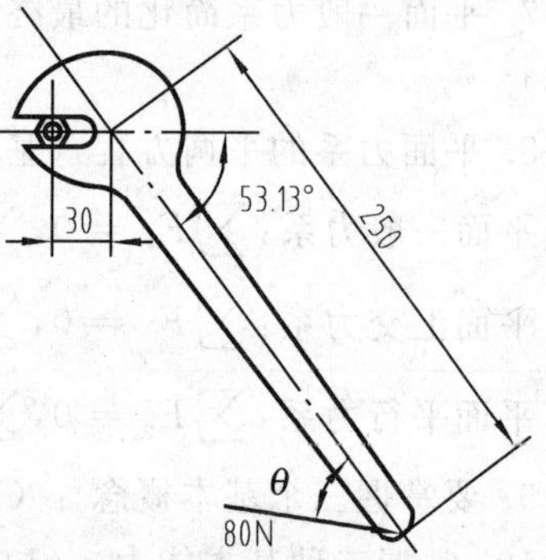

题 2-3 图

2-4　电动机重 $G=5\text{kN}$，放在水平梁 AC 的中央，如图所示。忽略梁和撑杆的重量，试求铰支座 A 处的反力和撑杆 BC 所受压力。

2-5　如图所示，轨道式起重机重量 $G=500\text{kN}$，其重心在离右轨 1.5m 处。起重机的起重量 $G_1=250\text{kN}$，突臂伸出离右轨 10m。跑车本身重量忽略不计，欲使跑车满载或空载时起重机均不致翻倒，求平衡锤的最小重量 G_2 以及平衡锤到左轨的最大距离 x。

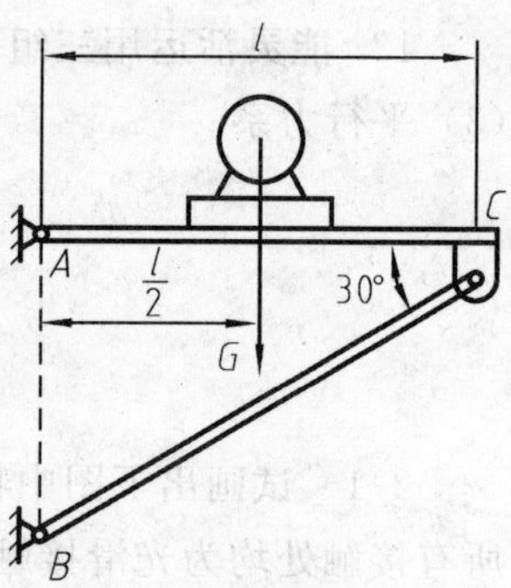

题 2-4 图

2-6　汽车起重机如图所示，汽车自重 $G_1=60\text{kN}$，平衡配重 $G_2=30\text{kN}$，各部分尺寸如图所示。试求：(1) 当起吊重量 $G_3=25\text{kN}$，两轮距离为 4m 时，地面对车轮的反力；(2) 最大起吊重量及两轮间的最小距离。

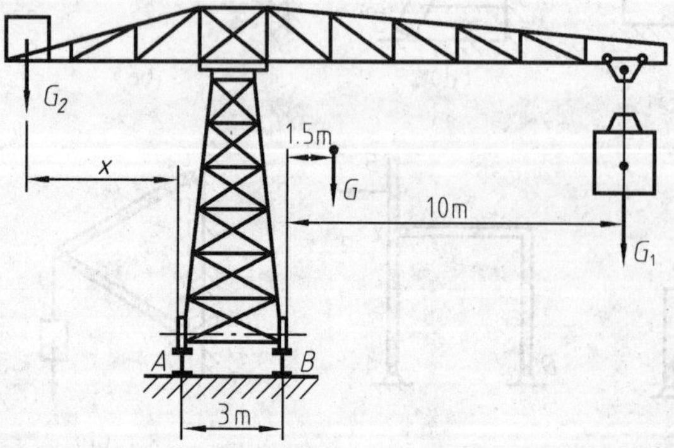

题 2-5 图

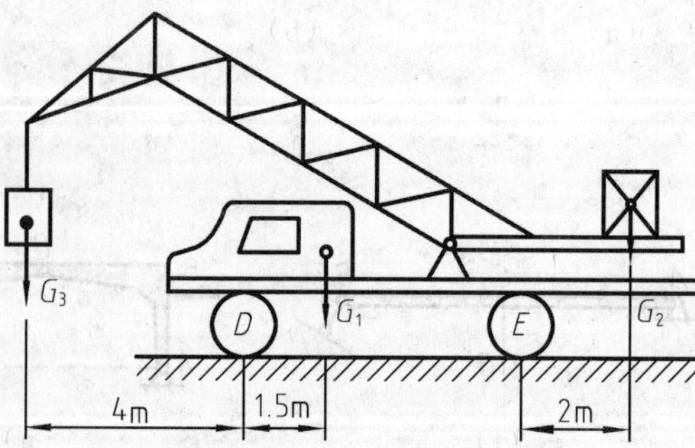

题 2-6 图

第3章 直杆的基本变形

各种机械和工程结构都是由若干构件组成的，当构件受到力的作用时，总会发生变形。受力状态不同，杆件的变形形式也不同。工程中直杆的基本变形有 4 种：轴向拉伸与压缩变形、剪切变形、扭转变形、弯曲变形。本章主要研究直杆是如何发生各种变形的、变形时直杆内的应力状态以及发生变形时直杆的强度问题。

3.1 直杆轴向拉伸与压缩

图 3-1（a）所示为内燃机的连杆在燃气爆发冲程中受压，图 3-1（b）所示为液压传动中的活塞杆在油压和工作阻力下受拉，再如拉床的拉刀在拉削工件时，承受拉伸。

这些受拉伸或压缩的构件的结构形状虽各有差异，加载方式也并不相同，但若把构件形状和受力情况进行抽象化，均可画成图 3-2 所示的受力简图。其共同特点是：作用于构件上的外力合力作用线与构件的轴线重合，构件的变形是沿轴线方向的伸长或缩短，图 3-2中用实线表示构件受力前的外形，虚线表示变形后的外形。这两种变形形式分别称为轴向拉伸和轴向压缩，如图 3-2（a）、（b）所示。

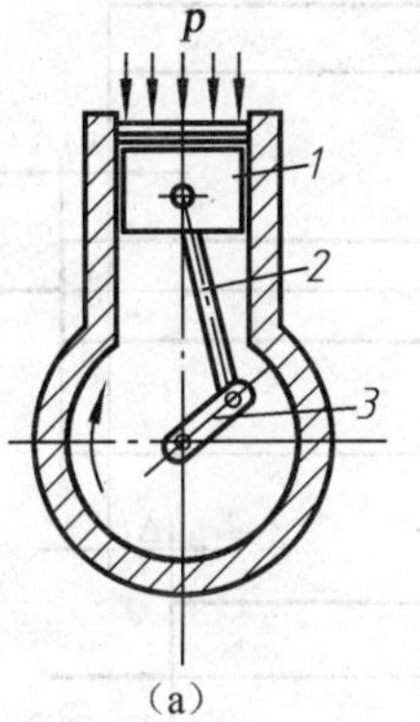

图 3-1 拉、压实例

1—活塞；2—连杆；3—曲柄

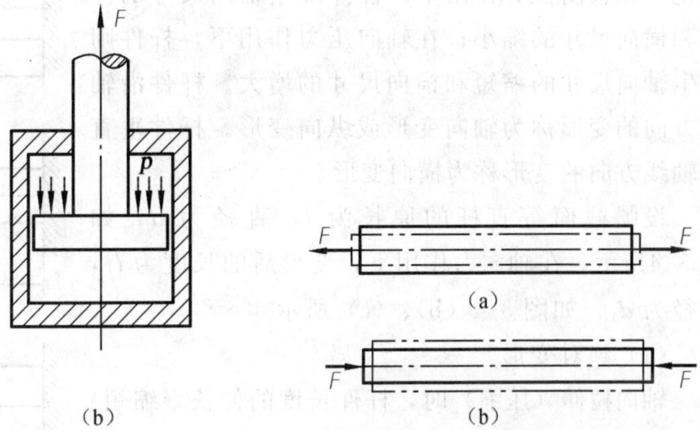

图 3-2 轴向拉伸和轴向压缩

3.2　直杆轴向拉伸与压缩时的应力分析

直杆受到轴向拉伸与压缩时会发生轴向变形，变形的大小与轴向力、杆的截面、杆的长度、杆的材料特性有关。本节讨论内力、应力、变形和应变的概念以及内力的计算。

3.2.1　轴向拉伸与压缩时的内力、应力、变形和应变

1. 轴向拉伸与压缩时的内力

杆件受外力作用后要发生变形，其内部各颗粒间的相对位置也会改变，颗粒间的相互作用力也将发生改变。这种由于外力作用而引起的杆件内部相互作用力的改变，称为附加内力，简称内力。内力是外力引起的，它随着外力的改变而改变。内力过大，将引起构件的破坏，因此，内力分析是材料力学的重要内容。

2. 轴向拉伸与压缩时的应力

根据内力的大小还不能判定构件的强度问题。例如，有一根两段直径不同的钢杆，受轴向外力 F 作用而拉伸，当外力 F 逐渐增大时，杆较细的一段必定先断裂。这说明拉杆的强度不仅与内力的大小有关，而且与截面面积有关，也就是与内力在截面上分布的集度有关。内力在截面上分布的集度称为应力。通常，截面上一点处的应力可分解为垂直于截面的正应力 σ 和相切于截面的切应力 τ，如图 3-3 所示。

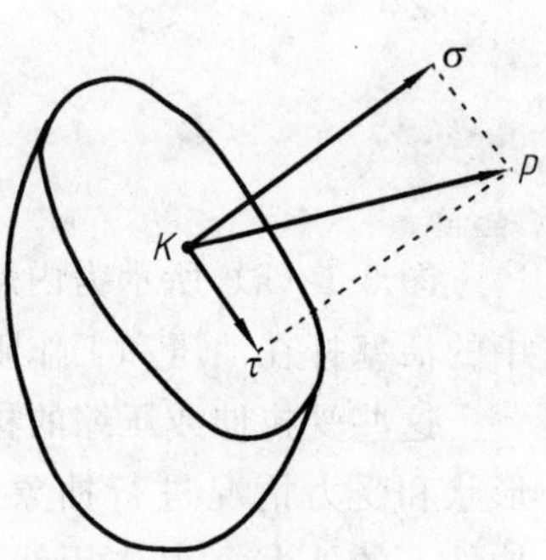

图 3-3　正应力与切应力

3. 轴向拉伸与压缩时的变形和应变

当杆承受轴向载荷时，轴向和横向尺寸均发生变化。在轴向拉力作用下，杆件发生轴向尺寸的伸长和横向尺寸的缩小；在轴向压力作用下，杆件则产生轴向尺寸的缩短和横向尺寸的增大。杆件沿轴线方向的变形称为轴向变形或纵向变形。杆件垂直于轴线方向的变形称为横向变形。

设圆截面等直杆的原长为 l，直径为 d，如图 3-4所示，在轴向力作用下，变形后的长度为 l_1，直径为 d_1，如图 3-4（b）、（c）所示。

（1）绝对变形

轴向拉伸（压缩）时，杆件长度的伸长（缩短）量称为纵向绝对变形，若以 Δl 表示，则 $\Delta l=l_1-l$，拉伸时绝对变形为正，压缩时绝对变形为负。

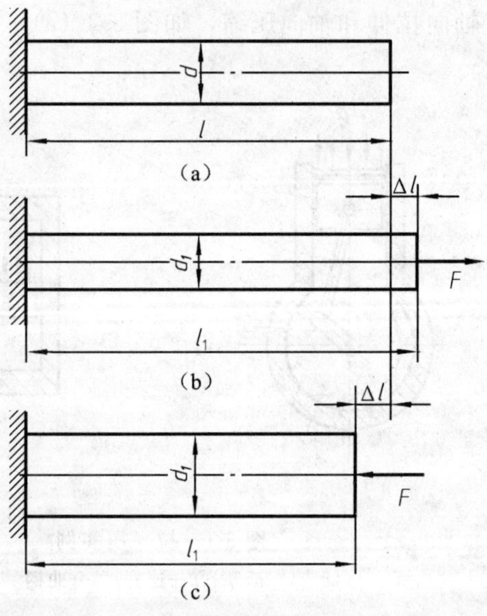

图 3-4　杆件受拉和受压

（2）相对变形

绝对变形与杆件的原长有关，为消除杆件原

长度的影响，引入相对变形的概念。单位长度的变形称为相对变形，也称为线应变，简称应变，以ε表示，则

$$\varepsilon=\frac{\Delta l}{l}$$

对于拉杆，ε为正值；对于压杆，ε为负值。ε是无单位的，通常用百分比表示。

*3.2.2　轴向拉伸与压缩时横截面上的内力分析

要对构件进行强度计算，必须先计算外力作用下构件的内力。

构件内力的计算，可用截面法。截面法一般分为“切、去、代、平”四个步骤。

① 切。欲求某一截面的内力时，就沿该截面假想地把构件切为两部分；

② 去。舍去其中一部分，以留下部分为研究对象；

③ 代。用作用于截面上的内力代替舍去部分对留下部分的作用；

④ 平。用留下部分的平衡条件，建立力系平衡方程式求出未知内力。

一般把轴向拉（压）时截面上的内力称为轴力。为了使左、右两部分计算出的轴力不仅数值相等，且符号相同，一般规定轴力的方向与截面的外法线方向相同为正，反之为负。也可根据构件受拉时轴力为正，构件受压时轴力为负的原则来判别。

【例 3-1】 图 3-5 所示为等截面杆，A、B、C 三点分别由 $F_1=10\text{N}$，$F_2=30\text{N}$，$F_3=20\text{N}$ 三力作用而处于平衡。试求横截面 1—1，2—2 上的轴力。

解　(1) 求截面 1-1 上的轴力

① 沿 1—1 截面假想把直杆切为两部分，如图 3-5 (a)所示；

② 舍去左端，取右端为研究对象（也可舍去右端，取左端），如图 3-5（b）所示；

③ 在截面上以轴力 F_{N1} 代替舍去部分对研究部分的作用；

④ 对研究对象列出平衡方程式

$$\sum F_x=0\quad F_2-F_3-F_{N1}=0$$

$$F_{N1}=F_2-F_3=(30-20)\text{N}=10\text{N}$$

(2) 求截面 2—2 上的轴力

① 沿 2—2 截面假想把直杆切为两部分，如图 3-5 (a)所示；

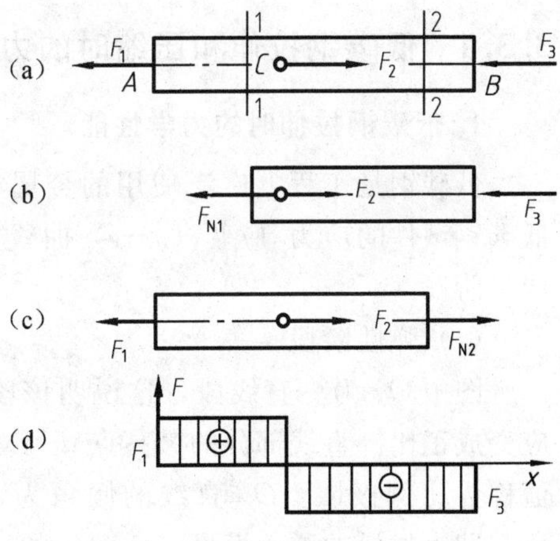

图 3-5　构件轴力图

② 舍去右端，取左端为研究对象（也可舍去左端，取右端），如图 3-5（c）所示；

③ 在截面上以轴力 F_{N2} 代替舍去部分对研究部分的作用，如图 3-5（c）所示；

④ 对研究对象列出平衡方程式

$$\sum F_x=0\quad F_{N2}+F_2-F_1=0$$

$$F_{N2}=F_1-F_2=(10-30)\ \text{N}=-20\text{N}$$

为了表明各截面上轴力沿轴线的变化情况，取平行于杆轴线的 x 轴的坐标表示横截面位置，再取垂直于 x 轴的坐标表示横截面的轴力，一般把正的轴力画在 x 轴上方，负的轴

力画在 x 轴的下方。这样绘出的线图称为轴力图，如图 3-5（d）所示。

3.3 材料的力学性能

前面已讨论了构件承受外载时的应力问题，现在需进一步研究外力对构件变形与破坏的影响，即讨论构件本身抵抗外力损害的能力。由经验可知，截面相同的铜丝比钢丝更容易被拉断。就是说，不同材料抵抗相同外力损害的能力是不一样的。因此，要得到既安全又经济的构件，还必须研究工程材料抵抗外力所表现出来的有关变形和破坏的力学性能。

工程材料的力学性能是通过试验方法获得的。本节主要介绍工程中广泛使用的两种金属材料低碳钢和铸铁在常温（室温）、静载（缓慢加载）下试验得出的力学性能。

试验在万能试验机上进行。为了便于比较不同材料的试验结果，金属常温拉伸试验的试件应按国家规定的试验标准进行加工。国家标准试件的形状如图 3-6 所示。l 称为标距，它与直径 d 可以有两种比例：$L=10d$ 和 $L=5d$。

图 3-6　拉伸实验标准试件

3.3.1　低碳钢拉伸和压缩时的力学性能

1. 低碳钢拉伸时的力学性能

低碳钢是工程上广泛使用的金属材料，它在拉伸时表现出来的力学性能具有典型性。低碳钢试件的应力-应变（$\sigma-\varepsilon$）曲线如图 3-7 所示。由图可见，整个拉伸过程大致可分为四个阶段。

（1）弹性阶段

图中 Oa 为一直线段，这说明该段内应力和应变成正比。直线部分的最高点 a 所对应的应力值称为比例极限。Oa 直线的倾角为 α，其正切值，即为材料的弹性模量。低碳钢的比例极限约为 200MPa，弹性模量约为 210GPa。

当应力超过比例极限后，图中 aa' 段已不是直线。但当应力值不超过 a' 点所对应的应力 σ_e 时，如将外力卸去，试件的变形也随之全部消失，这种变形即为弹性变形，σ_e 称为弹性极限。

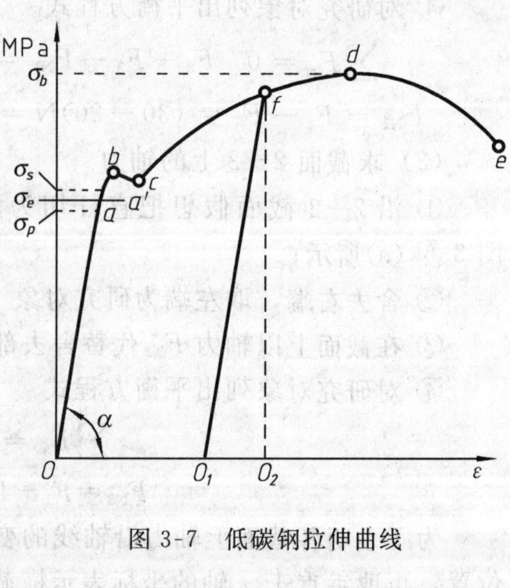

图 3-7　低碳钢拉伸曲线

比例极限和弹性极限的概念不同，但实际上 a 点和 a' 点非常接近，通常对两者不作严格区分，统称为弹性极限。在工程应用中，一般均使构件在弹性范围内工作。

（2）屈服阶段

当应力超过弹性极限后，图上出现接近水平的小锯齿形波动段 bc，说明此时应力虽有小的波动，但基本保持不变，但应变却迅速增加，表现为材料暂时失去了抵抗外力的能力。这种应力变化不大而变形显著增加的现象称为屈服或流动。bc 段所对应的过程称为屈服阶段，屈服阶段的最低应力值 σ_s 称为材料屈服点。低碳钢的屈服点 220～240MPa。在屈服阶段，如果试件表面光滑，可以看到试件表面有与轴线大约成45°的条纹，称为滑移线。材料在屈服阶段将产生较大的塑性变形，这对某些机械零件的正常工作是不允许的，所以屈服点是衡量材料强度的一个重要指标。

（3）强化阶段

屈服阶段后，图上出现上凸的曲线 cd 段，这表明，若要使材料继续变形，必须增加应力，即材料又恢复了抵抗变形的能力，这种现象称为材料的强化，cd 段对应的过程称为材料的强化阶段。曲线最高点 d 所对应的应力值用 σ_b 表示，称为材料的抗拉强度，它规定了材料所能承受的最大应力，是衡量材料强度的另一个重要指标。低碳钢的抗拉强度370～460MPa。

（4）缩颈断裂阶段

应力达到抗拉强度后，在试件较薄弱的横截面处发生急剧的局部收缩，出现缩颈现象，如图 3-8 所示。

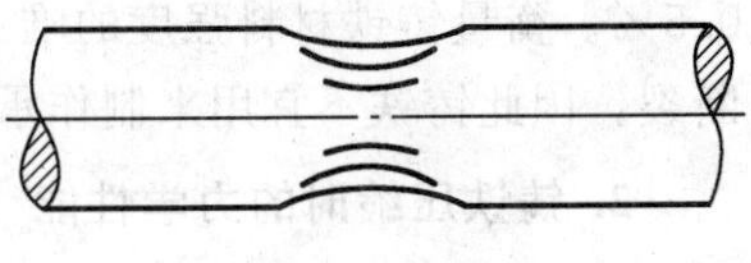

图 3-8　缩颈现象

综上所述，低碳钢拉伸是经历了弹性、屈服、强化和颈缩四个阶段。试件拉断后，弹性变形消失，会残留较大的塑性变形或称为残余变形。其大小可用来衡量材料的塑性。常用的塑性指标有两个：

（1）伸长率

伸长率用 δ 表示，即

$$\delta=\frac{l_1-l_0}{l_0}\times100\%$$

式中，l_1 为试件拉断后的标距长度；l_0 为试件的原标距长度。

（2）断面收缩率

试件拉断后，缩颈处横截面面积的最大缩减量与原始横截面面积的百分比称为断面收缩率，用 Ψ 表示，即

$$\Psi=\frac{A_0-A_1}{A_0}\times100\%$$

式中，A_1 为试件拉断后断口处的横截面面积；A_0 为试件的原横截面面积。

工程上通常把伸长率 $\delta\geqslant5\%$ 的材料称为塑性材料，如钢材、铜和铝等；把 $\delta<5\%$ 的材料称为脆性材料，如铸铁、砖石和玻璃等。低碳钢的伸长率 $\delta=20\%\sim30\%$，断面收缩率 $\Psi=60\%\sim70\%$，故低碳钢具有良好的塑性。

必须指出，材料呈脆性或塑性是有条件的（这里是依据材料在常温、静载、轴向拉伸等条件下测得的伸长率 δ 来划分的）。若条件发生变化，材料的性能也随之改变。如低碳钢，常温下呈塑性，在低温时却出现脆性。又如石块，在单向压缩时呈脆性，当三个方向均受压时，则呈塑性。

2. 低碳钢压缩时的力学性能

Q235A 低碳钢压缩时的 $\sigma-\varepsilon$ 曲线如图 3-9 实线部分所示。为了便于比较塑、脆性材料在拉伸时的力学性能，在图 3-10 中以虚线画出了低碳钢在拉伸时的 $\sigma-\varepsilon$ 曲线图。比较图中曲线可以看出，低碳钢在屈服阶段以前，压缩与拉伸的 $\sigma-\varepsilon$ 曲线基本重合；在屈服阶段以后，试件会越压越扁，故得不到压缩时的抗压强度。

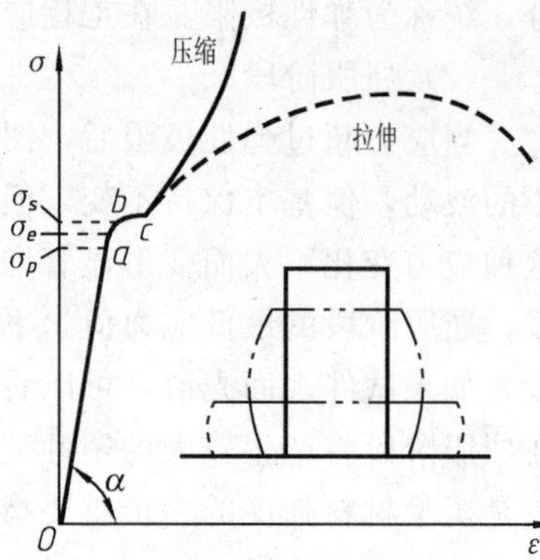

图 3-9　低碳钢的 $\delta-\varepsilon$ 曲线图

3.3.2　铸铁拉伸和压缩时的力学性能

1. 铸铁拉伸时的力学性能

铸铁是工程上广泛应用的脆性材料，它拉伸时的 $\sigma-\varepsilon$ 曲线如图 3-10 所示。

从它的 $\sigma-\varepsilon$ 曲线图中看出，图中没有明显的直线部分，没有屈服阶段。铸铁拉伸时无颈缩现象，断裂是突然出现的，断口垂直于试件轴线，塑性变形小，通常只有 0.2%～0.5%。衡量铸铁材料强度的唯一指标是抗拉强度。由于铸铁拉伸时是在较小的应力下突然断裂，因此铸铁不宜用来制作承受拉力的构件。

2. 铸铁压缩时的力学性能

铸铁压缩时的 $\sigma-\varepsilon$ 曲线如图 3-11 实线所示，它与拉伸时的 $\sigma-\varepsilon$ 曲线图（虚线）相似。值得注意的是，铸铁压缩时的抗压强度比拉伸时的抗拉强度一般要高 4～5 倍。最后试件是沿与轴线成 45°角的斜截面破坏的。从以上试验可以看出，塑性材料的抗拉和抗压能力都很强，且抗冲击能力也强，因此在工程中，齿轮、轴等零件多用塑性材料制造；脆性材料的抗压能力高于抗拉能力，因此受压的构件往往用脆性材料制造。

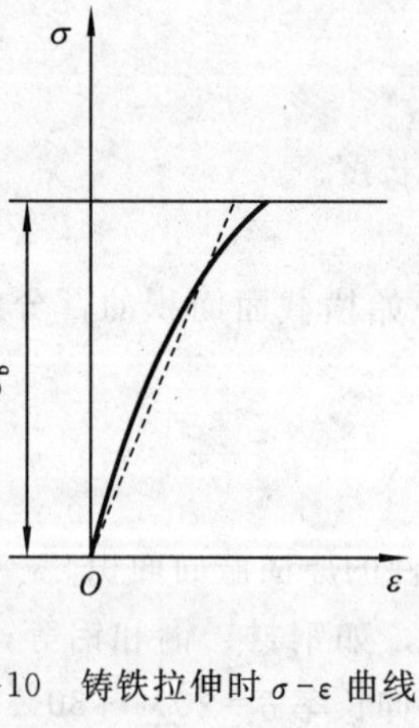

图 3-10　铸铁拉伸时 $\sigma-\varepsilon$ 曲线图

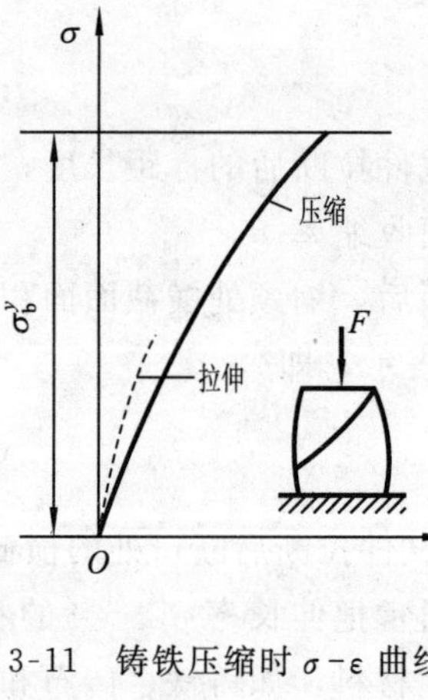

图 3-11　铸铁压缩时 $\sigma-\varepsilon$ 曲线图

*3.4　直杆轴向拉伸和压缩时的强度计算

直杆在受到拉伸或压缩时，是否会发生塑性变形或断裂，这与直杆的截面面积与载荷大小有关，还与材料的力学性能有关。为确保构件的正常工作能力，需要考虑留有适当的强度储备。

3.4.1　极限应力、许用应力和安全因数

通过对材料力学性能的研究可知，对于塑性材料，工作应力达到屈服点时，构件就产生很大的塑性变形而影响它的正常工作；对于脆性材料，工作应力达到抗拉（压）强度时，构件就会被破坏。这两种情况在工程上都是不允许的。使材料丧失工作能力的应力称为极限应力，用 σ_0 表示。

构件在工作时所允许的最大应力称为许用应力，用 $[\sigma]$ 表示。将极限应力除以大于 1 的系数 n 得出许用应力，n 称为安全因数，即

$$[\sigma]=\frac{\text{极限应力 }\sigma_0}{\text{安全因数 }n}$$

对于塑性材料，σ_s 或 $\sigma_{0.2}$ 是极限应力，因此对应的许用应力为

$$[\sigma]=\frac{\sigma_s}{n_s}\text{ 或 }[\sigma]=\frac{\sigma_{0.2}}{n_s}$$

对于脆性材料，σ_b 是极限应力，因此对应的许用应力为

$$[\sigma]=\frac{\sigma_b}{n_b}$$

式中，n_s 为对应于塑性材料的安全因数，一般取 $n_s=1.5\sim1.8$；n_b 为对应于脆性材料的安全因数，一般取 $n_b=2.0\sim3.5$。

合理地选取安全因数关系到构件的安全与经济。通常，安全因数都由国家有关部门在所制定的设计规范中予以规定，各种不同工作条件下构件的安全系数 n，可从这些资料中查取。

3.4.2　拉（压）杆件的强度计算

为保证受拉（压）杆件的正常工作，必须要求杆件的实际工作应力不超过材料的许用应力，即

$$\sigma=\frac{F}{A}\leqslant[\sigma] \tag{3-1}$$

表 3-1 所示为常用材料的力学性能。

表 3-1　工程中常用材料的力学性能

材料名称或牌号	屈服极限 σ_s/MPa	强度极限 σ_s/MPa	延伸率 σ_s/%
Q235	205～235	373～500	23～26
Q275	245～275	490～630	17～20
45 钢	352	529	16
16Mn	275～343	471～510	20～22
40Cr	784	981	9
灰铸铁（HT150）	—	120～175（拉），637（压）	—
球墨铸铁（QT700－2）	420	700	2

运用上述强度条件式可以解决以下三种形式的强度计算问题。

（1）强度校核

若已知构件尺寸、载荷数值，可计算出工作应力，再用式（3-1）检查构件是否满足强度要求。

（2）选择构件截面尺寸

若已知构件所受载荷和许用应力，可按下式确定截面的面积。

$$A \geqslant \frac{F}{[\sigma]}$$

（3）确定许可载荷

已知构件的尺寸和材料的许用应力，可按下式求出构件能承受的最大轴力。

$$F_{\max} \leqslant [\sigma] A$$

然后由最大轴力确定构件的许可载荷。

【例 3-2】图 3-12 所示为冷镦机的曲柄滑块机构，锻压工件时，连杆接近水平位置承受的镦压力 $F=1100$ kN。连杆是矩形截面，高度 h 和宽度 b 之比 $h/b=1.4$，材料 45 钢，许用应力 $[\sigma]=58$MPa，试确定连杆截面尺寸 h 和 b。

解　（1）计算连杆的轴向载荷 F_p

根据题意，连杆受到的最大轴向载荷 F_p 即为镦压力 F，得

$$F_p=F=1100 \text{ kN}$$

（2）计算连杆受到的轴力

因连杆为二力杆件受压，其轴力为负值，轴力与连杆受到的最大轴向载荷 F_p 相等，即

$$F_N=F_p=1100 \text{ kN}$$

（3）由强度条件式求连杆截面积 A

$$A \geqslant \frac{F}{[\sigma]}=\frac{1100\times10^3}{58}\text{mm}^2=18965.5\text{mm}^2$$

（4）求连杆的高 h 和宽 b

$$h=1.4b$$

$$A=h\cdot b=1.4b^2$$

$$b=\sqrt{\frac{A}{1.4}}=\sqrt{\frac{18965.5}{1.4}}\text{mm}=116.4\text{mm}$$

$$h=1.4b=1.4\times116.4\text{mm}=163.0\text{mm}$$

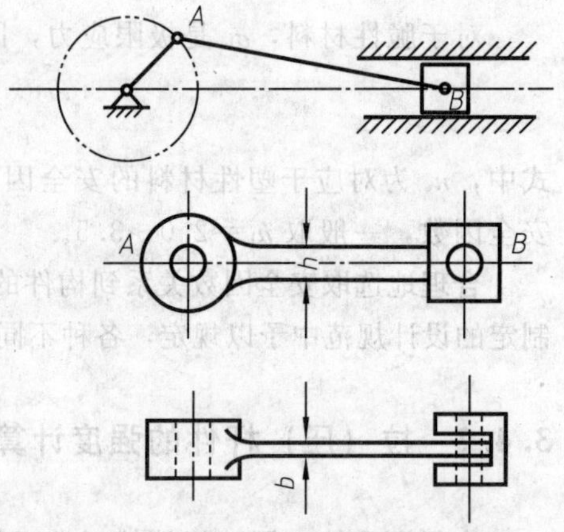

图 3-12　曲柄滑块机构

3.5　连接件的剪切与挤压

工程上常用于连接构件的铆钉、销钉和螺栓、键等称为连接件。它们在工作时，最可能发生被剪断或被挤压变形的失效形式。本节讨论剪切与挤压概念及连接件的受力面分析。

3.5.1　连接件的剪切与挤压概念

1. 连接件的剪切概念

当机械工作时，连接件两侧面受到一对大小相等、方向相反且作用线相距很近的力作用。在这样的力作用下，连接件的主要失效形式之一，就是沿平行于这两个外力且位于两外力作用线之间的截面发生相对错动而产生的剪切破坏。

2. 连接件的挤压概念

连接件在受剪切变形的同时，传递力的接触面上也受到较大挤压力的作用，从而出现局部的压缩变形，这种现象称为挤压。

3.5.2　连接件的受力面分析

如图 3-13（a）所示，两块钢板用铆钉连接。当钢板受外力作用后，铆钉就受到钢板传来的右上侧、左下侧两个力的作用。铆钉在这一对力的作用下，两力间的截面 $m—n$ 处发生相对错动变形，如图 3-13（b）所示，这种变形称为剪切变形。产生相对错动的截面 $m—n$ 称为剪切面。

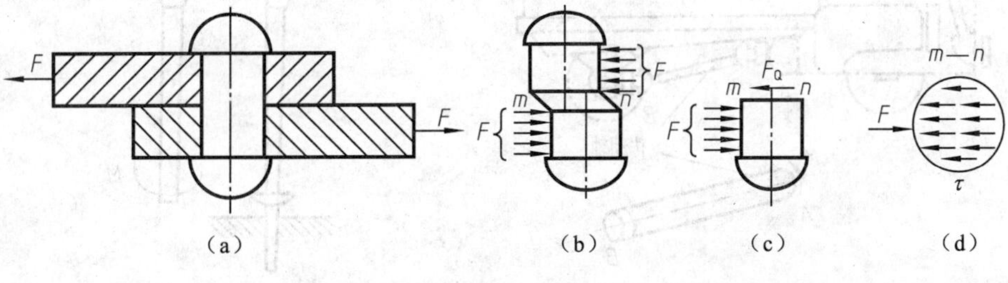

图 3-13　连接件的剪切受力面分析

构件在受到剪切作用的同时，往往还伴随着挤压作用。例如，铆钉受剪切的同时，铆钉和孔壁之间相互压紧，如图 3-14（a）所示，上钢板孔左侧与铆钉上部左侧，下钢板孔右侧与铆钉下部右侧相互压紧，这种接触面上相互压紧的现象，称为挤压。挤压力过大，挤压接触面会出现局部显著塑性变形甚至压陷的破坏现象，如图 3-14（b）所示，这种破坏现象称为挤压破坏。构件上受挤压作用的表面称为挤压面，挤压面一般垂直于外力作用线。

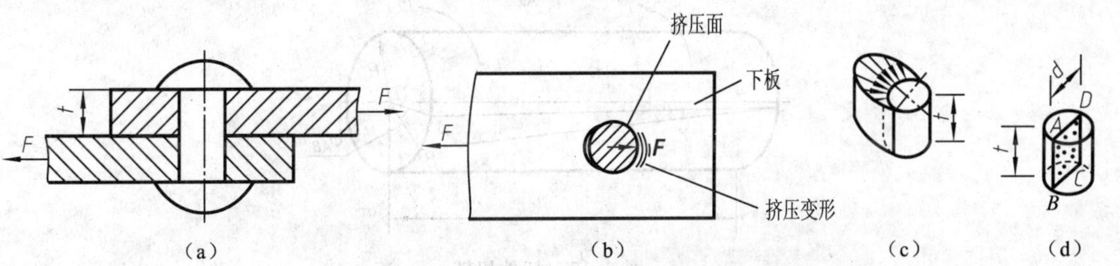

图 3-14　连接件的挤压受力面分析

3.6　圆轴扭转

扭转变形是构件的基本变形形式之一。以扭转为主要变形的杆件称之为轴。工程中的轴，大多是圆形截面的。本节主要讨论圆轴在受到扭转时，圆轴横截面上切应力的分布规律。

3.6.1　圆轴扭转的概念

在工程实际及日常生活中，经常会遇到一些发生扭转变形的杆，如图 3-15 所示的汽车中传递发动机动力的传动轴 AB，轴的左端受发动机的主动力偶作用，轴的右端受到传动齿轮的阻力偶作用，两个转动方向相反的力偶对轴产生扭转作用。另外，旋紧螺钉时的螺钉旋具（俗称起子），如图 3-16 所示，钻孔时的钻头等，这些杆件在工作时受到两个转动方向相反的力偶作用，它们均为扭转变形的实例。

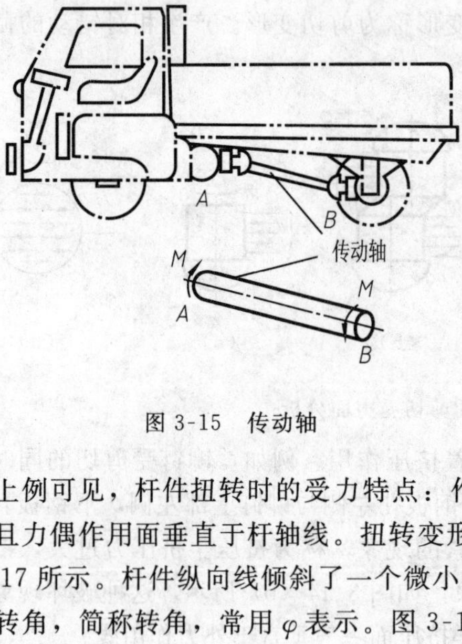

图 3-15　传动轴

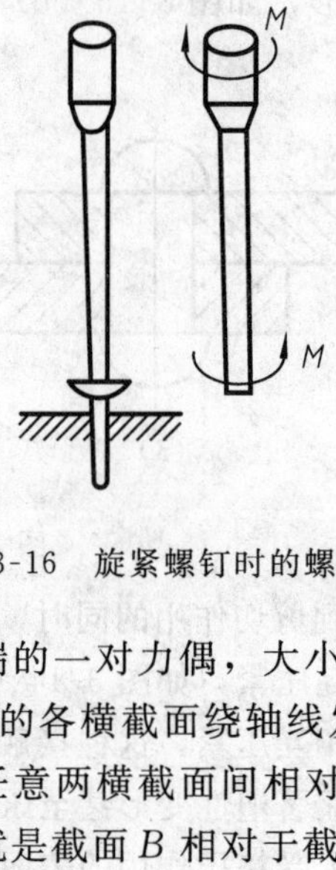

图 3-16　旋紧螺钉时的螺钉旋具

从上例可见，杆件扭转时的受力特点：作用在杆两端的一对力偶，大小相等，方向相反，而且力偶作用面垂直于杆轴线。扭转变形的特征：杆的各横截面绕轴线发生相对转动，如图 3-17 所示。杆件纵向线倾斜了一个微小的角度 γ，任意两横截面间相对转过的角位移称为扭转角，简称转角，常用 φ 表示。图 3-17 中的 φ_{AB} 就是截面 B 相对于截面 A 的转角。

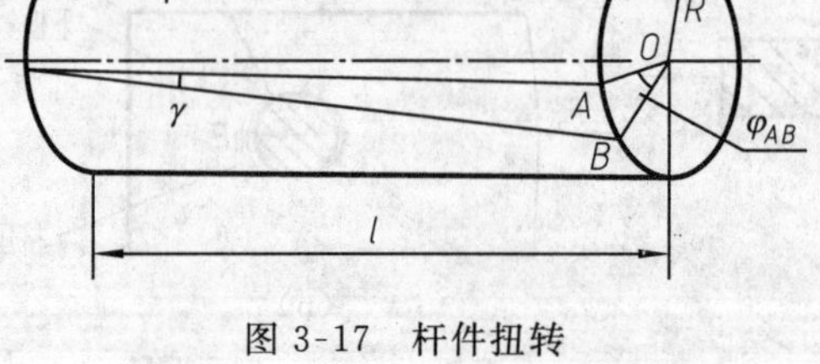

图 3-17　杆件扭转

*3.6.2 圆轴扭转时横截面上切应力的分布规律

1. 外力矩

研究圆轴扭转的强度和刚度问题时，首先要知道作用在轴上的外力偶矩的大小。在工程实际中，作用在轴上的外力偶矩，通常并不直接给出，而是已知轴所传递的功率和轴的转速。功率、转速和力偶矩之间的关系：

$$M=9550\frac{P}{n} \tag{3-2}$$

式中，M ——外力偶矩，单位为牛米（N·m）；

P ——轴传递的功率，单位为千瓦（kW）；

n ——轴的转速，单位为转/分（r/min）。

可以看出，轴所承受的外力偶矩与所传递的功率成正比。因此，在传递同样大的功率时，低速轴所受的外力偶矩比高速轴大，所以在传动系统中，低速轴的直径要比高速轴的直径粗一些。

另外在确定外力偶矩的转向时应注意，输入端受到的外力偶矩是带动轴转动的主动力偶矩，它的转向应与轴的转向一致；而输出端受到的外力偶矩是阻力偶矩，它的转向应与轴的转向相反。

2. 圆轴扭转时的切应力

如图 3-18（a）所示，在其表面上划出两条平行于轴线的纵向线和两条代表横截面的圆周线。扭转后的情况，如图 3-18（b）所示。

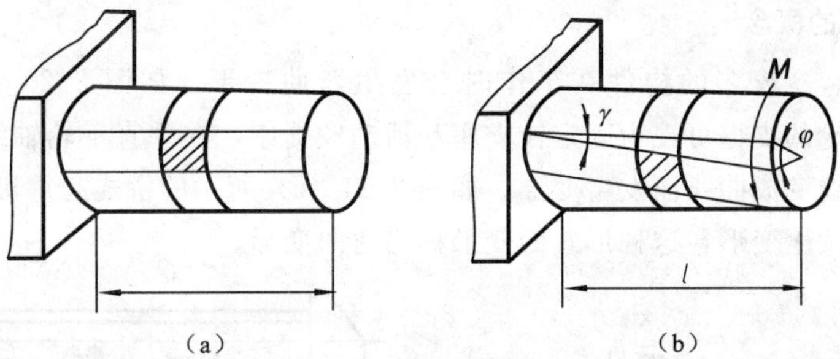

图 3-18 圆轴扭转时的切应力

由图 3-18 可以看出：

① 扭转变形时，圆轴相邻横截面间的距离不变，圆轴没有纵向变形，所以横截面上没有正应力。

② 扭转变形时，各纵向线同时倾斜了相同的角度，各横截面绕轴线产生了相对转动，即相邻横截面上各点都发生了相对错动，出现了剪切变形，因此横截面上各点都存在着切应力。又因截面半径长度不变，所以切应力方向与半径垂直。

综上所述，可知圆轴扭转时横截面上有垂直于半径方向的切应力。横截面上任一点处的切应力的大小与该点到圆心的距离 ρ 成正比，圆心处的切应力为零，同一圆周上各点切应力相等。切应力分布规律如图 3-19 所示，图 3-19（a）所示为实心轴截面，图 3-19（b）

所示为空心轴截面。

由图可见，在圆截面的边缘上切应力最大。

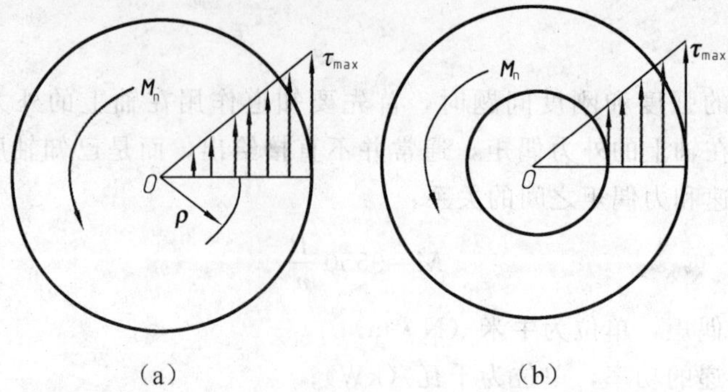

图 3-19　切应力分布规律

3.7　直梁弯曲

弯曲变形是工程实际中最常见的一种变形，工程中通常把以发生弯曲变形为主的构件称为梁。本节主要讨论直梁平面弯曲的概念、正应力的分布规律以及内力图的绘制。

3.7.1　直梁弯曲的概念

1. 直梁弯曲的概念

工程实际中，有较多的构件在工作时会发生弯曲变形。如图 3-20（a）所示的火车轮轴，轨道对车轮的支撑可视为固定铰支座和活动铰支座，在垂直于轮轴线的外力作用下，轮轴轴线将由直线变成曲线而发生变形。如图 3-21（a）所示的桥式起重机大梁，在外力作用下其轴线也将发生变形，这种形式的变形称为弯曲变形。

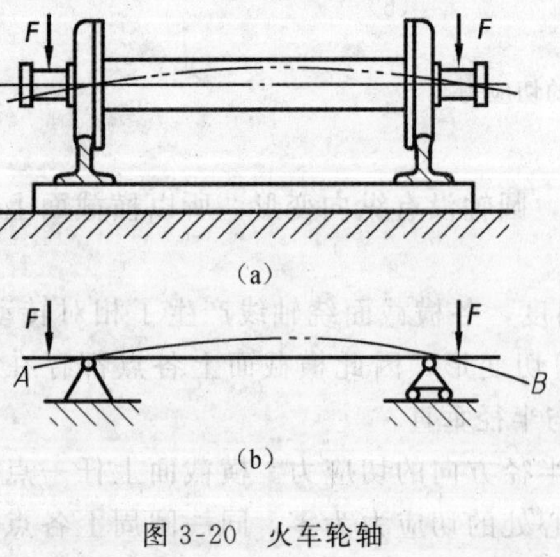

图 3-20　火车轮轴

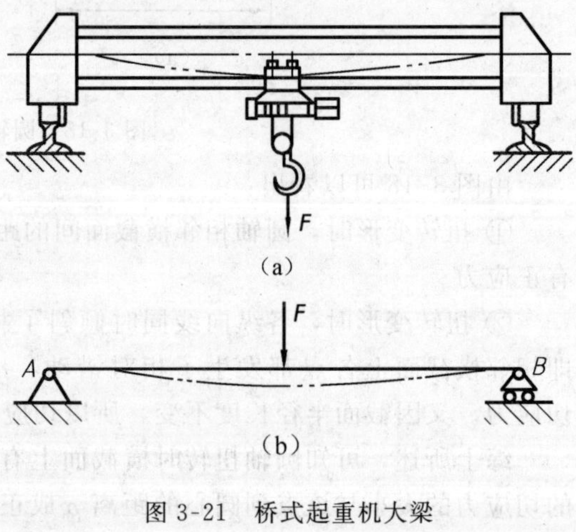

图 3-21　桥式起重机大梁

工程实际中，常见的直梁的横截面大多有一根纵向对称轴，如图 3-22 所示。由梁的无数个横截面的纵向对称轴构成的平面称为梁的纵向对称平面，如图 3-23 所示。

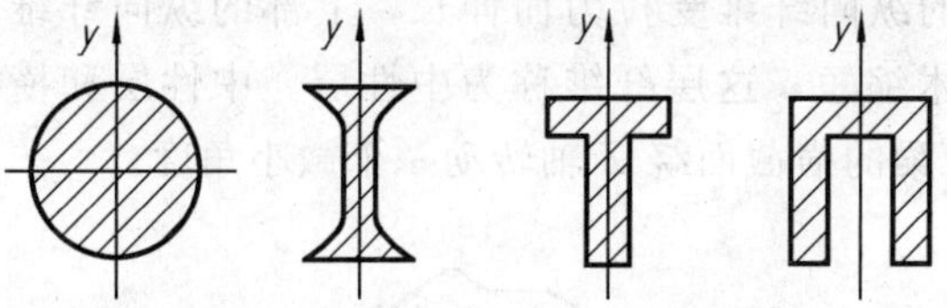

图 3-22　直梁的横截面

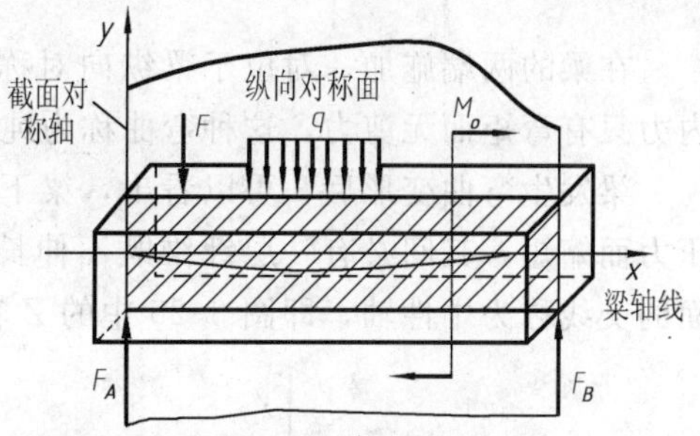

图 3-23　梁的纵向对称平面

若梁上的所有外力（包括外力偶）都作用在梁的纵向对称平面内，梁的轴线将在其纵向对称平面内弯成一条平面曲线，梁的这种弯曲称为平面弯曲。平面弯曲是最常见、最基本的弯曲变形。本节将主要讨论直梁的平面弯曲。

由以上工程实例可以看出，直梁平面弯曲的受力特点是：外力作用于梁的纵向对称平面内；变形特点是：梁的轴线在纵向对称平面内弯成一条平面曲线。

2. 梁的基本形式

根据梁的支座约束情况，工程中将梁分为以下三种基本形式。

（1）简支梁

梁的两端分别用铰链支座约束，大多数情况为一端是固定铰支座约束，另一端是活动铰支座约束。这种约束形式的梁称为简支梁，如图 3-21（b）所示。

（2）外伸梁

约束形式与简支梁相同，但梁的一端或两端伸出支座之外的梁称为外伸梁，如图 3-20（b)所示。

（3）悬臂梁

梁的一端为固定端约束，另一端为自由端约束的梁称为悬臂梁。如图 3-24（a)所示的车刀，刀架限制了车刀的随意移动和转动，故可简化为固定端，车刀则简化为悬臂梁，如图 3-24（b）所示。

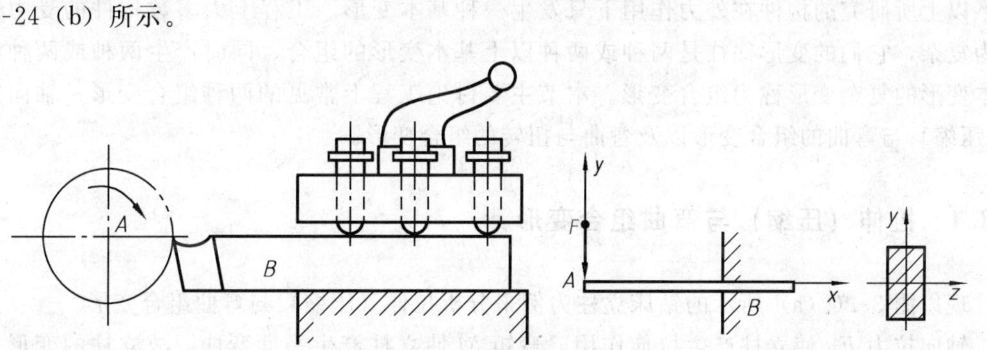

图 3-24　悬臂梁

*3.7.2　纯弯曲时横截面上正应力分布规律

在梁的两端施加一对位于梁纵向对称面内的力偶，梁则发生弯曲。梁任意横截面上的内力只有弯矩而无剪力，这种弯曲称为纯弯曲，这种梁称为纯弯曲梁。

梁发生弯曲变形后，可以看出，梁下部的纵向纤维受拉力而伸长，上部的纵向纤维受压力而缩短，其间必有一层纤维既不伸长也木缩短，这层纤维称为中性层。中性层和横截面的交线称为中性轴，即图 3-25 中的 Z 轴。梁的横截面绕 Z 轴转动一个微小角度。

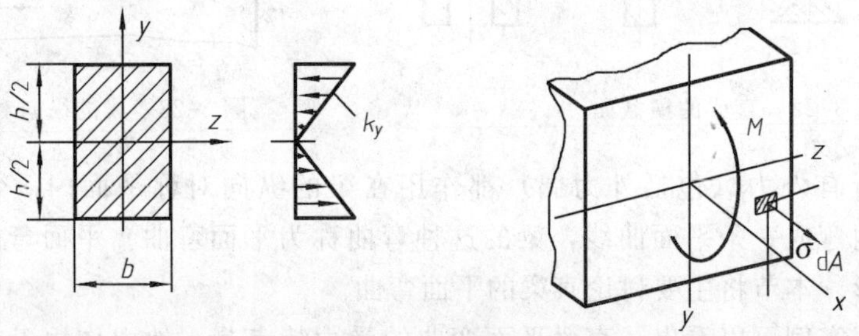

图 3-25　梁纯弯曲时横截面上正应力

矩形截面梁在纯弯曲时的正应力的分布有以下特点。

① 中性轴上的线应变为零，所以其正应力亦为零。

② 到中性轴距离相等的各点，其线应变相等。根据胡克定律，它们的正应力也相等。

③ 在图示的受力情况下，中性轴上部各点正应力为负值，中性轴下部各点正应力为正值。

④ 正应力沿 y 轴线性分布。最大正应力（绝对值）在离中性轴最远的上、下边缘处。

以中性轴为界，梁变形后靠凸的一侧受拉应力，靠凹的一侧受压应力。

*3.8　组合变形

以上所研究的构件在外力作用下只发生一种基本变形。工程上大多数构件的受力情况较为复杂，它们的变形往往是两种或两种以上基本变形的组合，同时产生两种或两种以上基本变形的复杂变形称为组合变形。本节主要讨论工程上常见的两种组合变形：轴向拉伸（或压缩）与弯曲的组合变形以及弯曲与扭转的组合变形。

3.8.1　拉伸（压缩）与弯曲组合变形

现以图 3-26（a）所示的钻床立柱为例来分析拉伸（压缩）与弯曲组合变形。

轴向拉力 F_N 使立柱产生拉伸作用，弯矩 M 使立柱产生平面弯曲，故立柱的变形为拉伸与弯曲的组合变形。

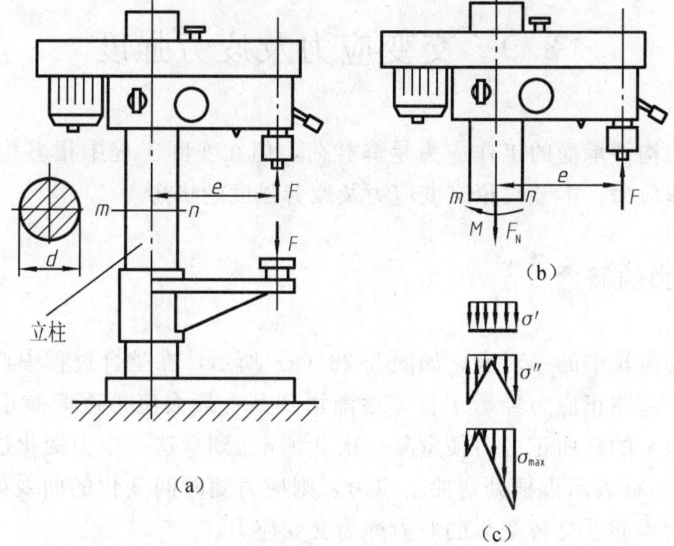

图 3-26 拉伸（压缩）与弯曲组合变形

3.8.2 弯曲与扭转组合变形

工程机械中的轴类构件，工作时大多数会发生弯曲与扭转的组合变形。如图 3-27（a）所示的一端固定、一端自由的圆轴，A 端装有半径为 R 的圆轮，在轮上 C 点处作用一切向水平力 F 。将轮轴简化并把力 F 向 A 点平移，结果为圆轴受到一横向平移力 F 和一附加力偶 M_A 的作用，如图 3-27（b）所示，横向力 F 使圆轴在 xz 平面内发生弯曲变形，力偶 M_A 使圆轴发生扭转变形，故圆轴的变形为弯曲与扭转的组合变形，简称弯扭组合变形。

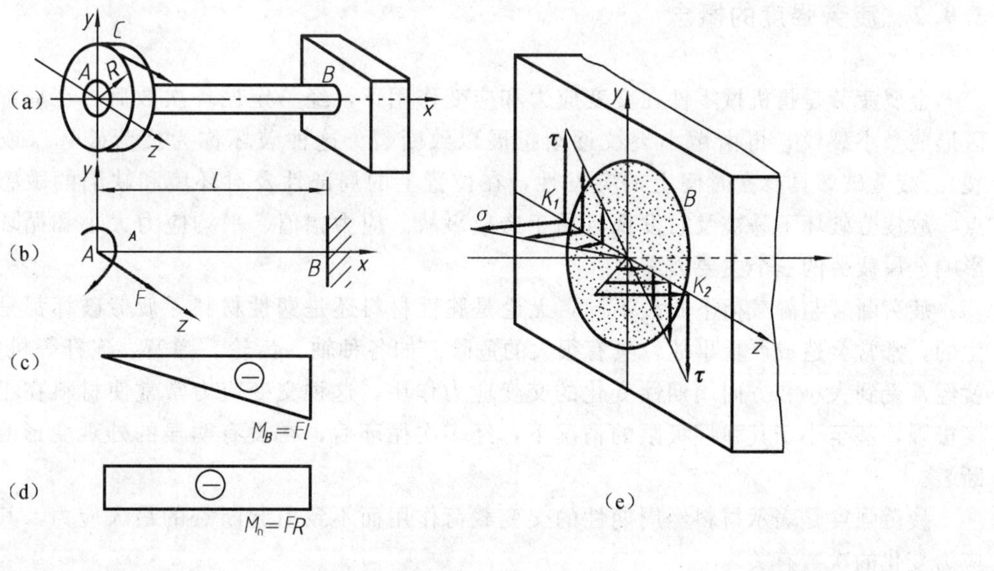

图 3-27 弯曲与扭转组合变形

*3.9 交变应力及疲劳强度

前面所讨论的构件承受的工作应力是静载荷，但在实际工程中很多构件多受到随时间改变而变化的工作应力。本节讨论交变应力及疲劳强度的概念。

3.9.1 交变应力的概念

例如单向传动齿轮中的一对齿，如图 3-28（a）所示，在啮合过程中，自开始接触到彼此脱离，齿根部的弯曲正应力经历了自零逐渐增到某一最大值再逐渐减小至零的过程，齿轮每转一圈，齿根上的弯曲正应力便重复一次 0 到 σ_{max} 到 0 这一应力变化过程。若以横坐标表示时间 t，用纵坐标表示齿根处弯曲正应力，则应力随时间变化的曲线如图 3-28（b）所示。这种随时间而周期性交替变化的应力称为交变应力。

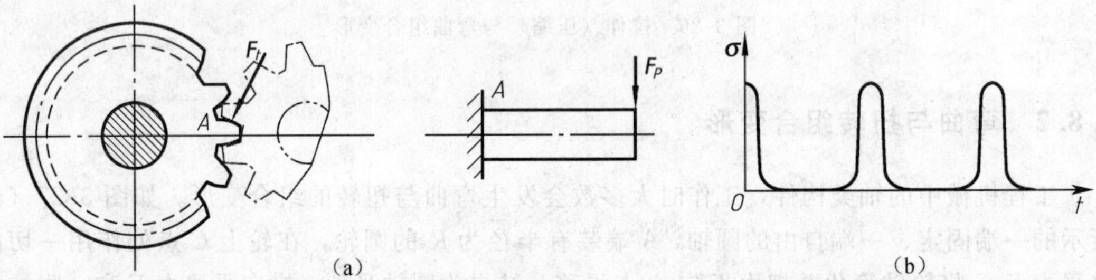

图 3-28 交变应力

3.9.2 疲劳强度的概念

金属疲劳是指机械零件在交变应力和应变作用下，经一定循环次数后，在局部高应力区形成微小裂纹，再由微小裂纹逐渐扩展以致断裂。这种破坏称为疲劳破坏（或疲劳断裂）。疲劳破坏具有在时间上的突发性，在位置上的局部性及对环境和缺陷的敏感性等特点，故疲劳破坏不易被及时发现且易于造成事故。应力幅值、平均应力大小和循环次数是影响金属疲劳的三个主要因素。

疲劳断裂与静载荷下断裂不同，无论是脆性材料还是塑性材料，疲劳破坏都是突然发生的，常常会造成严重事故，具有很大的危险。如各种轴、齿轮、弹簧、连杆等机械零件，就经常受到大小和方向周期性变化的交变应力作用，这种交变应力常常使材料在小于其强度极限，甚至小于其弹性极限的情况下，经多次循环后，在没有明显的外观变形时，发生断裂。

疲劳强度是表示材料经周期性的交变载荷作用而不致引起断裂的最大应力，其大小与应力变化的次数有关。

对于钢材，一般取循环次数 $N=10^7$；对有色金属取 $N=10^8$，这种取一定循环次数为基数来确定材料的疲劳强度，称为条件疲劳强度。

金属的疲劳破坏与很多因素有关，可通过改善零件的结构形状，避免应力集中，改善表面粗糙度，进行表面热处理和表面强化处理来提高金属材料的疲劳强度。

*3.10　压杆稳定

当直杆受到轴向压缩时，就要考虑直杆是否会发生突然变弯的可能。本节讨论压杆失稳条件和临界载荷概念。

受轴向拉伸的直杆，无论杆的尺寸如何，都可用强度计算公式进行强度计算。但受轴向压缩的直杆，如果是细长杆则可能出现不能保持压杆原有直线平衡状态而突然变弯的现象，称为压杆直线状态的平衡丧失了稳定性，简称压杆失稳。例如，一根宽 30mm，厚 5mm 的矩形截面的杆件，对其施加轴向压力，如图 3-29 所示。设材料的抗压强度极限 $\sigma_b=40\text{MPa}$，由实验可知，当杆很短时(设高为 30mm)，如图 3-29 (a) 所示，杆件能承受的压力为

$$F=\sigma_b A=40\times30\times5\text{N}=6000\text{N}$$

但是，如果杆长为 1m，则只需 30N 的压力，杆就会变弯，压力若再增大，杆将产生显著的弯曲变形而失去工作能力，如图 3-29 (b)。这说明，细长杆受压时，丧失工作能力不是因为强度不够，而是由于其轴线偏离原平衡状态所致。

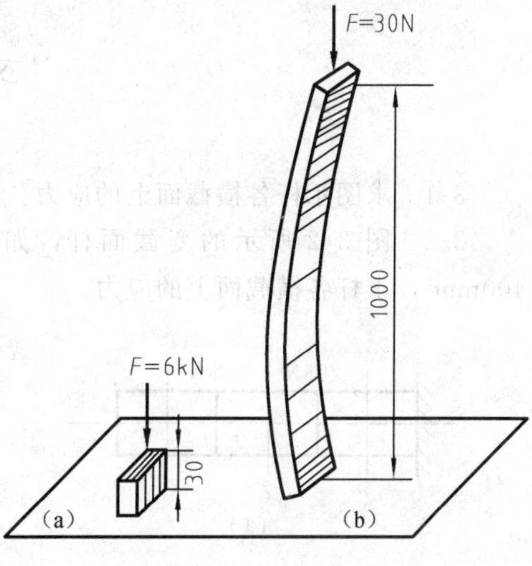

图 3-29　压杆稳定

小　　结

1. 内力是指在外力作用下，物体内部各部分之间的相互作用；求内力的方法是截面法，它是材料力学的一个基本方法。应力是单位面积上的内力；变形是在载荷作用下，构件的形状和尺寸发生的变化，可以用正应变和剪应变来度量变形的程度。

2. 杆件是指长度远大于横截面尺寸的构件，它是材料力学主要研究的对象。杆件的变形形式有各种各样，但基本形式有四种：拉伸和压缩、剪切与挤压、扭转、弯曲。

3. 杆件的拉伸和压缩是材料力学中最基本的问题，对此问题的分析研究，首先要分析外力，其次用截面法研究杆件的内力，然后再分析杆件横截面上的正应力及杆件的线变形和线应变，最后通过强度条件和刚度条件解决工程实际问题——强度或刚度的校核、设计截面、确定容许载荷。

截面法是材料力学中由外力求内力的基本方法，必须掌握截面法的正确步骤。

4. 塑性与脆性材料的力学性能在拉伸与受压缩时各不相同。

5. 剪切变形是杆件的基本变形之一。剪切件受剪切作用时，承受大小相等、方向相反且非常邻近的一对平行力作用，而使剪切件在此两作用面（剪切面）上发生相对错动的剪切变形。

6. 圆轴扭转的概念，扭转时轴内部存在切应力，能绘制轴的扭矩图。

7. 理解直梁弯曲的概念；了解纯弯曲时横截面上正应力的分布规律。

8. 不同的变形形式可以组合，主要有拉伸（压缩）与弯曲的组合变形、弯扭组合的变形形式。

9. 受轴向压缩的直杆，如果是细长杆则可能出现不能保持压杆原有直线平衡状态而突然变弯的现象，称为压杆直线状态的平衡丧失了稳定性，简称压杆失稳。在工程中失稳常会导致突发事故。

习　题

3-1　求图示杆各横截面上的应力。已知横截面面积 $A=400\text{mm}^2$。

3-2　图 3-2 所示的变截面杆，如横截面面积 $A_1=200\text{mm}^2$，$A_2=300\text{mm}^2$，$A_3=400\text{mm}^2$，求杆各横截面上的应力。

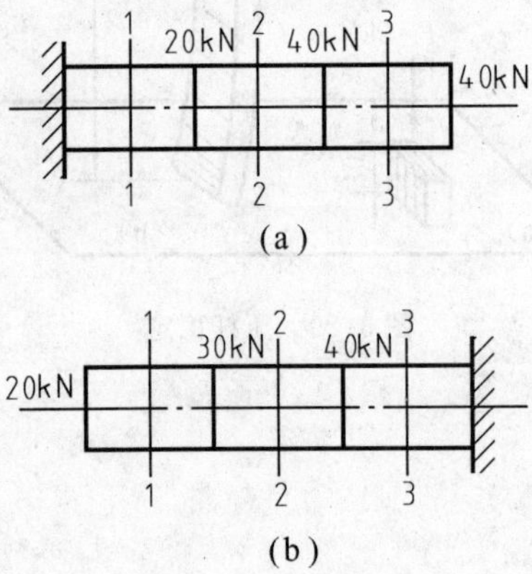

题 3-1 图

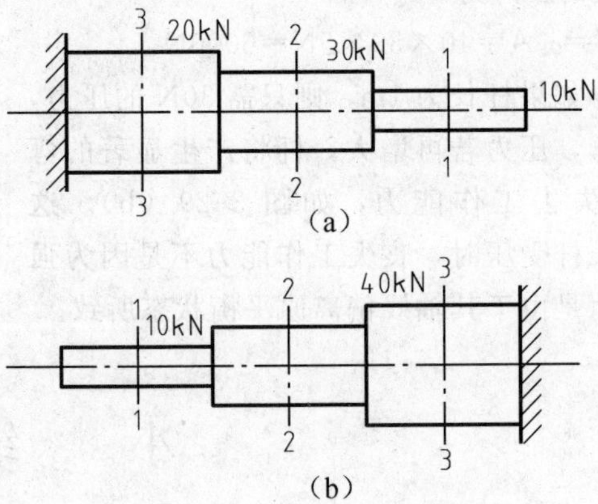

题 3-2 图

3-3　图中所示钢杆 CD 直径为 20mm，用来拉住刚性梁 AB。已知 $F=10\text{kN}$，求钢杆横截面上的正应力。

3-4　直径 $D=50\text{mm}$ 的圆轴，受到扭矩 $M_x=2.15\text{kN}\cdot\text{m}$ 的作用。试求在距离轴心 10mm 处的切应力，并求轴横截面上的最大切应力。

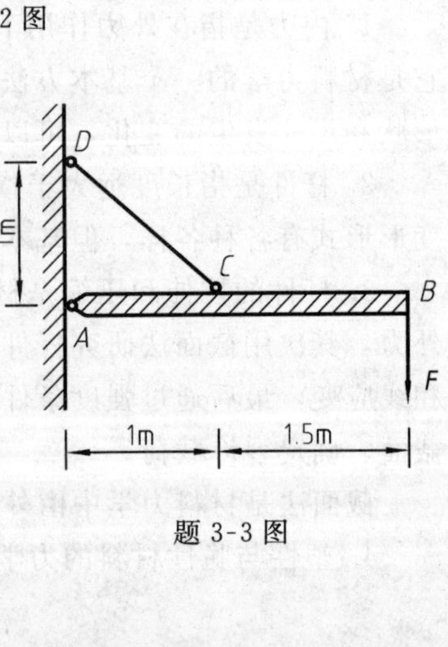

题 3-3 图

第4章 工程材料

材料是人类生产和生活的物质基础，是人类社会发展和文明进步的重要标志。机械工程材料按其成分特点，可分为金属材料、非金属材料和复合材料三大类，如图 4-1 所示。金属材料通常分为黑色金属和有色金属两大类，金属材料是现代工业、农业、国防及科学技术等领域广泛使用的材料；非金属材料主要包括高分子材料和陶瓷材料，非金属材料以特有的性能得到越来越广泛的应用；复合材料是由两种或两种以上不同材料通过复合工艺组合而成，是一类特殊的材料，具有广阔的发展前景。

金属材质的齿轮

非金属材质的塑料齿轮

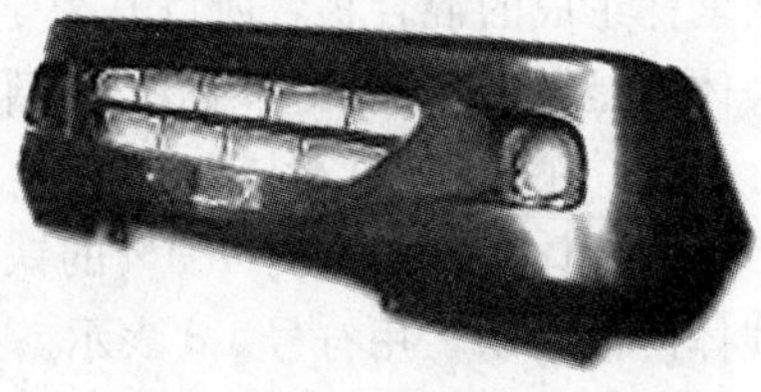
复合材料的汽车保险杠

图 4-1　工程材料的应用

4.1　黑色金属材料

金属材料是现代机械制造业的基本材料，广泛应用于制造各种生产设备、工具和生活用品。黑色金属材料是指以铁或以它为主而形成的物质，如钢和生铁。

*4.1.1　Fe-Fe_3C 合金状态图

钢铁材料是现代机械制造业中应用最为广泛的合金，它们均是由铁和碳两种元素为基本元素组成的合金。但是由于钢铁材料中成分的不同，使得材料的组织和性能也不相同，应用的场合也有差别。

1. 铁碳合金的基本组织

在铁碳合金中，碳与铁既可以组成化合物，也可以形成固溶体，还可以形成混合物。

在铁碳合金中主要有以下几种基本组织。

（1）铁素体（F）

碳溶解在 α-Fe 中形成的间隙固溶体称为铁素体，用符号 F 表示。由于铁素体的含碳量低，所以它的性能与纯铁相似，即具有良好的塑性和韧性，但强度和硬度较低。

（2）奥氏体（A）

碳溶解在 γ-Fe 中形成的间隙固溶体称为奥氏体，用符号 A 表示。奥氏体的强度和硬度不高，但具有良好的塑性，是绝大多数钢在高温锻造和轧制时所要求的组织。奥氏体存在于 727℃以上的高温范围内。

（3）渗碳体（Fe_3C）

渗碳体是含碳量为 6.69％的铁与碳的金属化合物，其化学式为 Fe_3C。渗碳体的熔点为 1227℃，硬度很高，塑性很差，伸长率和冲击韧度几乎为零，是一个硬而脆的组织。对钢的力学性能影响很大。

渗碳体在适当条件下（如高温长期停留或缓慢冷却）能分解为铁和石墨，这一点在铸造工艺中具有重要意义。

（4）珠光体（P）

珠光体是铁素体和渗碳体的混合物，用符号 P 表示。

在缓慢冷却条件下，珠光体的含碳量为 0.77％。由于珠光体是由硬的渗碳体和软的铁素体组成的混合物，所以其力学性能取决于铁素体和渗碳体的性质以及它们各自的特点。大体上是两者性能的平均值，故珠光体的强度较高，硬度适中，具有一定的塑性。

（5）莱氏体（Ld 与 Ld′）

莱氏体是含碳量为 4.3％的铁碳合金，在 1148℃时从液相中同时结晶出的奥氏体和渗碳体的混合物，用符号 Ld 表示。由于奥氏体在 727℃时还将转变为珠光体，所以在室温下的莱氏体由珠光体和渗碳体组成，这种混合物叫低温莱氏体，用符号 Ld′表示。

莱氏体的力学性能和渗碳体相似，硬度很高，塑性很差。

2. Fe-Fe_3C 合金状态图的组成

铁碳合金相图表示在缓慢冷却（或缓慢加热）的条件下，不同成分的铁碳合金的状态或组织随温度变化的图形。

（1）铁碳合金相图的组成

在铁碳合金中，铁和碳可以形成一系列化合物。但工业用铁碳合金的含碳量一般不超过 5％，因为含碳量更高的铁碳合金，脆性很大，难以加工，没有实用价值。因此，我们研究的铁碳合金只限于 Fe-Fe_3C ［ω（C）＝6.69％］部分，故铁碳合金相图也可以认为是 Fe-Fe_3C 相图。

纵坐标为温度，横坐标为含碳量的质量分数。经简化后的 Fe-Fe_3C 相图如图 4-2 所示。

（2）Fe-Fe_3C 相图中点、线的含义

在 Fe-Fe_3C 相图上，有若干合金状态的分界线，它们是不同成分合金具有相同含义的临界点的连线。几条主要特性线的物理含义如下：

① ACD 液相线。此线以上区域全部为液相，用 L 来表示。金属液冷却到此线开始结晶，在 AC 线以下从液相中结晶出奥氏体，在 CD 线以下结晶出渗碳体。

② AECF 固相线。金属液冷却到此线全部结晶为固态，此线以下为固态区。

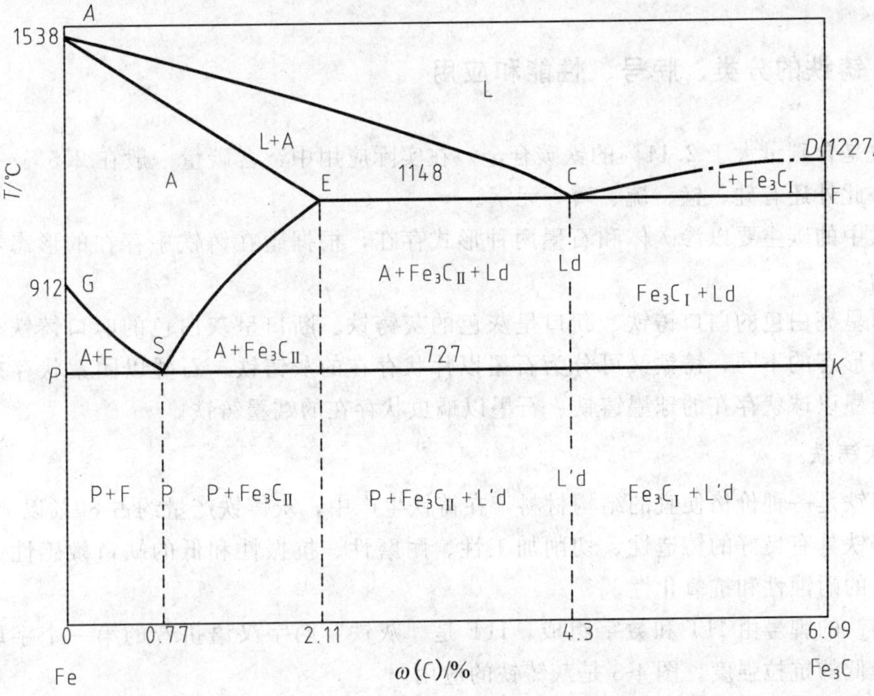

图 4-2 简化后的 $Fe\text{-}Fe_3C$ 相图

液相线与固相线之间为金属液的结晶区域。该区域内金属液与固相并存，AEC 区域内为金属液与奥氏体，CDF 区域内为金属液与渗碳体。

③ GS 线。冷却时从奥氏体中析出铁素体的开始线（或加热时铁素体转变成奥氏体的终止线），常用符号 A_3 表示。

④ ES 线。该线是碳在奥氏体中的溶解度线，常用符号 Acm 表示。在 1148℃时，碳在奥氏体中的溶解度为 2.11%（即 E 点含碳量），在 727℃时降到 0.77%（相当于 S 点）。多余的碳将以渗碳体的形式从奥氏体中析出。将奥氏体中析出的渗碳体称为二次渗碳体。

⑤ ECF 共晶线。当金属液冷却到此线时（1148℃），将发生共晶转变，从金属液中同时结晶出奥氏体和渗碳体的混合物，即莱氏体。

⑥ PSK 共析线。常用符号 A_1 表示，当合金冷却到此线时（727℃），将发生共析转变，从奥氏体中同时析出铁素体和渗碳体的混合物，即珠光体。

（3）铁碳合金的分类

根据含碳量、组织转变的特点及室温组织，铁碳合金一般分为工业纯铁、钢及白口铸铁，具体分类见表 4-1。

表 4-1 铁碳合金分类

合金类别	工业纯铁	钢			白口铸铁		
		亚共析钢	共析钢	过共析钢	亚共晶白口铸铁	共晶白口铸铁	过共晶白口铸铁
含碳量/%	<0.0218	0.0218～2.11			2.11～6.69		
		<0.77	0.77	>0.77	<4.3	4.3	>4.3

4.1.2 铸铁的分类、牌号、性能和应用

铸铁是含碳量大于2.11%的铁碳合金。在实际应用中，含碳量一般在2.5%～4.0%的范围内，此外还有硅、锰、硫、磷等元素。

铸铁中的碳主要以渗碳体和石墨两种形式存在，根据碳在铸铁中存在的形态不同，铸铁可分为：

断口呈亮白色的白口铸铁、断口呈灰色的灰铸铁、断口呈灰白色的麻口铸铁；根据铸铁中石墨形态的不同，铸铁又可分为石墨以片状存在的灰铸铁、石墨以团絮状存在的可锻铸铁、石墨以球状存在的球墨铸铁、石墨以蠕虫状存在的蠕墨铸铁。

1. 灰铸铁

灰铸铁是一种价格便宜的结构材料，在铸铁生产中，灰铸铁产量约占80%以上。

灰铸铁具有良好的铸造性、切削加工性、耐磨性、抗振性和低的缺口敏感性；灰铸铁还有良好的耐蚀性和抗氧化性。

灰铸铁的牌号由HT和数字组成，HT是“灰铁”两字汉语拼音的第一个字母，数字表示其最低的抗拉强度。图4-3是灰铸铁的应用。

皮带轮

床身

图4-3 灰铸铁的应用

2. 球墨铸铁

球墨铸铁具有良好的力学性能和工艺性能，并能通过热处理使其力学性能在较大范围内变化，其强度、塑性和韧性等机械性能远远超过灰铸铁而接近于普通碳素钢，同时又具有灰铸铁的一系列优良性能，如良好的铸造性、耐磨性、切削性、加工性和低的缺口敏感性等。因此球墨铸铁常用于制造一些受力复杂，强度、硬度、韧性和耐磨性要求较高的零件，如内燃机曲轴、连杆、减速箱齿轮等。但球墨铸铁的过冷倾向大，易产生白口组织，而且铸件也容易产生疏松等缺陷。

球墨铸铁的牌号由QT和两组数字组成，QT是“球铁”两字汉语拼音的第一个字母，两组数字分别表示其最低抗拉强度和最低伸长率。如QT400—15表示球墨铸铁，最低抗拉强度为400MPa，最低伸长率为15%。图4-4是球墨铸铁的应用。

图 4-4 球墨铸铁的应用

3. 可锻铸铁

可锻铸铁俗称玛钢、马铁。它是白口铸铁通过石墨化退火，使渗碳体分解得到团絮状石墨的铸铁。由于石墨呈团絮状，减轻了石墨对金属基体的割裂作用和应力集中，因而与灰铸铁相比，可锻铸铁具有较高的强度，塑性和韧性也有很大提高。由于其具有一定塑性变形的能力，故得名可锻铸铁，实际上可锻铸铁并不能锻造。

可锻铸铁的牌号用三个汉语拼音字母和两组数字来表示。前两个字母"KT"是"可铁"两字的汉语拼音的第一个字母，第三个字母代表可锻铸铁的类别，其中 H、Z 和 B 分别表示黑心可锻铸铁、珠光体可锻铸铁和白心可锻铸铁，后面两组数字分别表示最低抗拉强度和最低伸长率。如 KTH350—10 表示黑心可锻铸铁，最低抗拉强度为 350MPa，最低伸长率为 10%。可锻铸铁可用来制造形状复杂、承受冲击载荷的薄壁和中小型零件，如管道配件、中低压阀门、车轮壳、活塞环等。图 4-5 是可锻铸铁的应用。

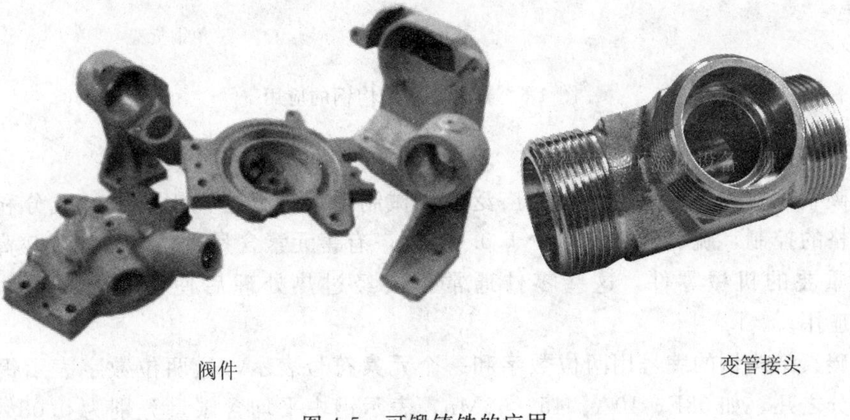

图 4-5 可锻铸铁的应用

4.1.3 常用碳钢的牌号、性能和应用

碳素钢简称碳钢，指含碳量大于 0.0218%小于 2.11%，且不含有特意加入合金元素的铁碳合金。碳素钢冶炼方法简单，容易加工，价格便宜，具有较好的力学性能和工艺性能，

故在机械制造、交通运输、工程建筑等许多领域中得到广泛的应用。

下面简要介绍几种常用的碳素钢。

1. 普通碳素结构钢

普通碳素结构钢的强度和硬度不高，但冶炼方便，产量大，价格便宜，且具有良好的塑性和焊接性，通常轧制成钢板、钢带和各种型钢、棒钢等，能满足一般工程结构和普通零件的性能要求。普通碳素结构钢一般以热轧空冷状态供应，适用于一般工程结构、桥梁、船舶和厂房等建筑结构或一些受力不大的机械零件。

普通碳素结构钢的牌号由代表屈服点的汉语拼音字母“Q”、屈服点数值、质量等级符号、脱氧方法符号四个部分按顺序组成。质量等级按硫、磷含量的多少分别用 A，B，C，D 表示，其中 A 级的硫、磷含量最高，D 级的硫、磷含量最低。脱氧方法符号用 F，b，Z，TZ 表示，F 是沸腾钢；b 是半镇静钢；Z 是镇静；TZ 是特殊镇静钢。标注时 Z 和 TZ 可以省略。例如 Q235—A·F，Q 表示屈服点为 235MPa 的 A 级沸腾钢。图 4-6 是普通碳素结构钢的应用。

板材

角钢货架

图 4-6　普通碳素结构钢的应用

2. 优质碳素结构钢

优质碳素结构钢是一种应用极为广泛的机械制造用钢，这类钢的化学成分和力学性能均有较严格的控制，硫、磷含量均少于 0.035%，有害元素含量少，因此质量较高，常用来制造各种重要的机械零件，这些零件通常都要经过热处理后使用。图 4-7 是优质碳素结构钢的应用。

优质碳素结构钢的牌号用两位数字和一个元素符号表示，这两位数字表示钢中平均含碳量的万分之几。如 08F、10A、45、65Mn，表示钢中平均含碳量分别为 0.08%、0.1%、0.45%、0.65%。含碳量后面加“A”表示高级优质钢，加“F”表示沸腾钢；含锰量较高时则在含碳量后面加锰元素符号“Mn”。

优质碳素结构钢根据含碳量又可分为低碳钢、中碳钢和高碳钢。

08～25 钢属低碳钢。这类钢含碳量很低，因此强度和硬度较低，而塑性、韧性和焊接性良好。主要用于制造冲压件、焊接结构件及强度要求不太高的机械零件及渗碳件，如冲压件、小轴、销子、法兰盘、螺钉、垫圈和焊接件等。

圆钢

轴

图 4-7 优质碳素结构钢的应用

30～55 钢属中碳钢。这类钢具有较高的强度和硬度，塑性和韧性随含碳量的增加而逐步降低，切削性能良好。这类钢经调质后，能获得较好的综合力学性能，主要用来制造受力较大的机械零件，如齿轮、丝杠、连杆和各种轴类零件等。

60 钢以上的牌号属高碳钢。这类钢由于含碳量高，具有较高的强度、硬度和弹性，但切削加工性、锻造性和焊接性差，主要用于制造具有较高强度、耐磨性和弹性的零件，如各种弹簧、弹簧垫圈等弹性元件及耐磨件。

3. 碳素工具钢

碳素工具钢是用于制造刀具、模具和量具的钢。由于大多数工具都要求高硬度和高耐磨性，故碳素工具钢含碳量在 0.7%以上，属于高碳钢，都是优质钢或高级优质钢。这类钢的含碳量范围可保证淬火后有足够的硬度。虽然各种牌号的碳素工具钢淬火后的硬度相差不大，但随着含碳量的增加，未溶渗碳体增加，钢的硬度、耐磨性增加，而韧性下降，因此不同牌号的工具钢用于制造不同情况下使用的工具，如冲头、钻头、锤头、车头、刨刀、丝锥、钻头、锉刀等。

碳素工具钢的牌号，用汉字“碳”的汉语拼音字母字头“T”及后面的阿拉伯数字表示，后面的数字表示钢中平均含碳量的千分之几。例如 T8 表示含碳量为 0.8%的碳素工具钢。含碳量后面加注“A”，表示高级优质钢，如 T10A。若为含锰量较高的碳素工具钢，则在牌号后加锰元素符号“Mn”。图 4-8 是碳素工具钢的应用。

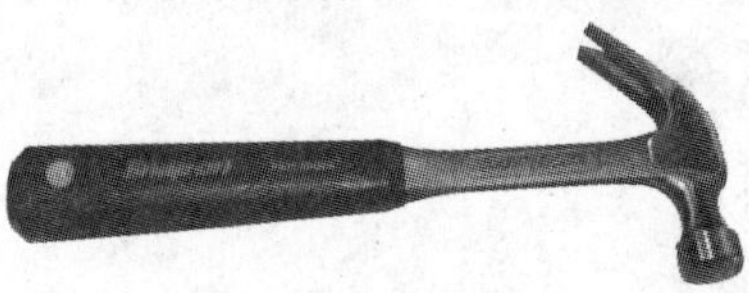

锤子

挫刀

图 4-8 碳素工具钢的应用

4. 铸造碳钢

铸造碳钢是将钢水直接浇注成零件毛坯的碳钢。铸造碳钢的含碳量一般在 0.2%～0.6%之间，如果含碳量过高，则塑性变差，而铸造时易产生裂纹。铸造碳钢一般用于制造形状复杂、力学性能要求较高的机械零件如减、变速箱体缸体、曲轴、大齿轮、汽缸体等。这些零件形状复杂，很难用锻造或机械加工的方法制造，又由于力学性能要求较高，不能用铸铁来铸造。

铸造碳钢的牌号由“铸钢”两字的汉语拼音字母字头“ZG”后面加两组数字组成，第一组数字代表屈服强度值，第二组数字代表最低抗拉强度值。例如 ZG230—450 表示屈服点为 230MPa，最低抗拉强度为 450MPa 的铸造碳钢。图 4-9 是铸造碳钢的应用。

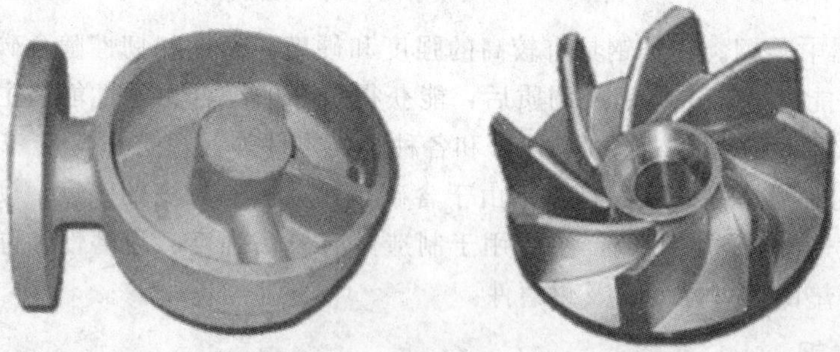

阀体　　叶轮

图 4-9　铸造碳钢的应用

4.1.4　合金钢的分类、牌号、性能及应用

合金钢是在碳素钢的基础上，为了改善钢的性能，在冶炼时特意加入一种或多种合金元素的钢。这类钢中除含有硅、锰、硫、磷外，还根据钢种要求加入一定数量的合金元素，如铬、镍、钼、钨、钴、硼、铝、钛等合金元素。

合金钢的分类方法很多，最常用的是以下两种分类方法。

按照用途分类：

① 合金结构钢：用于制造机械零件和工程结构的钢；

② 合金工具钢：用于制造各种工具的钢；

③ 特殊性能钢：具有某种特殊性能的钢，如不锈钢、耐热钢、耐磨钢等。

按照合金元素总含量分类：

① 低合金钢：合金元素总含量低于 5%；

② 中合金钢：合金元素总含量为 5%～10%；

③ 高合金钢：合金元素总含量高于 10%。

下面介绍几种常用的合金钢。

1. 合金结构钢

合金结构钢可以分为低合金结构钢和机械制造用钢两类。

合金结构钢的牌号采用“两位数字＋合金元素符号＋数字”表示。前面的两位数字表示钢中平均含碳量的万分之几；合金元素符号表示钢中含有的主要合金元素；合金元素符号后的数字表示该元素含量的百分之几，当合金元素的平均含量<1.5%时，一般不标明含量；当平均含量在1.5%～2.5%，2.5%～3.5%，…时，则相应地用2、3、…表示。如60Si2Mn表示碳的平均含量为0.6%、硅含量为2%、锰含量<1.5%的合金结构钢。

有一些特殊专用钢，为表示钢的用途，在钢的牌号前面冠以汉语拼音字母字头，而不标含碳量，合金元素含量的标注也和上述有所不同。例如滚动轴承钢是制造滚动轴承的专用钢，常用的牌号有GCr9、GCr15、GCr9SiMn，牌号中“G”为“滚”字汉语拼音字首，铬元素符号后的数字表示平均含铬量的千分数，如GCr15表示含Cr为1.5%。

（1）低合金结构钢

低合金结构钢的含碳量较低，加入的主要合金元素是锰、硅、钒、铌和钛等。由于合金元素的强化作用，这类钢的强度（尤其是屈服点），显著高于同等含碳量的碳素结构钢，而且具有良好的塑性、韧性、耐蚀性和焊接性。主要用于制造各种结构件，可减轻重量，提高构件的可靠性及延长构件的使用寿命。因此，低合金结构钢（如Q925、Q345、Q390、Q460等），广泛用于制造桥梁、建筑、船舶、车辆、起重运输机械和高压容器等。图4-10是低合金结构钢的应用。

压力容器

桥梁

图4-10　低合金结构钢的应用

（2）机械制造用钢

机械制造用钢按照用途和热处理方法可分为合金渗碳钢、合金调质钢、合金弹簧钢和滚动轴承钢等几种。

① 合金渗碳钢。合金渗碳钢主要用来制造既要有优良的耐磨性、耐疲劳性，又能承受冲击载荷作用，并且具有高的韧性和足够高强度的零件，如内燃机上的凸轮轴、活塞销、汽车和拖拉机中的变速齿轮等机器零件。

合金渗碳钢的含碳量在0.1%～0.25%之间，可保证心部有足够的塑性和韧性；加入一定量的铬、镍、锰、硅、硼等合金元素以提高钢的淬透性，保证零件在热处理后，表层和心部均得到强化；加入钒、钛等合金元素，主要是为了防止在高温长时间渗碳过程中的晶粒长大。合金渗碳钢的牌号有20Cr、20MnVB、20Cr2Ni4等。图4-11是合金渗碳钢的应用。

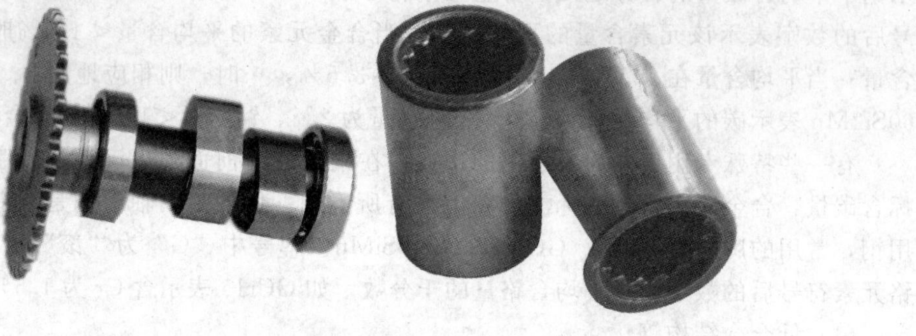

凸轮轴　　花键套轴

图 4-11　合金渗碳钢的应用

② 合金调质钢。合金调质钢经过调质热处理后具有高的强度和良好的塑性、韧性，即具有良好的力学性能，主要用于制造一些受力复杂的重要零件，广泛用于制造汽车、拖拉机、机床和其他机器上的各种重要零件，如齿轮、连杆和高强螺栓等。

合金调质钢的含碳量在 0.25%～0.50%之间。合金调质钢中常加入少量铬、锰、硅、镍、硼等合金元素以增加钢的淬透性，使铁素体强化并提高韧性；加入少量钼、钒、钨、钛等碳化物形成元素，可阻止奥氏体晶粒长大和提高钢的回火稳定性，以进一步改善钢的性能。合金调质钢的热处理工艺是调质（淬火后高温回火），使零件具有良好的综合力学性能。若要求零件表面有很高的耐磨性，可在调质后再进行表面淬火或化学热处理。常用合金调质钢的牌号有 40Cr、45Mn2、35CrMo、38CrMoAlA。图 4-12 是合金调质钢的应用。

齿轮轴　　齿轮

图 4-12　合金调质钢的应用

③ 合金弹簧钢。合金弹簧钢是一种专用结构钢，主要用于制造各种弹簧和弹性元件。因此，合金弹簧钢具有高的强度、高的弹性极限、高的疲劳极限和足够的塑性和韧性等。此外，还具有较好的淬透性，不易脱碳和过热，容易绕卷成形等。图 4-13 是合金弹簧钢的应用。

合金弹簧钢含碳量一般为 0.50%～0.7%。含碳量过高，塑性和韧性降低，疲劳极限也下降。可加入的合金元素有锰、硅、铬、钒和钨等。加入硅、锰主要是提高钢的淬透性，同时也提高钢的弹性极限，重要用途的弹簧钢必须加入铬、钒、钨等。它们不仅使钢材有更高的淬透性，不易过热，而且还能使钢材有更高的高温强度和韧性。

图 4-13　合金弹簧钢的应用

④ 滚动轴承钢。滚动轴承钢用来制造滚动轴承的内外套圈及滚动体（滚珠、滚柱、滚针），也可用来制造各种工具和耐磨机件，如冷冲模、机床丝杠等。因此，滚动轴承钢必须具有高的硬度和耐磨性、高的弹性极限和接触疲劳强度、足够的韧性和一定的耐蚀性。图 4-14是滚动轴承钢的应用。

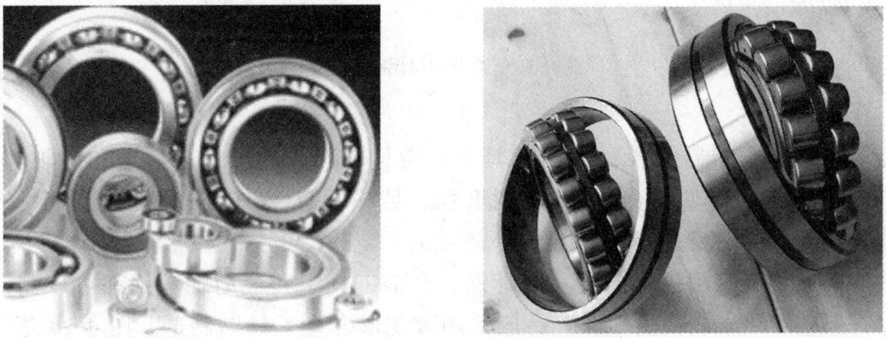

图 4-14　滚动轴承钢的应用

2. 合金工具钢

合金工具钢按用途可分为刃具钢、模具钢和量具钢。

合金工具钢的牌号与合金结构钢相似，采用“一位数字＋合金元素符号＋数字”表示。前面的一位数字表示钢中平均含碳量的千分之几，当平均含碳量超过 1％时，一般不标出含碳量数字，合金元素及其含量的标注方法与合金结构钢相同。如 9SiCr 表示平均含碳量为 0.9％，硅、铬含量均＜1.5％的合金工具钢；Cr12MoV 则表示平均含碳量≥1％，铬含量为 12％，钼、钒含量＜1.5％的合金工具钢。高速钢牌号的表示方法略有不同，其含碳量不予标出，合金元素及其含量的标注与合金结构钢相同。例如 W18Cr4V 表示平均含碳量为 0.7％～0.8％，平均含钨量为 18％，平均含铬量为 4％，含钒量小于 1.5％的高速钢。

（1）合金刃具钢

合金刃具钢主要用于制造车刀、铣刀、钻头等各种金属切削刀具，因此要求有高硬度、高红硬性、高耐磨性、足够的强度以及良好的塑性和韧性。合金刃具钢通常分低合金刃具钢和高速钢。图 4-15 是合金刃具钢的应用。

低合金刃具钢是在碳素工具钢的基础上加入少量合金元素的钢。常用的低合金刃具钢有 9SiCr、CrWMn 和 9Mn2V 等，它们性能良好，不仅适用于制造刀具，还常用于制造冷冲模和量具。如丝锥、板牙、铰刀、拉刀等。也可制造重要结构件，如磨床主轴、精密丝杠等。

高速钢是指用于制造较高速度切削工具的钢，是一种含钨、铬、钒等多种合金元素的高合金工具钢。由于高速钢在空气中冷却也能淬硬，故又称风钢；由于它可以刃磨得很锋利，很白亮，故又称为锋钢和白钢。高速钢具有高的红硬性、耐磨性和足够的强度，因此，它用于制造切削速度较高的刀具，如车刀、铣刀、钻头等；形状复杂、载荷较重的成型刀具，如齿轮铣刀、拉刀等；此外还应用于冷冲模、冷挤压模及某些耐磨零件。常用的高速钢有 W18Cr4V、W6Mo5Cr4V2 和 W9Mo3Cr4V 等。

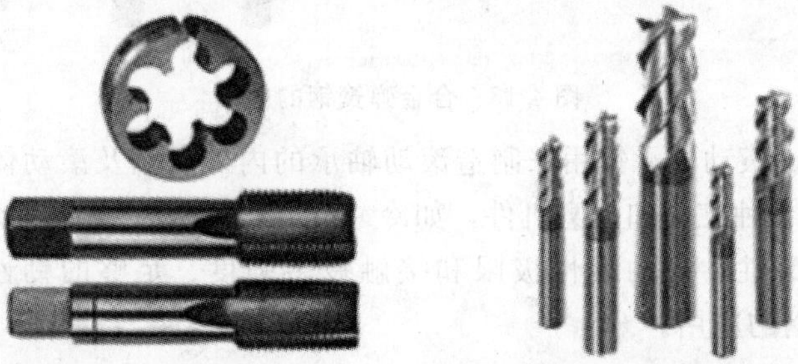

板牙与丝锥　　铣刀

图 4-15　合金刀具钢的应用

（2）合金量具钢

合金量具钢指用于制造各种测量工具（如游标卡尺、千分尺、量规和塞规等）的钢。这类钢的工作部分一般要求高的硬度和耐磨性、足够的韧性和高的尺寸稳定性，经热处理后不易变形，而且要有良好的加工工艺性。

量具的制造没有专用钢种，碳素工具钢、合金工具钢和滚动轴承钢都可以制造一般要求的量具。但精度要求较高的量具，一般采用微变形合金工具钢制造。图 4-16 是合金量具钢的应用。

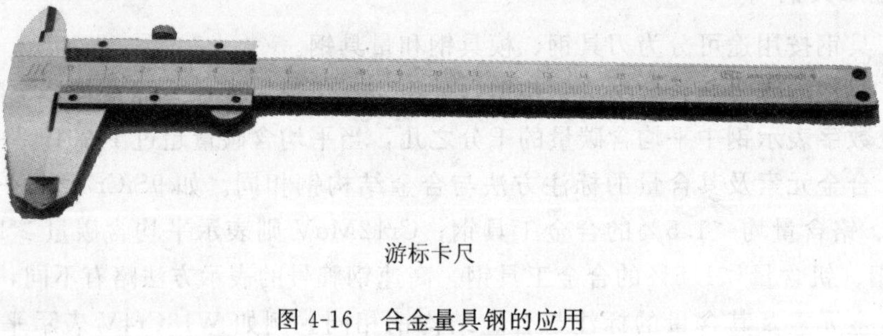

游标卡尺

图 4-16　合金量具钢的应用

（3）合金模具钢

合金模具钢主要用来制造各种金属成型用的工具、模具。根据使用要求可分为热作模具钢（如 5CrNiMo、5CrMnMo）和冷作模具钢（如 CrWMn、Cr12MoV）。图 4-17 是合金模具钢的应用。

3. 特殊性能钢

用来制造在特殊工作条件或特殊环境下工作，具有特殊物理、化学性能要求的机械零件的钢称为特殊性能钢。这类钢种类很多，在机械制造业中常用的有不锈钢、耐热钢和耐磨钢等。

冷冲模　　注塑模

图 4-17　合金模具钢的应用

特殊性能钢的牌号表示法与合金工具钢原则相同。

不锈钢主要用于制造在各种腐蚀介质中工作且能抵抗腐蚀的零件，如化工装置中的各种管道、阀门和泵、医疗手术器械、防锈刃具和量具等。不锈钢中的主要合金元素是铬和镍。因为铬与氧化合，在钢表面形成了一层致密的氧化膜，保护钢免受进一步氧化。一般不锈钢含铬量不低于 12%才具有良好的耐腐蚀性能。

常用的铬不锈钢的牌号有 1Cr13、2Cr13、3Cr13、4Cr13 等。

常用的铬镍不锈钢的牌号有 1Cr18Ni19Ti、1Cr18Ni9Nb 等。图 4-18 是不锈钢的应用。

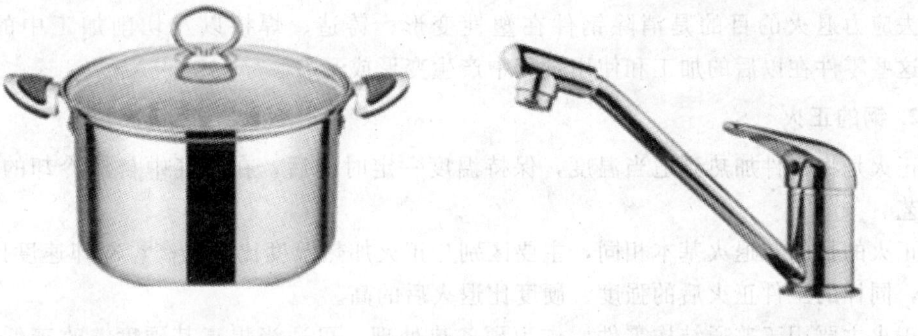

不锈钢锅　　不锈钢水龙头

图 4-18　不锈钢的应用

4.1.5　钢的热处理目的、分类及应用

钢的热处理是将固态金属或合金采用适当的方式进行加热、保温和冷却，以改变钢的整体或表面组织，从而获得所需性能的工艺。热处理工艺是机器零件及工具制造过程中的一个重要工序，它能提高零件的使用性能，充分发挥钢材的潜力，延长零件的使用寿命，此外，热处理还可以改善工件的加工工艺性能，提高加工质量，减少刀具磨损。因此，热处理工艺广泛应用于机械制造业中，具有十分重要的作用。

根据热处理的目的和工艺方法的不同，热处理一般分为以下三种。

① 整体热处理（普通热处理）。如退火、正火、淬火、回火等；

② 表面热处理。如火焰加热表面淬火、感应加热表面淬火、其他表面热处理；

③ 化学热处理。渗碳、渗氮、碳氮共渗（氰化）、其他化学热处理。

1. 钢的退火

退火是将钢加热到适当温度，保持一定时间，然后缓慢冷却（一般随炉冷却）的热处理工艺。退火的主要目的：降低钢的硬度，提高塑性，便于切削加工和冷变形加工；细化晶粒，改善钢的组织和成分，提高力学性能；改善或消除钢在制造过程中产生的残余应力，防止变形和开裂。

根据钢的化学成分、退火目的不同，退火可分为：完全退火、球化退火和去应力退火等。

（1）完全退火

完全退火主要用于中碳钢及低、中碳合金结构钢的锻件、铸件及焊接件等，可以起到细化晶粒、改善组织、降低硬度、充分消除内应力，改善力学性能和加工性能的作用。但是完全退火不适用于过共析钢。

（2）球化退火

球化退火一般适用于共析钢、过共析钢及合金工具钢。因此对工具钢、轴承钢等锻造后必须进行球化退火，避免这些锻件在淬火加热时产生过热、淬火变形和开裂现象，同时能降低锻件硬度，便于切削加工。

（3）去应力退火

去应力退火的目的是消除钢件在塑性变形、铸造、焊接以及切削加工中的内应力，防止这些零件在以后的加工和使用过程中产生变形或开裂。

2. 钢的正火

正火是将钢件加热到适当温度，保持温度一定时间后，在空气中自然冷却的一种热处理工艺。

正火的目的与退火基本相同，主要区别是正火加热温度比退火高，冷却速度比退火快。因此，同样的工件正火后的强度、硬度比退火后的高。

正火主要用于普通结构零件，作为预备热处理，可适当提高其硬度，改善低碳钢或低碳合金钢的切削加工性；当力学性能要求不太高时可作为最终热处理；一些高碳钢需经正火消除网状渗碳体后才能进行球化退火。

3. 钢的淬火

淬火是将工件加热到某一温度，保温一定时间后，然后以适当速度在水、盐水或油等中急剧冷却的一种热处理工艺。

淬火的目的是提高钢的硬度和耐磨性，获得所需的力学性能。

淬火工艺有两个概念应加以重视和区分，一是淬硬性，是指钢在理想条件下经淬火后能达到的最高硬度的能力，它主要取决于钢中的含碳量；另一个是淬透性，是指钢接受淬火的能力，通常以规定的淬火条件下获得的淬硬层深度来表示，淬硬层越深，淬透性越好。淬透性取决于钢的化学成分（含碳量及合金元素含量）和淬火冷却方法，如加入锰、铬、镍、硅等合金元素可提高钢的淬透性。淬硬性和淬透性对钢的力学性能影响很大，因此钢的淬硬性和淬透性是合理选材和确定热处理工艺的两项重要指标。

由于钢在淬火时的冷却速度快，工件会产生较大的内应力，极易引起工件的变形和开裂。所以，淬火后的工件一般不能直接使用，必须及时回火。

4. 钢的回火

回火是把淬火后的钢件重新加热到某一温度，保温一定的时间，再以适当冷却速度冷却到室温的一种热处理工艺。

回火的目的：减少或消除工件在淬火时产生的内应力，防止工件在使用过程中产生变形和开裂；稳定组织、尺寸和形状；通过回火提高钢的韧性，调整钢的强度和硬度，获得优良的力学性能和使用性能。

回火总是在淬火后进行，通常是热处理的最后工序。强度和硬度一般随回火温度的升高而降低，塑性、韧性则随回火温度的升高而提高。回火可分为低温回火、中温回火和高温回火三种。

(1) 低温回火（加热温度100℃～250℃）

低温回火主要为了降低淬火内应力和脆性并保持高硬度、高耐磨性和一定的韧性。主要用于刀具、量具、模具和轴承件及其他要求硬且耐磨的零件。

(2) 中温回火（加热温度250℃～500℃）

中温回火可显著减小淬火应力，具有高的弹性极限、屈服点和适当的韧性，硬度可达40～50HRC。主要用于处理各种弹性元件及热锻模等。

(3) 高温回火（加热温度500℃以上）

高温回火可消除淬火应力，使零件获得优良综合力学性能，硬度可达200～330HRS。通常把淬火后再进行高温回火的热处理方法称调质。调质广泛用于处理各种重要的、受力复杂的中碳钢零件，如螺栓、连杆、曲轴、丝杠、齿轮、轴等，也可作为某些精密零件，如量具、模具等的预备热处理。

5. 钢的表面淬火

表面淬火是仅对工件表层进行淬火的工艺。这种热处理方法利用快速加热的方法，将工件表层迅速升温至淬火温度，不等热量传至心部，立即予以冷却，使得表层淬硬，获得高硬度和耐磨性，而心部仍保持原来组织，具有良好的塑性和韧性。主要适用于要求外硬（耐磨）内韧的机械零件，如凸轮、齿轮、曲轴和花键轴等。零件在表面淬火前，须进行正火或调质处理，表面淬火后进行低温回火。

按表面加热的方法，表面淬火可分为感应加热表面淬火、火焰加热表面淬火和电接触加热表面淬火等。

6. 钢的化学热处理

化学热处理是将钢件放在一定温度的活性介质中，通过加热和保温，使介质中的一种或几种元素渗入钢的表层，以改变表层的化学成分、组织和性能的热处理工艺。化学热处理与其他热处理相比，不仅改变钢的组织，而且表层的化学成分也发生变化。

化学热处理的种类很多，一般都以渗入元素来命名。表面渗层的性能取决于渗入元素与基体金属所形成合金的性质及渗层的组织结构。常见的化学热处理有渗碳、氮化、氰化（碳氮共渗）、渗金属（如渗铬、渗铝等）和多元共渗等。渗碳、渗氮、碳氮共渗用来提高工件表层的硬度、耐磨性和疲劳强度；渗铬、渗铝能使工件表层获得某些特殊的物理化学性能，如抗氧化性、耐高温性、耐腐蚀性等。

4.2 有色金属材料

工业生产中的金属材料通常分为黑色金属和有色金属两大类，黑色金属主要是指铁及其合金，而除黑色金属以外的其他金属称为有色金属。有色金属的种类很多，虽然其产量和使用量不及黑色金属，但是由于有色金属具有某些特殊的性能，如良好的导热性、导电性及耐腐蚀性，已成为现代工业技术中不可缺少的金属材料。

4.2.1 有色金属材料的分类

地球上的有色金属分布广泛，种类齐全。有色金属分为重有色金属、轻有色金属、贵金属、半金属、稀有金属五类。

工业上常用的有色金属材料有铝及其合金、铜及其合金、滑动轴承合金和硬质合金等。

4.2.2 有色金属材料的牌号、性能和用途

1. 铝及铝合金

铝及其合金是自然界中储量最丰富的金属元素之一，在工业上是仅次于钢的一种重要金属，尤其是在机械、电力、航空、航天及日常生活用品中得到广泛应用。

(1) 纯铝

纯铝的主要性能有：密度小（$2.72g/cm^3$），导电性好，仅次于金、银、铜；具有良好的耐腐蚀性，塑性好，强度、硬度低，有较好的加工工艺性。

由于铝具有这些优良性能，所以广泛用于制作导线、电器零件、电缆，配制各种铝合金及要求质轻、导热、耐腐蚀但强度要求不高的零件。

(2) 铝合金

由于纯铝的强度低，不宜做承力结构的材料，因此在纯铝中加入适量的铜、镁、硅、锰等元素即形成了铝合金。它具有密度小、导热和塑性好、足够的强度和良好的抗腐蚀性，且多数可热处理强化，根据铝合金的成分及加工成形特点，可分为变形铝合金和铸造铝合金两大类。

① 变形铝合金。变形铝合金具有较高的强度和良好的塑性，可通过压力加工制作各种半成品，可以焊接。主要用作各类型材和结构件，如飞机构架、螺旋桨、起落架等。变形铝合金可分为防锈铝合金、硬铝合金、超硬铝合金和锻铝合金等几类。

变形铝和铝合金牌号表示方法采用国际四位数字体系牌号。四位字符体系牌号的第一、三、四位为阿拉伯数字，第二位为英文大写字母（C、I、L、N、O、P、Q、Z字母除外）。牌号的第一位数字表示铝及铝合金的组别。除改型合金外，铝合金组别按主要合金元素来确定。牌号的第二位字母表示原始纯铝或铝合金的改型情况，最后两位数字用以标志同一

组中不同的铝合金或表示铝的纯度。

变形铝和铝合金新旧牌号对照及用途见表 4-2。

表 4-2 常用变形铝合金代号及用途（摘自 GB 3190—82、GB/T 3190—1996）

类 别	新牌号	用 途	原牌号
防锈铝合金	5A02	适用于在液体中工作的中等强度的焊接件、冷冲压件和容器、骨架零件等	LF2
	3A21	适用于要求高的可塑性和良好的焊接性、在液体或气体介质中工作地低载荷零件	LF21
硬铝合金	2A11	适用于要求中等强度的零件和构件、冲压的连接部件、空气螺旋桨叶片、局部镦粗的零件	LY11
	2A12	用量最大、适用于要求高载荷的零件和构件	LY12
	2B11	主要用作铆钉材料	LY8
超硬铝合金	7A03	适用于受力结构的铆钉	LC3
	7A04 7A09	适用于飞机大梁等承力构件和高载荷零件	LC4 LC9
锻铝合金	2A50	适用于形状复杂和中等强度的锻件和冲压件	LD5

② 铸造铝合金。用来制造铸件的铝合金称为铸造铝合金。常用的铸造铝合金包括铝镁、铝锌、铝硅、铝铜等合金。它们具有良好的铸造性能，可以铸成各种形状复杂的零件，但其塑性差，不宜进行压力加工。

铸造铝合金的代号均以“ZL”加三位数字组成，第一位数字表示铝合金的类别，其中 1 为铝硅合金、2 为铝铜合金、3 为铝镁合金、4 为铝锌合金，第二、三位数字是顺序号。如 ZL102、ZL201 等。

2. 铜及铜合金

（1）纯铜

纯铜外观呈紫红色，故又称紫铜。纯铜的主要性能有：具有良好的导电性和导热性，仅次于金、银，具有极好的塑性及较好的耐腐蚀性。但强度不高，不宜用来制造结构零件，常用来制造各种导电材料、导热材料和耐腐蚀性元件及配制各种铜合金。

工业纯铜有 T1、T2、T3、T4 四个牌号，T 为铜的汉语拼音字首，后面的数字越大，纯度越低，含有的杂质越多。

（2）铜合金

纯铜的强度较低，不宜制造结构零件，因此加入合金元素制成铜合金来改善力学性能。常用的铜合金可分为黄铜、青铜和白铜三类，应用较为广泛的是黄铜和青铜。

① 黄铜。以锌为主要合金元素的铜合金称为黄铜。黄铜具有良好的力学性能，易于加工成形，具有良好的防腐性能及机械加工性能。黄铜一般用于制造耐腐蚀和耐磨零件，如阀门、子弹壳、管件等。

根据化学成分不同黄铜分为普通黄铜和特殊黄铜。普通黄铜是铜和锌的合金。普通黄铜的牌号用“黄”字汉语拼音字首“H”加数字表示，该数字表示平均含铜量的百分数。如 H62 表示含铜量为 62%、含锌量为 38%。在普通黄铜中加入其他合金元素所组成的合金称为特殊黄铜。常加入的合金元素有锡、硅、锰、铅和铝等，分别称为锡黄铜、硅黄铜、锰黄铜等。特殊黄铜的牌号用“H＋主加元素的元素符号（锌除外）＋铜含量的百分数＋主加元素含量的百分数”来表示。如 HPb59-1 表示含铜量为 59%、含铅量为 1%、含锌量为 40%的铅黄铜。

② 青铜。除了黄铜和白铜（铜和镍的合金）外，所有的铜基合金都称为青铜，它分为锡青铜和无锡青铜。

青铜的牌号以“Q”为代号，后面标出主要元素的符号和含量。如 QSn4-3，表示含锡量为 4%、含锌量为 3%，其余为铜（93%）的压力加工青铜。铸造铜合金的牌号用“ZCu”及合金元素符号和含量组成。如 ZCuSn5Pb5Zn5 表示含锡、铅、锌各约为 5%，其余为铜（85%）的铸造锡青铜。

a. 锡青铜。以锡为主要合金元素的铜合金称为锡青铜。它具有很好的力学性能、铸造性能、耐腐蚀性和减摩性，是一种很重要的减摩材料。主要用于摩擦零件和耐腐蚀零件的制造，如蜗轮、轴瓦、衬套等。

b. 无锡青铜。除锡以外的其他合金元素与铜组成的合金，统称为无锡青铜。主要包括铝青铜、硅青铜和铍青铜等。它们通常作为锡青铜的廉价代用材料使用。

3. 滑动轴承合金

用来制造滑动轴承的合金称为滑动轴承合金。滑动轴承合金应具备的性能有：足够的强度和硬度、高的耐磨性、足够的塑性和韧性、较高的抗疲劳强度、良好的磨合性、良好的耐蚀性和导热性等。常用的滑动轴承合金有锡基轴承合金、铅基轴承合金、铜基轴承合金和铝基轴承合金四类。

（1）锡基轴承合金

锡基轴承合金是一种软基体硬质点类型的轴承合金。常用的牌号有 ZSnSb12Pb10Cu4、ZSnSb11Cu6、ZSnSb8Cu6 等。

锡基轴承合金具有良好的塑性、导热性和耐蚀性，但疲劳强度不高，工作温度较低（一般不大于 150℃），价格高。适于制造重要的轴承，如涡轮机、汽轮机、内燃机等高速轴瓦。

（2）铅基轴承合金

铅基轴承合金是以 Pb-Sb 为基的合金。常用的铅基轴承合金为 ZPbSb16Sn16Cu2、ZPbSb15Sn5 等。

铅基轴承合金的硬度、强度、韧性都比锡基轴承合金低，但摩擦系数较大，价格较便宜，铸造性能好。常用于制造承受中、低载荷的轴承，如汽车、拖拉机的曲轴、连杆轴承及电动机轴承，但其工作温度不能超过 120℃。

（3）铝基轴承合金

铝基轴承合金是一种新型减摩材料，具有比重小、导热性好、疲劳强度高和耐蚀性好的优点。它原料丰富，价格便宜，因此适用于制造高速、重载条件下工作的轴承，在汽车、内燃机等方面应用广泛。

铝基轴承合金常以 08 钢作衬背，一起轧成双合金带使用。

4. 硬质合金

硬质合金是将难熔的高硬度的碳化钨、碳化钛和钴、镍等金属粉末经混合、压制成形，再在高温下烧结制成的一种粉末冶金材料。硬质合金具有硬度高、热硬性高、耐磨性好、抗压强度高、良好的耐蚀性和抗氧化性等性能。常用的硬质合金有钨钴类硬质合金、钨钴钛类硬质合金和通用硬质合金三类。

(1) 钨钴类硬质合金

钨钴类硬质合金牌号用“YG＋数字”表示，数字为含钴量的百分数。钨钴类硬质合金主要用于加工铸铁等脆性材料。

(2) 钨钴钛类硬质合金

钨钴钛类硬质合金牌号用“YT＋数字”表示，数字为碳化钛含量的百分数。这类硬质合金适于加工塑性材料。

(3) 通用硬质合金

这类硬质合金适于加工各种钢材，特别对于不锈钢、耐热钢、高锰钢等难加工材料，效果很好，它也可以代替钨钴类硬质合金加工铸铁等脆性材料。其牌号用“YW＋顺序号”表示。

*4.3 工程塑料和复合材料

长期以来，机械工程材料一直是以金属材料为主，近几十年来，人工合成高分子材料发展非常迅速，并越来越多地应用于工业、农业、国防和科学技术等各个领域。在机器制造工业中，人工合成的高分子材料，特别是塑料，其性能优良，成本低廉，外表美观，正在逐步取代一部分金属材料。机械工程上应用的非金属材料，主要有高分子材料、陶瓷材料和复合材料等。非金属材料具有某些特殊的使用性能，广泛应用于国民经济的各个部门。

4.3.1 工程塑料的特性、分类及应用

塑料是一种高分子合成材料，以树脂为基础，加入添加剂制成。树脂是塑料的主要成分，其种类、性质、含量等对塑料的性能起决定性作用。因此多数塑料是以所用树脂来命名的，如酚醛塑料。而有些树脂不加添加剂也可直接使用，如聚乙烯等。添加剂是在塑料中，有目的加入的某些固态物质，以弥补树脂自身性能的不足。常用的添加剂有填料、增塑剂、固化剂、稳定剂及其他种类等，各种添加剂的作用各不相同。

塑料的种类很多，在工业上一般有两种分类方法。按照树脂的性质可分为热塑性塑料和热固性塑料两类。

热塑性塑料可多次重复。如聚乙烯、聚氯乙烯、聚丙烯、聚酰胺、聚甲醛等。这类塑料具有加工成型方便，力学性能较高的优点，但耐热性、刚性差。

热固性塑料只能成型一次。如酚醛塑料、氨基塑料、环氧塑料等。这类塑料具有耐热性能高，受压不易变形等优点，但力学性能不好。

按照塑料的应用情况可分为通用塑料和工程塑料。

1. ABS

ABS塑料综合力学性能好，其特点是坚韧、质硬、刚性好，可电镀表面金属化，易着色，但是不耐高温，能燃烧。主要用作结构材料，如齿轮、轴承、仪表配件、电视机壳体等。

2. 聚碳酸酯

聚碳酸酯的透明度高达86%～92%，其特点是抗冲击强度最高，抗蠕变性好，能在－100℃～130℃范围长期使用。常用作齿轮、安全帽、汽车外壳、门窗玻璃等。

3. 聚酰胺（尼龙）

聚酰胺通常称尼龙，其特点是具有较高的抗拉强度和韧性，有突出的耐磨性和自润滑性，耐蚀性好、抗霉抗菌无毒，工艺成形性好，但热稳定性差，吸水性大，热导率低，尺寸稳定性差。主要用作齿轮、衬套、叶轮密封圈等。

4. 聚甲醛

聚甲醛由甲醛聚合而成，有优良的综合力学性能，尺寸稳定性高，吸水性小，耐磨、耐老化性良好。主要用来制造减摩、耐磨及传动件，如轴承、齿轮、凸轮轴、仪表外壳等。

5. 聚四氟乙烯

聚四氟乙烯在氟塑料中应用最广，其特点是耐高、低温性能好，长期使用在－180℃～260℃范围性能稳定，摩擦系数极低，极高的耐蚀性，素有“塑料王”之称，但是强度较低。主要用作绝缘材料、轴承、人造心肺、密封件等。

4.3.2 复合材料的特性、分类及应用

复合材料是由两种或两种以上物理和化学性质不同或不同组织结构的材料，用某种工艺方法经人工组合而成的多相合成材料。复合材料的性能由于互相取长补短，保持各自的最佳性能而得到单一材料无法比拟的综合性能，因此它已经成为一类新型的结构材料。

复合材料的特点是具有高比强度和大比模量、抗疲劳性好、减振性好、耐高温等。

按照复合材料的增强剂种类和结构形式的不同，复合材料可以分为以下三类。

（1）纤维增强复合材料

这类材料以玻璃纤维、碳纤维、硼纤维和碳化硅纤维等陶瓷材料做复合材料的增强剂，复合于塑料、树脂、橡胶和金属等为基体的材料之中。如橡胶轮胎、玻璃钢、纤维增能陶瓷等。

（2）层叠复合材料

这是克服复合材料在高度上性能的方向性而发展起来的，如三合板、五合板、钢－铜－塑料复合的无油润滑轴承材料等。

（3）细粒复合材料

硬质合金就是WC-Co或WC-TiC-Co等组成的细粒复合材料。

*4.4 其他新型工程材料

科学技术的发展，出现一些其他新型工程材料。橡胶材料和陶瓷材料的性能获得飞速

发展，除了用于传统的橡胶和陶瓷制品外，还广泛应用在国防、宇航和电气等工业部门。

4.4.1 橡胶

生产中把未经硫化的天然胶与合成胶称为生胶，硫化后的胶称为橡胶。工业上使用的橡胶制品是在橡胶中加入各种添加剂（有硫化剂、硫化促进剂、软化剂、防老化剂和填充剂等），经过硫化处理后所得到的产品。

橡胶按其来源分为天然橡胶和合成橡胶两大类。其特点是弹性模量很低，伸长率很高，具有优良的拉伸能力和储能本领，具有良好的吸震性、耐磨性、绝缘性、隔音性等。橡胶主要用于制造密封件、减振件、传动件、轮胎和电线等。

4.4.2 陶瓷

陶瓷是一种无机非金属材料，是陶器和瓷器的总称，也包括玻璃、水泥、石灰、石膏和搪瓷等。它与高分子材料、金属材料构成三大基础材料。

陶瓷可分为普通陶瓷和特种陶瓷两大类。普通陶瓷是以黏土、长石和石英等天然原料，经过粉碎、成型和烧结而成，主要用作日用、建筑、卫生以及工业上应用的低压和高压电、耐酸、过滤等的陶瓷。特种陶瓷是用人工化合物（如氧化物、氮化物、碳化物、硼化物等）为原料经过粉碎成型和烧结制成的。它具有独特的力学、物理、化学、光学性能，主要用于化工、冶金、机械、电子、能源和一些新技术中。

4.5 材料的选择运用

在机械零件产品的设计与制造过程中，如果要正确选择和使用材料，必须了解零件的工况条件及其失效形式，才能较准确地提出对零件材料的主要性能要求，从而选择出合适的材料并制定出合理的冷、热加工工艺路线。因此如何合理地选择和使用金属材料是一项十分重要的工作。

4.5.1 选材的一般原则

在选择材料的过程中，不仅要求材料的性能能够适应零件的工作条件，使零件经久耐用，而且还要求材料有较好的加工性能和经济性，以便提高零件的生产率，降低成本，减少消耗等。选材的依据是零件的使用性能和失效分析结果。选材的一般原则是首先保证使用性能，同时兼顾工艺性和经济性。

使用性能是保证零件正常工作所必须具备的首要条件，包括力学性能和物理、化学性能。一般来说，常将力学性能作为保证和评价使用性能的主要方面。所选材料制成零件后必须具有足够的使用性能，这是选材的基本出发点。具体做法如下：

① 分析零件的工作条件，确定使用性能。

② 判明零件可能的失效形式。

③ 从零件使用性能要求提出对材料的性能要求。

4.5.2 工艺性原则

材料工艺性能的好坏对零件加工的难易程度、生产效率、生产成本有很大关系，所以，选材时在满足零件使用性能要求的前提下，应选择加工工艺性良好的材料。材料的工艺性主要有以下几个方面：

① 铸造性能。常用的金属材料中灰铸铁铸造性能优良；而低、中碳钢铸造性能不如铸铁好；有色金属中的铝合金具有优良的铸造性能。

② 压力加工性能。变形铝合金、铜合金、低碳钢的压力加工性能好，而高碳钢较差。

③ 焊接性能。低碳钢的焊接性能好，高碳钢及铸铁的焊接性能差。

④ 切削加工性能。在工业用钢中，奥氏体不锈钢、高速钢的切削加工性差。中、低碳结构钢正火状态，高碳钢、高碳合金工具钢的退火状态都具有适于切削的硬度。

⑤ 热处理工艺性能。一般碳钢的压力加工和切削性能较好，在力学性能和淬透性能满足要求时尽量选用碳钢。当碳钢不能满足使用性能要求时应选用合金钢。

4.5.3 经济性原则

在满足使用性能和工艺性能的前提下，选用的材料要价格便宜、成本低廉。除考虑材料本身的价格外，还要考虑包括加工费用和管理费用。在满足使用性能的前提下选用零件材料时就要力争使产品的成本最低。

小　结

本章内容主要由黑色金属材料和有色金属材料的性能、用途，高分子材料及其他新型工程材料的性能、用途以及热处理方法几部分组成，基于对中职人才培养的需要，还对机械零件的选材等作了适当的介绍。金属材料在现代工农业生产中具有极其重要的地位。各种金属材料不仅具有优良的物理、化学和力学性能，能满足各种零件的使用要求，而且具有良好的加工工艺性能，适合制造各种产品，尤其是热处理工艺能改变材料表面及内部的组织结构与性能，可满足不同的使用要求。因此，掌握金属材料的性能用途，对于更好地运用金属材料进行国民生产具有极其重要的作用。

习　题

4-1　什么是铁碳合金相图？试绘制简化后的 $Fe\text{-}Fe_3C$ 相图，并说明各主要特性点和线的含义。

4-2 什么是钢？根据含碳量和室温组织的不同，钢分为哪几类？

4-3 什么是铸铁？铸铁的分类方法有哪几种？

4-4 灰铸铁有什么特点？

4-5 试述灰铸铁、可锻铸铁、球墨铸铁的牌号表示方法，并举例说明其用途。

4-6 指出下列铸铁的类别及用途：

HT200，HT300，KTH350-10，QT450-10，QT600-3

4-7 什么是碳素钢？

4-8 碳素钢的分类方法有哪几种？如何分类？

4-9 碳素结构钢、优质碳素结构钢、碳素工具钢及铸造碳钢的牌号如何表示？

4-10 指出下列碳素钢的类别及用途：

Q235-A，20，60Mn，T8，T12A，ZG270-500

4-11 什么是合金钢？

4-12 合金钢常用的分类方法有哪几种？

4-13 简述合金结构钢和合金工具钢的牌号如何表示？

4-14 机械制造用钢根据用途和热处理特点可以分为哪几种？简述它们的含碳量和用途。

4-15 合金工具钢按用途分有哪几类？试述各种合金工具钢的用途。

4-16 指出下列合金钢的类别及用途：

16Mn，20CrMnTi，60Si2Mn，9SiCr，GCr15，W18Cr4V，ZGMn13，1Cr18Ni9，1Cr13，Cr12MoV

4-17 什么叫钢的热处理？

4-18 什么叫钢的退火？其目的是什么？常用的退火方法有哪些？分别适用于什么场合？

4-19 什么叫钢的正火？其目的是什么？

4-20 什么叫淬火？其目的是什么？

4-21 什么叫淬透性和淬硬性？

4-22 什么叫回火？回火的目的是什么？

4-23 指出45钢机床主轴、65钢弹簧、T10钢手锯条三种工件淬火后应采用何种回火？

4-24 什么叫表面淬火？

4-25 什么叫化学热处理？常用的化学热处理方法有哪几种？

4-26 工业纯铝有什么性能特点？

4-27 常见的变形铝合金有哪几类？有什么特点？

4-28 纯铜有什么性能特点？

4-29 轴承合金有什么性能要求？常见的轴承合金有哪些？

4-30 常见的硬质合金有几类？分别说明其牌号及用途。

4-31 选材的基本原则是什么？

4-32 材料的加工工艺性能有哪些？选材时如何考虑？

第5章 连　接

机器是由许多零部件按一定工作要求，用不同连接方法组合而成的，根据工作原理不同连接的方式有很多种，本章主要介绍几种常见的连接：螺纹连接、键和花键连接、销连接、弹簧、联轴器（见图 5-1）、离合器。

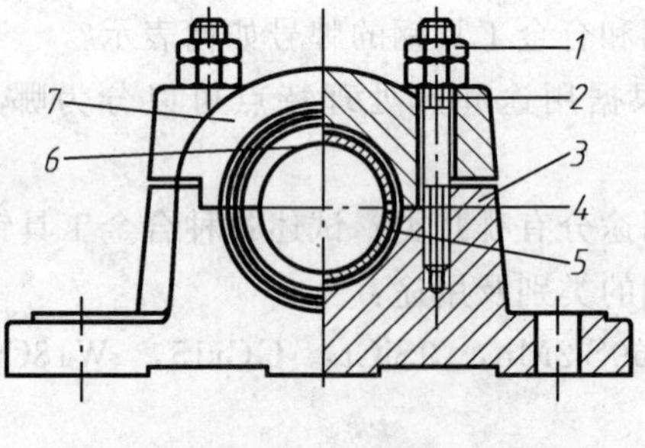

图 5-1　轴承座

5.1　螺纹连接

螺纹连接是指利用螺纹零件将两个或两个以上的零件相对固定起来的连接，它在机械行业中应用非常广泛。

5.1.1　常用螺纹的类型、特点和应用

1. 螺纹的类型

如图 5-2 所示，将直角三角形绕到直径为 d_2 的圆柱上，其斜边在圆柱表面上形成螺旋线。

按螺旋线数目不同，可分为用于连接的单线螺纹和用于传动的多线螺纹，如图 5-3 所示。

按螺旋线绕行方向的不同，有右旋螺纹和左旋螺纹，如图 5-4 所示。通常采用右旋螺纹，左旋螺纹仅用于有特殊要求的场合。

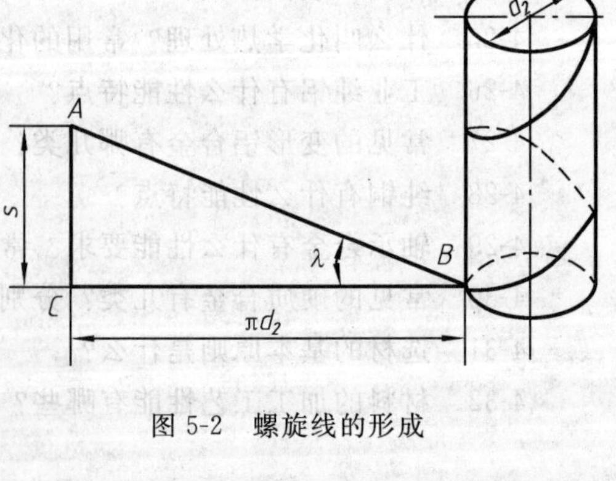

图 5-2　螺旋线的形成

单线　双线　三线

图 5-3　螺纹的线数

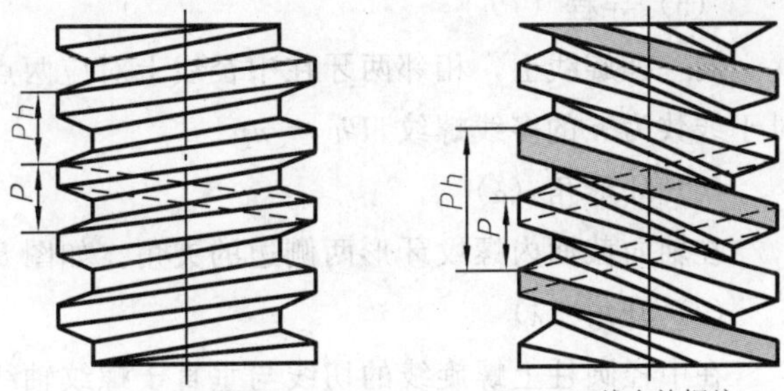

单线右旋螺纹　双线左旋螺纹

图 5-4　螺纹的旋向

螺纹按螺纹牙型可分为三角形螺纹、矩形螺纹、梯形螺纹和锯齿形螺纹，如图 5-5 所示，三角形螺纹用于连接。按螺纹是在外表面或内表面，可分为在圆柱体外表面上形成的外螺纹，在圆孔的表面上形成的内螺纹。内、外螺纹组成螺旋副。

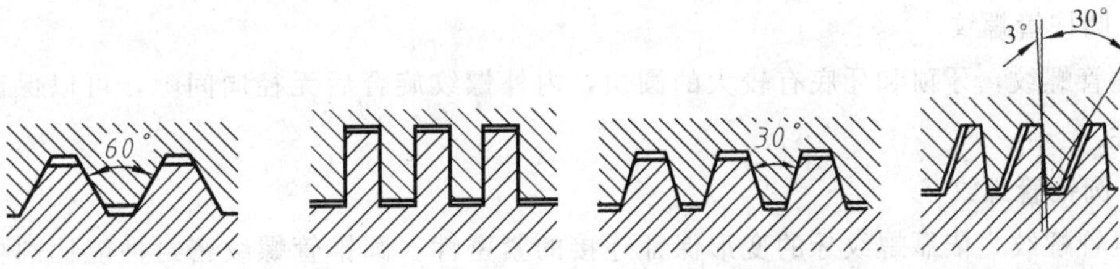

（a）三角螺纹　（b）矩形螺纹　（c）梯形螺纹　（d）锯齿形螺纹

图 5-5　螺纹的牙型

2. 螺纹的主要参数

以普通螺纹为例说明其主要参数，如图 5-6 所示。

（1）大径（d、D）

螺纹的最大直径。外螺纹是牙顶圆柱直径（d），内螺纹是牙底圆柱直径（D）。标准中规定大径为螺纹的公称直径。

（2）小径（d_1、D_1）

螺纹的最小直径。对外螺纹是牙底圆柱直径（d_1），对内螺纹是牙顶圆柱直径（D_1）。

（3）中径（d_2、D_2）

处于大径和小径之间的一个假想圆柱直径，该圆柱的母线位于牙型上凸起（牙）和沟槽（牙间）宽度相等处。此假想圆柱称为中径圆柱。

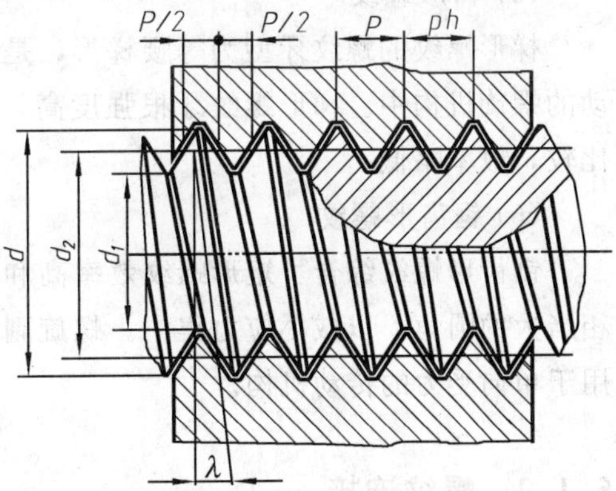

图 5-6　螺纹的参数

（4）螺距（P）

相邻两牙在中径线上对应两点间的轴向距离。

（5）导程（Ph）

同一螺旋线上，相邻两牙在中径线上对应两点之间的轴向距离。对单线螺纹，$Ph = P$；对于线数为 n 的多线螺纹，$Ph = np$。

（6）牙形角（α）

在轴向截面内螺纹牙形两侧边的夹角。如图 5-5 所示。

（7）升角（λ）

在中径圆柱上螺旋线的切线与垂直于螺纹轴线的平面间的夹角。

3. 常用螺纹的特点及应用

（1）普通螺纹

普通螺纹有粗牙和细牙两种。公称直径相同时，细牙螺纹的螺距小，升角小，自锁性好，螺杆强度较高，适用于受冲击、振动和变载荷的连接以及薄壁零件的连接。细牙螺纹比粗牙螺纹的耐磨性差，不宜经常拆卸，故生产实践中广泛使用粗牙螺纹。

（2）圆柱管螺纹

圆柱管螺纹，牙顶和牙底有较大的圆角，内外螺纹旋合后无径向间隙，可以保证配合的紧密性。

（3）圆锥管螺纹

圆锥管螺纹，依靠螺纹牙的变形保证连接的紧密性。圆锥管螺纹密封性能比圆柱管螺纹好，并且可迅速旋紧和旋松。

（4）矩形螺纹

矩形螺的纹螺纹牙型为正方形。传动效率高，但对中精度低，牙根强度弱。矩形螺纹精确制造较为困难，螺旋副磨损后的间隙难以补偿或修复，主要用于传力机构中。

（5）梯形螺纹

梯形螺纹的螺纹牙型为等腰梯形，是传动螺纹的主要形式，广泛应用于传递动力或运动的螺旋机构中。梯形螺纹牙根强度高，螺旋副对中性好，加工工艺性好，但与矩形螺纹比较，效率略低。

（6）锯齿形螺纹

锯齿形螺纹综合了矩形螺纹效率高和梯形螺纹牙根强度高的特点。其外螺纹的牙根有相当大的圆角，以减小应力集中。螺旋副的大径处无间隙，便于对中。锯齿形螺纹广泛应用于单向受力的传动机构。

5.1.2 螺纹连接

1. 螺纹连接的主要形式、结构和应用

螺纹连接有四种基本类型，其结构和应用如表 5-1 所示。

表 5-1　螺纹连接的类型

<table>
<tr><td rowspan="2">螺栓连接</td><td colspan="3">普通螺栓连接</td><td colspan="3">铰制孔用螺栓连接</td></tr>
<tr><td colspan="3">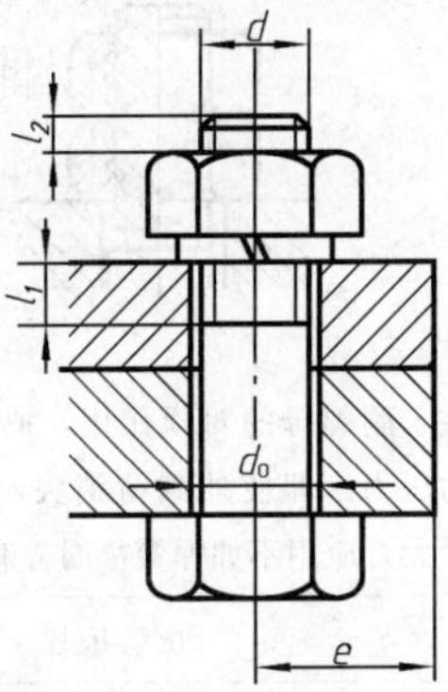

螺栓穿过被连接件的通孔，与螺母组合使用，装拆方便，成本低，不受被连接件材料限制。广泛用于传递轴向载荷且被连接件厚度不大，能从两边进行安装的场合</td><td colspan="3">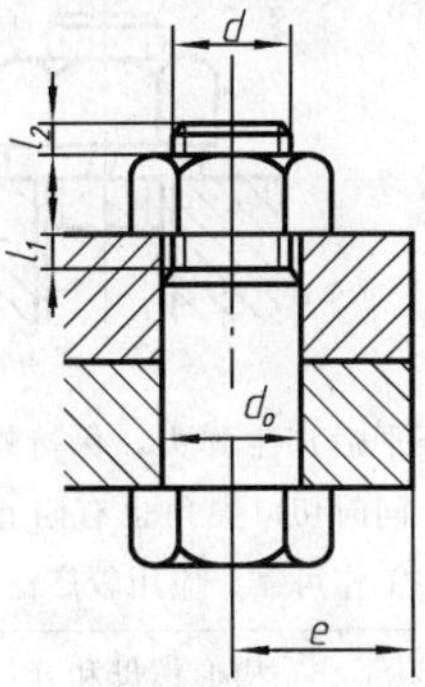

螺栓穿过被连接件的铰制孔并与之过渡配合，与螺母组合使用，适用于传递横向载荷或需要精确固定被连接件的相互位置的场合</td></tr>
<tr><td rowspan="2">螺柱与螺钉连接</td><td colspan="2">双头螺柱连接</td><td colspan="2">螺钉连接</td><td colspan="2">紧定螺钉连接</td></tr>
<tr><td colspan="2">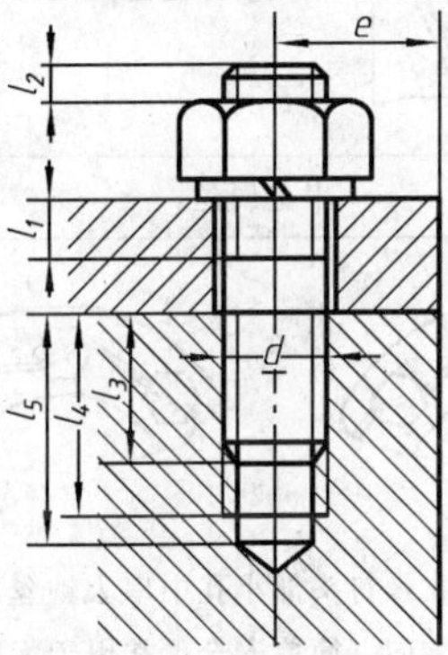

双头螺柱的一端旋入较厚的被连接件的螺纹孔中并固定，另一端穿过较薄被连接件的通孔，与螺母组合使用，适用于被连接件之一较厚、材料较软且经常装拆，连接紧固或紧密程度要求较高的场合</td><td colspan="2">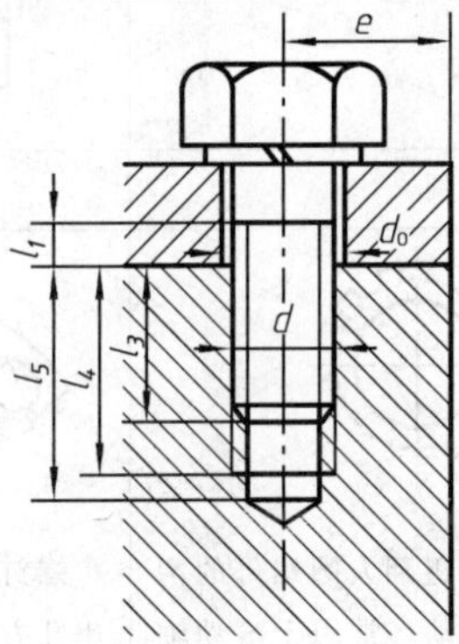

螺钉穿过较薄被连接件的通孔，直接旋入较厚被连接件的螺纹孔中，不用螺母，结构紧凑，适用于被连接件之一较厚，受力不大，且不经常装拆，连接紧固或紧密程度要求不太高的场合</td><td colspan="2">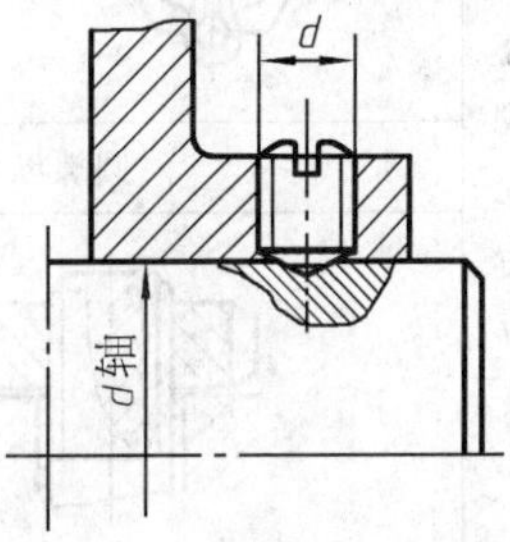

紧定螺钉旋入一被连接件的螺纹孔中，并用尾部顶住另一被连接件的表面或相应的凹坑中，固定它们的相对位置，还可传递不大的力或转矩</td></tr>
</table>

2. 螺纹连接的防松结构

常用的防松措施有增大摩擦力和机械防松两类。具体防松方法见表 5-2。

表 5-2　螺纹连接防松方法

类别	方法	方法	方法
增大摩擦力防松	弹簧垫圈	双螺母	
	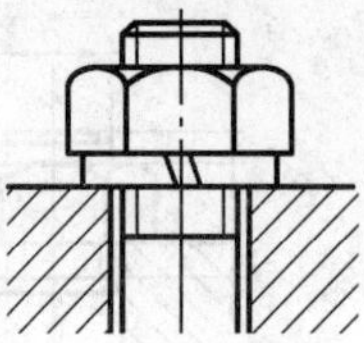	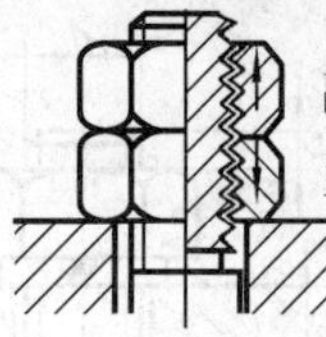	
	垫圈压平后产生弹力，保持螺纹间的压力，增加摩擦力，同时切口尖角也有阻止螺母反转作用；结构简单、工作可靠、应用较广泛	利用主、副螺母的对顶作用，把该段螺纹拉紧，保持螺纹间的压力。即使外载荷消失，此压力也仍然存在。外廓尺寸大，应用不如弹簧垫圈普遍	
利用机械方法防松	槽形螺母和开口销	止动垫片	
	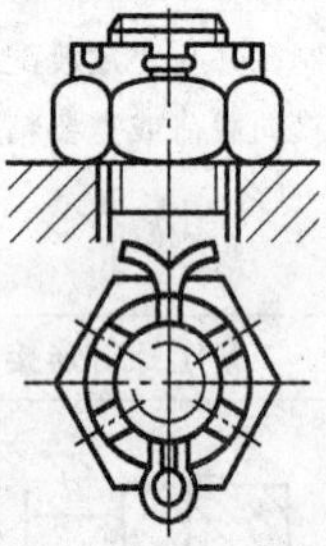 在旋紧槽形螺母后，螺栓被钻孔。销钉在螺母槽内插入孔中，使螺母和螺栓不能产生相对转动。安全可靠，应用较广	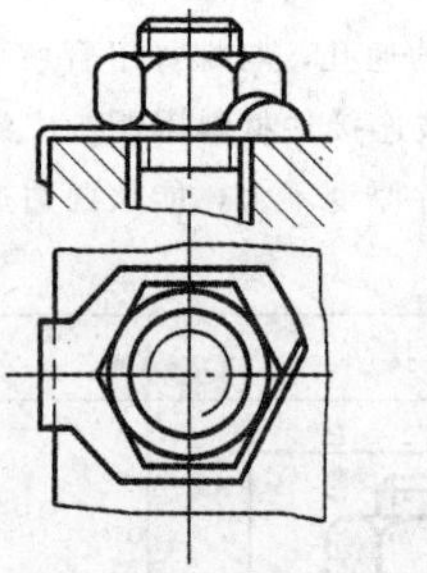 在旋紧螺母后，止动垫圈一侧被折转；垫圈另一侧折于固定处，则可固定螺母与被连接件的相对位置。要求有固定垫片的结构	
	圆螺母和止动垫圈	串金属丝	
	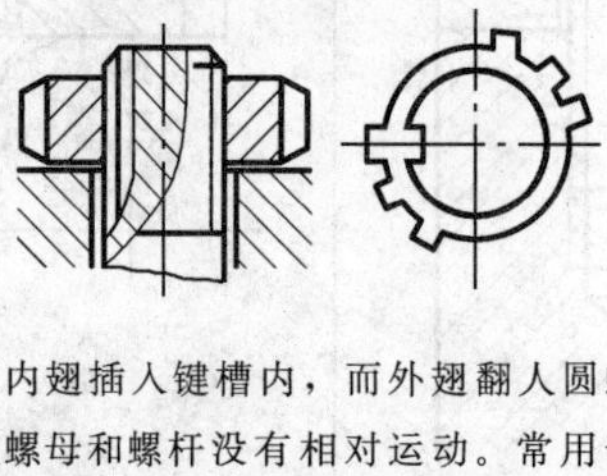	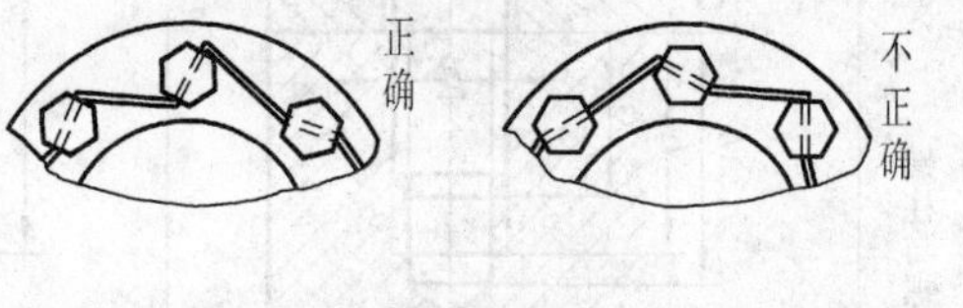	
	将垫圈内翅插入键槽内，而外翅翻人圆螺母的沟槽中，使螺母和螺杆没有相对运动。常用于滚动轴承的固定	螺钉紧固后，在螺钉头部小孔中串人铁丝，但应注意串孔方向为旋紧方向。简单安全，常用于无螺母的螺钉连接	
冲边防松	端面冲点	侧面冲点	钉头冲点
	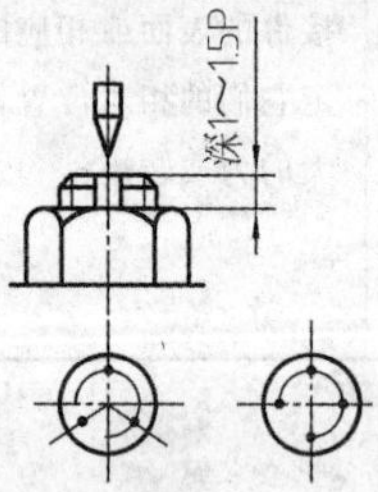	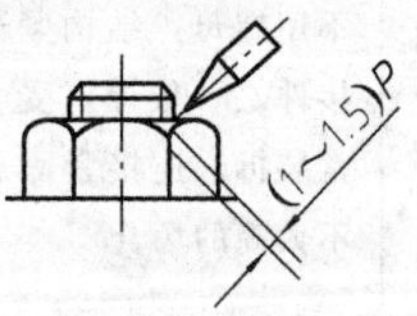	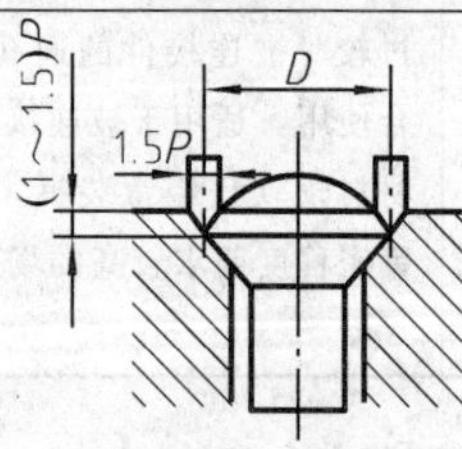
	冲点中心在螺纹内径圆周边上，冲三点或四点	d >8mm 冲三点；d < 8mm 冲二点	冲点中心在钉头直径圆周边上
黏结防松	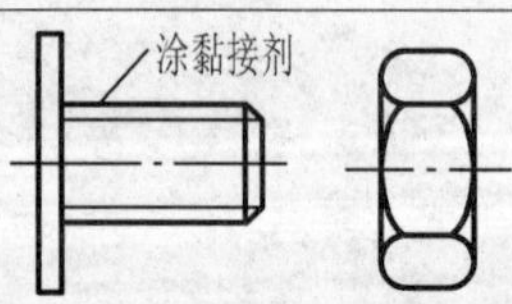	一般采用厌氧黏接剂涂于螺纹旋合表面，拧紧后黏接剂能自行固化，效果良好	

5.1.3 螺纹连接的拆装

螺纹连接在装配时拧紧螺母称为预紧。通常是利用控制拧紧力矩的方法来控制预紧力。

(1) 双头螺柱的装配方法

由于双头螺柱没有头部，无法将旋入端紧固，常采用螺母对顶或螺钉与双头螺柱对顶的方法来装配双头螺柱，如图 5-7 所示。

① 用双螺母对顶的方法装配双头螺柱：具体方法是先将两个螺母相互锁紧在双头螺柱上，然后用扳手扳动上面一个螺母，把双头螺柱拧入螺纹孔中紧固，如图 5-7 (a) 所示。

② 用螺钉与双头螺柱对顶的方法装配双头螺柱：具体方法是用螺钉来阻止长螺母和双头螺柱之间的相对运动，然后扳动长螺母，双头螺柱即可拧入螺孔中。松开螺母时，应先使螺钉回松，如图 5-7 (b) 所示。

(2) 螺母和螺纹的装配方法

① 螺母或螺钉与零件贴合的表面应当经过加工，否则容易使连接松动或使螺钉弯曲。

② 螺母或螺钉和接触表面之间应保持清洁，螺孔内的脏物应当清理干净。

③ 装配时，必须对拧紧力矩加以控制。

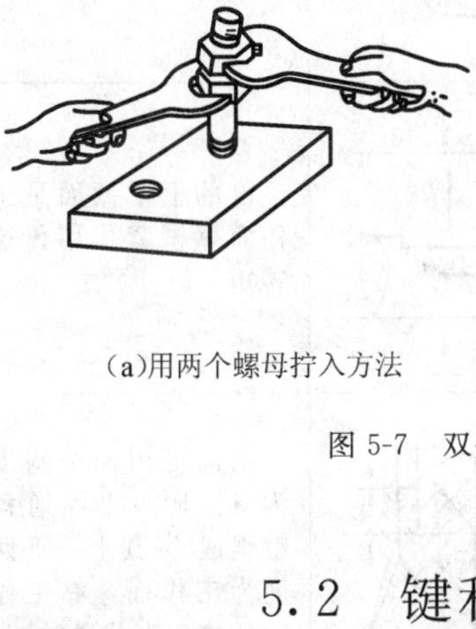

(a)用两个螺母拧入方法

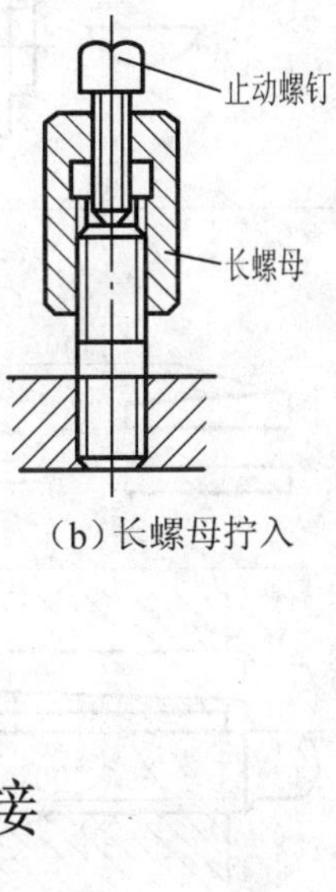

(b)长螺母拧入

图 5-7 双头螺柱拧入法

5.2 键和花键连接

键是一种标准件，通常用于轴与轴上旋转零件与摆动零件的连接，起零件的轴向固定作用，以传递旋转运动成扭矩，而导键、滑键、花键还可用作轴上移动的导向装置。

5.2.1 键连接功用和分类

键和键连接的类型、特点和应用见表 5-3。

表 5-3　键和键连接的类型、特点和应用

连接类型		键的类型	图　例	特　点	应　用
松键	平键连接	普通平键 薄型平键	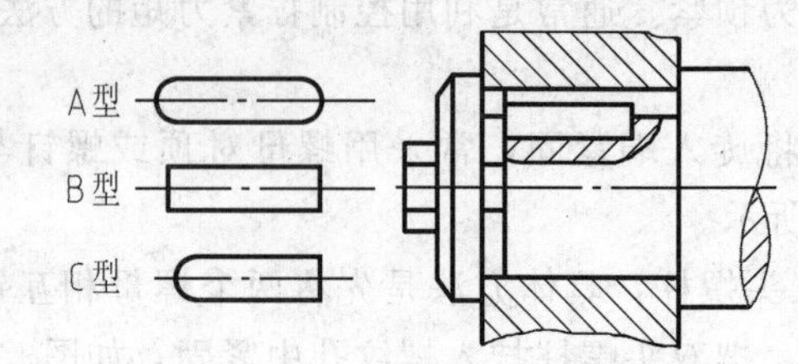	靠两侧面工作，对中性好 A 型　轴上槽引起的应力集中较大 B 型　轴的应力集中较小； C 型　用于轴端	应用最广，适用于高精度、高速或承受变载、冲击的场合
松键	平键连接	导向平键	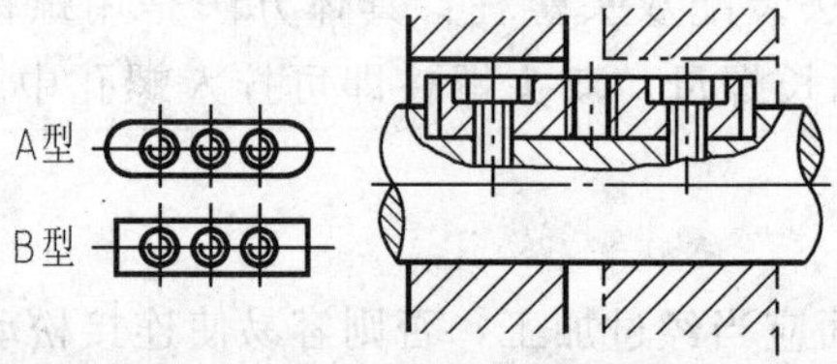	靠侧面工作，对中性好，结构简单	用于轴上零件轴向移动量不大的场合
松键	半圆键连接	半圆键	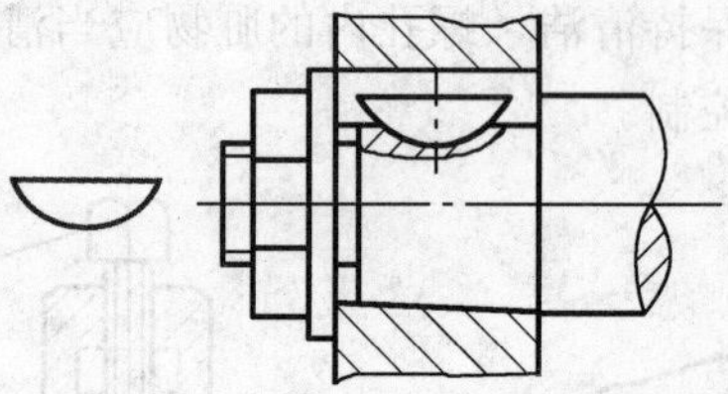	靠侧面传递转矩。键在轴槽中能摆动，装配方便。键槽较深，对轴的削弱较大	一般用于轻载，适用于轴的锥形端部
紧键	楔键连接	普通楔键	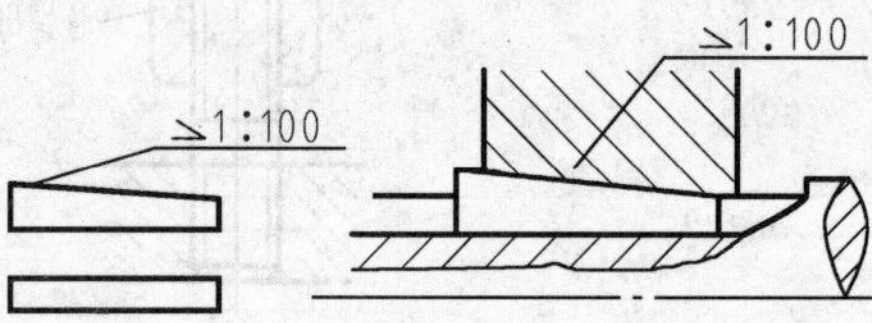	键的上下两面是工作面靠楔紧作用传递转矩	用于精度要求不高、转速较低时，传递较大的、双向的或有振动的转矩
紧键	切向键连接	切向键	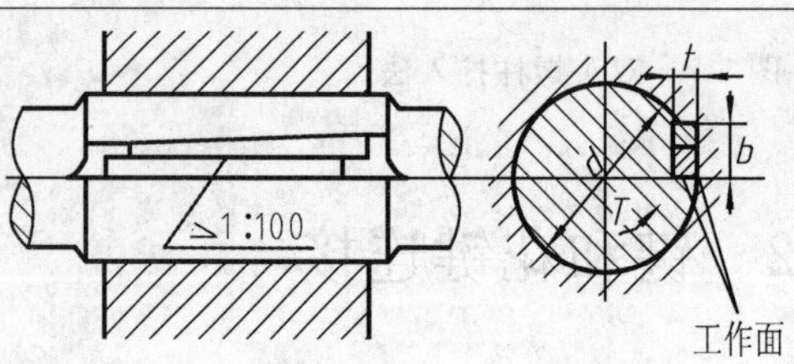	切向键由两个斜度为 1：100 的普通楔键组成。其上、下两面为工作面，靠工作面的挤压来传递转矩	切向键主要用于轴径大于 100mm、对中性要求不高且载荷较大的重型机械中

5.2.2　平键连接的结构和标准

1. 平键连接的结构

图 5-8 所示平键的上表面与轮毂上的键槽底部之间留有间隙。工作时，靠键与键槽侧面的挤压来传递扭矩。

当轮毂为薄壁零件建议采用键高较小的薄型平键。它与普通平键的区别在于，高度约为普通平键的 60％～70％，因此薄型平键所传递的载荷也比普通平键低。

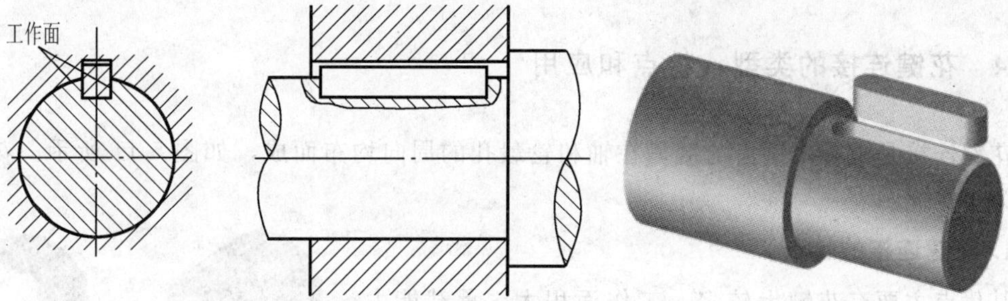

图 5-8 键连接的结构

导向平键用螺钉固定在轴上的键槽中，如图 5-9 所示，轮毂沿键可作轴向滑动。为了便于拆卸，键上有起键螺孔，需要拆卸时拧入螺钉使键退出键槽。当轮毂的轴向移动距离较大时宜采用滑键。

滑键是将键固定在轮毂上，如图 5-10 所示，随轮毂一起沿轴槽移动。

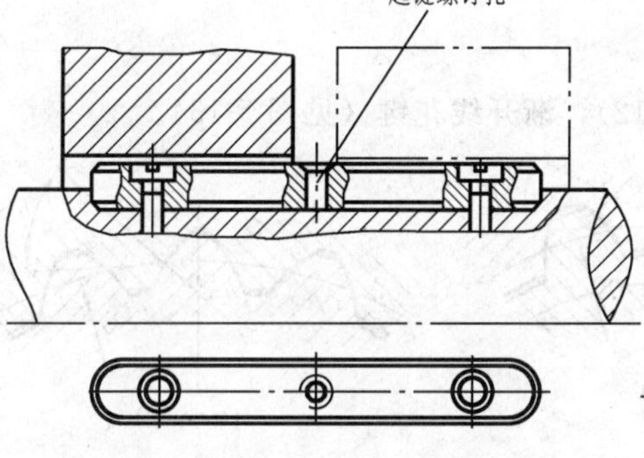

图 5-9 平键

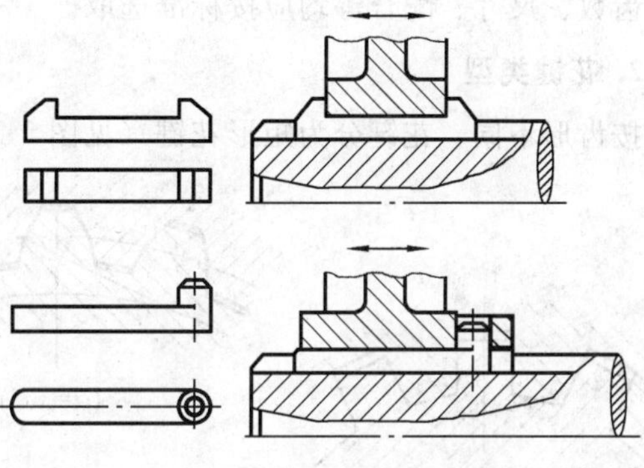

图 5-10 滑键

2. 平键的标准

平键是标准件。普通平键的规格采用 $b \times h \times L$ 标记，b 为宽度，h 为厚度，L 为长度。标记示例如下。

圆头普通平键（A 型），$b=16$、$h=10$、$L=100$ 的标记：键 16×100 GB/T 1096—2003；

方头普通平键（B 型），$b=16$、$h=10$、$L=100$ 的标记：键 B16×100 GB/T 1096—2003；

单圆头普通平键（C 型），$b=16$、$h=10$、$L=100$ 的标记：键 C16×100 GB/T 1096—2003。

*5.2.3 普通平键连接的选用

普通平键连接的选用包括类型选择和尺寸选择两个方面。选择键类型时，一般需考虑传递转矩大小，轴上零件沿轴向是否有移动及移动距离大小，对中性要求和键在轴上的位置等因素，并结合各种键的特点加以分析选择。

平键的宽度公差一般选 h9 即相当 H9 的负值公差；键槽公差，一般情况可选一般键连接公差；导向平键可选较松键连接。如传递重载荷或冲击载荷，或双向传递扭矩可选较紧键连接。

5.2.4 花键连接的类型、特点和应用

花键连接是由多个键齿与键槽在轴和轮毂孔的周向均布而成，如图 5-11 所示。花键齿侧面为工作面。

1. 花键连接的特点

其优点主要有花键齿较多、工作面积大、承载能力较高；键均匀分布，各键齿受力较均匀；齿轴一体且齿槽浅、齿根应力集中小，强度高且对轴的强度削弱减少；轴上零件对中性好；导向性较好；可采用滚齿技术加工花键，但是加工需专用设备、制造成本高。花键连接主要用于定心精度高、载荷大或经常滑移的连接。花键连接的齿数、尺寸、配合等均应按标准选取。

（a）外花键　　（b）内花键

图 5-11　花键连接

2. 花键类型

按齿形不同，花键分为矩形花键（见图 5-12），渐开线花键（见图 5-13）。

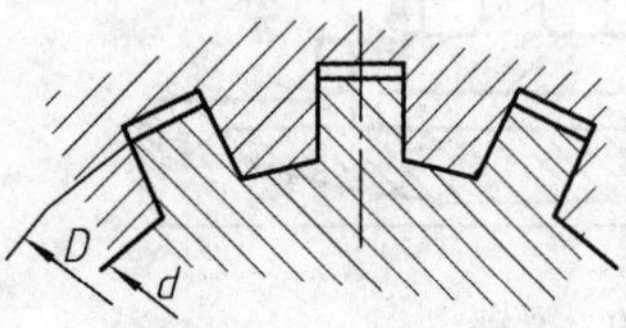

图 5-12　花键

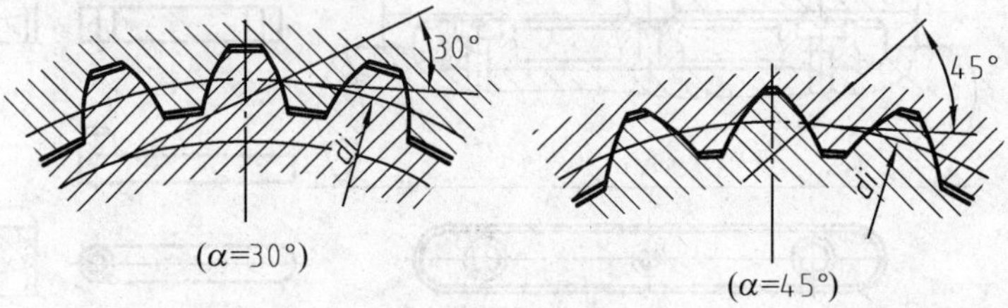

图 5-13　开线花键

（1）矩形花键

矩形花键常采用小径定心方式，即外花键和内花键的小径作为配合表面。其特点是定心精度高，定心的稳定性好矩形花键连接广泛应用于飞机、汽车、拖拉机、机床等领域。

（2）渐开线花键

渐开线花键的齿廓是渐开线，分度圆压力角有 30°及 45°两种。齿高分别为 0.5 m 和 0.4 m ，这里 m 为模数。d_i 为渐开线花键的分度圆直径。

渐开线花键的特点是渐开线花键的制造工艺与齿轮完全相同，加工工艺成熟，制造精度高，花键齿根强度高，应力集中小，易于定心，用于载荷较大、轴径也大且定心精度高时的连接。压力角 45°的渐开线花键如图 5-13（b）所示，与压力角 30°的渐开线花键相比，如图 5-13（a）所示，多用于轻载、小直径和薄壁零件的静连接。

渐开线花键采用齿形定心方式。当传递载荷时花键齿上的径向力能够起到自动定心作用，有利于各齿均匀受力。

5.3 销连接

销连接一般有两个作用，用于确定零件之间的相互位置，并可传递较小载荷的，一般称之定位销，如图 5-14（a）、（b）、（c）所示；作为安全保护装置中的过载剪断元件的，一般称之安全销，如图 5-14（d）所示。销的材料应为 35、45 号钢，开口销为低碳钢。

按外形分销连接的类型主要有圆柱销、圆锥销、槽销、开口销等，它们均已标准化。

圆柱销，如图 5-14（a）所示，靠销和孔过盈配合固定在孔中，经多次拆装以后会降低定位精度。

圆锥销，如图 5-14（b）所示，锥度 1∶50，受横向载荷时可自锁，多次拆装不影响精度；对于受冲击、振动的场合采用开尾圆锥销连接，如图 5-15 所示；对于盲孔可采用端部带螺纹的圆锥销，如图 5-16 所示。

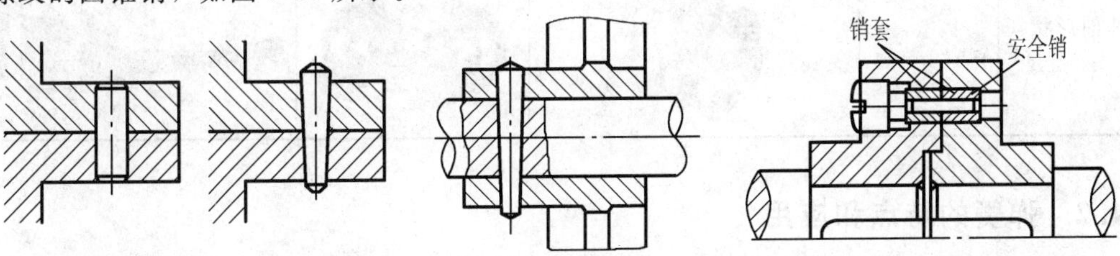

(a)圆柱销 (b)圆锥柱 (c)连接销 (d)安全销

图 5-14 销连接

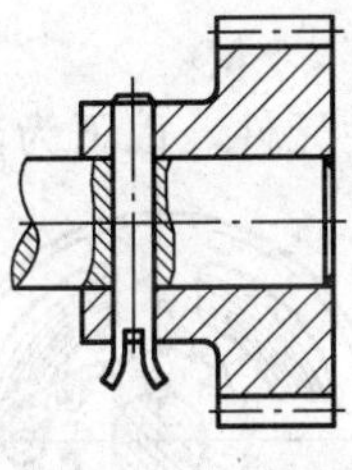

图 5-15 开尾圆锥销

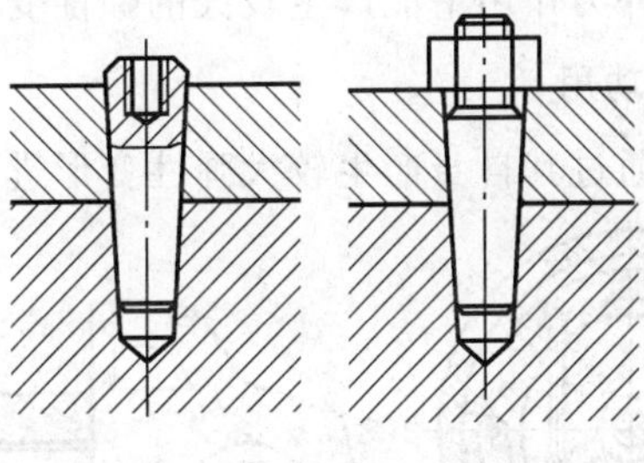

图 5-16 端部带螺纹的圆锥销

*5.4 弹 簧

弹簧是广泛应用于各种机械中的一种弹性元件。在外载荷作用下，产生弹性变形并吸收能量；外载荷卸除后，弹簧恢复原来形状并释放吸收的能量。

5.4.1 弹簧的类型

弹簧的种类很多，若按照其所承受的载荷性质，弹簧主要分为拉伸弹簧、压缩弹簧、扭转弹簧和弯曲弹簧等四种；若按照弹簧形状又可分为螺旋弹簧、碟形弹簧、环形弹簧、板弹簧、盘簧等。表 5-4 中列出的是部分弹簧的基本形式。

表 5-4　弹簧的基本形式

按载荷分 / 按形状分	拉　伸	压　缩	扭　转	弯　曲
螺旋形	圆柱螺旋拉伸弹簧 	圆柱螺旋压缩弹簧  圆锥螺旋压缩弹簧 	圆柱螺旋扭转弹簧 	
其他形状		碟形弹簧 	平面涡圈弹簧 	板弹簧 

5.4.2　弹簧的特点和应用

1. 弹簧的工作特点

弹簧在外力作用下能产生较大的弹性变形，在机械设备中被广泛用作弹性元件。

2. 弹簧功用

弹簧是通过其自身产生较大弹性变形进行工作的一种弹性元件。以下为其主要功用。

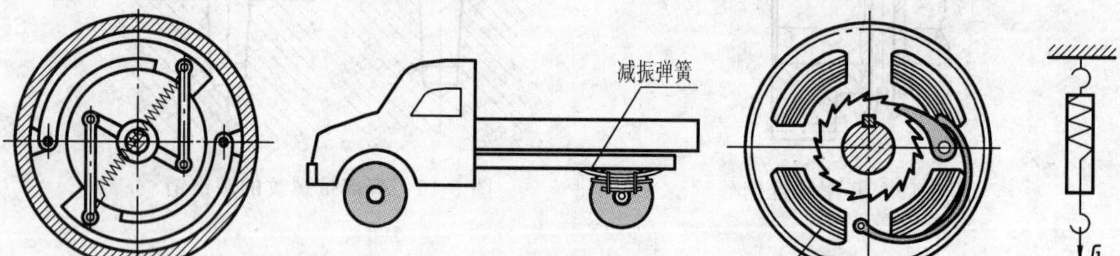

（a）　（b）　（c）　（d）

图 5-17　弹簧功用

① 控制机械的运动，例如内燃机中控制气缸阀门启闭的弹簧、离合器中的控制弹簧，如图 5-17（a）所示；

② 吸收振动和冲击能量，例如各种车辆中的减振弹簧，如图 5-17（b）所示，以及各种缓冲器的弹簧等；

③ 存储和释放能量，例如钟表弹簧，如图 5-17（c）所示，以及枪栓弹簧等；

④ 测量力的大小，例如弹簧秤，如图 5-17（d）所示，以及测力器中的弹簧等。

5.5 联 轴 器

联轴器是机械传动中的一种常用轴系部件，它的基本功用是连接两轴，有时也用于连接轴和其他回转零件，以传递运动和转矩。联轴器只能在机器停车时才能将两轴连接或分离。联轴器还可以作为一种安全保险装置。

5.5.1 联轴器的类型

联轴器的类型较多，部分已标准化。一般根据对相对位移有无补偿能力，即能否在发生相对位移条件下保持连接的功能，联轴器可划分为对相对位移无补偿能力的刚性联轴器和对相对位移有补偿能力的挠性联轴器两大类，除此以外还有安全联轴器，具有过载安全保护作用。

5.5.2 联轴器的特点和应用

1. 刚性联轴器

刚性联轴器不具有补偿两轴线相对位移的能力，且全部由刚性零件组成，也没有缓冲减振能力，但结构简单，价格便宜。一般只适用于被连接的两轴严格对中、转速稳定、载荷平稳的场合。

刚性联轴器有套筒式、夹壳式和凸缘式等，这里只介绍常用的凸缘联轴器。

凸缘联轴器是把两个带有凸缘的半联轴器用键分别与两轴连接，然后再用螺栓把两个半联轴器联成一体，以传递运动和转矩，其常用的结构形式有两种，如图 5-18 所示。

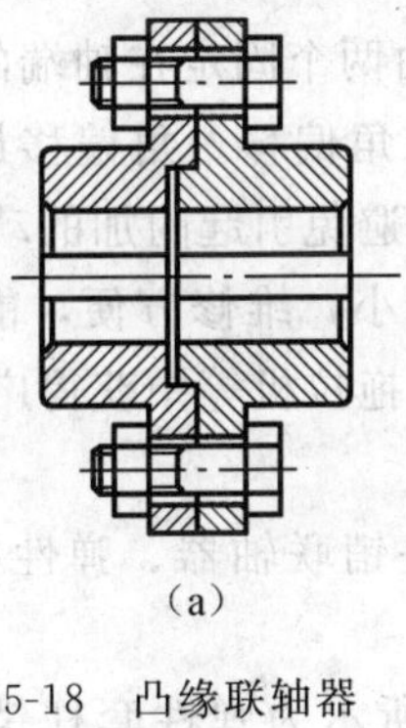
(a)

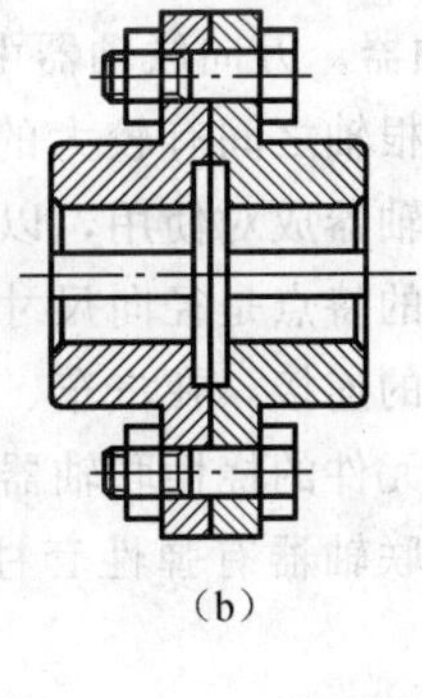
(b)

图 5-18 凸缘联轴器

2. 挠性联轴器

挠性联轴器因具有挠性，故具有补偿两轴线相对位移的能力。根据是否具有弹性元件，挠性联轴器可分为无弹性元件的挠性联轴器和有弹性元件的挠性联轴器。

（1）无弹性元件的挠性联轴器

这类联轴器具有挠性，故可补偿两轴的相对位移。但因无弹性元件，故不能缓冲减振，常用的有以下几种：

① 滑块联轴器。图 5-19 所示为十字滑块联轴器。由于十字滑块可在凹形滑槽中滑动，因此可补偿安装及运转时两轴间的相对位移。

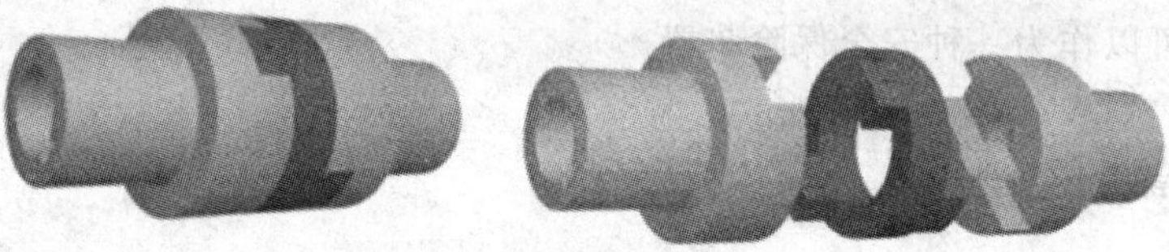

图 5-19　十字滑块联轴器

十字滑块联轴器具有结构简单、径向尺寸小的特点，但工作面易磨损，一般适用于两轴平行、径向位移较大、工作时冲击较小和转速不高的场合。

② 齿式联轴器。如图 5-20 所示，它是由两个带有内齿及凸缘的外套筒和两个带有外齿的内套筒所组成的，两个外套筒用螺栓成一体，两个内套筒用键分别与两根轴进行连接。

齿式联轴器的特点是结构紧凑，能传递较大的转矩，补偿偏移的能力较强；但是，制造和安装精度要求较高，成本高。适用于高速、重载的场合。

图 5-20　齿式联轴器

③ 万向联轴器。万向联轴器由两个固定在轴端的叉形半联轴器和一个十字形中间连接件组成，允许两根轴之间有较大的角偏移。角偏移最大可达 35°～45°。因此，在实际应用中，常将万向联轴器成对使用，以避免引起附加的动载荷。

万向联轴器的特点是径向尺寸小，维修方便，能够补偿较大的角偏移，适用于夹角较大的两根轴之间的连接，在汽车、拖拉机等中获得广泛的应用。

（2）有弹性元件的挠性联轴器

常用的弹性联轴器有弹性套柱销联轴器、弹性柱销联轴器等。

弹性套柱销联轴器。图 5-21 所示为弹性套柱销联轴器，它们构造与凸缘联轴器相似，只是用套有弹性套的柱销代替了连接螺纹，利用弹性套的弹性变形来补偿两轴的相对位移。这种联轴器重量轻、结构简单、但弹性套易磨损、寿命较短，用于冲击载荷小、起动频繁的中、小功率传动中。弹性套柱销联轴器已标准化。

图 5-21　弹性套柱销联轴器

3. 安全联轴器

为了对机器进行过载保护，可用各种形式的安全联轴器。
安全联轴器是靠连接件折断、分离或打滑使传动中断或限制转矩的传递，从而保护重要机件不致损坏．这种联轴器要求工作必须准确可靠。安全联轴器最常见的是剪切销安全联轴器，可分为双剪式与单剪式两种，如图 5-22 所示。

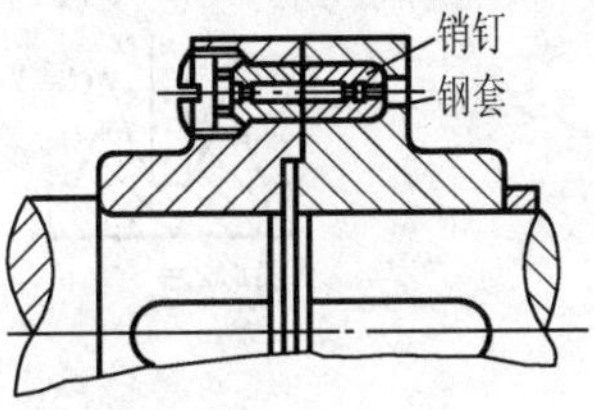

(a)单剪式安全联轴器

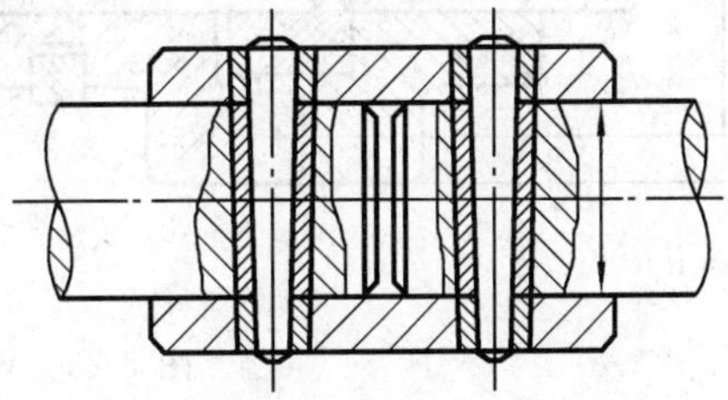

(b)双剪式剪切销安全联轴器

图 5-22 安全联轴器

*5.6 离 合 器

离合器也是一种常用的轴系部件，其主要作用是可以根据需要在机器工作时随时使两轴接合或分离，这是离合器与联轴器的根本区别。离合器也可用于起动、停车、换向、变速、定向及过载保护等工作。

5.6.1 离合器的类型

离合器根据实现离合动作的方式不同，可以分为操纵离合器和自控离合器。操纵离合器的操纵方式有机械、电磁、气动和液动方式等。自控离合器依靠一定的工作原理控制两轴自动离合，可分为超越离合器、离心离合器和安全离合器等。

5.6.2 离合器的特点和应用

离合器的种类很多，下面介绍常见的几种离合器。

1. 牙嵌离合器

牙嵌离合器由两个端面带牙的半离合器组成，如图 5-23 所示。

牙嵌离合器的牙型有矩形、梯形、锯齿形和三角形等。矩形牙制造容易，但接合、分离困难，且磨损后无法补偿，故使用较少；梯形牙强度较大，接合、分离比矩形牙容易，能传递较大的转矩，可以自动补偿牙的磨损与间隙，从而减少冲击，故应用较广；锯齿形牙强度最高，但只能传递单向转矩，故用于特定的工作场合；三角形牙适用于中小转矩的工作场合。

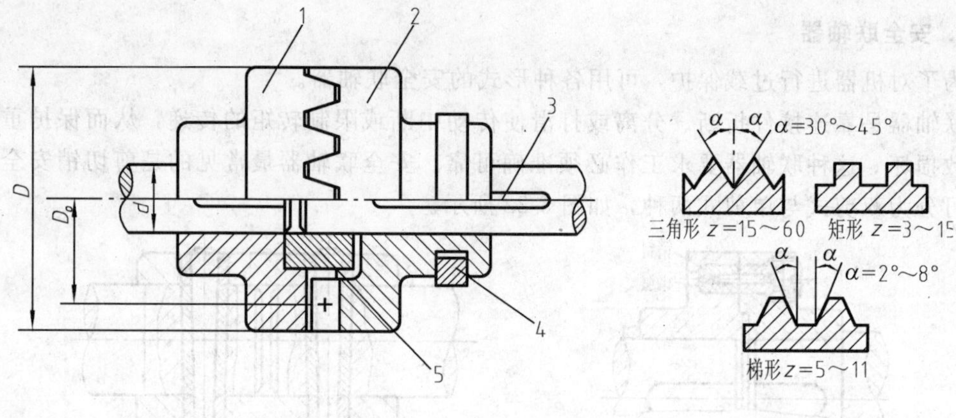

图 5-23　牙嵌离合器

1.2—半离合器；3—导向键；4—清杯；5—对中环

2. 圆盘摩擦离合器

圆盘摩擦离合器工作时，通过主、从动盘接触面间产生的摩擦力矩传递转矩和运动。主要有单盘式和多盘式两种典型结构。

单盘摩擦式离合器结构简单，但传递的转矩较小。为了提高传递转矩的能力，在实际生产中，常采用多盘摩擦式离合器，如图 5-24 所示。

图 5-24（a）所示为多盘式摩擦离合器。工作时，向左移动滑环 6，通过杠杆 5、压板使两组摩擦片压紧，离合器便处于接合状态。若向右移动滑环时，摩擦片被松开，离合器即分开。

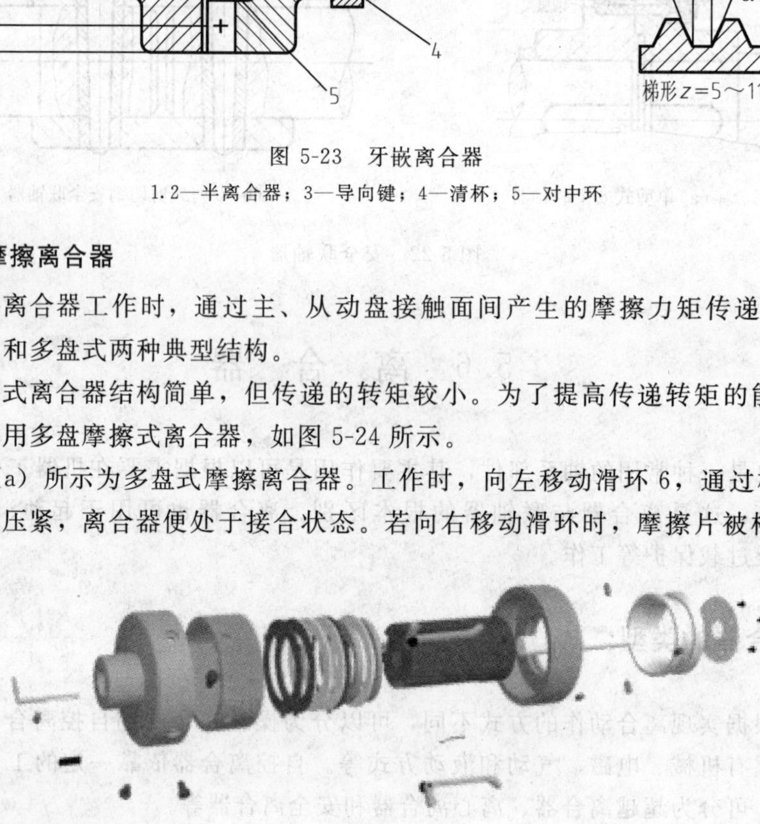

（a）外形

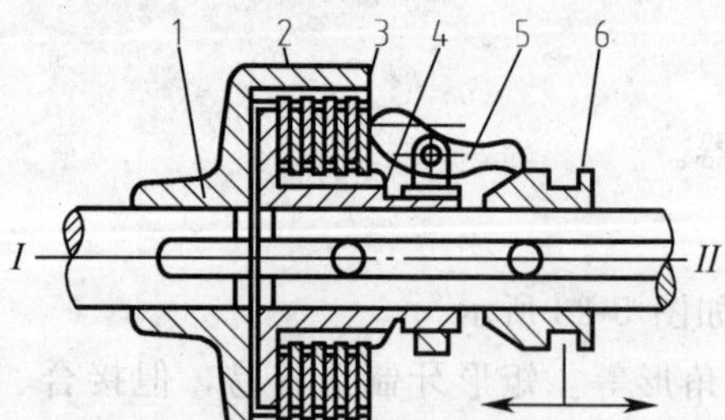

（b）结构

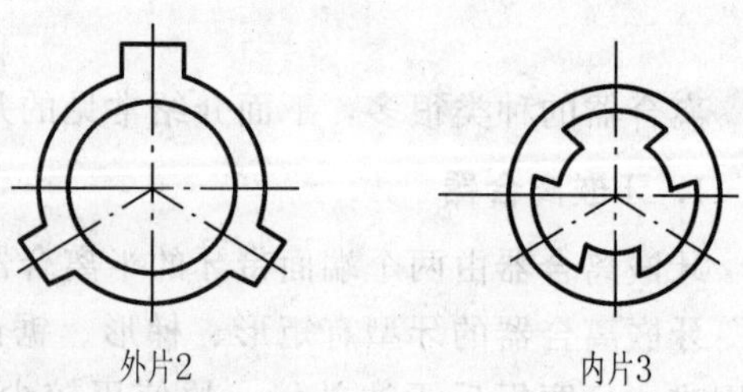

（c）摩擦片

图 5-24　摩擦离合器

1—外鼓轮；2—外片；3—内片；4—内套筒；5—杠杆；6—滑环

3. 安全离合器

安全离合器的种类很多，它们的作用是在过载时自动分离，中断转矩的传递，从而防止机器中重要零件的损坏，起安全保护作用。有剪销式安全离合器、牙嵌式安全离合器、摩擦式安全离合器等。

4. 超越离合器

如图 5-25 所示，图中星轮 1 和外环 2 分别装在主动件和从动件上，星轮和外环间的楔形空腔内装有滚柱 3，每个滚柱都被弹簧推杆 4 以不大的推力向前推进而处于半楔紧状态。星轮和外环均可作为主动件，现以外环为主动件来分析。当外环逆时针方向回转时，摩擦力和弹簧力推动滚柱向前滚动，进一步楔紧内外接触面，从而驱动星轮一起转动，离合器处于接合状态；反之，当外环顺时针方向回转时，摩擦力带动滚柱克服弹簧力而滚到楔形空腔的宽敞部分，离合器处于分离状态。当星轮与外环均按顺时针方向作同向回转时，根据相对运动原理，若外环转速小于星轮转速，则离合器处于接合状态；如外环转速大于星轮转速，则离合器处于分离状态，因此这种离合器称为超越离合器。

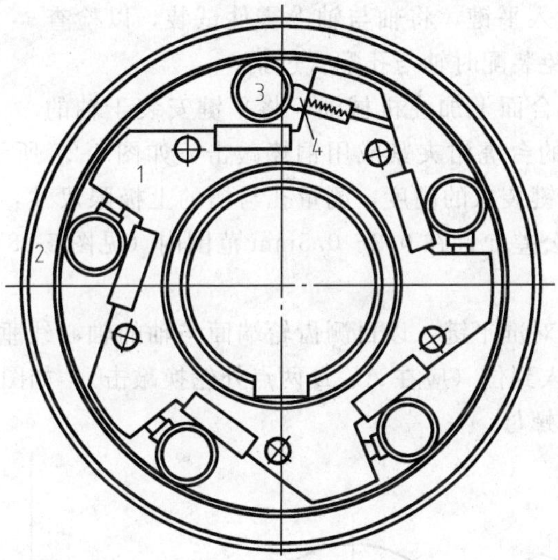

图 5-25 超越离合器

阶段性实习训练 1

连接的拆装

1. 实训目的

会正确拆装键连接。

2. 实训设备及工具

① 键连接件。

② 内六角扳手、活扳手、螺钉旋具（螺丝刀）、手锤、机油、冲子、铲子、尖嘴钳、锉刀和零件存放盘等。

3. 实训内容与步骤

键连接的拆装

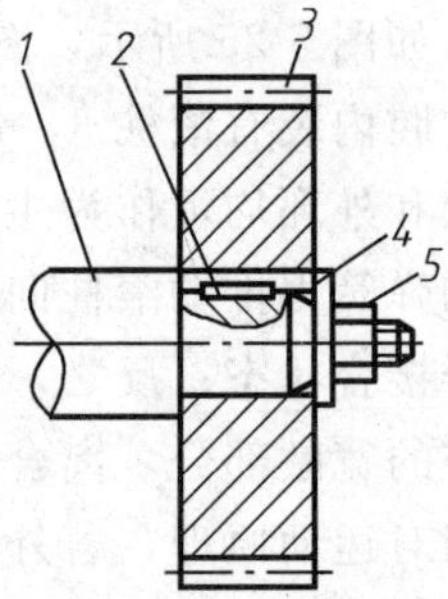

图 5-26　键连接
1—轴；2—平键；3—齿轮；
4—挡圈；5—螺母

(1) 平键连接的装配（见图 5-26）

① 清理键及键槽上的毛刺，以防配合后产生过大的过盈量，从而破坏配合的正确性。

② 对于重要的键连接，装配前应检查键的直线度、键槽对轴线的对称度和平行度等。

③ 装配时，先不装入平键，将轴与轴上零件试装，以检查轴和孔的配合状况，避免装配时轴与孔配合过紧。

④ 在平键和轴槽配合面上加注机械油，将平键安装于轴的键槽中，用放有软钳口的台虎钳夹紧或用铜棒敲击，如图 5-27 所示，把平键压入轴槽内，并与槽底紧贴 。测量平键装入的高度，测量孔与槽的上极限尺寸，装入平键后的高度尺寸应小于孔内键槽尺寸，公差允许在 0.3～0.5mm 范围内（见图 5-28）。并在轴和孔表面加注润滑油。

⑤ 把齿轮上的键槽对准平键，以目测齿轮端面与轴的轴心线垂直后，用铜棒、手锤敲击齿轮，慢慢地将其装入到位（应在 A、B 两点外轮换敲击），如图 5-29 所示 。

⑥ 装上垫圈，旋上螺母。

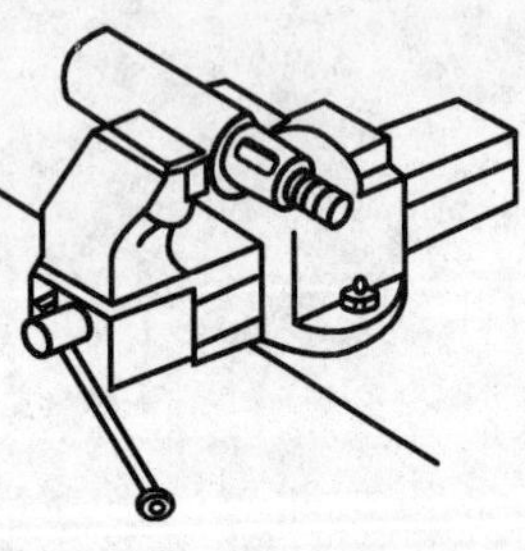
图 5-27　台虎钳夹紧

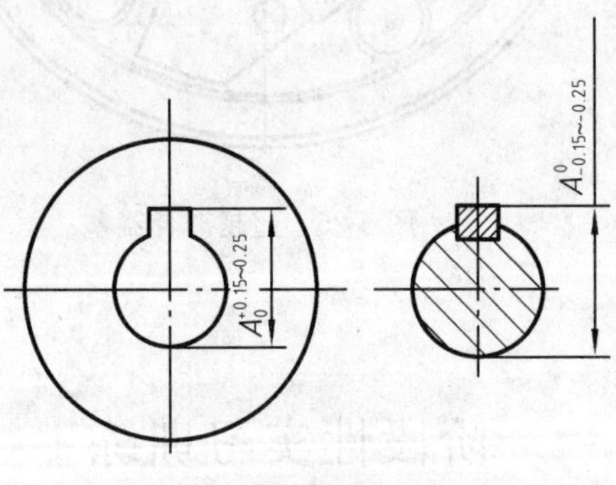
图 5-28　测量高度

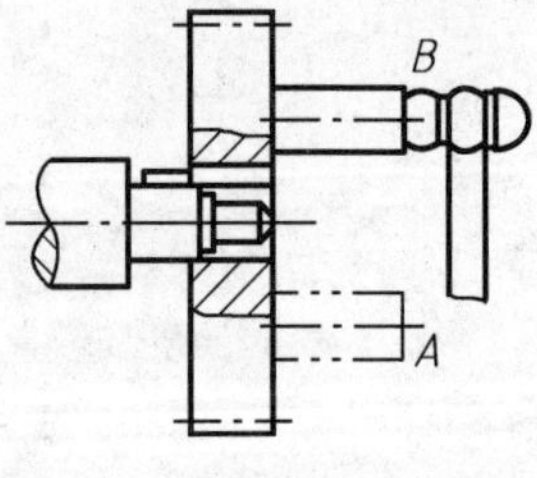
图 5-29　手锤敲击齿轮

(2) 平键连接的拆卸

拆卸时，用扳手松开螺母，取下挡圈，将齿轮用拉卸工具拆下即可。

4. 实训记录与分析

见书末附表 1。

思 考 题

① 双头螺柱的装配方法有哪些？

② 螺母和螺纹的装配时要注意什么？

③ 平键装配时，为什么先将轴与轴上零件试装，然后再装入平键？

联轴器的安装与找正

1. 实训目的

会正确安装、找正联轴器。

2. 实训设备及工具

① 联轴器、电动机、减速器。

② 活扳手、手锤、机油、百分表、塞尺、桥规

3. 实训内容与步骤

用联轴器连接的两轴，往往是分别属于两个独立的部件并安装在不同的位置上。因此在连接时要求两部件的轴必须有良好的同轴度要求，这是装配联轴器最基本的技术要求。

① 电动机与齿轮箱所使用的是凸缘式联轴器，如图 5-30 所示，在轴 1 和轴 4 上都分别装入平键和凸缘盘 2 和 3。

② 进行同轴度的检测和校准。此时先固定其中一个部件（如齿轮箱）的位置，调整另一部件的位置，以保证两轴线的同轴度要求。检测方法采用径向、轴向联合检测，如图 5-31所示。

当两端联轴器距离较小时采用图 5-31（a）的测量法，其外圆柱面用百分表测量，端面可使用塞尺检验其平行度误差（测量间隙 Z）。

当两端联轴器相距较远时（中间安装有连接件），端面平行度误差也可用百分表来检验，如图 5-31（b）所示。

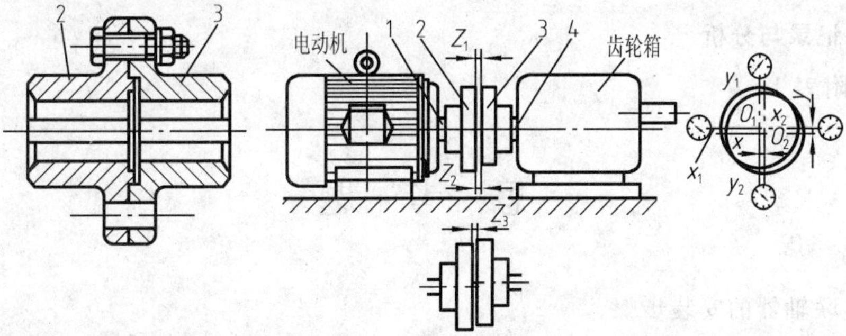

图 5-30 凸缘式联轴器的装配

1、4—轴；2、3—凸缘盘

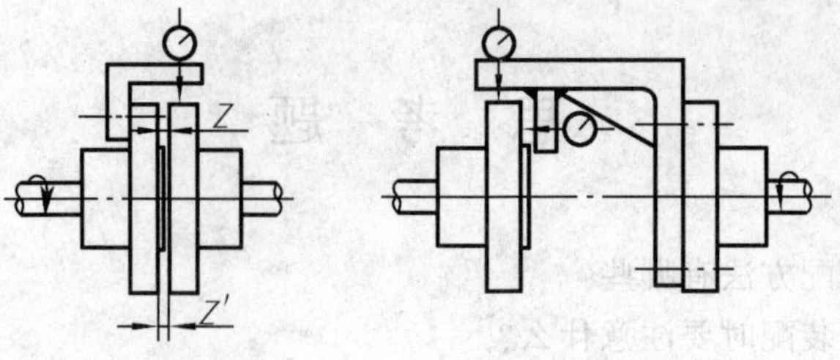

(a)联轴器相距较近的测量方法　(b)联轴器相距较远的测量方法

图 5-31　联轴器同轴度误差的测定方法

要保证两轴的同轴度要求，必须具备两个先决条件：a. 两联轴器端面应与各自的轴线垂直；b. 两端面平行就会使两轴线平行（见图 5-31），此时只要调整 x、y 就能保证 O_1、O_2 的同轴度要求。

如果上述条件已经具备，而且凸缘盘与轴的安装误差和轴向窜动都不考虑。那么只转动其中一个轴，分别测出垂直方向上的 y_1、y_2 数值和水平方向的 x_1、x_2 数值，则垂直方向上的偏移量为 $y=\frac{y_1+y_2}{2}$，而水平方向上的偏移量为 $x=\frac{x_1+x_2}{2}$。于是轴线的偏移可通过垂直移动 y 和水平移动 x 来消除。此时同轴度初步找正完毕。

移动电动机部件，使凸缘盘 2 的凸台少许插进凸缘盘 3 的凹孔内；然后转动轴 4，用塞尺检验端面间的间隙（可在端面的上下前后四个方向上测出四个数值），就可以调整两轴的平行度，这时可采用水平移动轴承位置和垫高或降低轴承位置的方法来消除轴线的偏斜。

联轴器的同轴度调整好之后，则移动电动机使两凸缘盘端面靠紧，并把电动机位置固定，最后用螺栓和螺母紧固两凸缘盘。

③ 注意事项。

a. 用塞尺测量时，在保证有间隙的前提下，应尽量将间隙调小，以减小因塞尺片数过多而造成的误差。

b. 用百分表测量时，必须将百分表固定牢固，但要保证测量杆活动自如。测量外圆值的百分表测量杆要垂直轴线，其中心并通过轴心。测量端面值的百分表其测量杆要与测量端面垂直，测量端面要光滑平整。装好表后要试转一圈，此时测量外圆面值的百分表读数应复原。

4. 实训记录与分析

见书末附表 1。

思　考　题

① 简述联轴器的安装步骤。

② 简述联轴器的找正方法。

小 结

1. 常用螺纹的类型用于连接的普通螺纹、圆柱管螺纹、圆锥管螺纹和用于传动的矩形螺纹、梯形螺纹、锯齿形螺纹。

2. 螺纹连接主要：螺栓连接、双头螺柱连接、螺钉连接、紧定螺钉连接四种连接形式。

3. 键是一种标准件，通常用于连接轴与轴上旋转零件与摆动零件，以传递旋转运动及扭矩，而导键、滑键、花键还可用作零件在轴上移动的导向装置。

4. 平键是应用最广的一种键，普通平键连接的包括类型选择和尺寸选择两个方面。

5. 花键因齿多，承载能力大，经常用在重载及经常滑移的连接。常见的花键有矩形花键和渐开线花键两种。

6. 销一般有定位、连接、及作为安全保护装置中的过载剪断元件的作用。常见的销的结构有圆柱销、圆锥销。

7. 弹簧的种类很多，其作用主要有：控制机械的运动 、吸收振动和冲击能量、存储和释放能量、测量力的大小。

8. 联轴器的功用是连接两轴，有时也用于连接轴和其他回转零件，以传递运动和转矩。根据能否补偿位移量可以分为不能补偿的刚性联轴器和可以补偿的挠性联轴器。

9. 离合器的作用也是连接两轴，但能在运转中随时接合或分离。根据操纵方式不同可以分为操纵离合器和自控离合器。

习 题

5-1 螺旋线是怎样形成的？螺纹为什么要有自锁性？它与螺纹升角有何关系？怎样区分螺纹的旋向？

5-2 试述普通螺纹大径、小径、螺距、导程及牙型角的含义，并以图形表示。

5-3 螺纹分类有哪些？简要说明它们的应用场合及特点。

5-4 螺纹连接的装配工具常用的有哪些？

5-5 简述双头螺柱装配的方法。

5-6 螺纹常用的防松方法有哪几种？

5-7 平键连接的特点是怎样的？分哪种类型？

5-8 如 A 型的 $b\times h\times L=20\times12\times56$ 和 B 型的 $b\times h\times L=22\times14\times63$ 应如何标记？

5-9 普通平键、导向平键、半圆键、花键各有什么用途？

5-10 花键根据键齿的形状分哪几种？

5-11 销连接的作用是什么？适用什么场合？

5-12 举例说明弹簧的功用。

5-13 联轴器和离合器的功用是什么？二者有何区别？

5-14 常用的联轴器有哪些类型？各有何特点？

5-15 常用的离合器有哪些类型？主要特点有哪些？

第6章 机　构

各种机械的形式、构造及用途虽然各不相同，但它们都是由一些机构所组成的。图 6-1 所示为牛头刨床，它是一种靠刀具的前后往复直线运动及工作台的左右间歇运动来完成工件的平面切削加工的机床。该机床中就包含有摆动导杆机构、棘轮机构、螺旋机构、凸轮机构等各类平面机构来完成机器的预定动作。

图 6-1　牛头刨床

6.1　平面机构的组成

机构是由构件组成的系统，其功能是传递运动和动力。为使机构实现传递运动的功能，必须正确地分析和确定机构中各构件之间的相互关系。

6.1.1 平面机构的组成

机构按其运动空间分为平面机构和空间机构。各构件都在同一平面或平行平面内运动的机构称为平面机构，如图 6-2 所示的颚式破碎机；否则称为空间机构，如图 6-3 所示的飞机起落架。

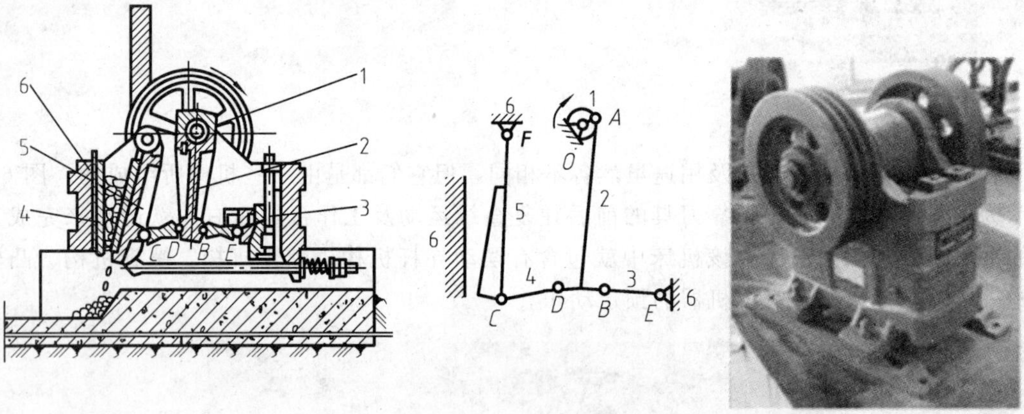

图 6-2　颚式破碎机

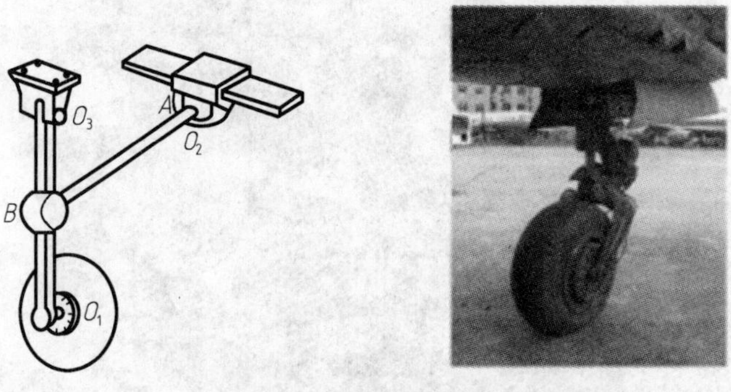

图 6-3　飞机起落架

平面机构是由许多构件通过运动副组合而成的，各构件之间具有确定的相对运动。

构件依其在机构中的地位和功能区分为机架、主动件、连接件和从动件。机架是机构中相对静止用来支承各运动构件；主动件又称为原动件或输入件，是输入运动和动力的构件；从动件又称为被动件或输出件，是直接完成机构运动要求，跟随主动件运动的构件；连接件是连接主、从动件的中介构件。

构件的连接既要使两个构件直接接触，又能保持一定的相对运动，这种直接接触的活动连接称为运动副。

两个构件通过运动副连接以后，相对运动受到限制。运动副对两个构件间的相对运动所加的限制称为约束。引入一个约束条件将减少一个自由度，而约束的多少及约束的特点取决于运动副的形式。

6.1.2 平面运动副及分类

构成运动副的两个构件之间的相对运动若是平面运动则为平面运动副，若为空间运动则称为空间运动副。

根据平面运动副的接触形式的不同，可分为两类：

1. 平面高副

两构件通过点或线接触的运动副称为高副。如图 6-4 所示的车轮与钢轨、凸轮与从动件、轮齿啮合等，分别组成平面高副。

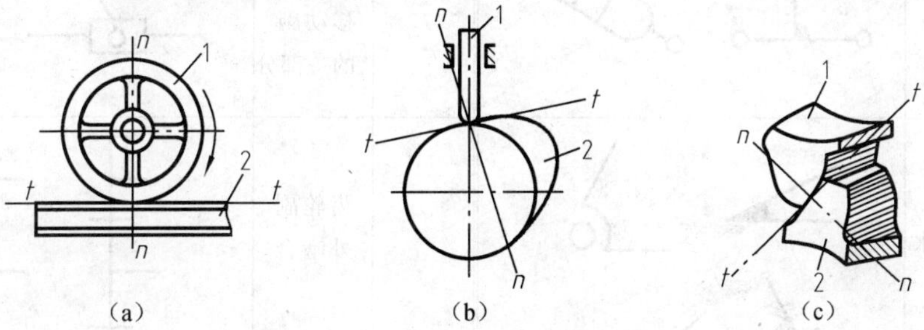

图 6-4　平面高副

2. 平面低副

两构件通过面接触所构成的运动副称为低副。平面低副按其相对运动形式又可分为转动副和移动副。

转动副是两构件间只能作相对转动的运动副。如图 6-5（a）所示的铰链连接，组成转动副。

移动副是两构件间只能沿某一轴线相对移动的运动副，如图 6-5（b）所示。

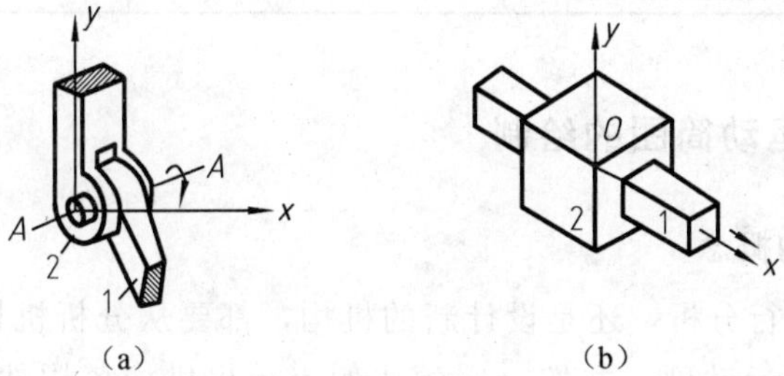

图 6-5　平面低副

*6.1.3 平面运动副结构及符号

构件及运动副的规定符号见表 6-1。

表 6-1　构件及运动副的规定符号

名　称		简　图　符　号	名　称		简　图　符　号
构件	轴，杆			基本符号	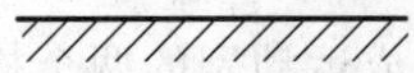
构件	三副元素构件	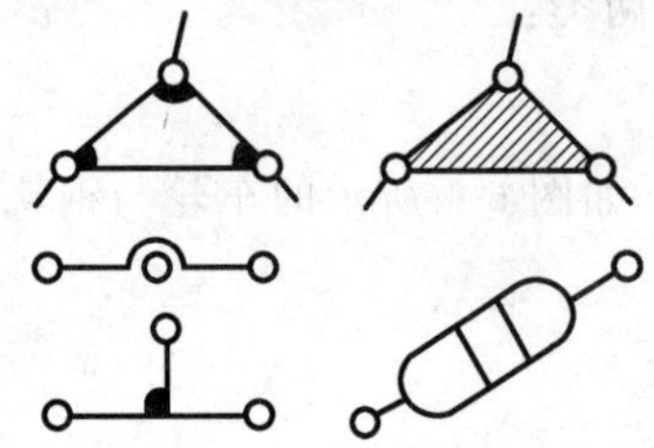	机架	机架是转动副的一部分	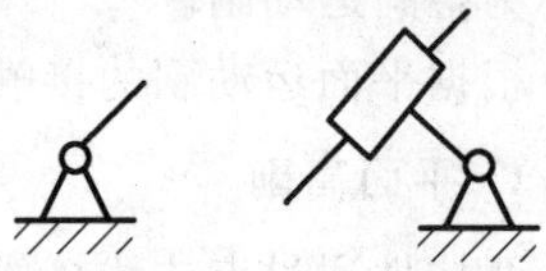
构件	构件的永久连接	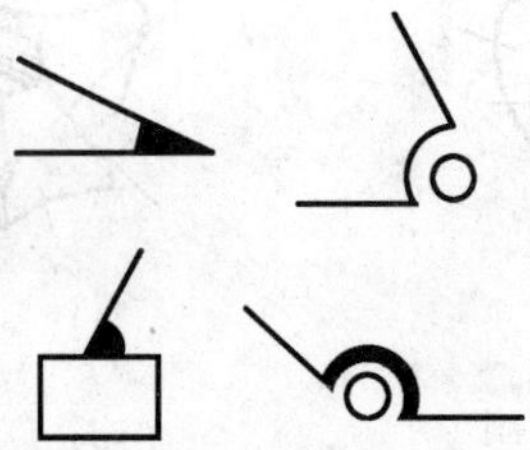	机架	机架是移动副的一部分	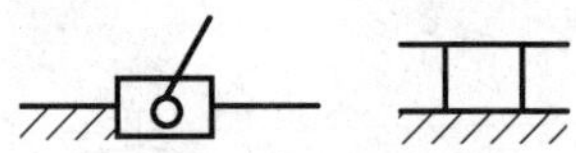
平面低副	转动副	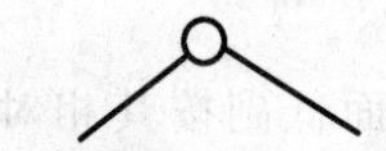	平面高副	齿轮副外啮合	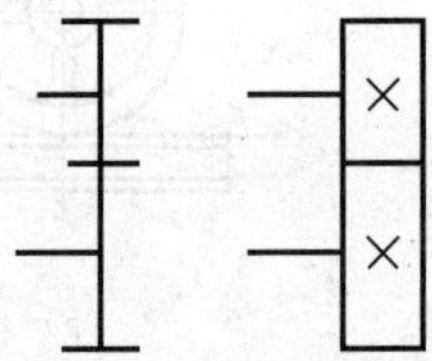
平面低副	移动副	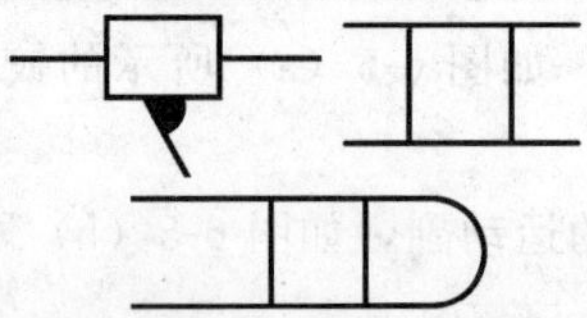	平面高副	齿轮副内啮合	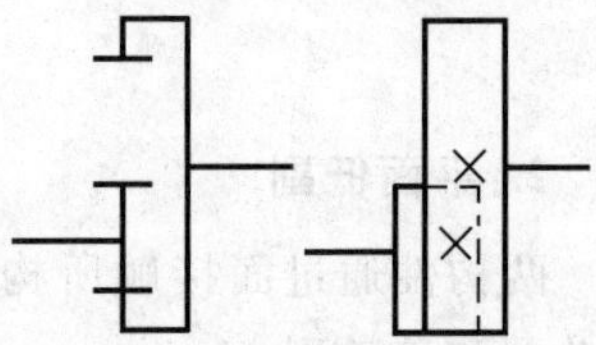
			平面高副	凸轮副	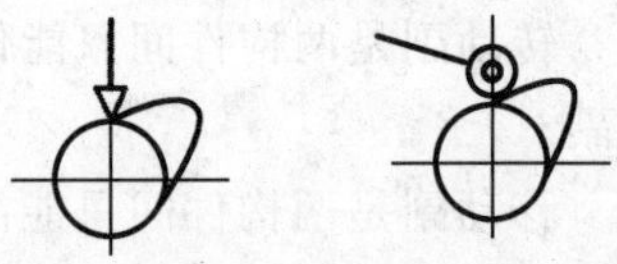

*6.1.4　平面机构运动简图的绘制

1. 机构运动简图的概念

无论对已有机构进行分析，还是设计新的机构，都要从分析机构图形着手。用简单的线条和符号表示构件和运动副，并按一定的比例表示出机构各构件间相对运动关系的图，称为机构运动简图。

2. 平面机构运动简图的绘制

机构运动简图应与原机构具有完全相同的运动特征。它不仅可以表达出机构的运动情况，而且还可根据该图进一步进行机构的运动分析和受力分析。

以图 6-6 所示的缝纫机踏板机构为例，说明绘制机构运动简图的方法和步骤。

(1) 找出各构件

拨动主动件踏板 1，按运动传递顺序找出从动件连杆 2、曲柄 3 等可动件和机架 4，如

图 6-6（a）所示。

（2）找出连接构件的各运动副

由机架的一端开始，按构件连接的顺序，找出机架与踏板、踏板与连杆、连杆与曲轴、曲轴与机架的另一端相连的各个运动副，它们分别是转动副 A、B、C、D，如图 6-6（b）所示。

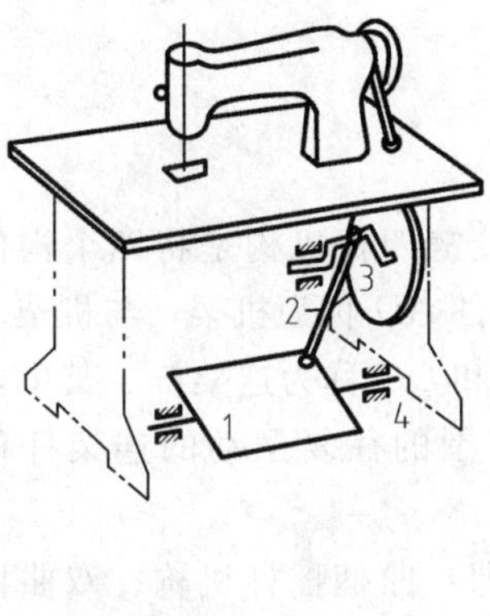

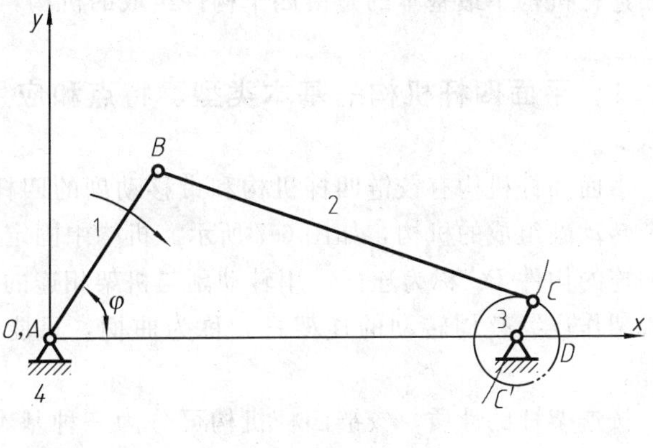

图 6-6　缝纫机踏板机构

（3）确定各运动副间的相对位置

逐一量出各运动副（转动副）中心 A 与 B、B 与 C、C 与 D、A 与 D 之间的实际长度：L_{AB}、L_{BC}、L_{CD}、L_{AD}。

（4）绘制机构运动简图

① 过机架 AD 作坐标系 xOy，

② 选取长度比例尺 $\mu_l = \dfrac{\text{实际构件长度 /m}}{\text{图示构件长度 /mm}}$，

③ 按几何关系作图。

先作与机架相关联的转动副 A、D。在 Ox 轴上取线段 AD，

再作主动件 AB，与 Ox 轴成任意角 φ。

最后作从动件 BC、CD。以 B 为圆心，以 BC 为半径作弧；再以 D 为圆心，以 CD 为半径，两弧交得 C' 点，连 BC、DC。

④ 在 A、B、C、D 处分别画出运动副符号，并按数字顺序标注构件。在主动件上画上表示运动方向的箭头，便得机构运动简图，如图 6-6（b）所示。

若已给出主动件某个位置值，如 $\varphi = 60°$，便可按上述方法，画出机构在主动件位于 60°时的机构位置图。

未按一定比例表示出各运动副间准确的相对位置，只是表示机构组合方式的机构图，称为机构示意图。

6.2 平面四杆机构

平面连杆机构是由若干刚性构件用低副连接而成的平面机构，故又称为平面低副机构。平面连杆机构中最基本的是由四个构件组成的机构，称为平面四杆机构。

6.2.1 平面四杆机构的基本类型、特点和应用

平面四杆机构有铰链四杆机构和带移动副的四杆机构。铰链四杆机构是将四个构件用四个转动副组成的机构，如图 6-7 所示。机构中固定不动的构件 *AD* 称为机架，与机架不直接相连的构件 *BC* 称为连杆，用转动副与机架相连的构件 *AB* 和 *DC* 称为连架杆。其中，能绕机架作连续整周转动的连架杆，称为曲柄，只能作一定范围的往复摆动的连架杆称为摇杆。

按连架杆的性质，铰链四杆机构可分为三种基本类型，即：曲柄摇杆机构、双曲柄机构、双摇杆机构。

1. 曲柄摇杆机构

特点：两连架杆之一为曲柄，一为摇杆。既能将曲柄的整周转动变换为摇杆的往复摆动，又能将摇杆的往复摆动变换为曲柄的连续回转运动。

应用：曲柄摇杆机构在生产中应用很广泛。图 6-8 所示为雷达天线采用的曲柄摇杆机构。当构件 1 作缓慢转动，通过连杆 2 使摇杆 3 作一定角度的摆动，从而调整天线的俯仰角度。

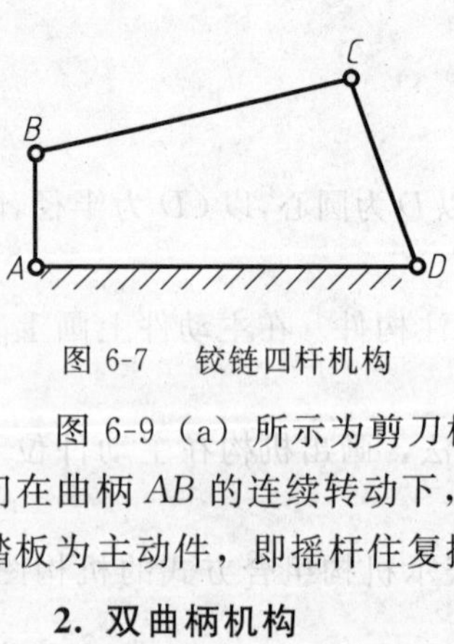

图 6-7　铰链四杆机构

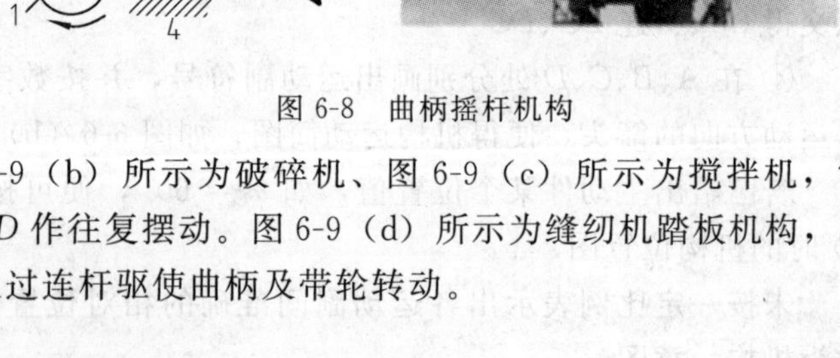

图 6-8　曲柄摇杆机构

图 6-9（a）所示为剪刀机、图 6-9（b）所示为破碎机、图 6-9（c）所示为搅拌机，它们在曲柄 *AB* 的连续转动下，摇杆 *CD* 作往复摆动。图 6-9（d）所示为缝纫机踏板机构，以踏板为主动件，即摇杆往复摆动，通过连杆驱使曲柄及带轮转动。

2. 双曲柄机构

特点：两连架杆均为曲柄。对于普通双曲柄机构，当主曲柄作匀速转动时，从动曲柄作变速转动。

应用：如图 6-10 所示的惯性筛机构。当曲柄 1 作等角速转动时，曲柄 3 作变角速转动，通过构件 5 和筛体 6 产生变速直线运动。筛体内的物料由于惯性而来回抖动，从而达到筛

选物料的目的。图 6-10（b）所示为惯性筛机构中应用双曲柄机构部分的运动简图。

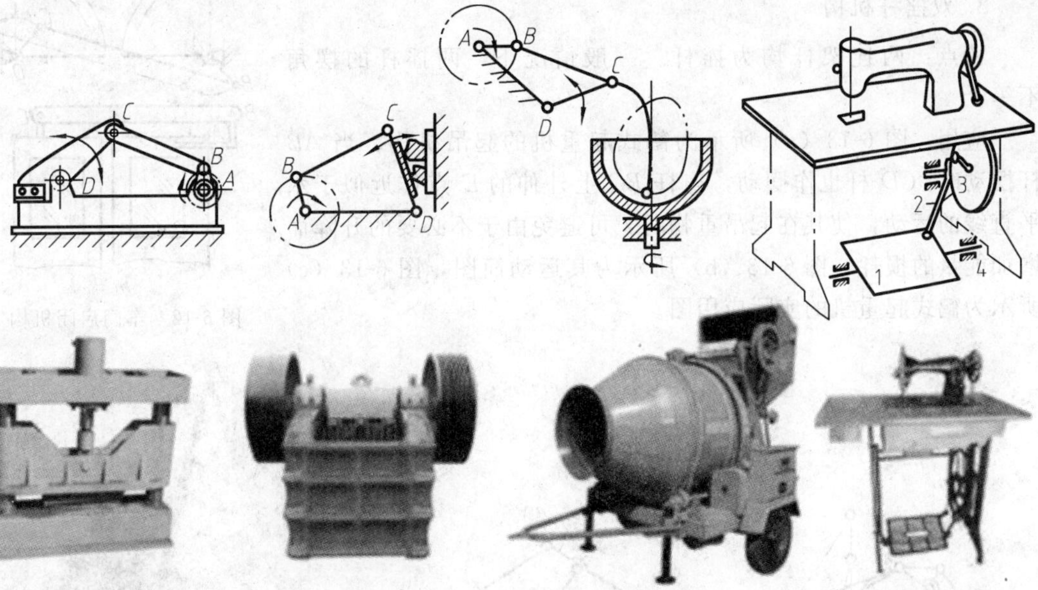

（a）剪刀机　（b）破碎机　（c）搅拌机　（d）缝纫机踏板机构

图 6-9　曲柄摇杆机构应用实例

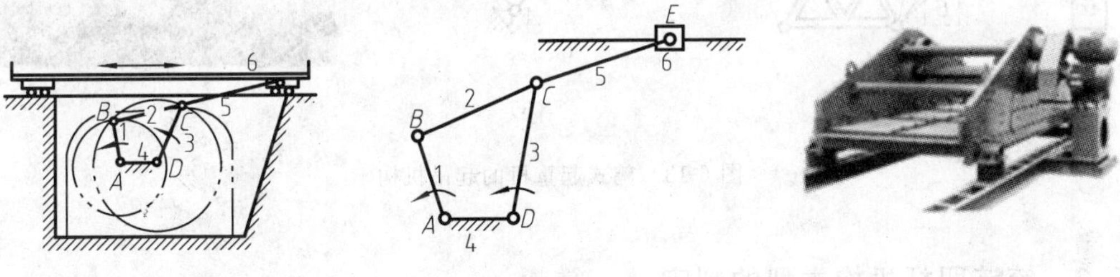

（a）　（b）　（c）

图 6-10　惯性筛机构

在双曲柄机构中，常见的还有正平行双曲柄机构，如图 6-11（a）所示，其结构是四杆中对边杆两两相等且平行，其运动特点是两曲柄角速度相等且转向相同，而连杆作平动。图 6-11（b）所示为反平行双曲柄机构，其对边杆长相等，但两曲柄转向相反，角速度不相等。如图 6-12 所示为车门启闭机构，是反平行双曲柄机构的应用。

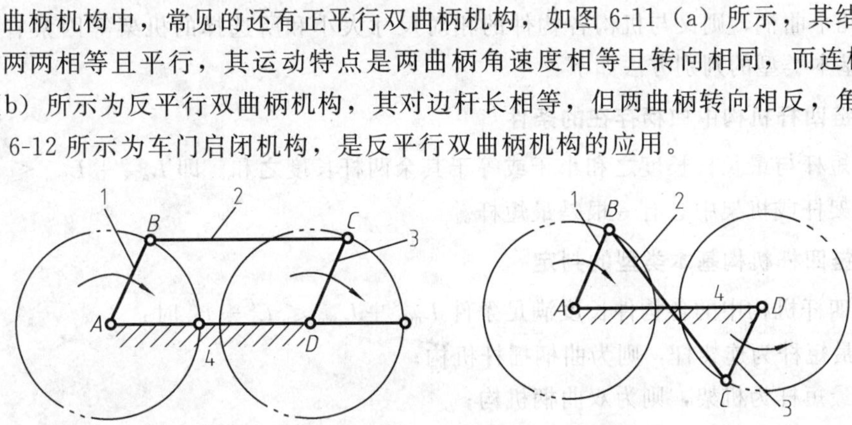

（a）　（b）

图 6-11　平行双曲柄机构

3. 双摇杆机构

特点：两连架杆均为摇杆。一般情况下，两摇杆的摆角不等。

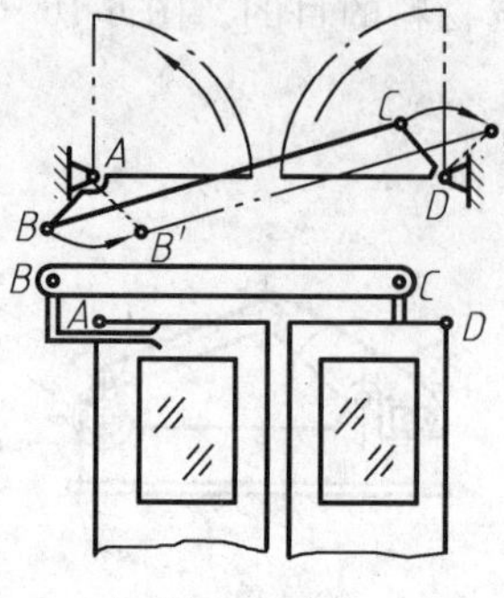

图 6-12　车门启闭机构

应用：图 6-13（a）所示为鹤式起重机的起吊机构。当 AB 杆摆动时，CD 杆也作摆动，连杆 BC 上外伸的 E 点作近似于水平直线的运动，使其在起吊重物时，可避免由于不必要的升降而增加能量的损耗。图 6-13（b）所示为其运动简图，图 6-13（c）所示为鹤式起重机的实际应用图。

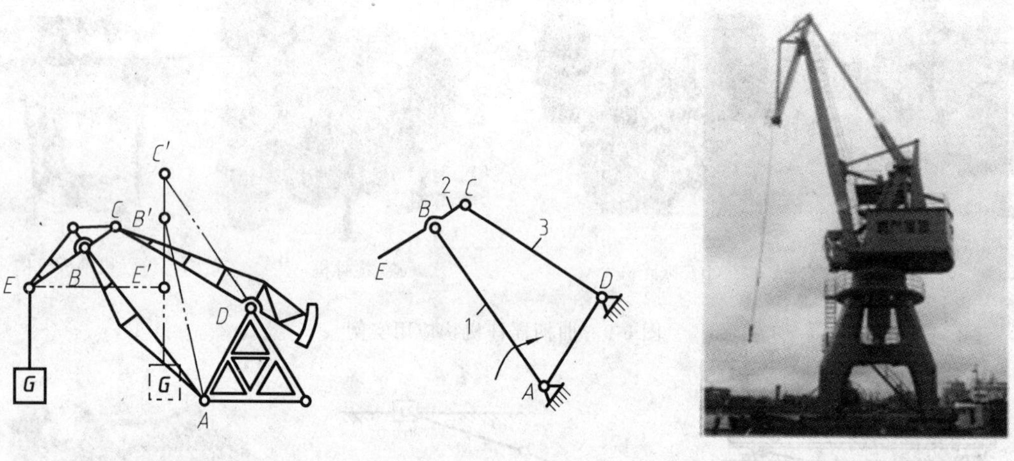

（a）　　（b）　　（c）

图 6-13　鹤式起重机的起吊机构

6.2.2　铰链四杆机构类型的判定

由上述可知，铰链四杆机构的三种基本类型区别在于机构中是否存在曲柄。而有无曲柄以及有几个曲柄，则又与机构各构件的相对尺寸大小和所选择的机架等因素有关。铰链四杆机构基本类型的判别方法如下：

1. 铰链四杆机构中曲柄存在的条件

① 最短杆与最长杆长度之和小于或等于其余两杆长度之和。即 $L_{max}+L_{min}\leqslant L'+L''$；

② 连架杆或机架中必有一根是最短杆。

2. 铰链四杆机构基本类型的判定

① 当四杆机构中的各构件长度满足条件 $L_{max}+L_{min}\leqslant L'+L''$ 时：

a. 若最短杆为连架杆，则为曲柄摇杆机构；

b. 若最短杆为机架，则为双曲柄机构；

c. 若最短杆为连杆，则为双摇杆机构。

② 若四杆机构中的各构件长度不满足条件 $L_{max}+L_{min}\leqslant L'+L''$ 时，无论取哪个杆为机

架均无曲柄存在，只能成为双摇杆机构。

【例】　如图 6-14 所示四杆机构，系杆尺寸如图，试判别此机构的类型。

解　求机构中最长杆和最短杆长度之和与其他两杆长度之和相比较，因

$$50+100>80+60$$

则该机构无曲柄存在，该机构为双摇杆机构。

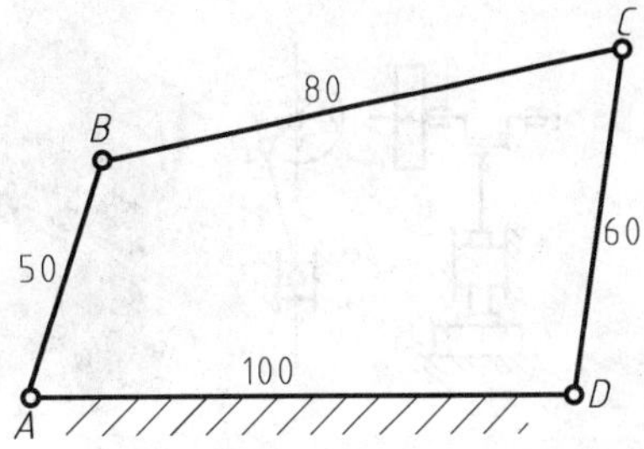

图 6-14　四杆机构

6.2.3　含有一个移动副的四杆机构的特点和应用

除了上节所述的三种基本形式外，在实际生产应用中，还广泛采用其他形式的四杆机构，主要有曲柄滑块机构、导杆机构、摇块机构和定块机构。

1. 曲柄滑块机构

图 6-15（a）、（b）所示为曲柄滑块机构运动简图。曲柄 1 作连续整周转动，滑块 3 作往复直线移动。

图 6-15（a）所示，滑块移动导路中线通过曲柄转动中心，称为对心曲柄滑块机构。图 6-15（b）所示，滑块移动导路中线不过曲柄转动中心，称为偏置曲柄滑块机构。对于偏置曲柄滑块机构，要保证构件 1 为曲柄，必须满足：$L_1+e\leqslant L_2$

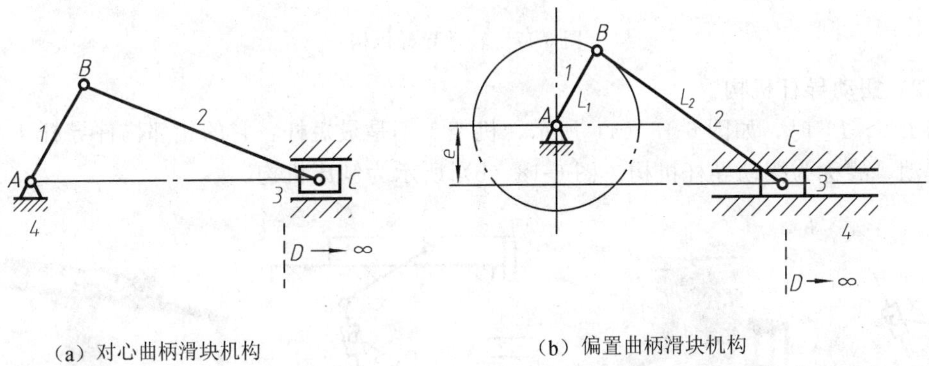

图 6-15　曲柄滑块机构

曲柄滑块机构的运动特点是将转动转化为往复移动，或将往复移动转化为转动。如图 6-16（a）为压力机中应用的曲柄滑块机构；图 6-16（b）为在内燃机中，应用滑块（活塞）的往复移动转换成曲柄（曲轴）的旋转运动。

2. 导杆机构

若将图 6-15（a）所示对心曲柄滑块机构中的曲柄 1 作为机架，就形成导杆机构。导杆机构可分为转动导杆机构和摆动导杆机构两种。

（1）转动导杆机构

如图 6-17（a）所示，当 $L_1<L_2$ 时，机架 1 为最短杆，它相邻杆 2 与导杆 4 均能绕机架作连续转动，故称为转动导杆机构。图 6-17（b）所示为插床机构。

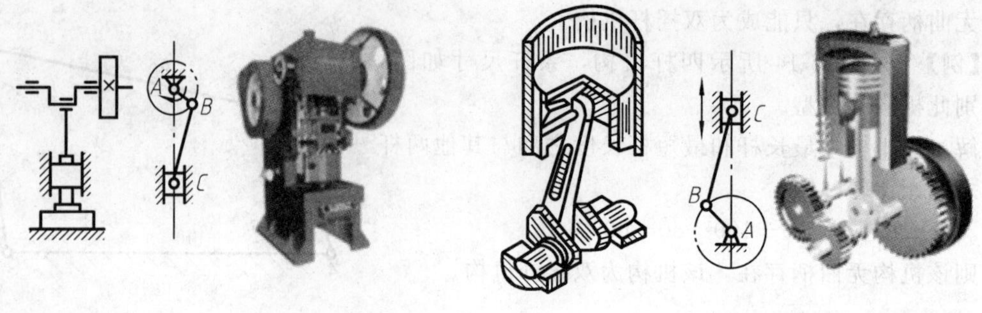

（a）压力机　　　　（b）内燃机

图 6-16　曲柄滑块机构应用实例

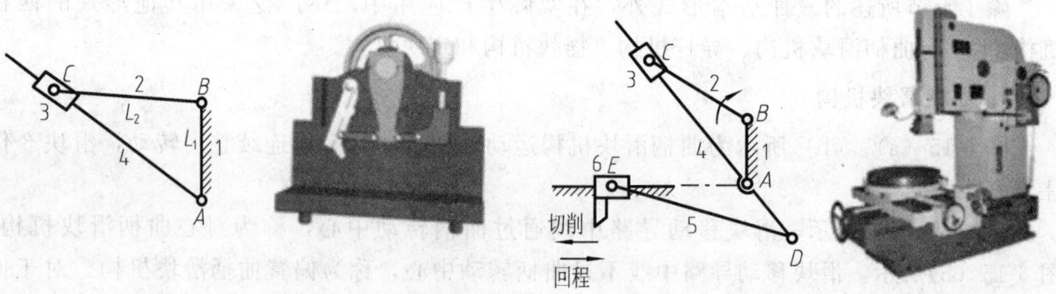

（a）　　　　（b）

图 6-17　转动导杆机构

（2）摆动导杆机构

当 $L_1 > L_2$ 时，如图 6-18（a）所示，机架 1 不是最短杆，它的相邻构件导杆 4 只能绕机架摆动，故称为摆动导杆机构。图 6-18（b）所示为刨床机构。

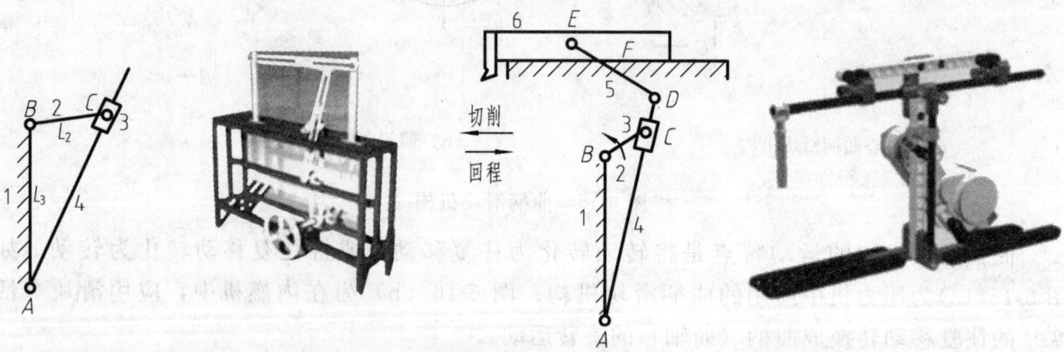

（a）　　　　（b）

图 6-18　摆动导杆机构

3. 摇块机构

若将 6-15（a）所示对心曲柄滑块机构中的连杆 2 为机架，如图 6-19（a）所示，因滑块 3 只能相对机架摇动，故称为摇动滑块机构，简称摇块机构。6-19（b）所示为卡车车厢的自动翻转卸料机构。

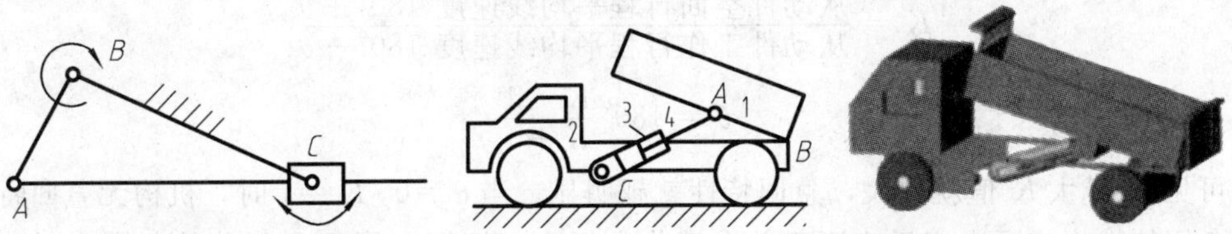

（a） （b）

图 6-19 摇块机构

4. 定块机构

若令 6-15（a）所示对心曲柄滑块机构中的滑块 3 为机架，如图 6-20（a）所示，则滑块固定不动，故称为固定滑块机构，简称定块机构。图 6-20（b）所示的手动泵是定块机构的应用实例。

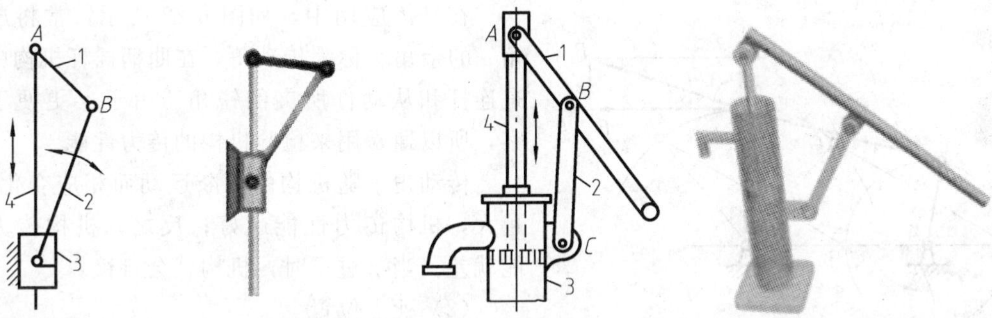

（a） （b）

图 6-20 定块机构

*6.2.4 平面四杆机构的特性

1. 急回特性

下面以曲柄摇杆机构为例，说明机构的急回特性。

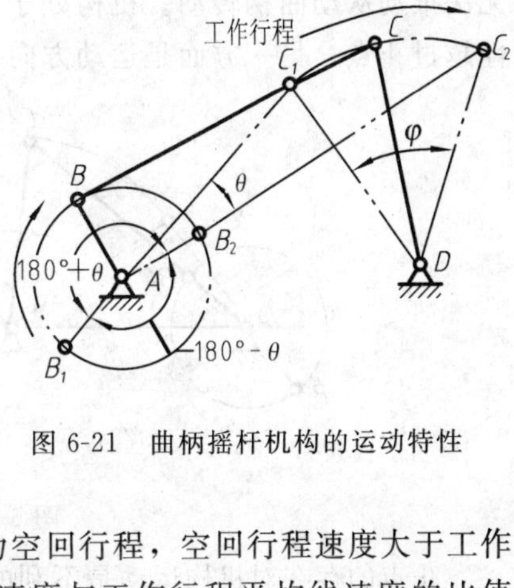

图 6-21 曲柄摇杆机构的运动特性

在图 6-21 所示的曲柄摇杆机构中，设曲柄 AB 为主动件。曲柄在旋转过程中每周有两次与连杆共线，如图 6-21 中的 B_1AC_1 和 AB_2C_2 两位置。这时的摇杆位置 C_1D 和 C_2D 称为极限位置，简称极位。当从动件摇杆处于两极限位置时，主动件曲柄对应的两位置 AB_1 和 AB_2 所夹的锐角 θ 称为极位夹角。C_1D 与 C_2D 的夹角 φ 称为最大摆角。

设曲柄以等角速度顺时针转动，摇杆从 C_1D 摆动至 C_2D 的行程为工作行程，从 C_2D 摆动至 C_1D 的行程为空回行程，空回行程速度大于工作行程速度的现象称为急回特性，通常用空回行程平均线速度与工作行程平均线速度的比值 K 来描述急回特性，K 称为行程速比系数，即

$$K=\frac{\text{从动件空回行程平均线速度}}{\text{从动件工作行程平均线速度}}\ \frac{180^\circ+\theta}{180^\circ-\theta}$$

或
$$\theta=180^\circ\,\frac{K-1}{K+1}$$

可见，θ 越大 K 值就越大，急回特性就越明显。当 $\theta=0$，$K=1$ 时，机构无急回特性。

急回特性在实际中广泛应用于单向工作的场合，缩短空回行程所花的非生产时间，以提高生产率。例如牛头刨床滑枕的运动。

2. 压力角和死点位置

在工程应用中，不仅要求连杆机构能满足机器的运动要求，而且希望运转轻便，效率较高，也即具有良好的传力性能。

(1) 压力角和传动角

衡量机构传力性能的特性参数是压力角。从动件上受力点的速度方向与所受作用力方向之间所夹的锐角，称为机构的压力角。

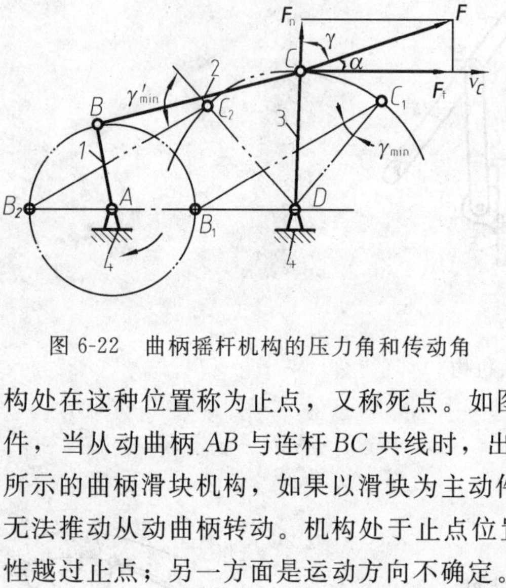

图 6-22　曲柄摇杆机构的压力角和传动角

在具体应用中，如图 6-22 所示，常将压力角 α 的余角 γ 称为传动角，在曲柄摇杆机构中就是连杆和从动件所夹的锐角。由于 γ 更便于观察，所以通常用来检验机构的传力性能。

传动角 γ 随机构的不断运动而相应变化，γ 越大，机构传力性能越好；反之，机构传力性能就差。当 γ 过小时，机构就会自锁。

(2) 死点位置

当压力角 $\alpha=90^\circ$ 时，对从动件的作用力或力矩为零，此时连杆不能驱动从动件工作。机构处在这种位置称为止点，又称死点。如图 6-23 (a) 所示的曲柄摇杆机构，若摇杆为主动件，当从动曲柄 AB 与连杆 BC 共线时，出现压力角 $\alpha=90^\circ$，传动角 $\gamma=0$。如图 6-23 (b) 所示的曲柄滑块机构，如果以滑块为主动件，则当从动曲柄 AB 与连杆 BC 共线时，外力 F 无法推动从动曲柄转动。机构处于止点位置，一方面驱动力作用降为零，从动件要依靠惯性越过止点；另一方面是运动方向不确定。

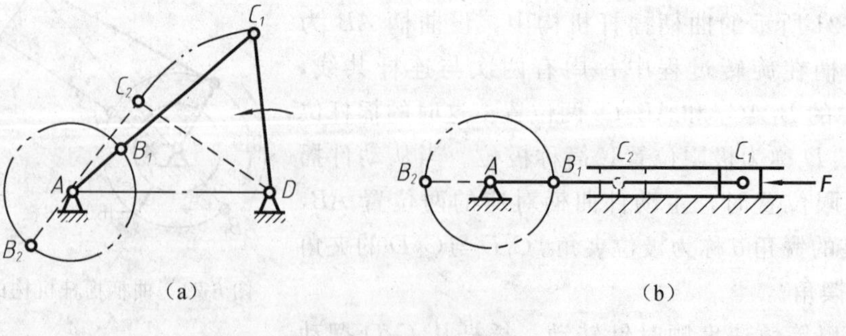

(a)　　(b)

图 6-23　平面四杆机构的止点位置

止点的存在对机构运动是不利的，应尽量避免出现止点。当无法避免出现止点时，一般可以采用加大从动件惯性的方法，靠惯性帮助通过止点。例如内燃机曲轴上的飞轮。也可以采用机构错位排列的方法，靠两组机构止点位置差的作用通过各自的止点，如图 6-24 所示。

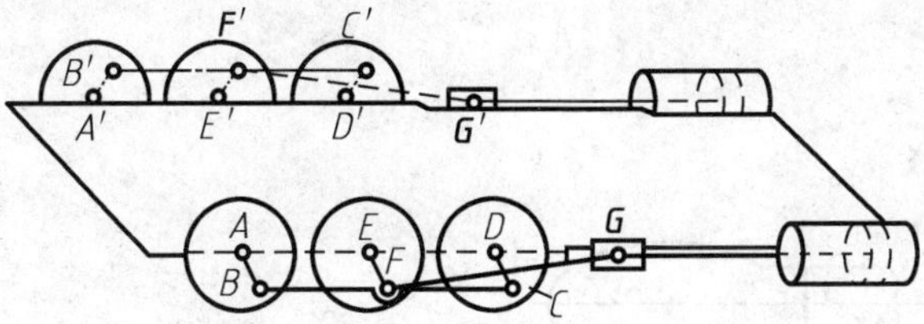

图 6-24 两组车轮的错列装置

在实际工程应用中，有许多场合是利用止点位置来实现一定工作要求的。图 6-25（a）所示为一种快速夹具，要求夹紧工件后夹紧反力不能使夹具自动松开，图 6-25（b）所示为飞机起落架有效地保持着支撑状态。此外，还有汽车发动机盖、折叠椅等。

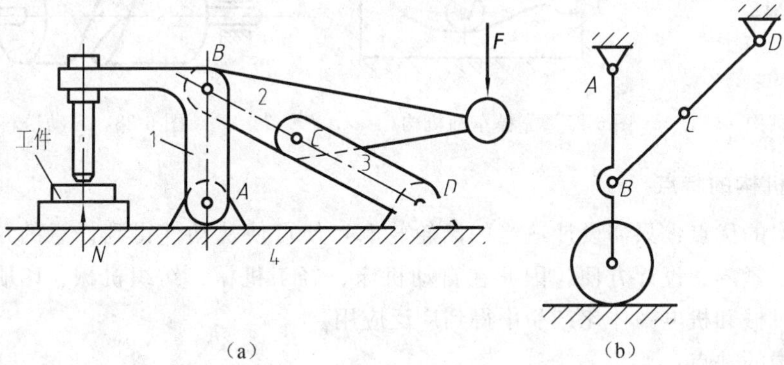

图 6-25 机构止点位置的应用

6.3 凸 轮 机 构

在机械装置中，尤其是在自动控制机械中，为实现某些特定或复杂的运动规律，广泛应用各种凸轮机构。例如我们所知道的自动配钥匙机，就是采用了凸轮机构。

6.3.1 概述

1. 凸轮机构的组成和应用

凸轮机构通常由凸轮、从动件和机架组成。它的功用是将凸轮的连续转动或移动转换为从动件的连续或不连续的移动或摆动。凸轮机构多用于需要实现特殊运动规律而传力不大的场合。

图 6-26 所示为内燃机配气机构。凸轮 1 作等速转动，依靠凸轮的轮廓，可以迫使从动阀杆 2 上下移动，按给定的配气要求启闭阀门。

图 6-27 所示为靠模车削机构。工件作回转运动，拖板带动刀架沿凸轮靠模 1 的轮廓运动，同时从动件 2 推动刀架径向运动，从而使刀刃走出工件外形轮廓的轨迹。

图 6-28 所示为自动送料机构。带凹槽的圆柱凸轮 1 等速转动，槽中的滚子带动从动件

2 往复移动，将工件推至指定位置，完成自动送料任务。

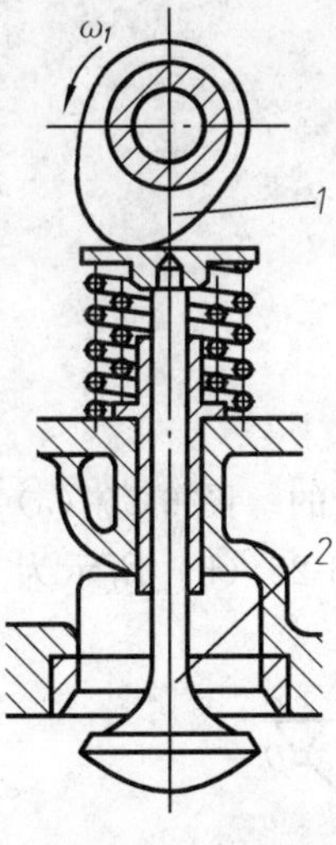

图 6-26　配气机构

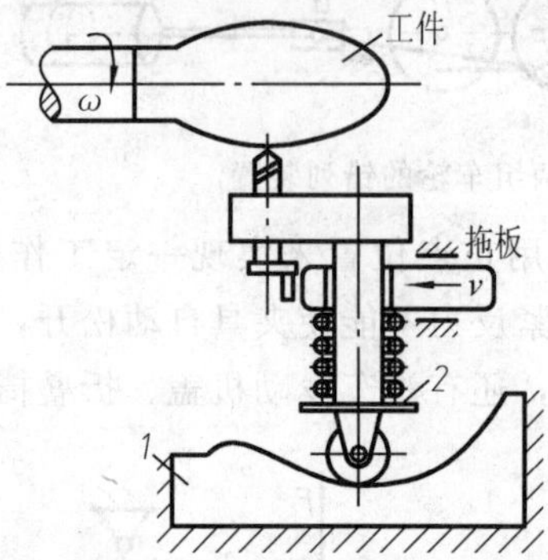

图 6-27　靠模车削机构

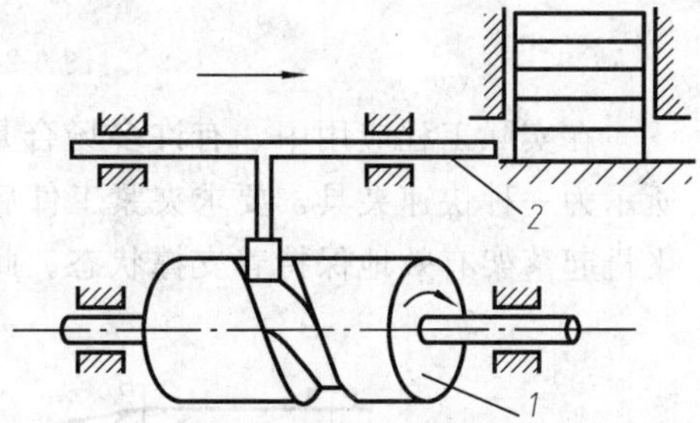

图 6-28　自动送料机构

2. 凸轮机构的特点

凸轮机构的优点：只需设计适当的凸轮轮廓，便可使从动件得到任意的预期运动，而且结构简单、紧凑、设计方便，因此在自动机床、轻工机械、纺织机械、印刷机械、食品机械、包装机械和机电一体化产品中得到广泛应用。

凸轮机构的缺点：

① 凸轮与从动件间为点或线接触，易磨损，只宜用于传力不大的场合；

② 凸轮轮廓精度要求较高，需用数控机床进行加工；

③ 从动件的行程不能过大，否则会使凸轮变得笨重。

3. 凸轮机构的分类

① 按凸轮形状分，有图 6-26 所示的盘形凸轮、图 6-27 所示的板状凸轮、图 6-28 所示的圆柱凸轮。

② 按从动件末端形状分，有尖顶从动件、滚子从动件、平底从动件，如图 6-29 所示。

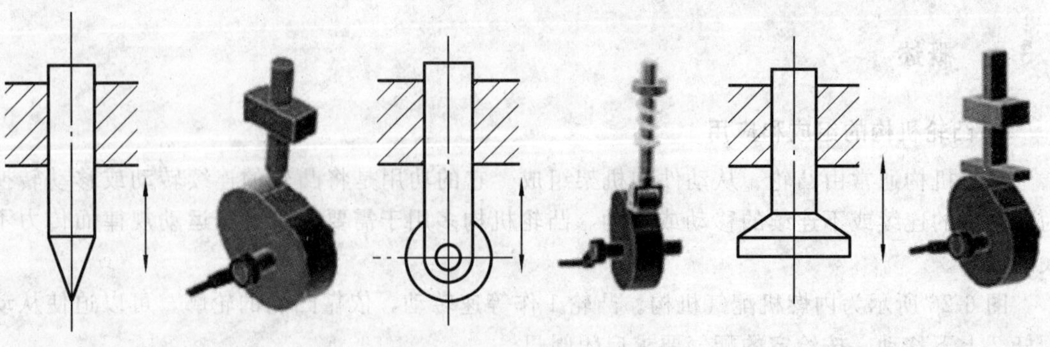

（a）尖顶从动件　　（b）滚子从动件　　（c）平底从动件

图 6-29　从动件末端结构形式

③ 按从动件运动形式分，有图 6-29 所示的直动从动件、图 6-30 所示的摆动从动件。

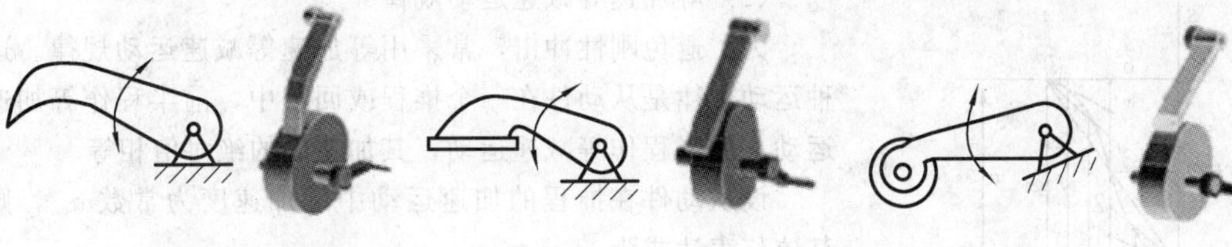

（a）尖顶式　　（b）平底式　　（c）滚子式

图 6-30　摆动从动件结构

6.3.2　凸轮机构从动件的常用运动规律、压力角、运动失真

从动件的运动规律是指从动件在推程和回程中，其位移、速度、加速度随凸轮转角变化的规律。

1. 从动件的常用运动规律

生产中常用的从动件运动规律有等加速运动规律、等加速等减速运动规律等。

为了分析从动件的位移、速度和加速度变化规律，常以直角坐标系的纵坐标代表从动件的位移 s、速度 v 和加速度 a，横坐标代表凸轮转角 δ。这样画出的从动件的位移 s、速度 v 和加速度 a 与凸轮转角 δ 之间的三种关系曲线，分别称为从动件的位移线图（s—δ 线图）、速度线图（v—δ 线图）和加速度线图（a—δ 线图）。

下面介绍几种常用的运动规律及线图的画法。

（1）等速运动规律

凸轮以等角速度 ω 回转时，从动件上升或下降的速度为常数 v_0，这就是等速运动规律。

它的位移 s 为

$$s = v_0 t$$

凸轮的转角 δ 与时间的关系为

$$\delta = \omega t$$

由两式消去 t 可得

$$s = \frac{v_0}{\omega}\delta \tag{6-1}$$

由式（6-1）可知位移线图（s—δ 线图）为一斜直线，如图 6-31（a）所示；由于速度为常数 v_0，因此速度线图为一水平线，如图 6-31（b）所示；由于从动件匀速运动，加速度为零，图 6-31（c）所示为加速度线图。

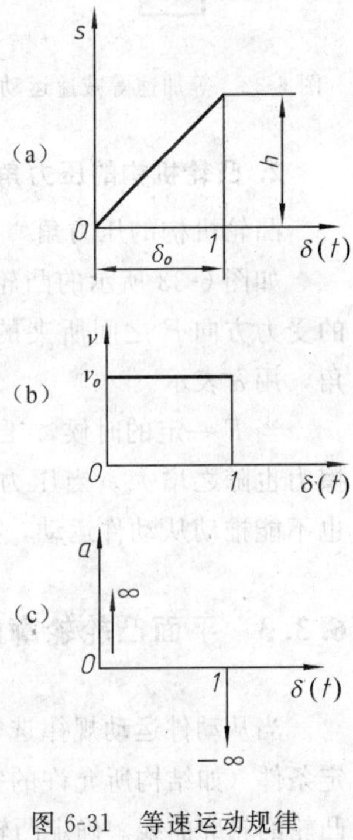

图 6-31　等速运动规律

从加速度线图中可以看到，在 0、1 两个位置由于从动件的速度发生突变，因而理论上在此两点处的加速度趋于无穷大，从动件的惯性力也趋于无穷大，将会引起巨大的刚性冲击。影响机构的正常工作。因此，等速运动规律的凸轮机构，只适用

于低速和从动件惯性质量小的场合。

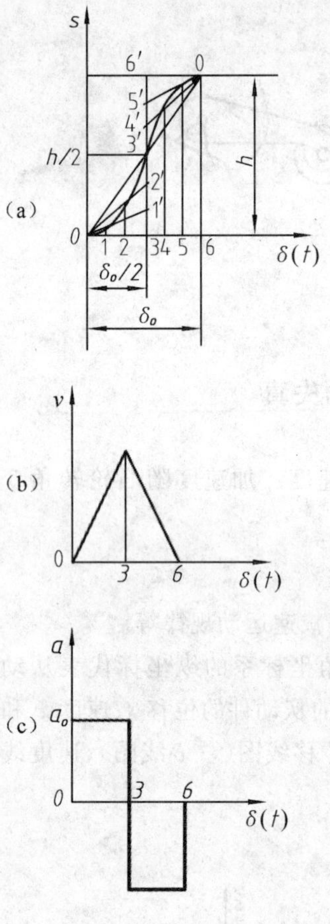

图 6-32　等加速等减速运动规律

（2）等加速等减速运动规律

为了避免刚性冲击，常采用等加速等减速运动规律。这种运动规律是从动件在一个推程或回程中，前半程作等加速运动，后半程作等减速运动，其加速度的绝对值相等。

设从动件在推程的加速运动中的加速度为常数 a_0，则其位移表达式为

$$s = \frac{a_0}{2\omega^2}\delta^2 \tag{6-2}$$

由式（6-2）可知，位移线图是二次抛物线。作图方法如图 6-32（a）所示，在纵坐标上将行程 h 分成相等的两部分，在横坐标上将与行程 h 对应的凸轮转角 δ_0 也分成相等的两部分，再将每一部分分成若干等分（图中为三等分），得 1、2、3 和 1′、2′、3′等点，连接 01′、02′、03′直线，它们分别与过 1、2、3 的垂直线相交，最后将各交点用光滑的曲线连接，该曲线即为等加速上升时的抛物线，用同样的方法作出等减速上升时的抛物线；速度线图应为两条倾斜的直线，如图 6-32（b）所示；由于加速度为常数 a_0，因此加速度线图为上下两条水平线，如图 6-32（c）所示。

从加速度线图中可以看出，在 0、3、6 处加速度也发生突变，也会引起惯性冲击，但惯性力是一个有限值，这种冲击称为柔性冲击。因此等加速等减速运动多用于中速轻载的场合。

凸轮从动件运动规律还有简谐运动规律、摆线运动规律等。

2. 凸轮机构的压力角

凸轮机构的压力角

如图 6-33 所示的凸轮机构中，从动件的运动方向 v 和它的受力方向 F 之间所夹的锐角称为凸轮机构在该位置的压力角，用 α 表示。

当 F 一定的时候，压力角 α 越大，则有害分力也越大，摩擦力也随之增大。当压力角增大到某一数值时，无论 F 多大也不能推动从动件运动，这种现象称为机构自锁。

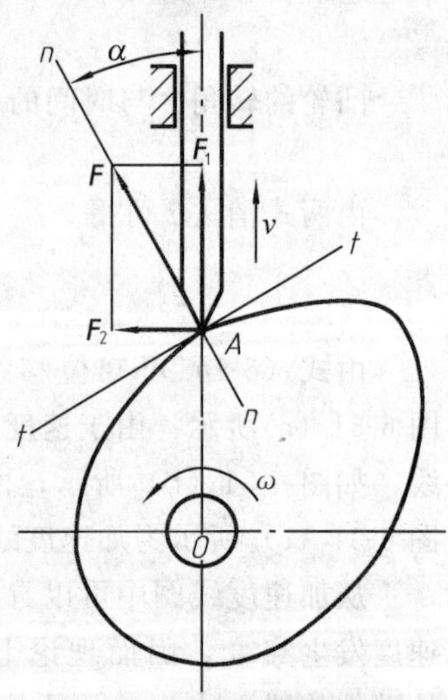

图 6-33　凸轮机构压力角

6.3.3　平面凸轮轮廓的绘制

当从动件运动规律选定后，即可根据该运动规律和其他给定条件（如结构所允许的空间、凸轮转向、基圆半径等）确定凸轮的轮廓曲线。确定凸轮轮廓曲线的方法有图解法和解析法。

图解法的特点是简便、直观，但精度不高。一般适用于低速或对从动件运动规律要求不太严格的场合。这里介绍图解法。

确定凸轮轮廓曲线的基本原理是“反转法”。

凸轮机构工作时，凸轮和从动件都是运动着的，为了在图纸上画出凸轮轮廓曲线，可用反转法使凸轮与图纸平面相对静止。

下面具体说明应用反转法绘制尖顶对心移动从动件盘形凸轮轮廓曲线的一般步骤。

如图 6-34（b）所示，已知凸轮逆时针回转，其基圆半径 r_b = 30mm，从动件运动规律见表 6-2。

表 6-2 盘形凸轮从动件运动规律

凸轮转角	0°～180°	180°～300°	300°～360°
从动件运动规律	等速上升级 30mm	等加速等减速下降至原处	停止不动

该盘形凸轮轮廓曲线作图步骤如下：

① 选取适当比例尺 μ_l，根据从动件运动规律，作出从动件位移线图，如图 6-34（a）所示。

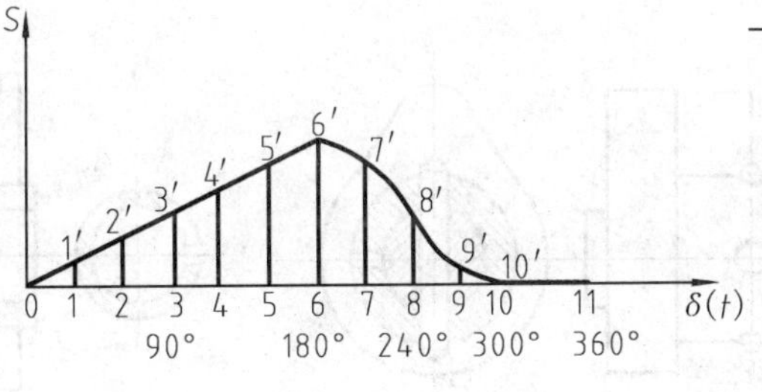

（a）

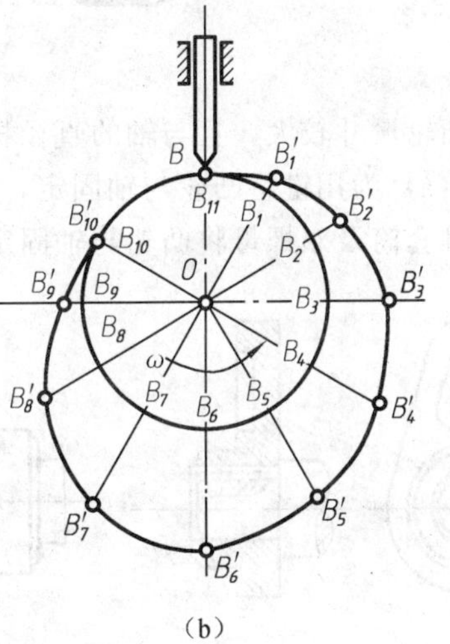

（b）

图 6-34 对心移动从动件盘形凸轮轮廓的绘制

② 取与位移线图相同的比例，以 r_b 为半径作基圆，基圆与导路的交点 B 即为从动件尖点的起始位置。

③ 在基圆上，按（$-\omega$）方向取推程运动角、回程运动角和近休止角，并分别取与位移图对应的相同等分，得各点 B_1、B_2、…、B_{11}，B_{11} 和 B 点重合。

④ 连接 OB_1、OB_2、…、OB_{11} 各径向线并延长，便得从动件导路在反转过程中的一系列位置线。

⑤ 沿各位置线自基圆向外量取 $B_1B_1' = 11'$、$B_2B_2' = 22'$、… 由此得尖点从动件反转过程中的一系列位置 B_1'、B_2'、…、B_{10}'($B10$)。

⑥ 将 B_1'、B_2'、…、B_{10}'($B10$) 连接成光滑的曲线，即得到所求的尖点从动件盘形凸轮轮廓曲线，如图 6-34 所示。

*6.3.4 凸轮的常用材料和结构

1. 凸轮的常用材料

凸轮机构工作时，由于凸轮与从动件高副接触，且承受冲击载荷，故要求凸轮和从动件接触端的材料有足够的抗疲劳强度和耐磨性。

根据工作条件的不同，凸轮常采用的材料有铸铁，碳素钢、合金钢，如 HT300、QT600－2、45、20Mn、40Gr 等。

2. 凸轮的结构

当凸轮的轮廓尺寸与轴的直径相近时，凸轮与轴可做成一体成凸轮轴，如图 6-35 所示。

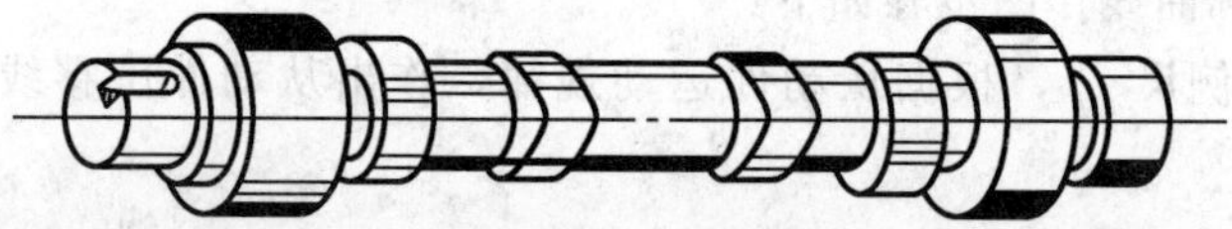

图 6-35 凸轮轴

当凸轮尺寸较大，且与轴的直径相差也较大时，则应与轴分开制造，然后固定于轴上。图 6-36（a）为用键将凸轮与轴固定，图 6-36（b）为用销将凸轮与轴固定，图 6-36（c）为用弹性锥套筒及双螺母将凸轮与轴固定，但承载能力不大。

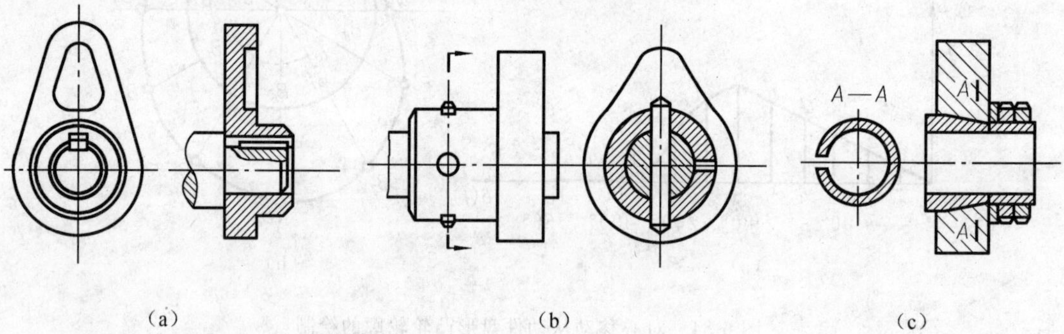

图 6-36 凸轮在轴上的固定

*6.4 间歇运动机构

在机器工作时，常常需要某些机构的主动件作连续运动，而从动件则产生周期性的时动时停的间歇运动。例如牛头刨床的进给机构；自动机床的进给、送料和刀架转位机构；印刷机的进纸机构；包装机的送进机构等。这种当主动件作连续运动时，从动件跟随做周期性的间歇运动的装置称为间歇运动机构。

间歇运动机构类型很多，本章将介绍棘轮机构、槽轮机构和不完全齿轮机构。

6.4.1 棘轮机构的组成、特点、应用

1. 棘轮机构的组成和类型

典型的棘轮机构由棘爪 1、棘轮 2、摇杆 3、机架 4 等组成(见图 6-37)。摇杆与铰接其上的棘爪为主动件,棘轮为从动件。

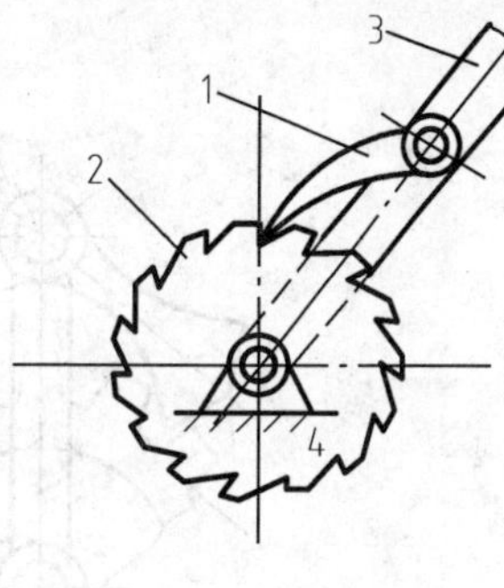

图 6-37 棘轮机构的组成

图 6-38 所示为外啮合曲柄摇杆式棘轮机构。当主动曲柄连续转动时,摇杆 3 往复摆动。当摇杆逆时针摆动时,棘爪 2 嵌入棘轮 1 的齿槽内,推动棘轮沿逆时针方向转过一个角度;当摇杆顺时针摆动时,棘爪 2 在棘轮齿背上滑过,棘轮静止不动。在机架上安装止动棘爪 4 可防止棘轮逆转。工作棘爪和止动棘爪均利用弹簧 5 使其与棘轮保持可靠接触。这样,当曲柄连续回转时,棘轮作单向的间歇运动。

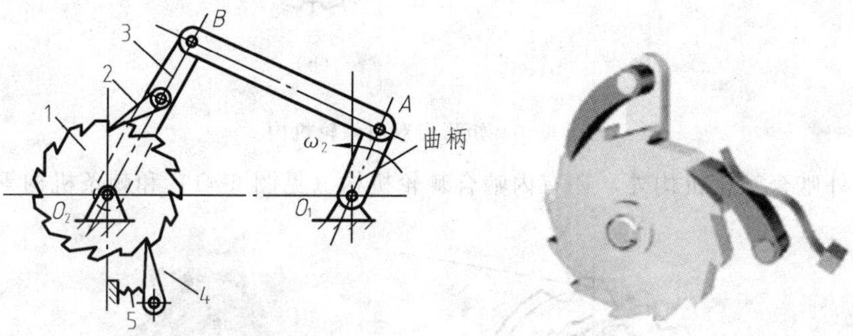

图 6-38 外啮合式棘轮机构

如果要求摇杆往复运动时都能使棘轮向同一方向转动,则可采用图 6-39 所示的双动式棘轮机构。驱动棘爪可制成图 6-39 (a) 所示的钩头或图 6-39 (b) 所示的直头。

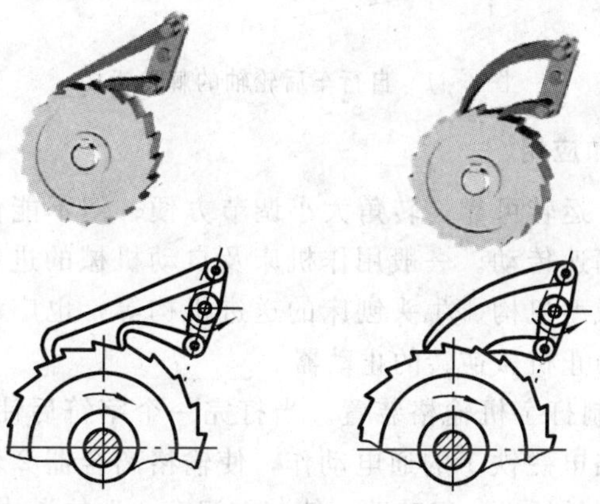

(a) (b)

图 6-39 双动式驱动棘爪

如果要求棘轮作双向间歇运动时,可采用具有矩形齿的棘轮以及与之相适应的双向棘

爪。如图 6-40 所示。图 6-40（a）所示为逆时针间歇转动；将驱动棘爪绕 A 点翻转。图 6-40（b)所示为回转棘爪双向棘轮机构。若将棘爪提起，并绕本身轴线转动 180°后再插入棘轮齿槽时，可以改变棘轮的方向。

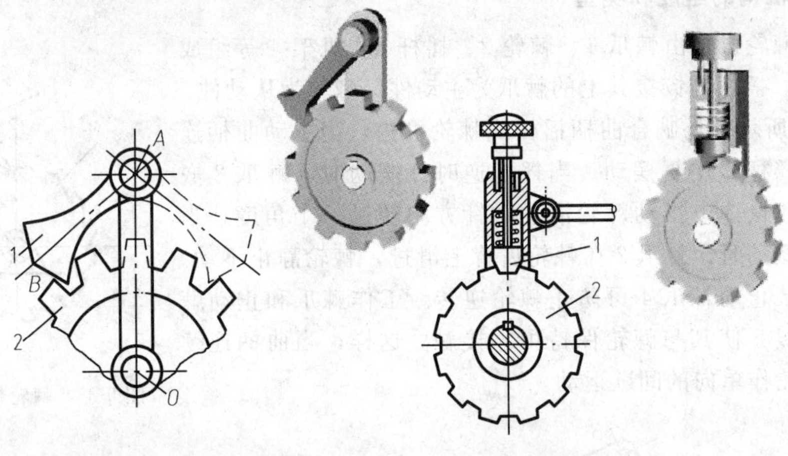

（a）　　　　（b）

图 6-40　矩形齿双向棘轮机构

除外啮合棘轮机构外，还有内啮合棘轮机构（见图 6-41）和棘条机构等。

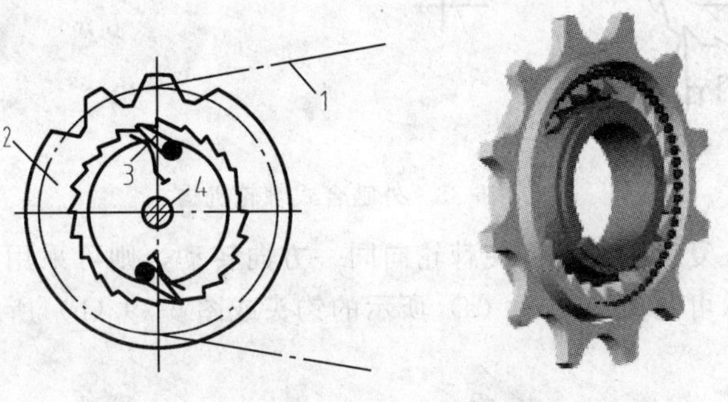

图 6-41　自行车后轮轴的棘轮机构

2. 棘轮机构的特点和应用

棘轮机构结构简单，运转可靠，转角大小调节方便；但不能传递大的动力，而且传动平稳性较差，不适宜于高速传动。一般用作机床及自动机械的进给机构，送料机构、刀架的转位机构、精纺机的成型机构、牛头刨床的送进机构等，也广泛用于卷扬机、提升机及牵引设备中，用它作为防止机械逆转的止动器。

图 6-42 所示为某控制打字机输格装置。当打完一个字符后使字车完成一个输格动作。输格功能的实现是由输格电磁铁 1 的通电动作，使输格离合器 2 转动一定角度，带动输格爪 5 动作，拉动棘轮 6 和丝杆 4 一起转动，使装在字车 3 上的滑块 3 与字车一起沿丝杆移动一个字的距离，为打下一个字符做好准备。

图 6-43 所示为防止机构逆转的停止器。起重设备中常应用这种机构，当转动的鼓轮 3 带动工件 5 上升到所需高度位置时，鼓轮 3 就停止转动。为了防止鼓轮 3 的逆转，使用棘爪 2 依靠弹簧 1 而嵌入棘轮 4 的轮齿间，这样就可以防止鼓轮在任意位置停留时产生的逆

转，保证起重工作安全可靠。

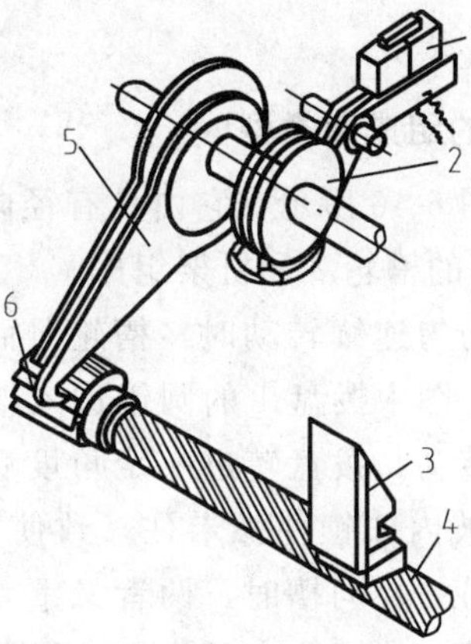

图 6-42 某控制打字机输格装置

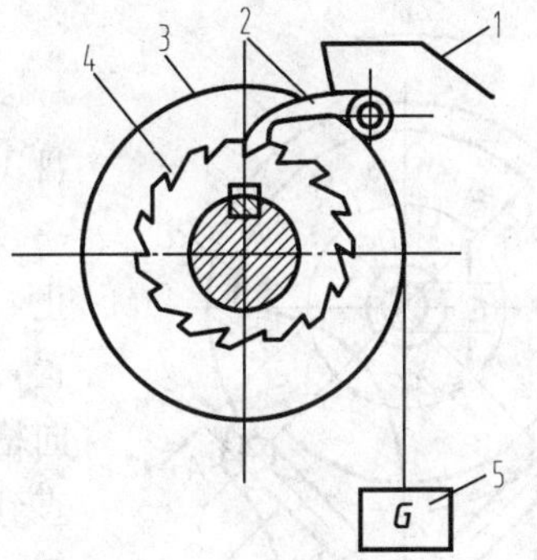

图 6-43 提升机棘轮停止器

棘轮机构棘轮转角的调节方法如下：

(1) 调节摇杆摆角大小以控制棘轮转角

如图 6-44 所示棘轮机构。通过转动调节螺杆 3 来实现曲柄长度（的增大或减小，而使摇杆摆角大小得到改变，从而控制棘轮的转角。

(2) 利用遮板调节棘轮的转角

如图 6-45 所示的棘轮机构，变更遮板缺口位置时，可使棘爪行程的一部分在遮板圆弧面上滑过，不与棘轮的轮齿相接触，从而达到调节棘轮转角大小的目的。图 6-45 所示结构，可以改变棘轮的转向。

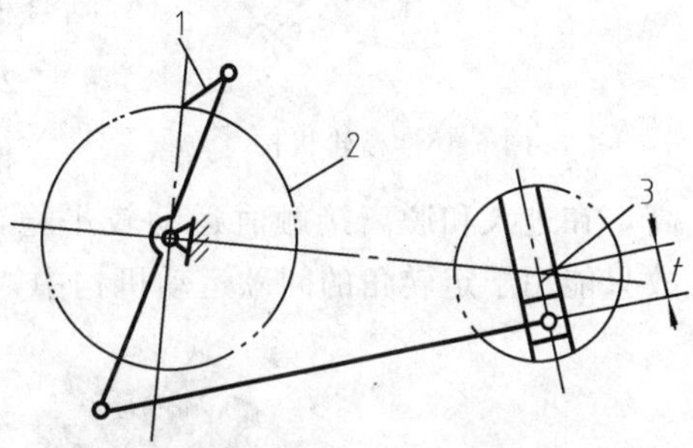

图 6-44 调节棘爪摆角大小控制棘轮转角

1—棘爪；2—棘轮；3—螺杆

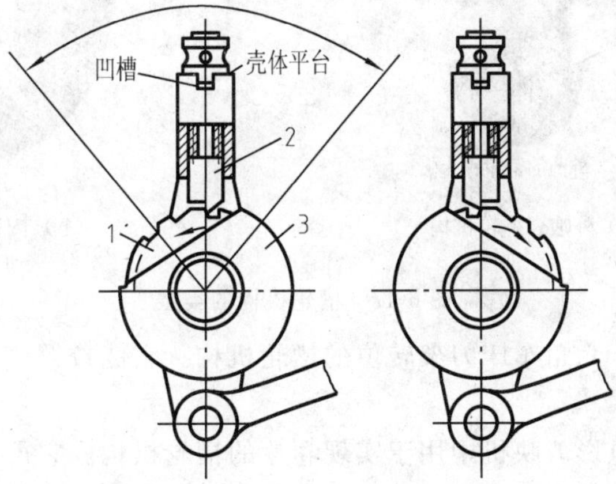

(a) (b)

图 6-45 利用遮板控制棘轮的转角

6.4.2 槽轮机构的组成、特点、应用

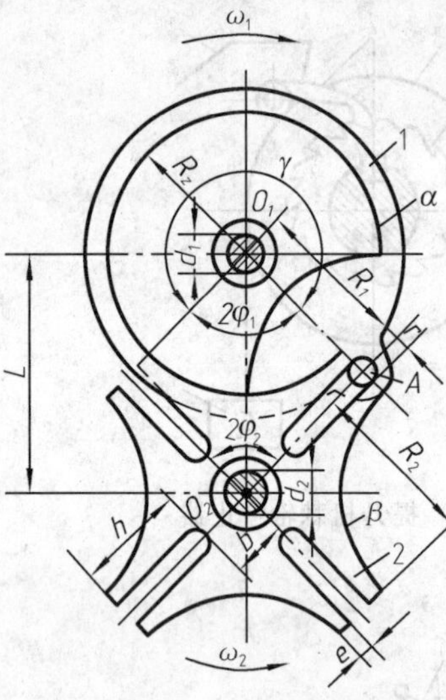

图 6-46 槽轮机构

1. 槽轮机构的组成和类型

槽轮机构如图 6-46 所示，它由具有径向圆销的主动拨盘 1、具有径向槽的槽轮 2 和机架组成。

当构件 1 作均匀连续转动时，槽轮时而转动，时而静止，作间隙运动。图中拨盘 1 的圆销进入槽轮径向槽的位置，便驱使槽轮转动。拨盘转过一定角度后，圆销脱出径向槽。此时槽轮被内凹锁住弧卡住，致使槽轮静止不动。直到圆销在进入另一径向槽时，两者又重复上述的运动循环。如此重复循环，使槽轮实现单向间歇转动。

常见的槽轮机构有图 6-47 所示的外啮合和内啮合两种形式，外啮合槽轮机构主动拨盘与从动槽轮转向相反，内啮合槽轮机构主动拨盘与从动槽轮转向相同。

2. 槽轮机构的特点和应用

槽轮机构的特点是结构简单，工作可靠，机械效率高，在进入和脱离接触时运动较平稳，能准确控制转动的角度，但槽轮的转角不可调节，故只能用于定转角的间歇运动机构中，如自动机床、电影机械、包装机械等。

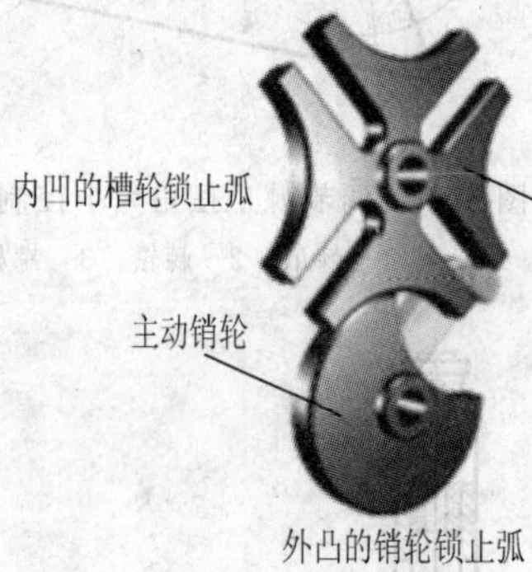

（a）外啮合槽轮机构

（b）内啮合槽轮机构

图 6-47 槽轮机构的类型

图 6-48 所示为用于六角车床刀架转位的槽轮机构。它能按照零件加工工艺的要求，自动地改变需要的刀具。

图 6-49 所示为在电影放映机中用于实现卷片的槽轮机构。它可以产生适应人们视觉的暂留现象，让影片作间歇运动。

图 6-50 所示为双圆销的槽轮机构，在工作中曲柄旋转一周，则双圆销即可使槽轮间歇地转动两次。

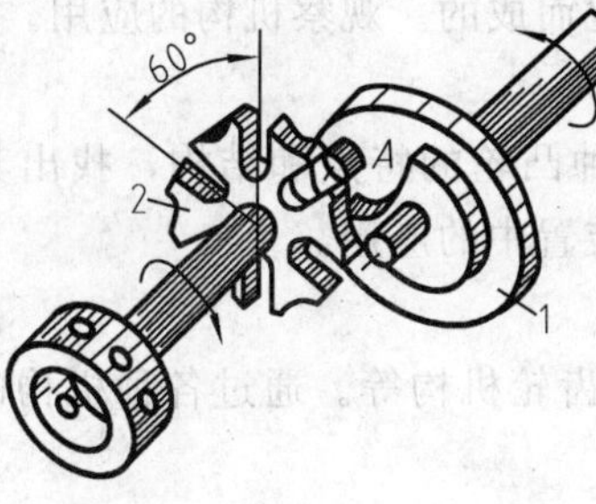

图 6-48　刀架的转位机构

1—圆销拔盘；2—槽轮

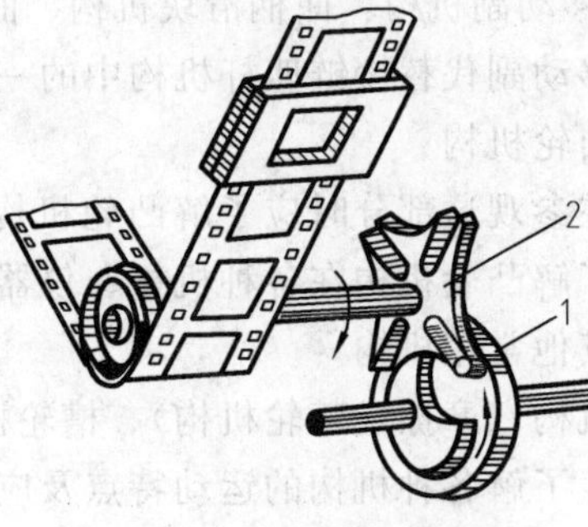

图 6-49　放映机的卷片机构

1—圆销拔盘；2—槽轮

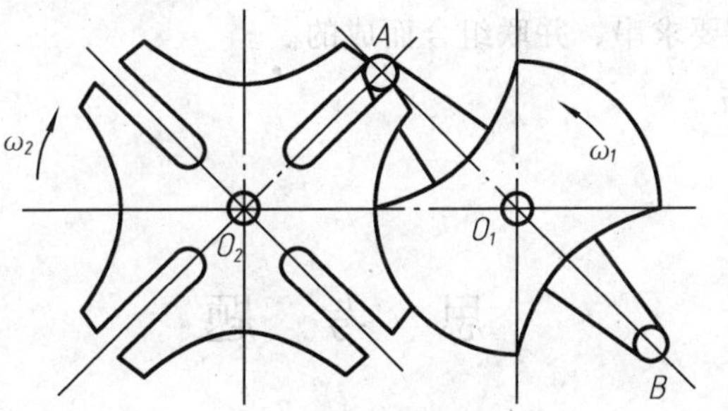

图 6-50　双圆销槽轮机构

阶段性实习训练 2

相关机械设备的观察与分析

1. 实训目的

了解机械设备中机构的结构与运动。

2. 实训设备及场所

学校常用机构的模型陈列室，或相关企业生产车间。

3. 实训内容与步骤

学生通过观察各种常用机构模型的动态展示，增强学生对常用机构的结构、类型、特点的了解。

(1) 对机器的认识

逐个观察各种机械、设备、仪器和装置的运动情况及功能，分析运动传递路线，了解各种机构的运动变换特点。

(2) 平面四杆机构

① 铰链四杆机构：曲柄摇杆机构、双曲柄机构和双摇杆机构，即根据两连架杆为曲柄或摇杆来确定。观察机构的应用。

② 单移动副机构：曲柄滑块机构、曲柄摇块机构、转动导杆机构和摆动导杆机构，即是以一个移动副代替铰链四杆机构中的一个转动副演化而成的。观察机构的应用。

（3）凸轮机构

学生在参观这部分时应了解凸轮机构的类型，各种凸轮的特点和结构，找出其中的共同特点；了解凸轮机构在各种机械、仪器及操纵控制装置中的应用。

（4）其他常用机构

棘轮机构（摩擦式棘轮机构）、槽轮机构、不完全齿轮机构等。通过各种机构的动态演示，使学生了解各种机构的运动特点及应用范围。

（5）机构的串联、并联

根据展柜中的机器设备、仪器仪表的运动机构模型，使学生了解机器都是由一个或几个机构按照一定的运动要求串、并联组合而成的。

4. 实训记录与分析

见书末附表1。

思　考　题

① 哪些机械中的四杆机构利用了急回特性？有何实际意义？

② 在生活或生产实际中你还了解其他哪些常用机构的应用？

小　　结

1. 平面机构是由许多构件通过运动副组合而成的，各构件之间具有确定的相对运动。

2. 运动副是指两个构件直接接触，又能保持一定的相对运动的活动连接。

两构件通过点或线接触的运动副称为高副；两构件通过面接触所构成的运动副称为低副。平面低副又可分为转动副和移动副。

用简单的线条和符号表示构件和运动副，并按一定的比例表示出机构各构件间相对运动关系的图，称为机构运动简图。

3. 平面四杆机构有铰链四杆机构和带移动副的四杆机构。铰链四杆机构可分为三种基本类型：曲柄摇杆机构，双曲柄机构，双摇杆机构。

4. 铰链四杆机构中曲柄存在的条件是最短杆与最长杆长度之和小于或等于其余两杆长度之和，且连架杆或机架中必有一根是最短杆。

5. 含有一个移动副的四杆机构是曲柄滑块机构、导杆机构、摇块机构和定块机构。

6. 空回行程速度大于工作行程速度的现象称为急回特性，可以缩短空回行程所花的非生产时间，以提高生产率。

7. 当压力角 $\alpha = 90°$ 时，连杆不能驱动从动件工作。机构处在这种位置称为止点，又称死点。

止点的存在对机构运动是不利的，一般可以采用加大从动件惯性的方法，靠惯性帮助通过止点。在实际工程应用中，有许多场合是利用止点位置来实现一定工作要求的。

8. 凸轮机构是将凸轮的连续转动或移动转换为从动件的连续或不连续的移动或摆动。

凸轮机构便于准确地实现给定的运动规律和轨迹。

9. 凸轮机构按凸轮形状分可分为盘形凸轮、板状凸轮、圆柱凸轮；按从动件末端形状分可分为尖顶从动件、滚子从动件、平底从动件。

常用的从动件运动规律有等速运动规律、等加速等减速运动规律等。

10. 间歇运动机构是指主动件作连续运动时，从动件跟随做周期性的间歇运动的装置。

间歇运动机构的类型有棘轮机构、槽轮机构和不完全齿轮机构。

11. 棘轮机构棘轮转角的调节方法有调节摇杆摆角大小以控制棘轮转角、利用遮板调节棘轮的转角。

习　题

6-1 什么叫运动副？运动副分几类？

6-2 绘制折叠伞、折叠椅、铝合金平开窗的机构示意图。

6-3 什么是平面连杆机构？它有哪些优缺点？

6-4 平面四杆机构有哪些常见形式？其中最基本的是哪一种类型？

6-5 根据图中所示注明的尺寸，判别各四杆机构的类型。

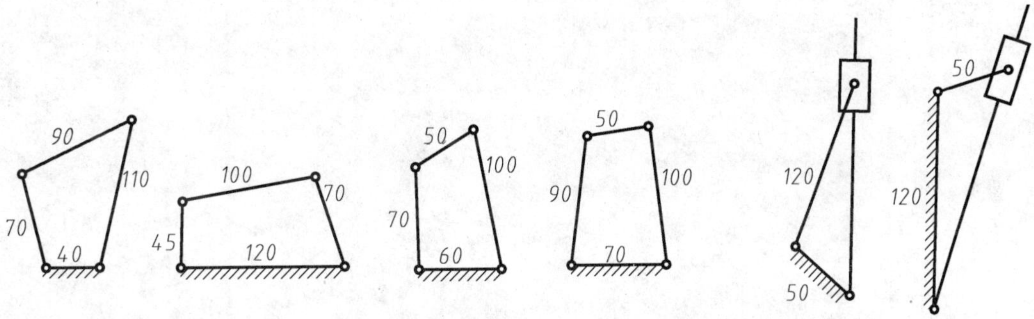

题 6-5 图

6-6 曲柄滑块机构是怎样演化而来的？导杆机构是怎样演化而来的？

6-7 平面连杆机构中，哪些机构在什么情况下才能有急回运动？

6-8 平面连杆机构中，哪些机构在什么情况下会出现“死点”位置？

6-9 在铰链四杆机构中，机架长度为 30mm，两连架杆分别为 15mm 和 40mm，若使该机构为曲柄摇杆机构，求连杆的长度范围。

6-10 已知曲柄摇杆机构的急回特性系数 $K=1.5$，求该机构的极位夹角 θ 是多少度。

6-11 在偏置曲柄滑块机构中，曲柄为主动件，已知滑块慢行全程 h 需时间 $t_1=7\text{s}$，极位夹角 $\theta=30°$，求急回特性系数 K 值和急回行程所需的时间。

6-12 凸轮机构由哪几个基本构件组成？举出生产实际中应用凸轮机构的几个实例，通过实例说明凸轮机构的特点。

6-13 在凸轮机构中，凸轮常见的形式有哪几种？各有什么应用特点？

6-14 在凸轮机构中，从动件常见的形式有哪几种？各有什么应用特点？

6-15 从动件运动速度规律常有哪几种？各有什么特点？并说明它们适用的场合。

6-16 什么是凸轮机构的压力角？压力角对凸轮机构的工作有何影响？

6-17 何谓刚性冲击？何谓柔性冲击？它们分别在什么情况下出现？

6-18 绘制凸轮轮廓时，基圆上取分点顺序的方向与凸轮转动方向，为什么相反？

6-19 一尖顶对心移动从动件盘形凸轮机构，凸轮按逆时针方向转动，从动件推程以等加速等减速运动规律上升，回程以等速运动下降，从动件的升程 $h=30\text{mm}$，推程运动角 $\delta_0=150°$，远休止角 $\delta_s=30°$，回程运动角 $\delta_0'=120°$，近休止角 $\delta_s'=60°$。分别作出：

① 绘制从动件的位移线图；

② 若基圆半径 $r_b=45\text{mm}$，用图解法绘制凸轮轮廓曲线。

6-20 什么叫间歇运动机构？常用的间歇运动机构有哪些？

6-21 在棘轮机构中，如何实现间歇运动？棘轮转角的大小可用哪几种方法来调节？

6-22 槽轮机构的传动特点是什么？

第7章 机械传动

传动是连接机器动力部件和工作部件的重要纽带，即把运动和动力从一个部分传递到另一部分。传动方式有：机械传动、气压传动、液压传动。机械传动包括有带传动、链传动、齿轮传动、螺旋传动等。图 7-1 所示为普通车床，包含有带传动、齿轮传动、螺旋传动等机构。

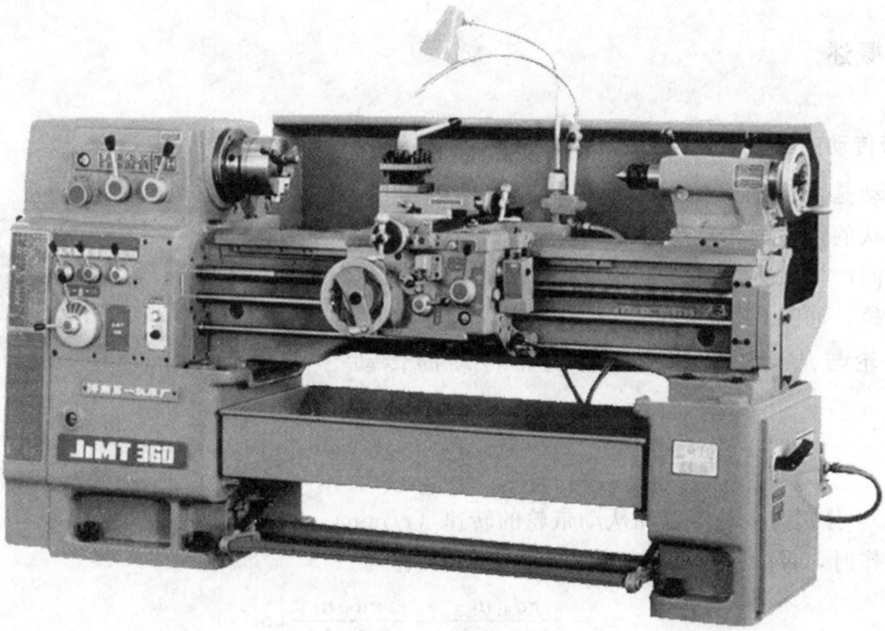

图 7-1　普通车床

7.1　带　传　动

带传动是一种使用广泛的机械传动方式，广泛使用在工程机械、化工机械、矿山机械、农业机械、交通运输等方面。图 7-2、图 7-3 所示分别是带传动在缝纫机和矿山机械上的应用。

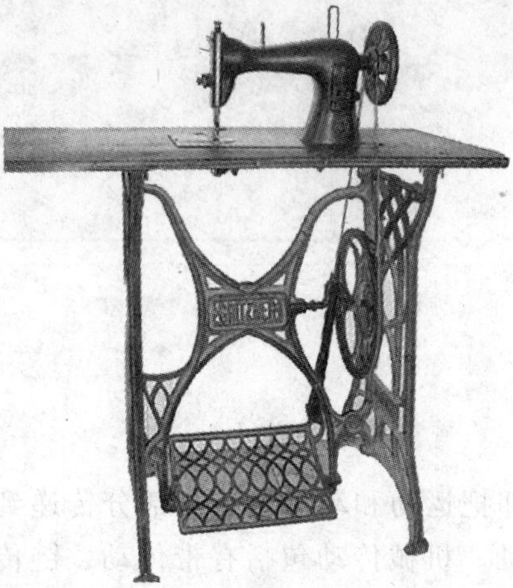

图 7-2　缝纫机

图 7-3　矿山机械

7.1.1　概述

1. 带传动的工作原理和平均传动比

带传动是由主动带轮、从动带轮和传动带组成，是利用环状的挠性的传动带紧箍两个带轮，在传动带与带轮之间产生摩擦力，将主动带轮的运动和动力传递给从动轮，如图 7-4 所示。

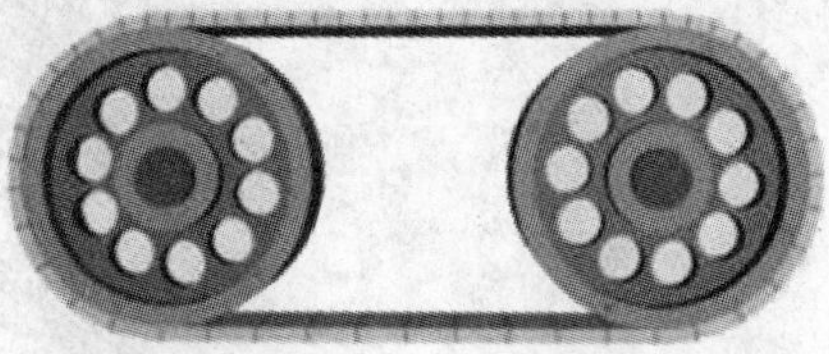

图 7-4　带传动

主动轮与从动轮转速之比称为带传动的传动比，即

$$i=\frac{n_1}{n_2}$$

式中，n_1、n_2 分别为主动带轮和从动带轮的转速（r/min）。

带工作时，带的速度 v 与轮缘线速度相同，则

$$v=\frac{\pi d_{d1}n_1}{1000\times 60}=\frac{\pi d_{d2}n_2}{1000\times 60}(\mathrm{m/s})$$

式中，d_{d1}、d_{d2} 分别为主动带轮和从动带轮的基准直径（mm）。

因此有

$$i=\frac{n_1}{n_2}=\frac{d_{d2}}{d_{d1}}$$

2. 带传动的类型

根据工作原理的不同，带传动分为摩擦型和啮合型两大类。摩擦带传动是靠带与带轮间的摩擦力传递运动和动力的，按带的截面形状又可分为图 7-5（a）所示的平带传动、图 7-5（b）所示的 V 带传动、图 7-5（c）所示的多楔带传动及图 7-5（d）所示的圆带传动等类型。

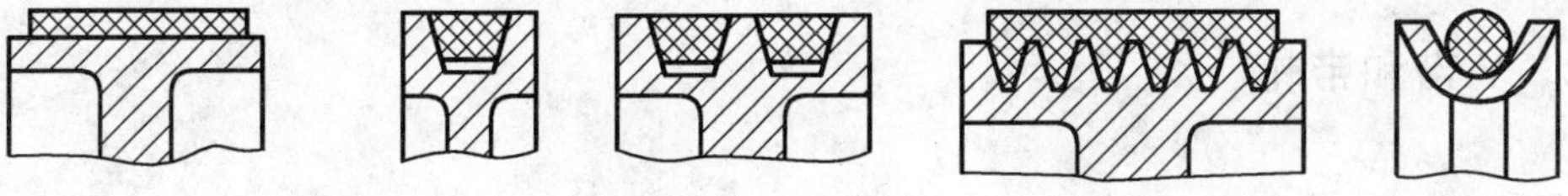

图 7-5 摩擦带传动

3. 带传动的特点和应用

带具有弹性，能缓冲吸振，传动平稳，无噪声；过载时，传动带会在带轮上打滑，可防止其他零件损坏，起过载保护作用。缺点是传动比不准确，传动效率较低（v 带传动效率为 0.94～0.96），寿命较短；不宜用在高温、易燃及有油、水的场合使用。在多级减速传动装置中，带传动通常置于与电动机相连的高速级。

（1）平带传动

平带传动结构简单，带轮制造方便，平带质轻且挠曲性好，故多用于高速和中心距较大的传动，如图 7-3 所示矿山机械。

图 7-6 多楔带应用

（2）V 带传动

V 带传动所产生的摩擦力比平带传动大。当 $\varphi=38°$时，V 带传动的承载能力是平带传动的 3 倍，故在一般机械中已取代平带传动。

（3）多楔带传动

多楔带是由若干 V 带组合而成，如图 7-6 所示，适用于传递功率较大且要求结构紧凑的场合，特别是要求 V 带根数较多或轮轴垂直于地面的传动。

（4）圆带传动

如图 7-5（d）所示，圆带的横截面呈圆形。圆带传动仅用于载荷很小的传动，如用于缝纫机和牙科医疗器械上，如图 7-2 所示。

（5）啮合型带传动

图 7-7 所示为啮合型带传动，依靠带内侧齿与带轮轮齿的啮合来传递运动和动力，这种带传动称为同步带传动。它除了保持了摩擦带传动的优点外，还具有传递功率大，传动比准确等特点，故用于电子计算机、数控机床及纺织机械中。啮合带传动中的齿孔带传动，常用于放映机、打印机中，以保证同步运动。

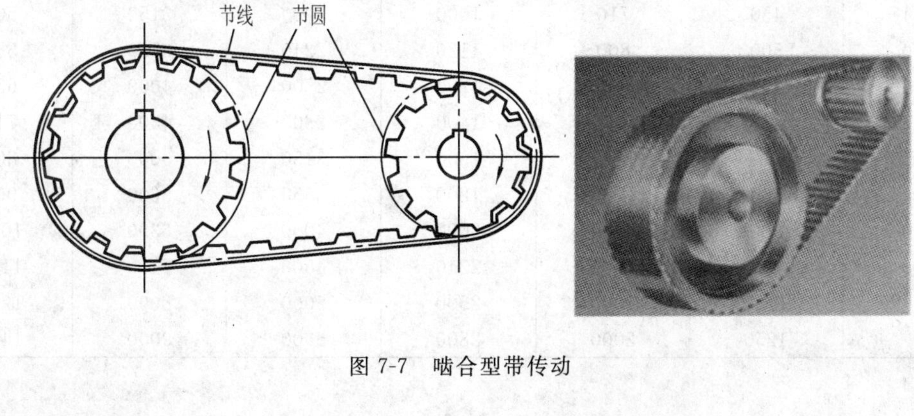

图 7-7 啮合型带传动

7.1.2 V带和带轮

1. V带的结构和标准

V带通常是无接头的环形带，按其宽度和高度相对尺寸的不同，又分为普通V带、窄V带等，其中普通V带应用最广，窄V带也日益广泛。本节主要讨论普通V带传动的结构特点。

V带是横截面为等腰梯形或近似为等腰梯形的传动带，其工作面为两侧面。V带的结构如图7-8所示，由包布、顶胶、抗拉体和底胶四部分组成，包布用胶帆布，顶胶和底胶材料为橡胶。抗拉体是带工作时的主要承载部分，结构有绳芯和帘布芯两种。

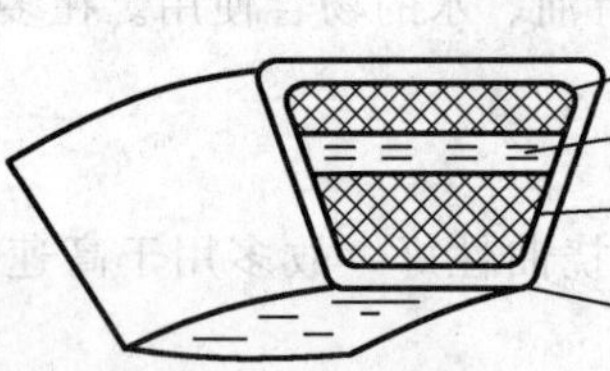

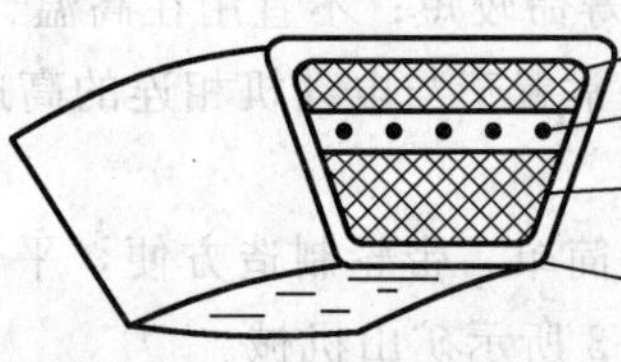

图7-8 V带的结构

帘布芯结构的V带抗拉体强度较高，制造较方便；绳芯结构的V带柔韧性好，抗弯强度高，但拉伸强度低，仅适用于载荷不大、小直径带轮和转速较高的场合。包布层用胶帆布制成，对V带起保护作用。

V带的尺寸已标准化（GB/T11544—1997)，按截面尺寸自小到大，普通V带分为Y、Z、A、B、C、D、E七种型号；窄V带有SPZ、SPA、SPB、SPC四种型号。

V带两侧面工作面的夹角α称为带的楔角，$\alpha=40^\circ$。

在规定的张紧力下，V带位于带轮基准直径上的周线长度作为带的基准长度L_d。普通V带基准长度L_d的标准系列值和每种型号带的长度范围如表7-1所示。

表7-1 普通V带基准长度（摘自GB/T11544—1997） （单位：mm）

型号						
Y	Z	A	B	C	D	E
200	400	630	900	1800	2800	4500
224	450	710	1000	2000	3150	5000
250	500	800	1120	2240	3550	5600
280	560	900	1250	2500	4000	6300
315	630	1000	1400	2800	4500	7100
355	710	1120	1600	3150	5000	8000
400	800	1250	1800	3550	5600	9000
450	900	1400	2000	4000	6300	10000
500	1000	1600	2240	4500	7100	11200
	1120	1800	2500	5000	8000	12500
	1250	2000	2800	5600	9000	14000

续表

型　号						
Y	Z	A	B	C	D	E
	1400 1600	2240 2500 2800	3150 3550 4000 4500 5000 5600	6300 7100 8000 9000 10000	10000 11200 12500 14000	16000

2. V带轮的材料和结构

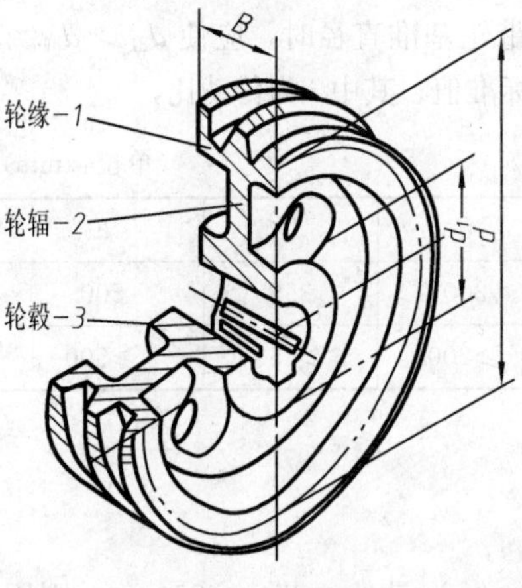

图7-9　V带轮结构

V带轮常用材料有灰铸铁、铸钢、铝合金、工程塑料等，其中灰铸铁应用最广，当带速≤30m/s的带传动，带轮一般为HT150或HT200制造。带速更高或特别重要的场合可采用铸钢。铝合金和塑料带轮多用于小功率的带传动。

普通V带轮一般由轮缘、轮毂及轮辐组成，如图7-9所示。根据带轮直径的大小，选择带轮的类型。当带轮的基准直径d_d≤（2.5～3）d（d为带轮轴的直径，mm）时，可采用实心式，如图7-10所示；当带轮的基准直径d_d≤300mm时，可采用辐板式，如图7-11所示；当d_d-d_1≥100mm时，可采用孔板式，如图7-12所示；当d_d>300mm时，可采用椭圆轮辐式，如图7-13所示。

图7-10　实心式V带轮

图7-11　辐板式V带轮

图7-12　孔板式V带轮

图7-13　椭圆轮辐式V带轮

7.1.3 V带传动

V带传动的主要参数有V带的型号和V带的根数；带轮的基准直径，带的基准长度和传动的中心距等。

1. V带的型号和V带的根数

根据传递的功率和主动轮的转速选择V带的型号和V带的根数。

2. 确定带轮基准直径

（1）带轮直径

如果小带轮直径太小，则V带在带轮上弯曲严重，传动时弯曲应力大，影响V带的使用寿命。因此，V带轮有最小基准直径，如表7-2所示。选择小带轮基准直径时，应使$d_{d1} > d_{dlim}$。大带轮的基准直径d_{d2}由式$d_{d2} = id_{d1}$确定，然后圆整并符合标准值，其中i为传动比，

表7-2 V带轮的最小直径 d_{dlim}　（单位：mm）

V带型号	Y	Z	A	B	C	D	E
d_{dlim}	20	50	75	125	200	355	500
推荐直径	≥28	≥71	≥100	≥140	≥200	≥355	≥500

（2）验算带速v

$$v = \frac{\pi d_{d1} n_1}{60 \times 1000} \text{m/s}$$

带速v应控制在5～25m/s的范围内，其中以10～20m/s为最佳。若$v>25$m/s，则因带绕过带轮时离心力过大，使带与带轮之间的压紧力减小，摩擦力降低而使传动能力下降；而当$v<5$m/s时，在传递相同功率时带所传递的圆周力增大，使带的根数增加。

3. 确定基准长度 L_d 和中心距 a

由于带是中间挠性件，故中心距可取大些或小些。中心距增大，将有利于增大包角，但太大则使结构外廓尺寸大，还会因载荷变化引起带的颤动，从而降低其工作能力。

带的基准长度L_d根据初定中心距a_0：0.7（$d_{d1}+d_{d2} \leqslant a_0 \leqslant 2$（$d_{d1}+d_{d2}$）

再按下式初定L_0

$$L_0 = 2a_0 + \frac{\pi}{2}(d_{d1} + d_{d2}) + \frac{(d_{d2} - d_{d1})^2}{4a_0}$$

根据初定的L_0，选取相近的基准长度L_d。最后按下式近似计算实际所需的中心距

$$a \approx a_0 + \frac{L_d - L_0}{2}$$

验算小轮包角α_1，如图7-14所示，即

$$\alpha_1 = 180° - \frac{d_{d2} - d_{d1}}{a} \times 57.3°$$

一般要求$\alpha_1 \geqslant 120°$，若α_1过小，可加大中心距或增设张紧轮。

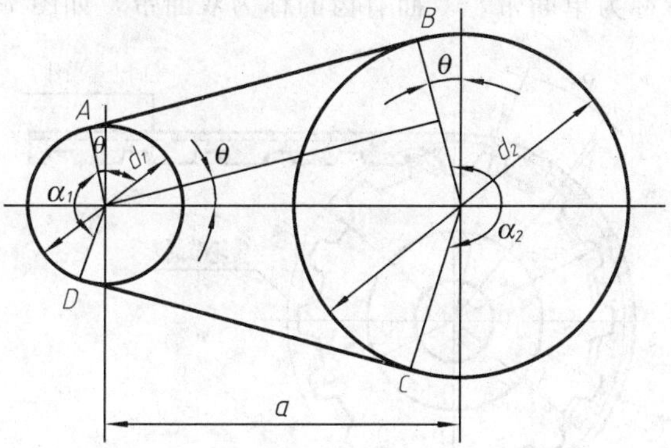

图 7-14 带轮包角

7.1.4 影响带传动工作能力的因素

1. 带传动的主要失效形式

① 带在带轮上打滑，不能传递动力。

② 带由于疲劳产生脱层、撕裂和拉断。

③ 带的工作面磨损。

2. 影响带传动工作能力的因素

（1）初拉力

带传动是摩擦型传动，为保证带与带轮之间产生足够的摩擦力，带与带轮接触面间要有一定的正压力，因此带要以一定的初拉力张紧在两带轮上。初拉力愈大，摩擦力愈大，但同时将加剧带的磨损，并造成带的过度拉伸而松弛，缩短寿命。因此带的预紧程度应在合适的范围内。

（2）弹性滑动与打滑

带受拉后会产生弹性变形。带的弹性变形会引起的带与带轮间的相对滑动，称为带的弹性滑动。带传动的载荷愈大，滑动率值也愈大。当传递的力超过极限有效拉力时，滑动范围扩大到整个接触弧，带便在带轮上打滑。打滑造成带的磨损加剧，从动轮转速急剧降低，导致传动失效。工作中应该尽量避免打滑。但当传动突然超载时，打滑可以起到过载保护的作用，避免其他零件的损坏。

（3）疲劳强度

V 带在交变循环应力状态下工作，在带的横截面上存在两边拉力产生的拉应力、离心力而产生的拉应力、弯曲变形而产生的弯曲应力。为保证带传动能正常工作，V 带必须要有足够的疲劳强度。

*7.1.5 新型带传动的应用

1. 同步带传动的应用

（1）同步带传动的类型和特点

同步带传动如图 7-15 所示，图中 P_b 是节距。同步带是横截面为矩形或近似为矩形、带面具有等距横向齿的环形传动带。同步带按齿形分有梯形齿和圆弧齿两类，如图 7-16 所示。单面有齿的同步带称为单面带，双面有齿的称为双面带，如图 7-17 所示。

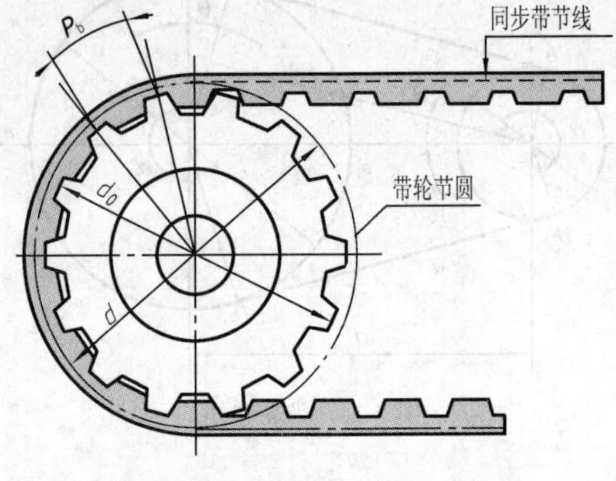

图 7-15　同步带传动

同步带工作时带与带轮之间不会产生相对滑动，能够获得准确的传动比。因此它兼有带传动和齿轮啮合传动的特性和优点，传动效率高（可达 0.98），传递功率大（可达数百千瓦），允许带速较高（可达 50 m/s），传动比较大（可达 12～20）。此外，由于不是靠摩擦力传递动力，带的预紧力很小，作用在带轮轴和轴承上的力也很小。其缺点在于制造和安装精度要求较高，价格较贵。

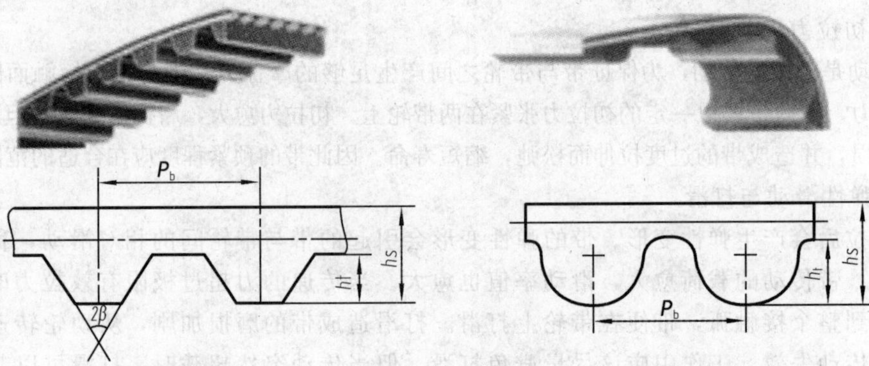

梯形齿　　圆弧齿

图 7-16　单面带

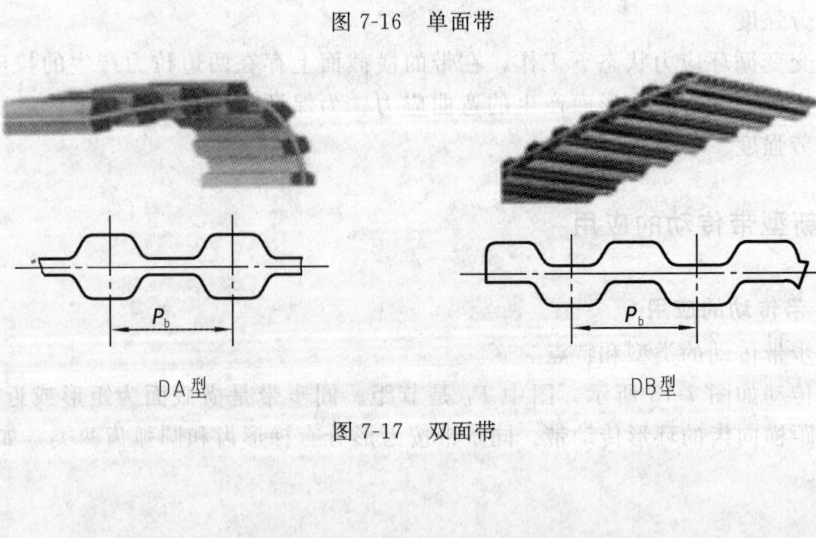

DA型　　DB型

图 7-17　双面带

（2）同步带传动的应用。

同步带广泛应用于要求传动比准确的中、小功率传动中，如家用电器、计算机、仪器及机床、化工、石油等机械，如数控机床、柴油机、发动机等，如图 7-18 所示。

图 7-18　同步带轮及应用

2. 高速带传动的应用

带速 $v>30\text{m/s}$、高速轴转速 $n_1=10000\sim50000\text{r/min}$ 都属于高速带传动，带速 $v\geqslant100\text{m/s}$ 称为超高速带传动。

高速带传动通常都是开口的增速传动。由于要求传动可靠，运转平稳，并有一定的寿命，所以都采用重量轻、厚度薄而均匀、曲挠性好的环形平带，如特制的编织带（麻、丝、锦纶等）、薄型锦纶片复合平带、高速环形胶带等，如图 7-19 所示。

图 7-19　高速带

高速带传动的缺点是带的寿命短，个别结构甚至只有几小时，传动效率也较低。

高速带的标记示例。聚氨酯高速带，带厚 1mm，宽 25mm，内周长 1120mm 标记为：聚氨酯高速带1×25×1120。

高速带传动应用于印刷、包装、纺织印染、邮政、卷烟、造纸等行业。

7.2　链　传　动

在不宜采用带传动与齿轮传动，而两轴平行、且距离较远、功率较大、平均传动比较准确的场合多用链传动，如图 7-20 所示。

图 7-20　链传动输送线

7.2.1　概述

1. 链传动的工作原理和平均传动比

链传动是通过链条将具有特殊齿形的主动链轮的运动和动力传递到具有特殊齿形的从动链轮的一种传动方式。如图 7-21 所示。

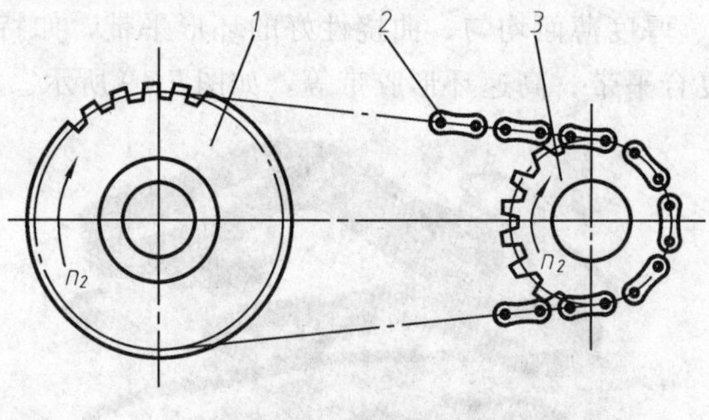

图 7-21　链传动

1—从动链轮；2—链条；3—主动链轮

设链传动中，主动链轮的齿数为 z_1，从动链轮的齿数为 z_2，主动链轮与从动链轮转过的总齿数是相等的，即

$$n_1 z_1 = n_2 z_2$$

所以

$$i_{12} = \frac{n_1}{n_2} = \frac{z_2}{z_1}$$

因此，链轮的传动比，即主动链轮与从动链轮转速之比与其齿数成反比，转动方向一致。

设两链的节距为 p，则链条线速度（简称链速）为

$$v = \frac{z_1 p n_1}{60 \times 1000} = \frac{z_2 p n_2}{60 \times 1000} \text{m/s}$$

式中，p 为节距（mm），n_1、n_2 为链轮的转速（r/min）。

2. 链传动的类型

根据用途的不同，链传动分三大类。

传动链——用于一般机械上动力和运动的传递，通常都在中等速度（$v \leqslant 20$m/s）以下工作；

起重链——用于起重机械中提升重物，其工作速度不大于0.25m/s；

牵引链——又称输送链，用于链式输送机中移动重物，其工作速度不大于2～4m/s。

根据结构的不同，常用的传动链又分套筒链，如图7-22（a）所示，短节距精密滚子链（简称滚子链），如图7-22（b）所示，弯板链，如图7-22（c）所示，以及齿形链，如图7-22（d）所示。滚子链结构简单，磨损较轻，故应用较广。齿形链（又称无声链），它传动平稳，噪声小，承受冲击性能好，工作可靠，但结构复杂、质量大、价格高、制造较困难，故多用于高速（链速v可达40m/s）或运动精度要求较高的传动装置中。

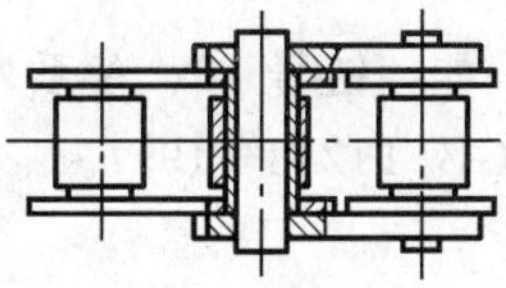

（a）滚子链

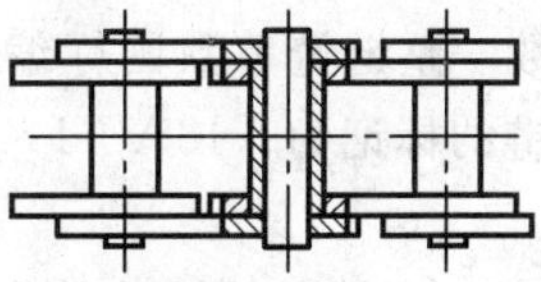

（b）套筒链

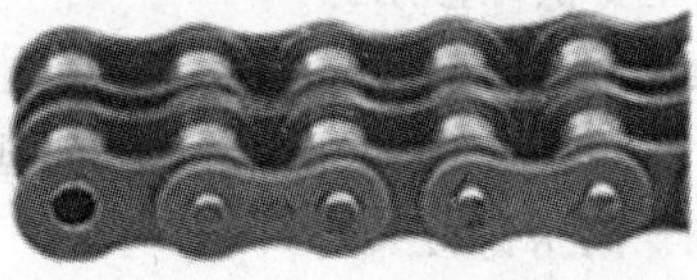

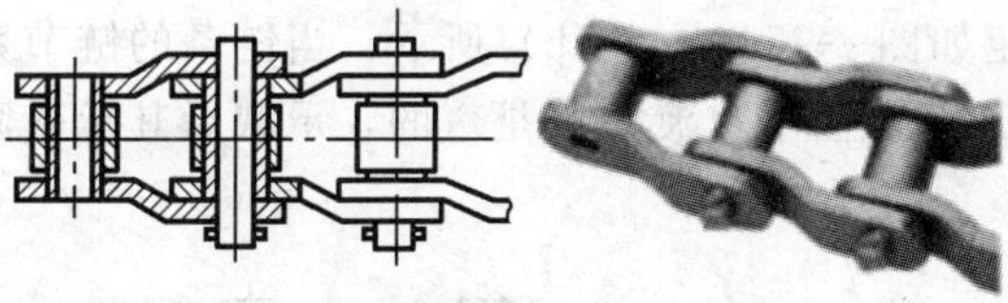

（c）弯板链

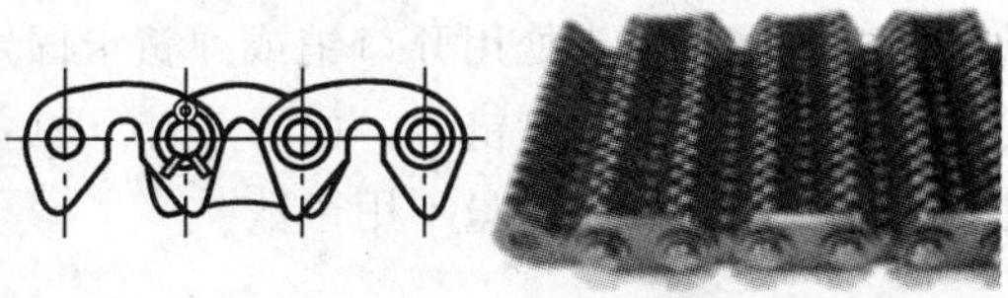

（d）齿形链

图7-22　传动链的类型

（1）滚子链的结构和标准

滚子链是由内链板1和套筒4、外链板2和销轴3、滚子5组成，如图7-23所示。其中，内链板与套筒、外链板与销轴均为过盈配合，套筒与销轴、滚子与套筒之间分别采用间隙配合，因此，内、外链板在链节屈伸时可相对转动。

滚子链相邻两滚子中心的距离称为链节距，用p表示，它是链条的主要参数。节距p越大，链条各零件的尺寸越大，所能承受的载荷越大。

滚子链可制成单排链和多排链，如双排链或三排链，如图7-24所示。排数越多，承载能力越大。由于制造和装配精度，会使各排链受力不均匀，故一般不超过4排。

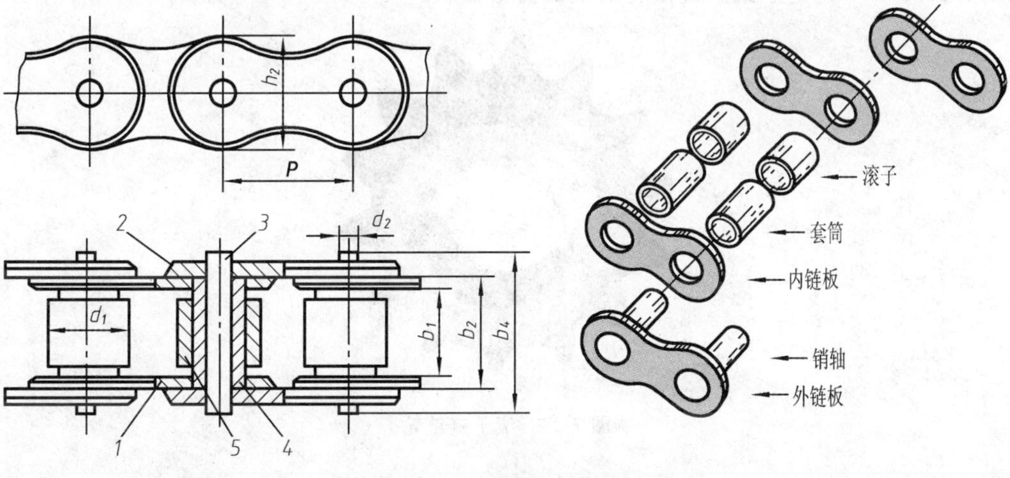

图7-23　单排滚子链结构

图 7-24　三排滚子链

滚子链已标准化，链号数乘以 25.4mm/16 即为节距值。A 系列是我国滚子链的主体，B 系列主要供维修用。

滚子链的标记规定为：链号—排数—整链链节数国标编号。如，链号 16、A 系列、节距 25.4mm、单排、82 个链节长滚子链的标记为：16A—1×82 GB/T1243—1997。

（2）滚子链接头形式

滚子链的接头形成，如图 7-25 所示。当链条的链节数为偶数时，连接方式采用可拆卸的外链板连接，接头处用开口销或弹簧卡固定如图 7-25（a）、（b）所示；当链条的链节数为奇数时，须采用过渡链节，如图 7-25（c）所示。由于过渡链板是弯的，承载后其承受附加弯矩，所以链节数尽量不用奇数。

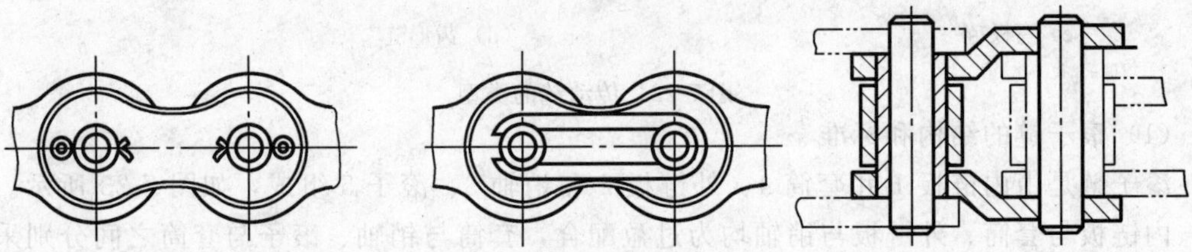

（a）　（b）　（c）

图 7-25　滚子链的接头形式

（3）滚子链链轮

滚子链链轮是链传动的主要零件，如图 7-26 所示。链轮的齿形有国家标准——GB/Tl243—1997 规定了滚子链链轮的端面齿槽形状。

图 7-26　滚子链链轮

3. 链传动的特点和应用

链传动是有中间挠性件的啮合传动，无弹性滑动和打滑现象，能保证平均传动比不变；无须初拉力，对轴的作用力较小；可在高温、低温、多尘、油污、潮湿、泥沙等恶劣环境下工作；但链传动的瞬时传动比不恒定，传动平稳性较差，有冲击和噪声，且磨损后易发生跳齿。

链传动适用于两轴线平行且距离较远、瞬时传动比无严格要求以及工作环境恶劣的场合，不宜用于高速和急速反向传动的场合。

链传动广泛用于农业、采矿、冶金、石油化工及运输等各种机械中。

*7.2.2 链传动参数的选用

1. 传动比 i

一般取传动比 $i \leqslant 7$，推荐 $i=2 \sim 3.5$。当工作速度较低（$v<2$m/s），且载荷平稳、传动外廓尺寸不受限制时，允许 $i \leqslant 10$。传动比过大时，小链轮上的包角 α_1 将会太小，将加速轮齿的磨损。因此，通常要求包角 α_1 不小于 120°。

2. 链轮齿数 z_1、z_2

由于链节数常取偶数，为使磨损均匀，链轮齿数一般取为奇数。当小链轮齿数较少时，传动平稳性差，磨损加快；小链轮齿数过多，将使传动尺寸和重量增大；大链轮齿数 $z_2=iz_1$ 一般应使 $z_2 \leqslant 120$。链轮齿数优选数列：17、19、21、23、25、38、57、76、95、114。

3. 链条节距 p 及链型号

在一定条件下，链节距越大，承载能力越高，但运动平稳性差、动载荷和噪声越严重。因此，在满足承载能力的前提下，应尽量选取小节距的单排链；高速重载时，可选择小节距的多排链。

4. 中心距和链节数 L_p

一般可初选中心距 $a_0=(30 \sim 50)p$，最大可取 $a_{0\max}=80p$。链的长度以链节数 L_P（节距 p 的倍数）来表示。

通常中心距设计成可调的，以便于链条的安装和调节链的张紧程度。

7.2.3 链传动的安装与维护

(1) 链传动的安装

① 在链传动中，链传动应使紧边在上，松边在下，以便链节和链轮轮齿可以顺利地进入和退出啮合。如果松边在上，可能会因松边垂度过大而出现链条与轮齿的干扰，甚至会引起松边与紧边的碰撞。

② 链传动安装时，两链轮的转动平面应在同一平面内，两轴线必须平行，最好成水平布置。

③ 应尽量避免垂直传动，以避免脱链和不正常的磨损。

④ 链的下垂度应适当，合适的松边垂度推荐为 $f=(0.01\sim0.02)a$，a 为中心距。对于重载、反复起动及接近垂直的链传动，松边垂度应适当减小。

⑤ 先装链轮，再装链条。

结构上允许时，预先将链条的接头连接好，再装在链轮上，例如两轴中心距可调且链轮在轴端时。接头处可用弹簧锁片或开口销等止锁件固定。当用弹簧锁片时，必须使其开口端的方向与链的速度方向相反，以免运动中受到碰撞而脱落。

结构上不允许时，则链条必须套到链轮上以后再连接，此时需采用专用的拉紧工具。

齿形链条都必须先套在链轮上，再用拉紧工具拉紧后，进行连接。

（2）链传动的维护

① 链传动应保持良好的工作环境，避免泥沙等污物侵入，或与酸、碱、盐等强腐蚀性介质接触，并要定期清洗。为防止灰尘浸入、油滴外溅、减少噪声和保证人身安全，应尽可能加防护罩封闭。

② 链传动要保证良好的润滑，一般低速的链传动可每隔 20h 左右人工添加润滑油；速度较高的可采用定期浸油润滑或滴油连续润滑。

③ 需经常进行张紧调节。

链传动的张紧方法：调整中心距，增大中心距可使链张紧；缩短链长，当链传动没有张紧装置而中心距又不可调整时，可采用缩短链长（即拆去链节）的方法对因磨损而伸长的链条重新张紧；用张紧轮张紧，张紧轮一般位于松边的外侧，它可以是链轮，其齿数与小链轮相近，也可以是无齿的锟轮，锟轮直径稍小，并常用夹布胶木制造。

阶段性实习训练 3

V 带（链）传动的安装与调试

1. 实训目的

会正确安装、张紧、调试和维护 V 带传动（或链传动）。

2. 实训设备及工具

① 减速器、电动机、张紧装置（或自行车）。

② 直尺、游标卡尺、扳手。

3. 实训内容与步骤

V 带传动的安装与调试

（1）V 带（链）传动的张紧、安装、调试

① 在实验平台上按初估中心距安装电动机和减速器并拧紧固定螺栓。

② 安装带轮。如图 7-27 所示，装带轮前应清理安装面并涂上润滑油，并在减速器输入轴上安放键，把大带轮装在轴上时，固紧轴端挡圈；同样，在电动机轴上安装小带轮。

安装带轮时，两轮的轴线应平行，端面与中心垂直，且两个带轮装在轴上不得晃动，否则会使传动带侧面过早磨损。

③ 安装V带。首先将两带轮的中心距调小，然后将V带先套在小带轮上，再将V带旋进大带轮（不要用带有刃口锋利的金属工具硬性将V带拨入轮槽，以免损伤带）。V带套在带轮槽后再拧紧调整螺钉进行张紧，以使带松紧适度。一般带张紧程度以大拇指能按下10～15mm为宜。

④ 检查轮槽对正。如图7-28所示，对于中心距较小的带传动，可直接用丁字尺检查；对于中心距较大的带传动，可用拉线法检查。

⑤ 调整张紧力。在带传动机构中，都有调整张紧力的拉紧装置。张紧力是靠改变两带轮的中心距来调节的，如图7-29所示，或用张紧轮张紧，如图7-30所示。

⑥ 安装、调整完毕后，紧固所有螺钉。

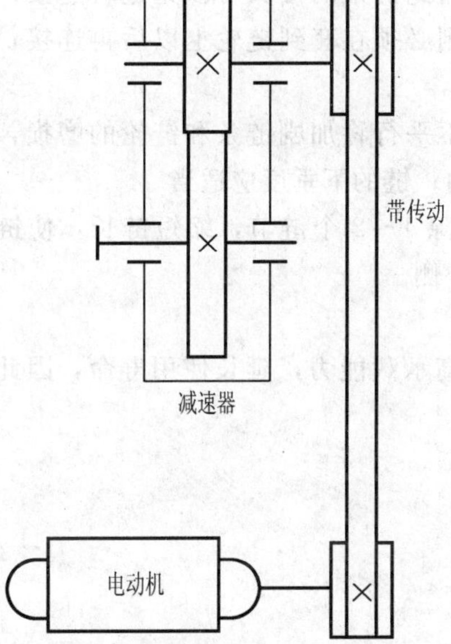

图7-27 V带安装与调整

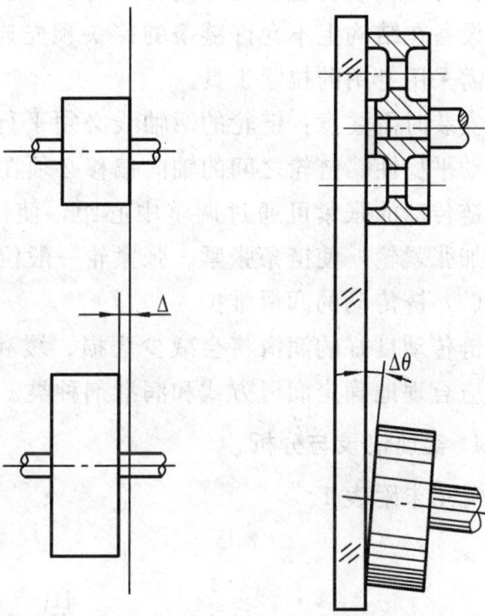

图7-28 两轮相互位置检测

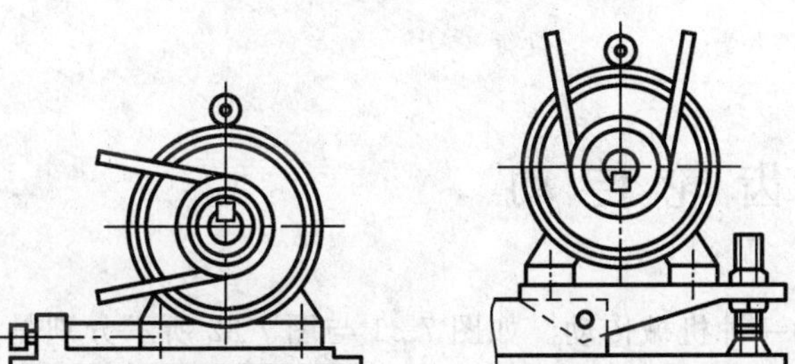
图7-29 调节中心距

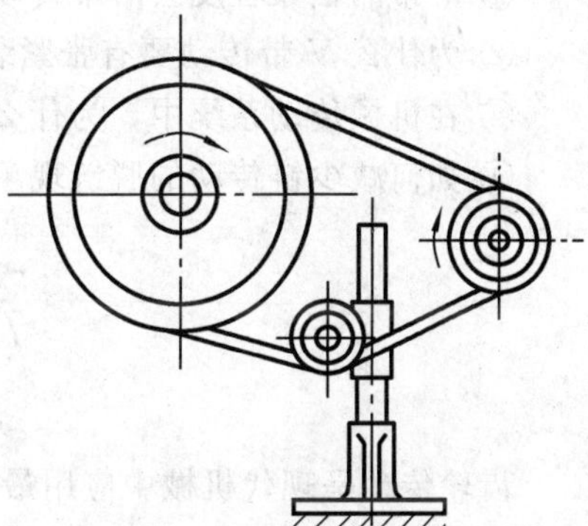
图7-30 采用张紧轮

(2) V 带传动的维护

① 在使用过程中要对 V 带进行定期检查且及时调整。若发现个别 v 带有疲劳撕裂现象时，应及时更换所有 V 带。

② 严防 V 带与酸、碱、油类等对橡胶有腐蚀作用的介质接触，尽量避免日光曝晒。

③ 为了保证安全生产，应给 V 带传动加装防护罩。

链传动的安装与调试（实训设备可采用自行车）

(1) 链传动的张紧、安装、调试

链轮的装配方法与带轮的装配方法基本相同。链轮在轴上的固定方法：用键连接后再用紧固螺钉固定，或用圆锥销连接。

链条，除了接头的链节外，各链节都是不可分离的。

自行车在结构上是允许链轮装好后再装链条的，因此链条的接头可预先进行连接；但有些设备在结构上不允许链条的接头预先连接好时，则必须在套到链轮上以后再连接，此时常需采用专用的拉紧工具。

安装时需注意：链轮的两轴线必须平行，两轴线不平行将加剧链条和链轮的磨损，降低传动平稳性；链轮之间的轴向偏移必须在要求范围内；链的下垂度应适当 。

链传动的张紧可通过调整中心距，使链张紧；拆除 1～2 个链节，缩短链长，使链张紧；加张紧轮，使链条张紧。张紧轮一般位于松边的外侧。

(2) 链传动的润滑维护

链传动良好的润滑将会减少磨损、缓和冲击，提高承载能力，延长使用寿命，因此链传动应合理地确定润滑方式和润滑剂种类。

4. 实训记录与分析

见书末附表 1。

思 考 题

① V 带的松紧程度会对带传动产生什么影响?

② 为什么 V 带传动要有张紧装置?

③ 在机械传动系统中，为什么经常将 V 带传动布置在高速级?

④ 如何减少链传动的脱链现象?

7.3 齿 轮 传 动

齿轮传动是现代机械中应用最广泛的一种机械传动。如图 7-31 与图 7-32 所示分别是齿轮传动在车床和手表上的应用。

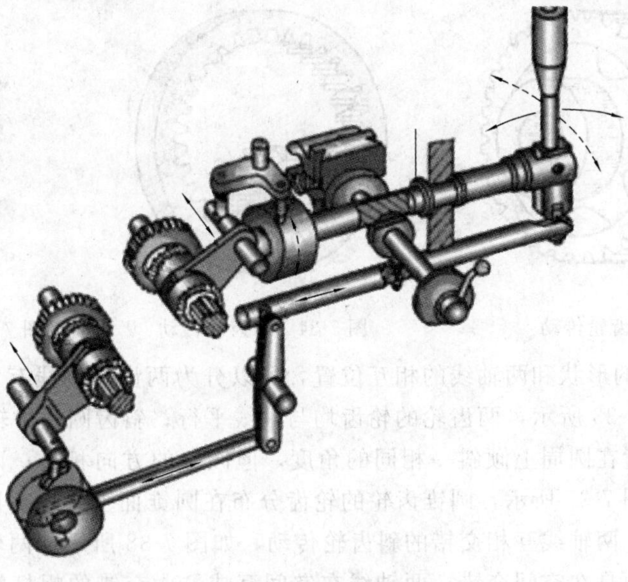

图 7-31　车床纵向、横向进给操纵机构

图 7-32　手表机芯

7.3.1　概述

1. 齿轮传动的工作原理和传动比

齿轮传动是通过轮子表面的牙齿互相啮合来传递空间任意两轴间的运动和动力，以及用来改变运动的形式和速度。

齿轮传动比 i 是主动齿轮转速 n_1 与从动齿轮转速 n_2 之比，也等于从动齿轮齿数 z_2 与主动齿轮齿数 z_1 之比，即

$$i=\frac{n_1}{n_2}=\frac{z_2}{z_1}=\frac{d_2}{d_1}$$

2. 齿轮传动的类型

① 根据齿轮啮合方式，可以分为：外啮合齿轮传动，如图 7-33 所示，两轮的旋转方向相反；内啮合齿轮传动，如图 7-34 所示，两轮的转动方向是相同的；齿轮与齿条传动，如图 7-35所示，能使齿轮的转动变为齿条的直线移动，齿条的直线移动也可以变为齿轮的转动。

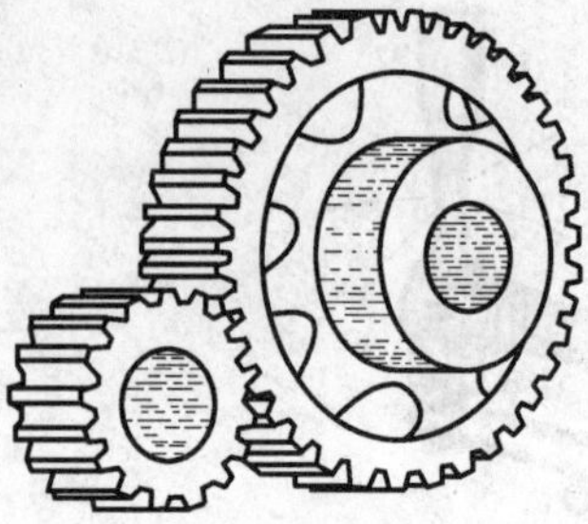

图 7-33　齿轮传动

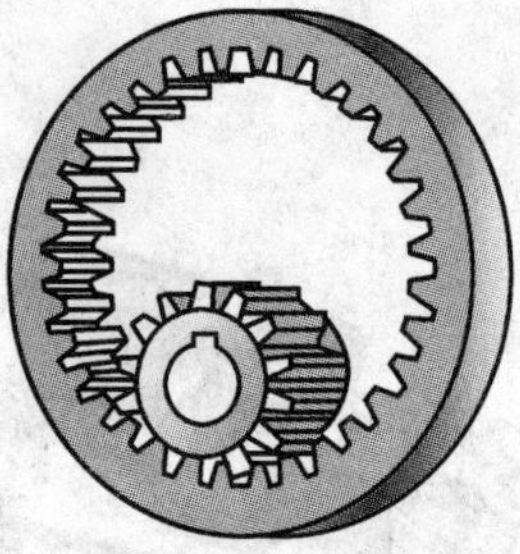

图 7-34　内齿轮传动

图 7-35　齿轮齿条传动

② 根据轮齿的形状和两轴线的相互位置，可以分为两齿轮轴线互相平行——直齿圆柱齿轮传动，如图 7-33 所示，两齿轮的轮齿均与轴线平行；斜齿圆柱齿轮传动，如图 7-36 所示，两齿轮的轮齿在圆周上倾斜一相同的角度，但倾斜的方向相反；两轴线互相垂直的圆锥齿轮传动，如图 7-37 所示，圆锥齿轮的轮齿分布在圆锥面上。一对圆锥齿轮啮合时，它们的轴线相交的；两轴线互相交错的斜齿轮传动，如图 7-38 所示，两轮啮合时轴线既不平行，也不相交，而是在空间交错；两轴线在空间互成 90°交错的蜗杆蜗轮传动，如图 7-39 所示，通常蜗杆是主动，作减速传动。

图 7-36　斜齿圆柱齿轮传动

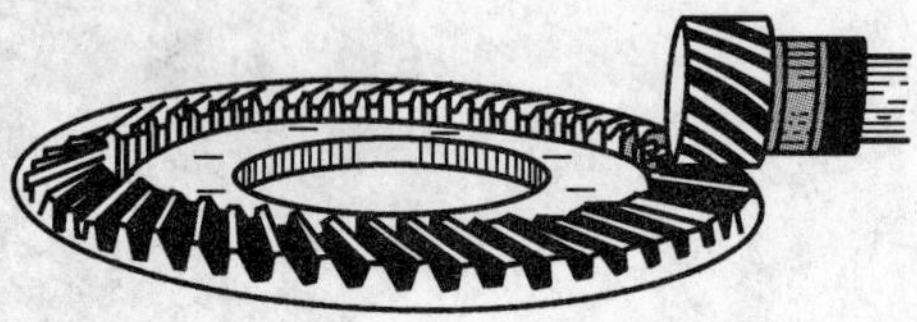

图 7-37　圆锥齿轮传动

图 7-38　交错轴斜齿轮传动

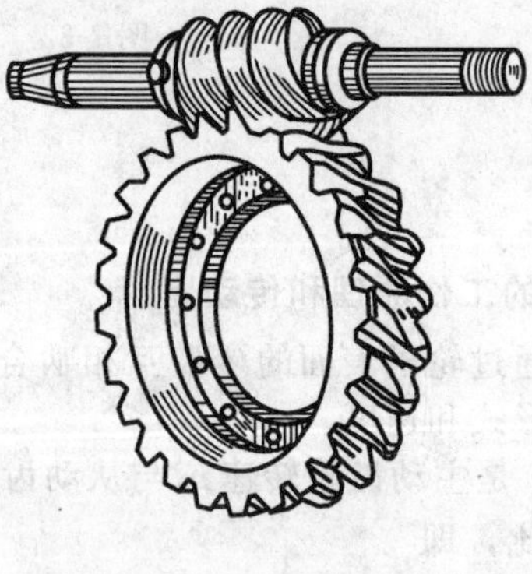

图 7-39　蜗轮蜗杆传动

③ 根据工作性质不同，齿轮传动还可分为：开式齿轮传动，齿轮外露，没有防护箱体，外界杂质容易侵入啮合处，润滑条件较差；闭式齿轮传动，齿轮完全封闭在箱体内，具有良好的润滑条件和防护条件。

④ 根据齿轮齿廓曲线不同，齿轮传动可分为：渐开线齿轮传动、摆线齿轮传动和圆弧齿轮传动。

3. 齿轮传动的特点和应用

齿轮传动能保证恒定的瞬时传动比；传动效率较高，可达 99.5%；适用的圆周速度范围和功率范围较大（速度可达 300m/s、功率可达 10 万千瓦）；结构紧凑，维护简单；使用寿命长；但齿轮制造和安装精度要求较高，因此成本较高；精度不高的齿轮运转时振动、冲击、噪声较大。

齿轮传动应用最广泛，在工业、农业、轻工、航空、交通都有广泛的应用。开式齿轮传动用于低速与不重要的齿轮传动；闭式齿轮传动用于速度较高或重要的齿轮传动。

7.3.2　渐开线齿轮主要参数、公称尺寸和结构

1. 渐开线齿轮各部分名称及主要参数

(1) 直齿圆柱齿轮各部分名称

如图 7-40 所示为渐开线直齿圆柱齿轮的一部分，各部分名称如下。

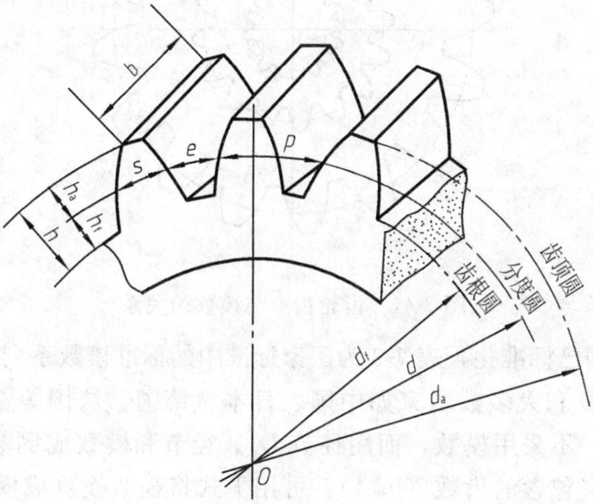

图 7-40　齿轮各部分名称及代号

齿顶圆：齿轮齿顶所在的圆，其半径与直径分别用 r_a 和 d_a 表示。

齿根圆：齿轮齿槽底所在的圆，其半径与直径分别用 r_f 和 d_f 表示。

分度圆：计算齿轮几何尺寸的基准圆，其半径与直径分别用 r 和 d 表示。

齿厚：一个齿的两侧齿廓之间的分度圆弧长，用 s 表示。

齿槽宽：一个齿槽的两侧齿廓之间的分度圆弧长，用 e 表示。对于标准齿轮，分度圆上的齿厚与齿槽宽相等。

齿距：在某圆周上相邻两齿同侧齿廓对应点的弧长，在分度圆周上的齿距用 p 表示。它与齿厚和齿槽宽的关系：$p = s + e$。

齿顶高：齿顶圆与分度圆间的径向距离，用 h_a 表示。

齿根高：分度圆与齿根圆间的径向距离，用 h_f 表示。

全齿高：齿顶圆与齿根圆间的径向距离，用 h 表示，它与齿顶高和齿根高的关系：

$$h = h_a + h_f$$

齿宽：轮齿沿轴向的尺寸。

(2) 直齿圆柱齿轮的主要参数

齿数：在齿轮整个圆周上轮齿的总数，用 z 表示。

模数：齿轮的分度圆直径 d、齿数 z 和轮齿的齿距 p 之间的关系，即

$$\pi \cdot d = z \cdot p \text{ 或 } d = p \cdot z / \pi$$

把比值 p/π 称为齿轮的模数，用 m 表示，故

$$d = m \cdot z$$

模数是齿轮尺寸计算中重要的参数，其单位为 mm，模数 m 越大，则轮齿的尺寸越大，轮齿所能承受的载荷也越大，如图 7-41 所示。

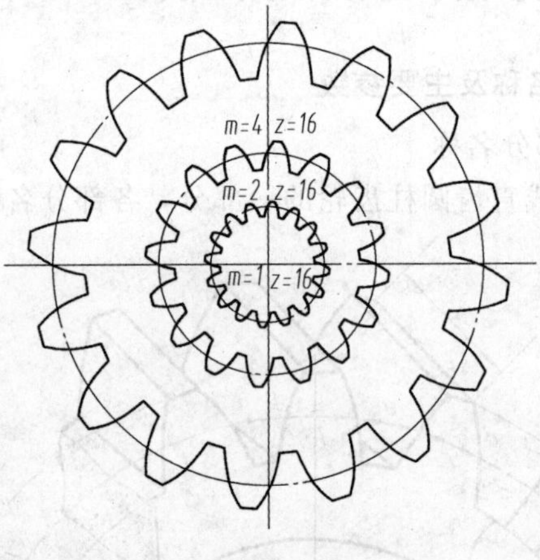

图 7-41　齿轮齿形与模数的关系

齿轮的模数在我国已标准化，表 7-3 为国家标准中的标准模数系列（GB/T 1357—1987）。

目前国际标准 ISO 和大多数国家如中国、日本、德国、法国等都采用模数制，但有些国家（如英国、美国）不采用模数，而用径节 D_P。径节和模数成倒数关系。径节的单位为每英寸分度圆直径中应包含的齿数（in^{-1}）。可用下式将径节换算成模数：

$$m = 25.4 / D_P \text{ (mm)}$$

压力角：渐开线齿廓在不同的圆周上有不同的压力角，通常所说的压力角是指分度圆上的压力角，用 α 表示。并规定分度圆上的压力角为标准值，我国取压力角为 20°。国际标准 ISO、英国、日本、德国及美国的部分标准也采用 20°。

因此，对于标准齿轮分度圆的完整定义：分度圆是齿轮上具有标准模数和标准压力角，齿厚和齿槽宽相等的圆。

表 7-3　标准模数系列

第一系列	1 8	1.25 10	1.5 12	2 16	2.5 20	3 25	4 32	5 40	6 50
第二系列	1.75 7	2.25 9	2.75 (11)	(3.25) 14	3.5 18	(3.75) 22	4.5 28	5.5 (30)	(6.5) 36

注：优先采用第一系列，括号内的模数尽可能不用。

2. 标准直齿圆柱齿轮的公称尺寸计算

渐开线标准直齿圆柱齿轮外齿轮的主要几何尺寸的计算公式列于表 7-4。

表 7-4 渐开线标准直齿圆柱齿轮外齿轮的主要几何尺寸的计算公式

名 称	符 号	公 式	
		外（啮合）齿轮	内（啮合）齿轮
模 数	m	根据轮齿承受载荷、结构条件等定出，选用标准值	
压力角	α	选用标准值	
齿顶高	h_a	$h_a = m$（对于短齿制 $h_a = 0.8m$）	
齿根高	h_f	$h_f = 1.25\,m$（对于短齿制 $h_f = 1.1\,m$）	
全齿高	h	$h = 2.25\,m$（对于短齿制 $h = 1.9\,m$）	
分度圆直径	d	$d = m \cdot z$	
齿顶圆直径	d_a	$d_a = z \cdot m + 2h_a$	$d_a = z \cdot m - 2h_a$
齿根圆直径	d_f	$d_f = z \cdot m - 2h_f$	$d_f = z \cdot m + 2h_f$
齿 距	p	$p = \pi \cdot m$	
中心距	a	$a = \frac{d_1 + d_2}{2} = \frac{m(z_1 + z_2)}{2}$	$a = \frac{d_1 - d_2}{2} = \frac{m(z_1 - z_2)}{2}$

3. 齿轮的结构

常用的圆柱齿轮的结构形式有四种。

(1) 齿轮轴

当齿顶圆直径 $d_a < 2d$ 或齿根圆到齿槽底部的距离 $X \leqslant 2.5m$（m 为齿轮的模数）时，应将齿轮和轴做成一体，称为齿轮轴，如图 7-42 所示。

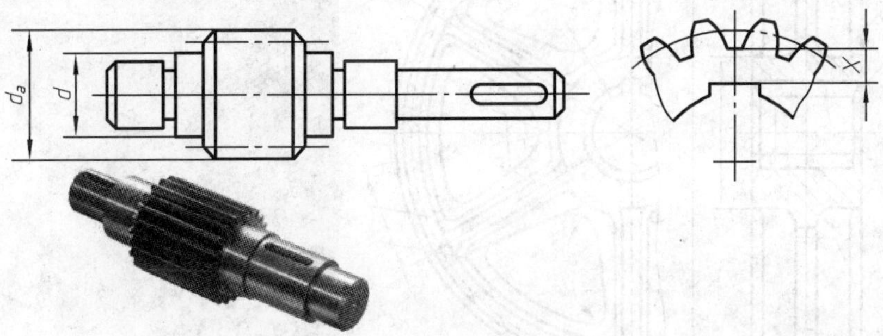

图 7-42 齿轮轴

(2) 盘状齿轮

齿顶圆直径 $d_a <$ 160mm 的圆柱齿轮，可采用实心结构的锻造盘状齿轮，如图 7-43 所示。

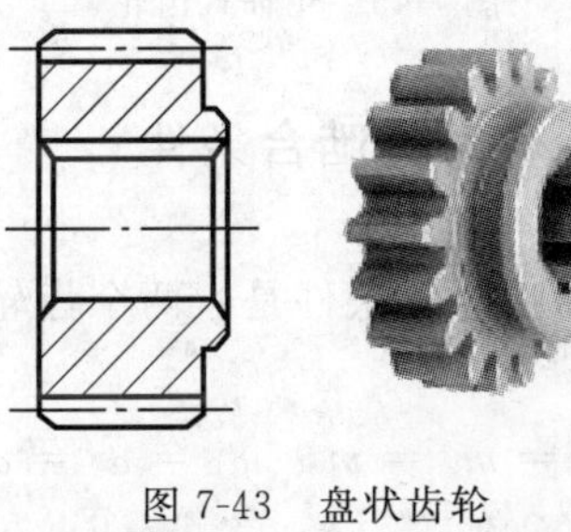

图 7-43 盘状齿轮

(3) 辐板式齿轮

当齿轮的齿顶圆直径 160mm≤d_a≤500mm 时，为了减轻重量、节约材料，可采用辐板式齿轮，如图 7-44 所示。必要时还可在辐板上开若干孔，其数目按结构尺寸大小及需要而定。

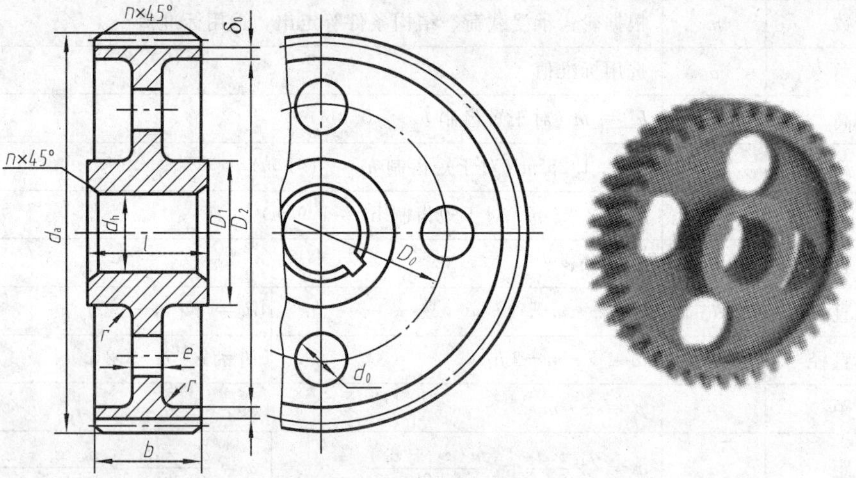

图 7-44　辐板式齿轮

(4) 轮辐式齿轮

当齿轮的齿顶圆直径 d_a＞500mm 时，一般采用轮辐式齿轮，如图 7-45 所示。

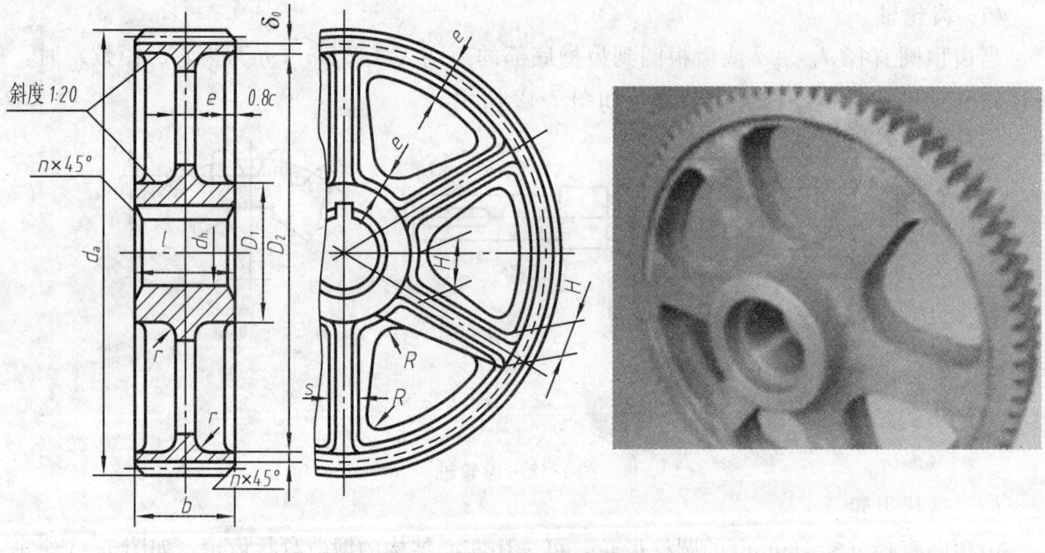

图 7-45　轮辐式齿轮

*7.3.3　渐开线直齿圆柱齿轮传动的啮合条件

一对渐开线直齿圆柱齿轮正确啮合的条件是：两个齿轮的模数和压力角都必须分别相等。即

$$m_1 = m_2 = m, \quad \alpha_1 = \alpha_2 = \alpha$$

*7.3.4　渐开线齿轮轮齿加工原理

1. 渐开线齿轮轮齿加工原理

渐开线齿轮轮齿的加工方法很多，除铸造、冲压、轧制等方法外，常用的方法是切削加工。就其加工原理来说，可分为仿形法和范成法两种。

（1）仿形法

仿形法又称成形法，它是利用与被加工齿轮的齿槽形状一致的刀具，在齿坯上加工出齿形。其刀具有盘形铣刀和指状铣刀等。图 7-46 所示为用盘形铣刀切削轮齿。切削时，铣刀转动，同时轮坯沿轴线方向移动。铣切完一个齿槽后，轮坯退回原来位置，并转过 $360°/z$ 的角度，再切削第二个齿槽，依次进行，直至切出全部齿槽。图 7-47 所示为用指状铣刀加工轮齿，加工方法与用盘形铣刀时相似。指状铣刀常用于加工大模数的齿轮。

仿形法加工所用刀具、机床及夹具都比较简单，但加工精度低，加工不连续，生产率低。适用于精度要求不高（9 级精度以下）的单件小批生产或修配工作。

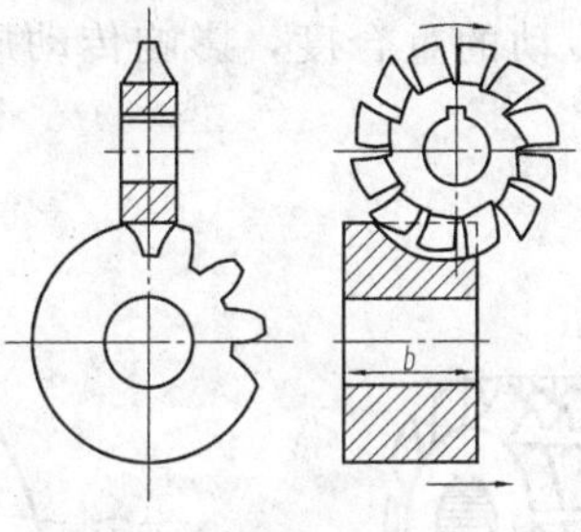

图 7-46　圆盘形铣刀切齿

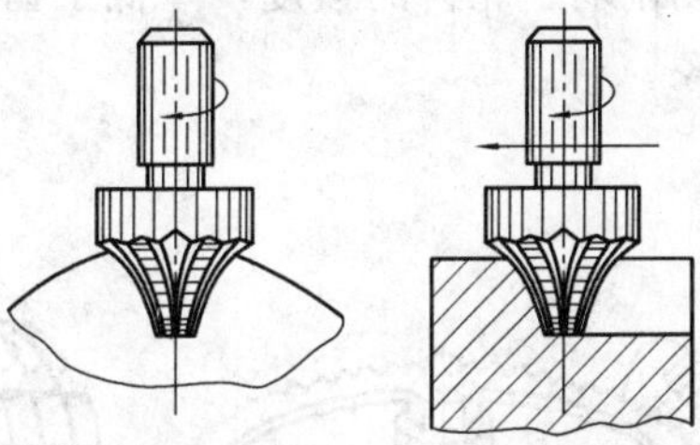

图 7-47　指状铣刀切齿

（2）范成法

范成法又称展成法，它是利用一对齿轮的啮合原理来加工齿轮的。常见的方法有插齿、滚齿、剃齿、磨齿等。图 7-48（a）所示为用齿轮插刀加工齿轮，齿轮插刀形似齿轮，它与被加工轮坯都安装在插齿机上，按一定的传动比绕自身的轴线转动，同时插刀沿齿宽方向作往复切削运动，这样，刀具的渐开线齿廓就在轮坯上包络出与刀具渐开线齿廓共轭的渐开线齿廓，如图 7-48（b）所示。图 7-49 所示为齿条插刀加工齿轮，其原理与用齿轮插刀加工相同。

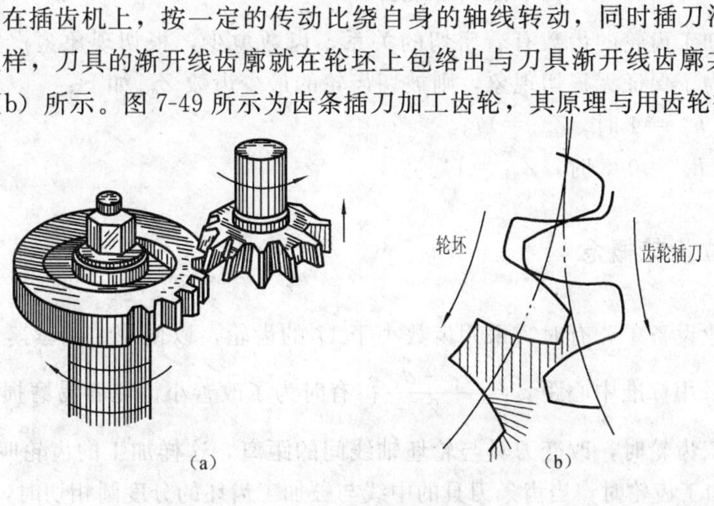

图 7-48　齿轮插刀加工轮齿

由加工过程可以看出，以上两种方法其切削都不是连续的，这样就影响了生产率的提高。因此，在生产中更广泛地采用齿轮滚刀来加工齿轮，如图 7-50 (a)所示。滚刀形状如图 7-50 (b) 所示。其加工原理与用齿条插刀加工时基本相同。滚刀边回转边沿轮坯轴向方向缓慢进给运动，以便切削一定的齿宽。滚刀的回转就像一个无穷长的齿条刀在移动，所以这种加工方法是连续的，具有很高的生产率。

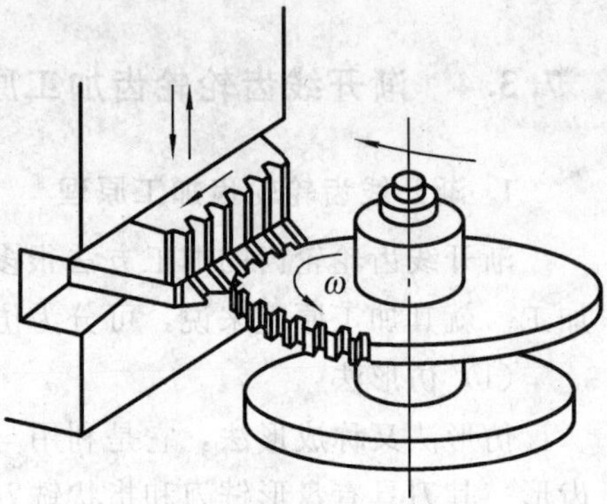

图 7-49　齿条插刀加工轮齿

利用范成法加工齿轮，只要刀具和被加工齿轮的模数及压力角相同，就可以利用一把刀具来加工。

2. 渐开线齿轮根切及最少齿数

用范成法加工渐开线标准齿轮时，有时会发现刀具的顶部切入了轮齿的根部，而把齿根切去了一部分，破坏了渐开线齿廓。如图 7-51 所示，这种现象称为根切，又称切齿干涉。显然，根切削弱了轮齿的强度，降低了齿轮传动的重合度，影响传动质量。因此应避免产生根切现象。

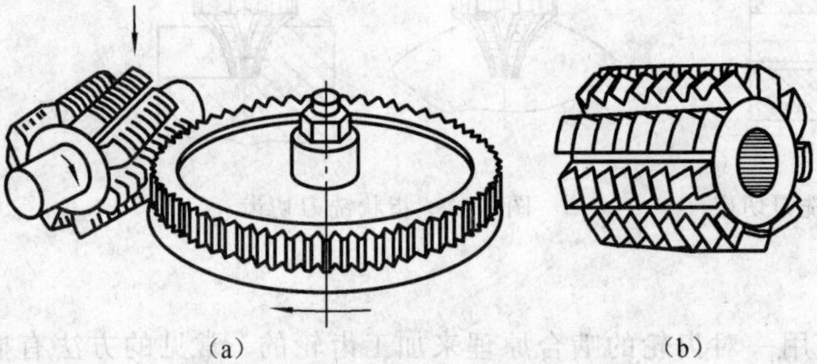

图 7-50　齿轮滚刀加工轮齿

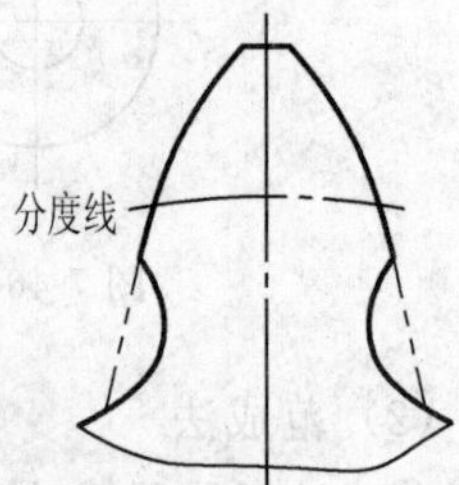

图 7-51　根切现象

根切与被加工齿轮的齿数有着密切的关系，齿数愈少，根切现象愈严重。因此，切制标准齿轮时，为了保证无根切现象，则被切齿轮的最少齿数 $Z_{\min}$ 如下：

当 $\alpha=20°$，$h_a^*=1$ 时，$Z_{\min}=17$；

当 $\alpha=20°$，$h_a^*=0.8$ 时，$Z_{\min}=14$。

*7.3.5　变位齿轮概念

在有些工业设备中，有时需采用齿数小于 17 的齿轮，以便使结构紧凑；有时中心距受到限制，不能采用标准中心距 $a=\dfrac{d_1+d_2}{2}$；有时为了改善小齿轮容易磨损、齿根强度较弱等现象，在加工齿轮时，改变刀具与轮坯轴线间的距离，这样加工的齿轮叫做变位齿轮。

用范成法加工齿轮时，当齿条刀具的中线与被加工齿坯的分度圆相切时，如图7-52 (a)所示，加工出的齿轮为标准齿轮，其分度圆上的齿厚与齿槽宽相等，齿轮分度圆上的压力角 α 与

齿条刀具齿形角 α_0 相等；当齿条刀具中线与齿坯分度圆分离或切割时，加工出的齿轮称为变位齿轮，其分度圆上的齿厚和齿槽宽不相等，如图 7-52（b）、（c）所示。

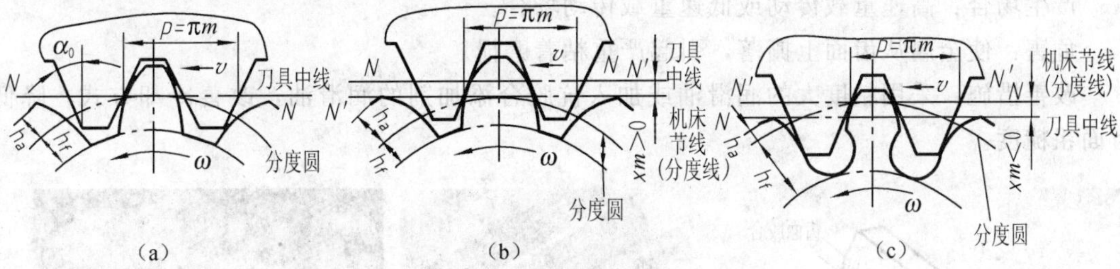

图 7-52　齿条刀具切制标准齿轮和变位齿轮

切制齿轮时，刀具中线相对于齿坯中心移远，称为正变位，切制的齿轮称为正变位齿轮，如图 7-52（b）所示。切制齿轮时，刀具中心相对于齿坯中心移近，称为负变位，切制的齿轮称为负变位齿轮，如图 7-52（c）所示。

变位齿轮传动必须成对设计、制造和使用。所以，在某些条件下变位齿轮得到广泛的应用。

7.3.6　齿轮的失效形式及常用材料

1. 齿轮的失效形式

齿轮在传动过程中，发生轮齿折断、齿面损坏等现象，从而失去其正常工作能力，称为齿轮轮齿失效。以下为常见的齿轮轮齿损伤和失效形式。

（1）齿面磨损

产生原因：齿轮啮合传动过程中，啮合部位落入金属屑、砂粒、锈蚀物等磨料性物质；润滑条件差，轮齿两个接触表面作相对滑动引起，如图 7-53 所示。

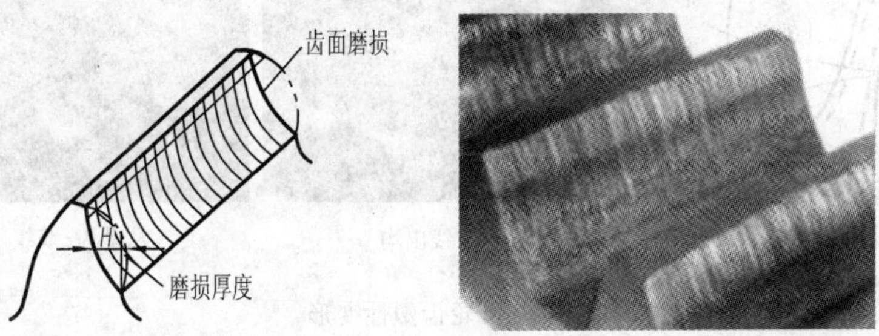

图 7-53　齿面磨损

产生场合：在开式传动中，特别是粉尘浓度大的场合。

危害：使齿面材料被磨掉，破坏齿廓形状，导致严重噪声和振动，最终使齿轮不能正常工作而失效。

改善措施：采用润滑良好的闭式齿轮传动。

（2）齿面胶合

产生原因：高速重载传动时，啮合区载荷大且集中，在啮合处局部过热导致两接触齿面金属熔焊而粘着；低速重载时，两接触表面间油膜遭到破坏而发生胶合，如图 7-54 所示。

产生场合：高速重载传动或低速重载传动场合。

危害：使金属从齿面上撕落，引起严重粘着磨损。

改善措施：采用粘度大的润滑油或加入抗胶合添加剂的润滑油，改善冷却方式，降低齿面粗糙度。

热胶合　　冷胶合

图 7-54　齿面胶合

(3) 塑性变形

产生原因：低速重载传动时，若轮齿齿面硬度较低，当齿面间作用力过大，啮合中的齿面表层材料就会引着摩擦力方向产生塑性流动，如图 7-55 所示。

产生场合：低速重载传动、起动和过载频繁的传动场合。

危害：容易产生齿面塑性变形。

改善措施：减小接触应力，增加齿面硬度，改善润滑状况。

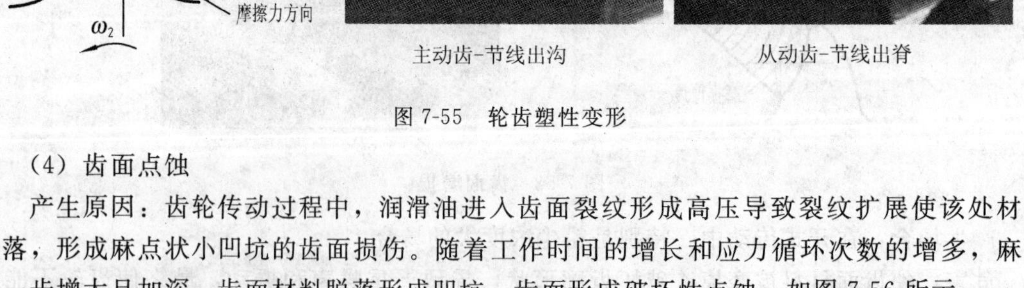

主动齿-节线出沟　　从动齿-节线出脊

图 7-55　轮齿塑性变形

(4) 齿面点蚀

产生原因：齿轮传动过程中，润滑油进入齿面裂纹形成高压导致裂纹扩展使该处材料脱落，形成麻点状小凹坑的齿面损伤。随着工作时间的增长和应力循环次数的增多，麻点进一步增大且加深，齿面材料脱落形成凹坑，齿面形成破坏性点蚀，如图 7-56 所示。

产生场合：润滑状态良好，齿面硬度较低的场合。

危害：影响齿轮正确啮合，引起冲击和噪声，造成传动不平稳。

改善措施：提高齿面硬度、降低表面粗糙度、提高润滑油的粘度，对防止破坏性点蚀有明显效果。

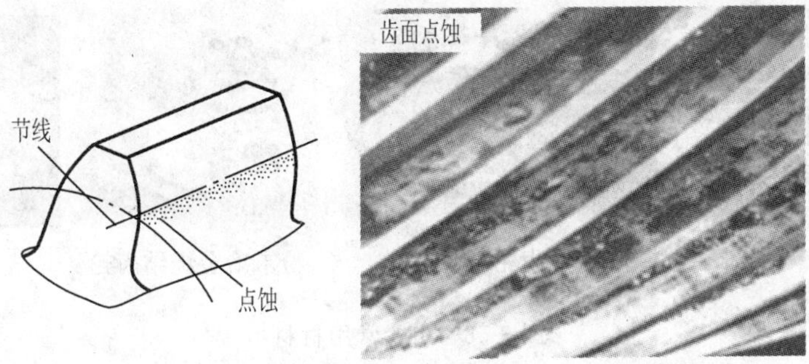

图 7-56　齿面点蚀

（5）轮齿折断

产生原因：轮齿的交变应力超过材料的疲劳极限所造成；严重过载也可能发生过载折断，如图 7-57 所示。

图 7-57　轮齿折断

产生场合：整体折断多发生于直齿圆柱齿轮，局部折断多发生于非直齿齿轮。

危害：沿齿根危险截面整体折断或局部折断。

改善措施：改善材料的力学性能、增大材料的韧性、限制齿轮根部的弯曲疲劳应力、避免过载或冲击、增大齿根圆半径并提高圆角处的表面质量、对根部圆角处进行表面强化处理。

生产实际中所遇到的轮齿损伤往往是两种或多种损伤形式的组合。我们要掌握各种损伤的主要特征，找出其中主要的损伤形式。

在不同的使用场合，齿面失效的判断是不同的。在一般机械中，齿面出现少许疲劳点蚀或齿面塑性是允许的，齿轮可以继续工作。对于精度要求很高的齿轮（航空齿轮），对失效控制得十分严格，轮齿齿面一出现点蚀，就必须予以更换。对于轮齿折断，会造成重大的设备事故，甚至人身事故，必须避免发生。

2. 齿轮的常用材料

常用的齿轮材料主要是钢和铸铁，其次还有有色金属、非金属材料和粉末冶金材料等，如图 7-58 所示。

（1）钢

常用的钢为优质碳素结构钢、合金结构钢和铸钢，如 45、40Cr、20Cr、ZG310－570 等。通常采用锻压方式制作齿轮毛坯，当毛坯直径大于 400 mm 时，采用铸造方式。锻压毛坯制成的齿轮要比用铸造毛坯制成的齿轮的承载能力大。

通过热处理可以改善材料的力学性能，提高齿面的硬度。齿面硬度小于 350 HBS 的齿

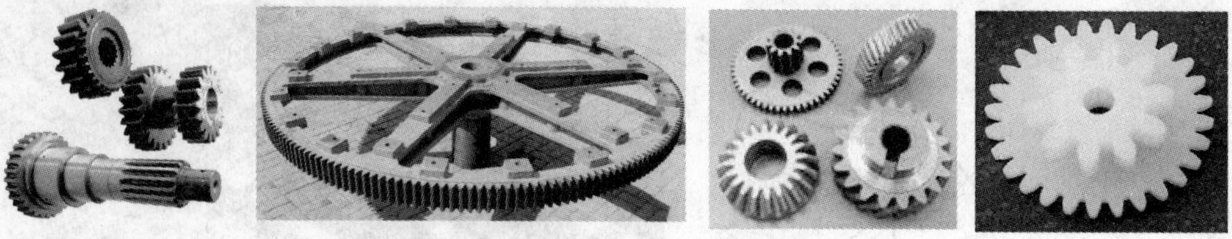

图 7-58 齿轮常用材料

轮称为软齿面齿轮，齿面硬度大于 350 HBS 的齿轮称为硬齿面齿轮。软齿面齿轮多用于对强度、速度及精度要求不高的机械设备中，硬齿面齿轮用于高速、重载及精密机械（如航空发动机、精密机床等）中使用的齿轮传动。

(2) 铸铁

铸铁（如 HT300、QT500－7）主要用于制造大直径的低速齿轮、不重要的齿轮和开式传动齿轮。铸铁的耐磨性、抗胶合性和减振性较好，但弯曲强度和抗冲击性能较差。球墨铸铁有较好的力学性能，能用来代替铸钢。

*7.3.7 齿轮传动精度

1. 齿轮传动的精度等级

齿轮的制造精度对齿轮传动的传动性能有很大的影响，主要有传递运动的准确性，传动的平稳性，载荷分布的均匀性等，而齿轮的制造精度是由其精度等级来表征的。根据齿轮传动的用途、使用条件、传递功率、圆周速率以及其他经济、技术要求决定齿轮的精度。

渐开线圆柱齿轮精度标准 GB/T 10095—2008 由两部分组成。第 1 部分 GB /T 10095.1—2008 规定了单个渐开线圆柱齿轮轮齿同侧齿面的精度、齿距偏差、齿廓偏差、螺旋线偏差和切向综合偏差的允许值，规定了 13 个精度等级，精度由高到低依次用数字 0～12 表示，其中 0 级最高，12 级最低，常用等级为 6～9 级。

第 2 部分 GB/T 10095.2—2008 规定了单个渐开线圆柱齿轮径向综合偏差的精度、径向跳动偏差的精度，对径向综合偏差规定了 9 个精度等级，其中 4 级最高，12 级最低；对径向跳动规定了 13 个精度等级，其中 0 级最高，12 级最低。

根据 GB/T 10095.1—2008 和 GB/T 10095.2—2008 两项标准，齿轮的检验可分为单项检验和综合检验，综合检验又分为单面啮合综合检验和双面啮合综合检验。

2. 圆柱齿轮副的侧隙

齿轮啮合时，要求非工作表面的齿侧有一定间隙，称为齿侧间隙，简称侧隙。它既可以防止因齿轮和箱体的制造、安装误差以及传动中温升变形而使齿轮卡住，又能储存一定的润滑油，使工作齿面能形成油膜润滑，减少磨损。侧隙是通过控制齿轮齿厚的极限偏差而得到的。侧隙大小与齿轮精度等级无关。它根据工作条件确定，用齿厚偏差来控制。

3. 齿轮精度等级在图样上的标注

若齿轮的检验项目同为 7 级精度时，应注明：7 GB/T 10095.1—2008 或 7 GB/T 10095.2—2008；

若齿轮的各检验项目精度等级不同，例如，齿廓总偏差 F_α 为6级，齿距偏差 F_p 和螺旋线总偏差 F_β 均为7级，径向跳动偏差 F_r 为8级时，应注明：

6（F_α）、7（F_p、F_β）GB/T 10095.1—2008 8GB/T 10095.2—2008。

7.3.8 齿轮传动的维护方法

1. 闭式齿轮传动的维护

闭式齿轮传动主要用润滑油来润滑，一般将大齿轮的轮齿浸入油池中润滑。

经常注意箱体油标的高度，发现油位低，必须及时加油；要经常检查油的劣化程度，及时更换新油，或按规定定期换油。

2. 开式齿轮传动的维护

开式齿轮传动，应加防护罩，避免灰尘等杂物侵入和确保人身与设备安全。

要定期加润滑脂润滑；要熟悉齿轮传动运行时的正常声音，当发生异常声音或油温过高时，应立即停车检查。一般可重点检查轴承、齿轮等处的位置。

3. 要定期对齿轮传动的各部件进行检查

定期检查包括拆卸、清洗、清除润滑油中杂质、检查轴承状况等，一般可进行小修、中修及有计划的大修等。

4. 注意事项

装配或调整齿轮时注意手指不要放在两轮之间，否则齿轮转动时会夹伤手；齿轮传动若发现有异常噪声，箱体如发热超过正常温度，必须停机检查；用扳手松紧螺钉时，警惕扳手滑脱而伤手；齿轮传动勿超载工作，否则容易引起齿牙折断或降低齿轮的使用寿命。

*7.3.9 齿面接触疲劳强度和齿根弯曲疲劳强度的概念

1. 齿面接触疲劳强度

齿轮传动是通过轮子表面的牙齿互相啮合来传递两轴间的运动和动力，因此在两齿轮啮合处有作用力存在，使两轮齿在接触处相互挤压，在接触区及其附近产生相应的接触应力。由于齿轮的不停转动，轮齿处于交替啮合状态，在较高的接触应力的反复作用下，就会在接触表面的局部区域产生小块或小片金属剥落，形成麻点和凹坑，使零件运转噪声增大、振动加剧、温度升高、磨损加快、最后导致零件失效，这就是齿面接触疲劳破坏。由于齿面疲劳与齿面接触应力大小有关，为了不致发生齿面疲劳，除了选用适当的材料外，还必须限制齿面接触应力。齿面实际接触应力小于或等于接触疲劳许用应力。

2. 齿根弯曲疲劳强度

轮齿的折断与严重超载或疲劳应力有关。齿轮工作时，轮齿相当于悬臂梁，最大弯曲应力出现在齿根处，齿根处的弯曲应力随齿轮的转动而发生周期性的变化，在这种交变应力的反复作用下，轮齿会出现弯曲疲劳破坏。

为了避免轮齿发生弯曲疲劳破坏，除了选择合适的齿轮材料外，还必须限制轮齿的弯曲应力。即齿根的弯曲应力小于或等于齿轮的许用弯曲疲劳应力。

7.4 蜗杆传动

蜗杆传动由蜗杆和蜗轮组成，用于传递空间交错轴间的运动和动力。两轴间的交错角度为90°，如图7-59所示。

图7-59 蜗轮蜗杆减速器

7.4.1 概述

1. 蜗杆传动的工作原理和传动比

蜗轮蜗杆传动的两轴是相互交叉垂直的；蜗杆可以看成为在圆柱体上沿着螺旋线绕有一个齿（单头）或几个齿（多头）的螺旋，蜗轮就像个斜齿轮，但它的齿包着蜗杆，如图7-60所示。在啮合时，蜗杆转一转，就带动蜗轮转过一个齿（单头蜗杆）或几个齿（多头蜗杆），因此蜗杆传动的传动比 i 是蜗杆转速 n_1 与蜗轮转速 n_2 之比，也等于蜗轮齿数 z_2 与蜗杆头数 z_1 之比，即

$$i = \frac{n_1}{n_2} = \frac{z_2}{z_1}$$

2. 蜗杆传动的类型

根据蜗杆的形状，蜗杆传动可分为圆柱蜗杆传动和圆弧面蜗杆传动两大类。圆柱蜗杆传动按蜗杆齿形又分为阿基米德蜗杆（ZA蜗杆）、渐开线蜗杆（ZI蜗杆）、法向直廓蜗杆（ZN蜗杆）、圆弧圆柱蜗杆（ZC蜗杆）、锥面包络蜗杆（ZK蜗杆）等。图7-61所示为阿基米德蜗杆，这种蜗杆加工测量较为方便，故应用最广。

3. 蜗杆传动的特点和应用

蜗杆传动的特点为：传动平稳、噪声小；传动比大，单级时传动比为5～80，一般为15～50，分度传动时可达到1000，结构紧凑；当蜗杆导程角小于3°～6°时，蜗轮蜗杆传动能自锁（即只能由蜗杆带动蜗轮，蜗轮不能带动蜗杆）；蜗杆传动效率较低，一般为0.7～0.9；蜗杆传动时，发热大，所以，工作时要求有良好的冷却和润滑条件；齿面间相对滑动速度大，齿面容易磨损，因此蜗轮常用贵重的铜合金制造，蜗轮的造价较高。

蜗杆传动一般用在机床、汽车、仪器、起重运输机械、冶金机械以及其他机械制造工

业中，不宜用于大功率传动的场合，

图 7-60　蜗杆传动

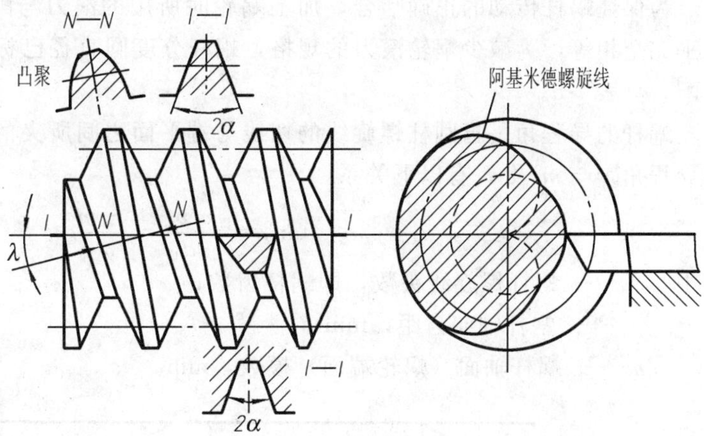

图 7-61　阿基米德蜗杆

7.4.2　圆柱蜗杆传动的啮合条件、主要参数和几何尺寸

1. 蜗杆传动的主要参数

通过蜗杆轴线并垂直于蜗轮轴线的平面称为中间平面，如图 7-62 所示，它相当于齿条与齿轮的啮合传动，以中间平面内的参数为标准值。

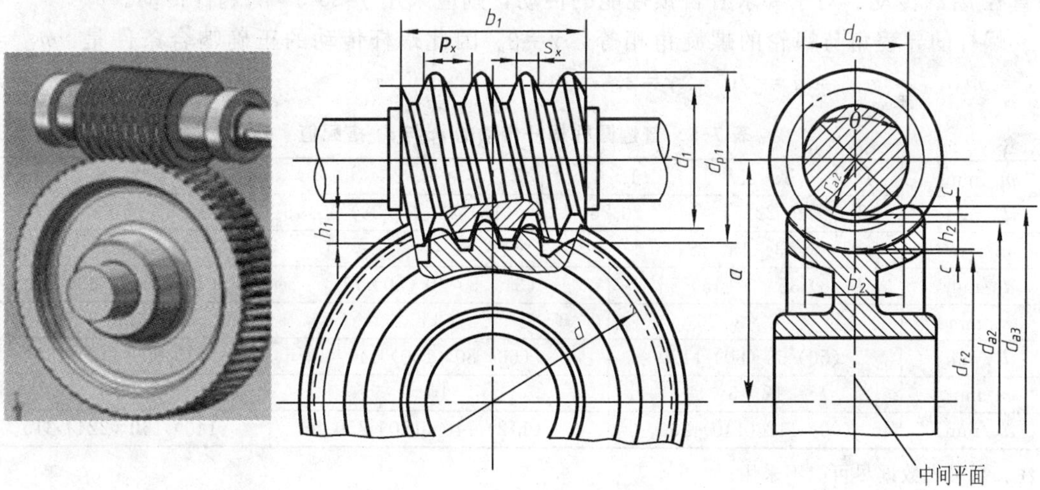

图 7-62　蜗杆传动的几何尺寸

(1) 模数 m 和压力角 α

对于两轴交错角 $\Sigma=90^\circ$ 的蜗杆传动，为了保证蜗杆与蜗轮的正确啮合，蜗杆的轴向模数 m_{x1} 、轴向压力角 α_{x1} 分别与蜗轮的端面模数 m_{t2} 、端面压力角 α_{t2} 相等，且为标准值，即 $m_{x1}=m_{t2}=m, \alpha_{x1}=\alpha_{t2}=\alpha=20^\circ$。

(2) 蜗杆分度圆直径 d_1 和蜗杆导程角 γ

为保证蜗杆传动的正确啮合，加工蜗轮时所用的滚刀与配对的蜗杆的外形尺寸和参数几乎完全相等，为减少蜗轮滚刀的规格，蜗杆分度圆直径已标准化，且与模数 m 有一定的匹配，见表 7-5。

蜗杆的导程角是指圆柱螺旋线的切线与端平面之间所夹的锐角，如图 7-63 所示。蜗杆的导程角 γ 与 m 及 d_1 有以下关系

$$\tan\gamma=\frac{z_1 p_x}{\pi d_1}=\frac{z_1 m}{d_1}$$

式中 z_1—— 蜗杆螺旋线头数，即蜗杆齿数；

p_x—— 蜗杆轴向齿距，mm；

m—— 蜗杆轴面（蜗轮端面）模数，mm。

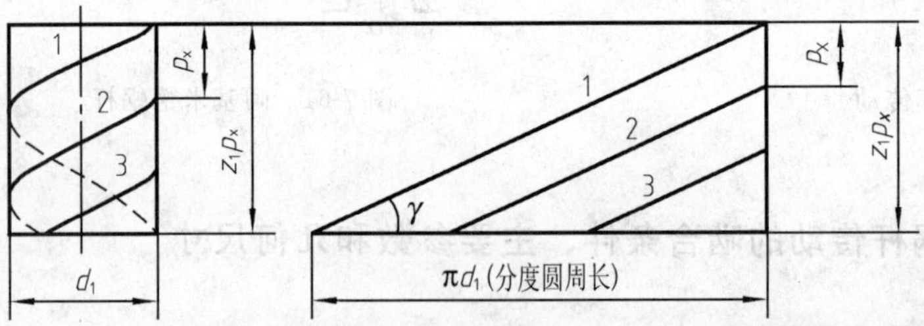

图 7-63 蜗杆展开图

在动力传动中，为提高传动的效率，应力求取大的 γ 值，即应选多头数、小蜗杆分度圆直径 d_1 的传动。对于要求有自锁性能的传动，则应采用 $\gamma<3°30'$ 的蜗杆传动。

蜗杆的导程角与蜗轮的螺旋角相等，$\gamma=\beta$。因此蜗杆传动的正确啮合条件是：$m_{x1}=m_{t2}=m, \alpha_{x1}=\alpha_{x2}=\alpha=20°$，$\gamma=\beta$。

表 7-5 普遍圆柱蜗杆传动的 m 与 d_1 搭配值

m /mm	1	1.25	1.6	2	2.5
d_1 /mm	18	20 22.4	20 28	(18) 22.4 (28) 35.5	(22.5) 28 (35.5) 45
m/mm	3.15		4		5
d_1 /mm	(28) 35.5 (45) 56		(31.5) 40 (50) 71		(40) (50) (63) 90
m/mm	6.3		8		10
d_1 /mm	(50) 63 (80) 112		(63) 80 (100) 140		(71) 90 (112) 160
m/mm	12.5		16		20
d_1 /mm	(90) 112 (140) 200		(112) 140 (180) 250		(140) 160 (224) 315

注：括号内数据尽可能不采用。

(3) 蜗杆头数 z_1、蜗轮齿数 z_2 和传动比 i

蜗杆头数通常为 $z_1=1\sim4$，最多为 6。单头蜗杆容易切削，导程角小，自锁性好，效率低。蜗杆头数愈多，加工愈困难，分度误差愈大。

蜗轮齿数 $z_2=i\cdot z_1$，i 为传动比。为了避免切齿干涉现象，取 $z_2\geqslant27$，通常蜗轮齿数按传动比来确定。

蜗轮齿数一般取 $z_2=27\sim80$，z_2 增多可增加同时接触的齿数，运转平稳性得到改善，但 $z_2>80$ 后，会导致模数过小而削弱轮齿的齿根强度或使蜗杆轴刚度降低。

(4) 中心距 a

通常中心距的数值应按规定选取。

$$a = \frac{d_1 + d_2}{2}$$

2. 蜗杆传动的几何尺寸计算

蜗杆与蜗轮几何尺寸计算公式见表 7-6。

表 7-6 阿基米德蜗杆传动几何尺寸计算

序号	名称	代号	关系式	说明
1	中心距	a	$a = \frac{d_1 + d_2}{2}$	按规定选取
2	蜗杆头数	z_1		按规定选取
3	蜗轮齿数	z_2	$z_2 = i \cdot z_1$	
4	模数	m		按规定选取
5	传动比	i	$i = n_1/n_2$	按规定选取
6	蜗杆轴向齿距	p_x	$p_x = \pi \cdot m$	
7	蜗杆导程	p_z	$p_z = \pi \cdot m \cdot z_1$	
8	蜗杆分度圆直径	d_1		按规定选取
9	蜗杆齿顶圆直径	d_{a1}	$d_{a1} = d_1 + 2h_{a1} = d_1 + 2m$	
10	蜗杆齿根圆直径	d_{f1}	$d_{f1} = d_1 - 2h_{f1} = d_1 - 2.4m$	
11	蜗杆齿顶高	h_{a1}	$h_{a1} = m$	
12	蜗杆齿根高	h_{f1}	$h_{f1} = 1.2m$	
13	蜗杆齿高	h_1	$h_1 = 2.2m$	
14	蜗杆导程角	γ	$\tan\gamma = m \cdot z_1/d_1$	
15	蜗杆齿宽	b_1	$b_1 \approx (11 + 0.06z_2)m\ (z_1 \leqslant 2)$ $b_1 \approx (12.5 + 0.09z_2)m\ (z_1 > 2)$	由设计确定
16	蜗轮分度圆直径	d_2	$d_2 = m \cdot z_2 = 2a - d_1$	
17	蜗轮喉圆直径	d_{a2}	$d_{a2} = d_2 + 2h_{a2}$	
18	蜗轮齿根圆直径	d_{f2}	$d_{f2} = d_2 - 2h_{f2}$	
19	蜗轮齿顶高	h_{a2}	$h_{a2} = m$	
20	蜗轮齿根高	h_{f2}	$h_{f2} = 1.2m$	
21	蜗轮齿高	h_2	$h_2 = 2.2m$	
22	蜗轮齿宽	b_2	$b_2 \leqslant 0.75d_{a1}\ (z_1 \leqslant 3)$ $b_2 \leqslant 0.67d_{a1}\ (z_1 > 3)$	
23	蜗轮咽喉母圆半径	r_{g2}	$r_{g2} = a - d_{a2}/2$	
24	蜗轮螺旋角	β	$\beta = \gamma$	

7.4.3 蜗杆传动中蜗轮转向的判定

蜗杆传动受力分析与斜齿轮传动相似。齿面上相互作用的法向力 F_n 可以分解为互相垂直的三个分力，即圆周力 F_t、径向力 F_r 和轴向力 F_a。设蜗杆 1 主动，蜗轮 2 从动，则力的分解如图 7-64 所示，

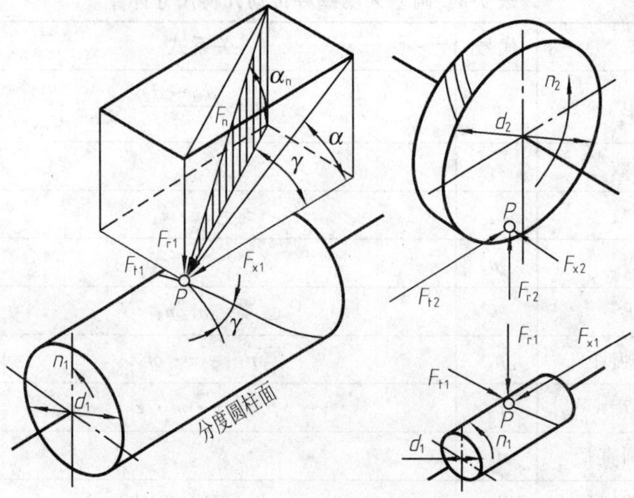

图 7-64 蜗杆传动受力分析

若忽略啮合摩擦的影响，由作用力与反作用力的关系，可得

$$F_{a1}=-F_{t2},\ F_{t1}=-F_{a2},\ F_{r1}=-F_{r2}$$

蜗杆、蜗轮所受三个力的方向可由“左手或右手定则”来判定。如图 7-65 所示的蜗杆传动，蜗杆为主动件，旋向为右旋，用“右手定则”来判定，伸出右手半握拳，当四指与蜗杆转动方向一致时，则大拇指的指向为蜗杆轴向力 F_{a1} 方向，与大拇指指向相反，就是蜗轮的旋转方向，蜗轮逆时针转动。

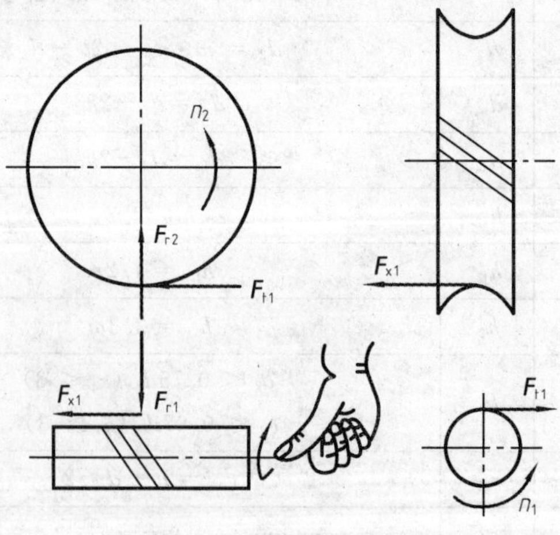

图 7-65 蜗轮旋向的判定

7.4.4 蜗杆传动的失效、材料与结构

1. 蜗杆传动的失效形式

蜗杆传动的失效主要是轮齿失效，有齿面疲劳点蚀、胶合、磨损和轮齿折断等。由于齿面间相对滑动速度大，传动效率低，温升高，因此更容易产生胶合和磨损。而且由于蜗轮材料的强度往往较蜗杆材料强度低，所以失效大多发生在蜗轮轮齿上。在闭式传动中，蜗轮的失效形式主要是胶合与点蚀；在开式传动中，失效形式主要是磨损。当过载时，会发生轮齿折断现象。

2. 蜗轮蜗杆的材料与结构

对蜗杆传动副材料的要求：有良好的减摩性、导热性和抗胶合性，有足够的强度。

(1) 蜗杆材料

蜗杆通常和轴制成一体，常用碳钢或合金钢制造。如选用 45、40Cr、42SiMn 等，经调质或高频淬火；或选用 20Cr、18CrMnTi、15CrMn 等，经渗碳和淬火处理。

(2) 蜗轮材料

对于高速而重要的蜗杆传动，蜗轮常用锡青铜，如 ZCuSn5Pb5Zn5、ZCuSn10Pb1 等；当滑动速度较低时，可选用价格较低的铝青铜，如 ZCuAl10Fe3；对于低速轻载传动，可选用灰口铸铁等材料，如 HT150、HT200。

(3) 蜗杆和蜗轮的结构

蜗杆一般与轴制成一体，称为蜗杆轴，如图 7-66 所示。只有当蜗杆齿根圆直径与轴径的比值大于 1.7 时，才采用组合式结构。

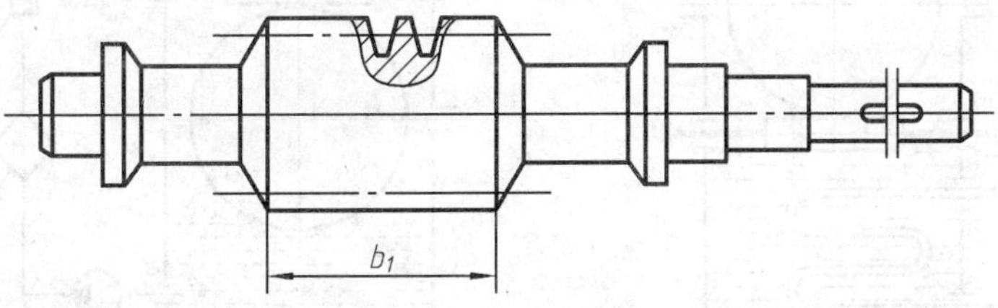

图 7-66 蜗杆轴

蜗轮结构可分为整体式和组合式两种。铸铁蜗轮和直径小于 100 mm 的青铜蜗轮，均采用整体式，如图 7-67 所示。为了节约材料，直径较大的青铜蜗轮，采用青铜齿圈配以铸铁或铸钢的轮心，制成组合式蜗轮。

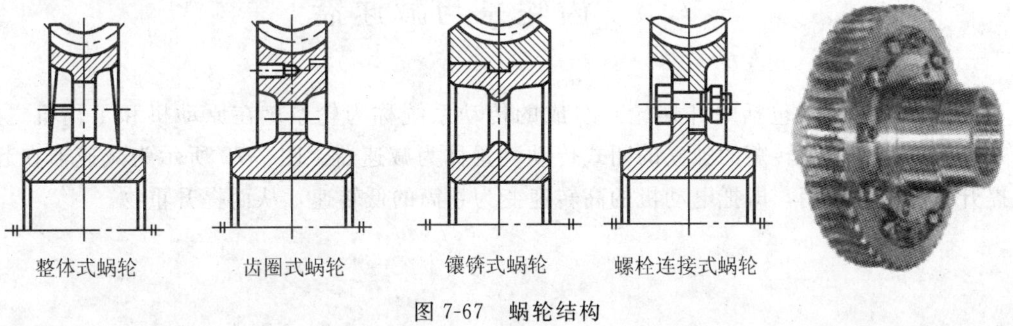

图 7-67 蜗轮结构

7.4.5 蜗杆传动的维护措施

对于连续工作的闭式蜗杆传动，有时因摩擦热会产生较大的热量。如果产生的热量不能及时散去，则系统的热平衡温度将过高，就会破坏润滑状态，加剧磨损和胶合，引起传动的损坏，因此要进行有效的通风散热。

蜗杆传动散热措施。

① 加散热片以增大散热面积，如图 7-68 所示。

② 蜗杆轴端加风扇，用强制风冷却，如图 7-69 所示。

③ 在传动箱内外安装循环冷却管路，如图 7-70 所示。

④ 外装循环冷却器，采用压力喷油润滑，如图 7-71 所示。

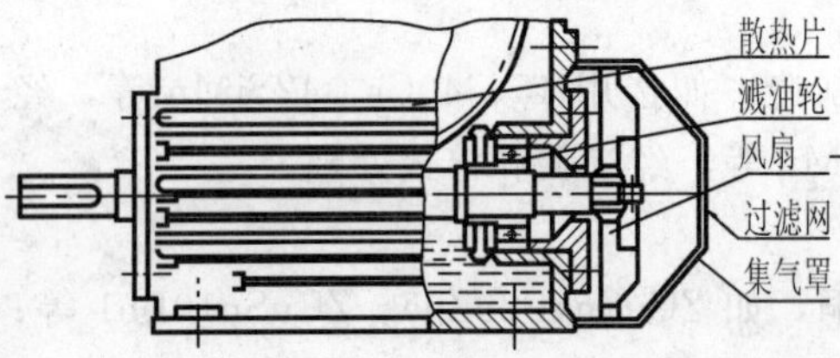

图 7-68 加散热片

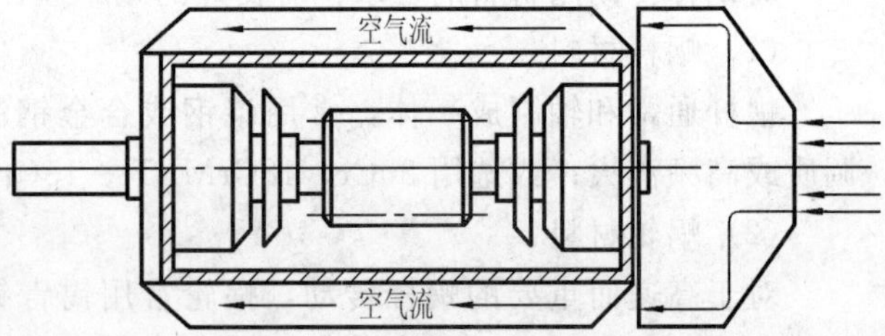

图 7-69 蜗杆轴端加装风扇

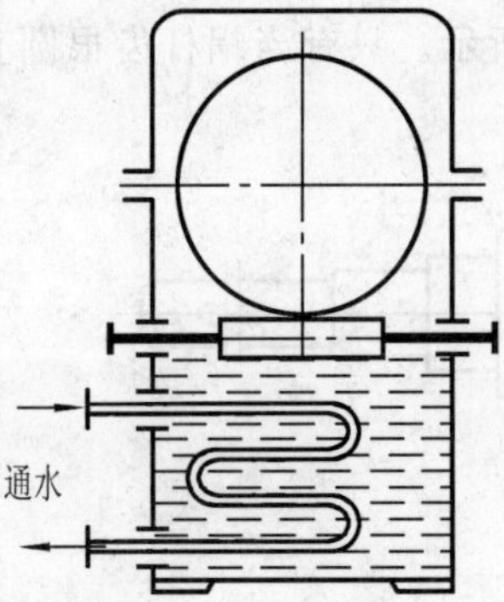

图 7-70 内装循环冷却管路

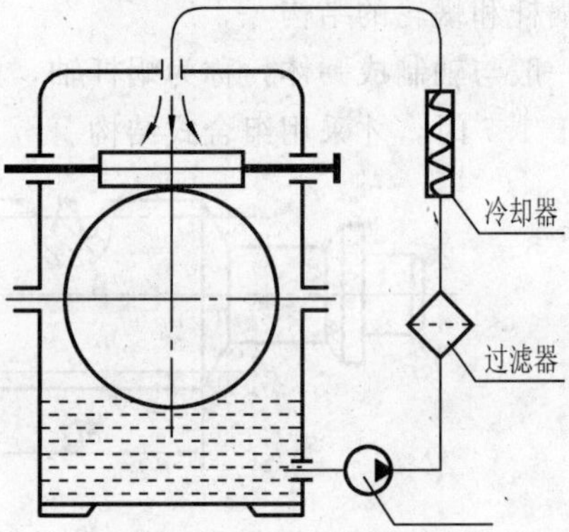

图 7-71 外装循环冷却器

7.5 齿轮系与减速器

由一系列齿轮（包括蜗杆蜗轮）组成的传动系统称为轮系。在原动机和工作机之间，用来降低转速和增大转矩的独立的闭式传动装置称为减速器。图 7-72 所示为减速器在起重机提升系统中的应用，即把电动机的高转速变为卷筒的低转速，从而提升重物。

图 7-72 起重机提升系统

7.5.1 轮系的分类和应用

1. 轮系的分类

轮系传动时，根据各齿轮的轴线在空间的相对位置是否固定，可分为两大类：

(1) 定轴轮系

在传动时，轮系中的全部齿轮轴线位置都是固定不变的，则称为定轴线轮系简称定轴轮系，如图 7-73 所示。

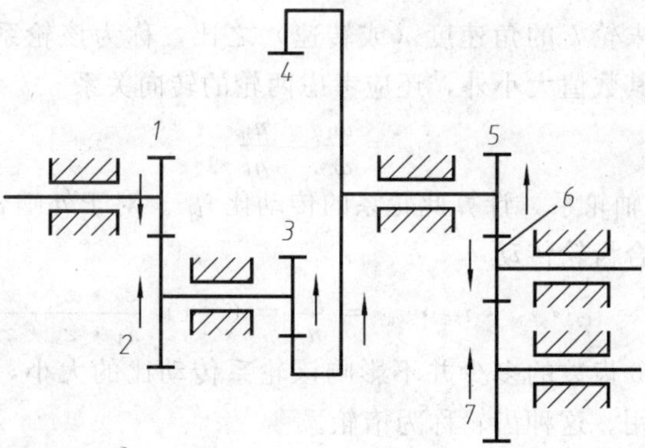

图 7-73 定轴轮系

(2) 行星轮系

在传动时，轮系中有一个或一个以上的齿轮轴线绕位置固定的齿轮几何轴线转动的轮系，称为行星轮系（也称周转轮系）。如图 7-74 所示，小齿轮 2 的轴线是不固定的，它除了能绕自身的几何轴线转动（自转）外，同时又绕固定轴线 O 转动（公转），故称齿轮 2 为行星轮；外齿轮 1 和内齿轮 3 绕固定轴线 O 回转，称为中心轮。只有一个自由度的轮系称为简单行星轮系，有两个自由度的轮系称为差动轮系。

在实际应用中，有的轮系既包含定轴轮系，又包含行星轮系，称为混合轮系。

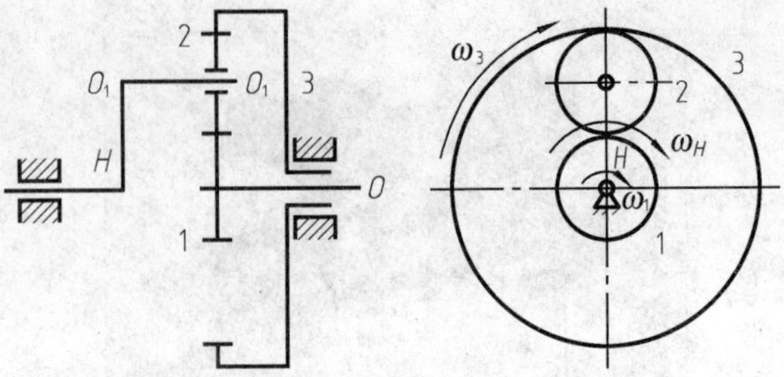

图 7-74　行星轮系

2. 轮系的应用

轮系在各种机械中，包括在汽车、飞机等动力传动中，得到广泛应用。

① 用于相距较远的两袖之间的传动。

② 用于变速传动。

汽车、机床、起重设备等都需要这种变速传动，即主动轴转速不变时，利用轮系可使从动轴获得多种工作转速。

③ 可用于需要大传动比的场合。

④ 可用于需要把运动合成和分解的场合，运动合成是将两个输入运动合为一个输出运动；运动分解是将一个输入运动分为两个输出运动。运动合成和运动分解都可用差动轮系实现。

7.5.2　定轴轮系传动比的计算

轮系中，首轮 1 与末轮 k 的角速度（或转速）之比，称为该轮系的传动比。在计算轮系传动比时，除应确定其数值大小外，还应考虑两轮的转向关系

$$i_{1k}=\frac{\omega_1}{\omega_k}=\frac{n_1}{n_k}$$

图 7-73 所示为一定轴轮系，计算此轮系的传动比 i_{17} 。对于外啮合齿轮传动，因转向相反，取负号；对于内啮合齿轮传动

$$i_{17}=i_{12}\cdot i_{34}\cdot i_{56}\cdot i_{67}=\frac{n_1}{n_7}=(-1)^3\ \frac{z_2\cdot z_4\cdot z_7}{z_1\cdot z_3\cdot z_5}$$

在上述轮系中齿轮 6 齿数的多少并不影响该轮系传动比的大小，而仅仅起了中间过渡和改变从动轮转向的作用。这种齿轮称为惰轮。

设 1、k 分别代表首轮与末轮，则圆柱齿轮组成的定轴轮系传动比

$$i_{1k}=\frac{n_1}{n_k}=(-1)^m\ \frac{\text{所有从动齿轮齿数乘积}}{\text{所有主动齿轮齿数乘积}}$$

式中，m 为 轮系中外啮合齿轮的对数。

其正负号取决于外啮合齿轮的对数，外啮合齿轮对数为奇数时取负号，偶数时取正号。当在定轴轮系中，还有圆锥齿轮或蜗杆蜗轮时，如图 7-75 所示，首末两轮的转向关系必须在图上用画箭头的方法标出。

【例 7-1】　在图 7-75 所示的轮系中，已知各轮的齿数分别为 $z_1=15$，$z_2=25$，$z_{2'}=15$，$z_3=60$，$z_{3'}=z_4=30$，$z_5=2$（左旋），$z_6=60$，$z_7=20$（$m=4$ mm）。若 $n_1=1000$ r/min，求齿条 8 的移动速度的大小及方向。

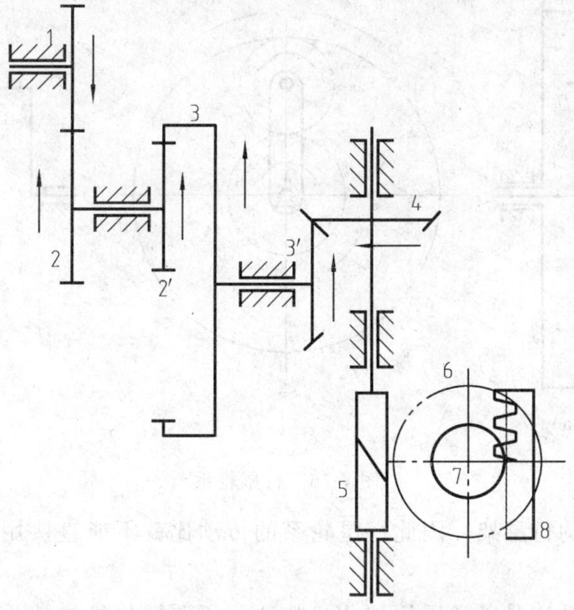

图 7-75 带有锥齿轮和蜗杆的定轴轮系

解 由图可知，各轮轴线位置均为固定，并包含有圆锥齿轮和蜗杆蜗轮，所以是空间定轴轮系，各轮的转向只能用标箭头的方法表示。

$$i_{16}=\frac{n_1}{n_6}=\frac{z_2\cdot z_3\cdot z_4\cdot z_6}{z_1\cdot z_{2^1}\cdot z_{3^1}\cdot z_5}=\frac{25\times 60\times 30\times 60}{15\times 15\times 30\times 2}=200$$

故
$$n_6=\frac{n_1}{i_{16}}=\frac{1000}{200}=5\ \mathrm{r/min}$$

因轮 7 与轮 6 同轴，故转速相同 $n_7=n_6=5\ \mathrm{r/min}$，

因为齿条 8 与齿轮 7 啮合，所示齿条 8 的线速度 v_8 与齿轮 7 的节圆圆周速度相等。

$v_8=v_7=\pi\cdot d_7\cdot n_7/60000=\pi\cdot m\cdot z_7\cdot n_7/60000=3.14\times 4\times 20\times 5/60000=0.021\mathrm{m/s}$

因轮 1 和轮 6 的轴线不平行，所以用画箭头的方法确定轮 6 的转向为逆时针方向，故齿条 8 的移动速度 v_8 的方向向上。

*7.5.3 行星轮系的传动比的计算

如图 7-76 所示，行星轮系都由三种构件组成：行星齿轮 2、中心齿轮 1 与 3、行星架（转臂）H。中心轮 K 和转臂 H 是基本构件，可围绕固定轴线转动或固定，是运动的输入和输出构件。

在行星轮系中，如果两个中心轮中有一个固定时，称为简单行星轮系，如图 7-76（b）所示。

为了使该轮系中的各构件有确定的相对运动，只需要一个主动构件。

在行星轮系中，如果两个中心轮都不固定时，称为差动轮系，如图 7-76（a）所示的轮系。

为了使该轮系中的各构件有确定的相对运动，需要二个主动构件。

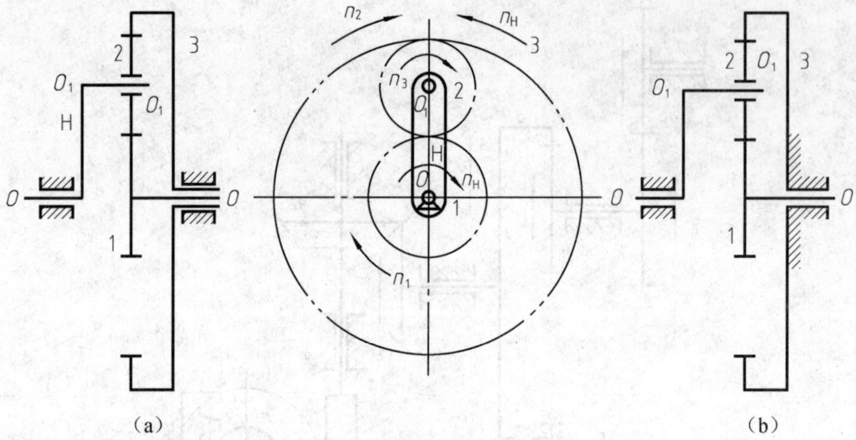

图 7-76　行星轮系

行星轮系有转动的行星架，因此行星轮系的传动比就不能直接用定轴轮系的传动比计算方法来计算。

计算行星轮系传动比时通常采用转化机构法。所谓转化机构就是给整个轮系加一个与转臂 H 的转速 n_H 大小相等、方向相反的转速（$-n_H$），使整个机构相当于转臂不动的定轴轮系。这种经转化而得到的假想定轴轮系称为原行星轮系的转化轮系。

以图 7-76 所示行星轮系为例，当轮系中加上 $-n_H$ 后，各构件的转速见表 7-7。

表 7-7　行星轮系与转化轮系各轮的转速关系

构件名称	行星轮系中的转速	转化轮系中的转速
中心轮 1	n_1	$n_1^H = n_1 - n_H$
行星轮 2	n_2	$n_2^H = n_2 - n_H$
中心轮 3	n_3	$n_3^H = n_3 - n_H$
转臂 H	n_H	$n_H^H = n_H - n_H = 0$

表中的 n_1、n_2、n_3、n_H 是各构件在行星轮系的转速，转速的上方都带有角标 H，它表示这些转速是各构件对行星架的相对转速。转化轮系中任意两轮的传动比皆可用求定轴轮系传动比的方法求得。例如

$$i_{13}^H = \frac{n_1^H}{n_3^H} = \frac{n_1 - n_H}{n_3 - n_H} = -\frac{z_2 \cdot z_3}{z_1 \cdot z_2} = -\frac{z_3}{z_1}$$

行星轮系中任意两轮 G 和 K 以及转臂 H 转速间关系的一般表达式为

$$i_{GK}^H = \frac{n_G^H}{n_K^H} = \frac{n_G - n_H}{n_K - n_H} = (-1)^m \frac{\text{齿轮 G、K 间所有从动轮齿数的乘积}}{\text{齿轮 G、K 间所有主动轮齿数的乘积}}$$

式中：m —— 齿轮 G、K 间外啮合的对数。

应用上式求解行星轮系传动比时，需注意以下几点：

① $i_{GK} \neq i_{GK}^H$。i_{GK} 是轮 G 与轮 K 的绝对转速之比，i_{GK}^H 是轮 G 与轮 K 的相对转速之比。

② i_{GK}^H 的符号为正（或负），表示轮 G 和轮 K 在转化轮系中转向相同（或相反），与其绝对转速 n_G、n_K 的转向无关。

③ n_G、n_K、n_H 三个量中，若有二个转速已知，则能求得第三个转速。

④ 在 n_G、n_K、n_H 三个量中，如果二个转速方向相反，则一个为正值，另一个为负值。而未知转速的真正转向，只能根据计算结果中的符号确定。

【例 7-2】 在图 7-76（b）所示的周转轮系中，各轮的齿数分别为 $z_1=25$，$z_2=17$，$z_3=60$，且 $n_1=1836$ r/min，求传动比 i_{1H} 和转臂 H 的转速 n_H。

解 因中心轮 3 是固定的，即其转速为零。先求转化轮系的传动比，

$$i_{13}^{H}=\frac{n_1^H}{n_3^H}=\frac{n_1-n_H}{n_3-n_H}=-\frac{z_3}{z_1}$$

因 $n_3=0$，则

$$\frac{n_1-n_H}{0-n_H}=-\frac{z_3}{z_1}=-\frac{60}{25}$$

解得

$$i_{1H}=\frac{n_1}{n_H}=1+\frac{60}{25}=3.4$$

代入 $n_1=1836$ r/min 得

$$n_H=\frac{n_1}{i_{1H}}=\frac{1836}{3.4}=540\ \text{r/min}$$

结果为正，说明转臂 H 与齿轮 1 的转向相同。

7.5.4 减速器的类型、结构、标准和应用

减速器是由封闭在刚性壳体内的齿轮或蜗杆传动所组成的独立部件，常安装在原动机和工作机之间，用来降低转速和增大转矩。有时候也有用来增速，则称为增速器。

减速器有多种不同的形式，以满足各种不同用途的需要。可以分为圆柱齿轮减速器、圆锥齿轮减速器、蜗杆减速器、行星齿轮减速器以及与电机装在一起的电动机减速器等；也可以分为单级、双级和多级减速器；可以分为卧式、立式和水平轴式、立轴式减速器等，如图 7-77 所示。

单级圆柱齿轮减速器

多级圆柱齿轮减速器

电动机减速器

圆锥齿轮减速器

蜗杆减速器

图 7-77 减速器

1. 圆柱齿轮减速器

圆柱齿轮减速器的传动零件是圆柱齿轮，适用于平行轴间的传动。其特点是结构简单、效率高、传动功率大、寿命长和维护简单。单级减速传动比为 $i \leqslant 8$；双级减速传动比为 $i = 8 \sim 60$。

圆柱（Z）齿轮减速器采用卧式、立式和水平轴式、立轴式，如图 7-78 所示；分单级（D）、两级（L）、三级（S）共三个系列。图 7-79 所示为展开式二级圆柱齿轮减速器。从润滑角度看，卧式结构能较好地解决减速器的润滑和密封问题，而且结构工艺性较好。

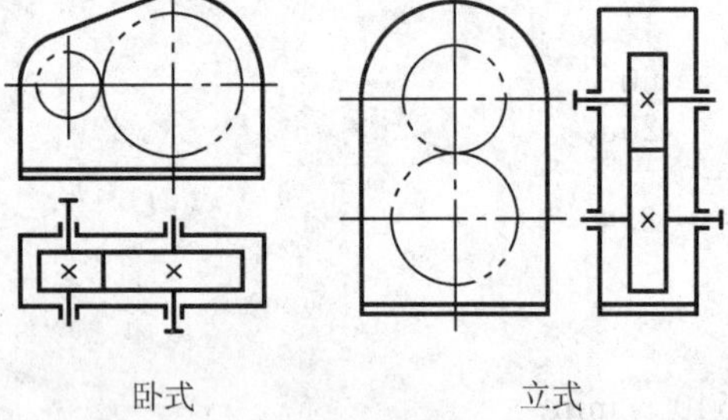

图 7-78　一级圆柱齿轮减速器

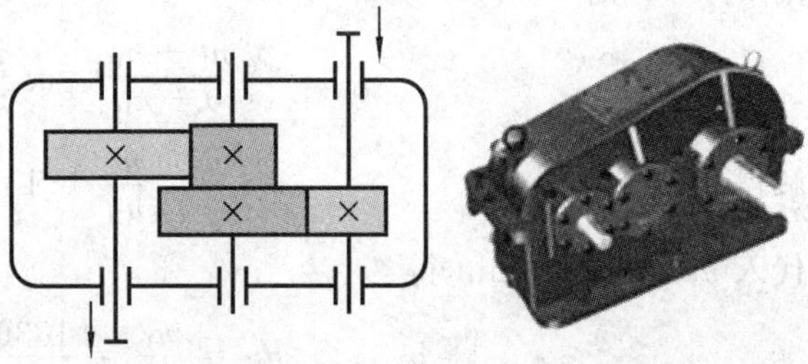

图 7-79　展开式二级圆柱齿轮减速器

减速器主要适用于冶金、矿山、运输、水泥、建筑、化工、纺织、轻工等行业。

减速器标记示例：

减速器 ZLY 560—11.2—1 JB/T8853—2001，表示标准号为 JB/T8853—2001，第一种装配形式，公称传动比为 11.2，低速级中心距 $a = 560$mm，型号为 ZLY 的两级圆柱齿轮（硬齿面）减速器。

圆柱齿轮减速器的结构（见图 7-80）。

减速器主要由传动零件（齿轮或蜗杆）、轴、轴承、箱体及其附件所组成。图 7-81 所示为单级圆柱齿轮减速器的结构图，其基本结构有三大部分：齿轮、轴及轴承组合；箱体；减速器附件。

（1）齿轮、轴及轴承组合

高速轴与小齿轮制成一体，称齿轮轴；低速轴与大齿轮采用平键连接；两轴采用深沟球轴承或角接触球轴承支承；在轴承端盖和外伸轴之间装有密封元件。

（2）箱体

箱体是传动零件的基座，通常用灰铸铁制造，也可以采用铸钢箱体。

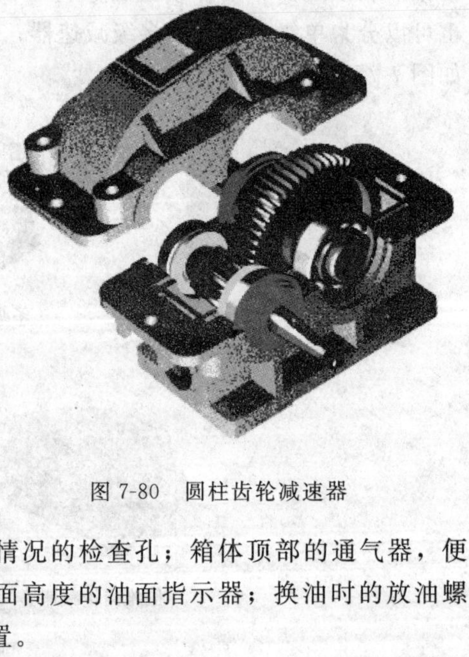

图 7-80　圆柱齿轮减速器

（3）减速器附件

有用于向箱内注润滑油、检查传动零件的啮合情况的检查孔；箱体顶部的通气器，便于箱内热胀空气能自由排出；检查减速器内油池油面高度的油面指示器；换油时的放油螺塞；将上箱盖顶起的启箱螺钉；便于搬运的起吊装置。

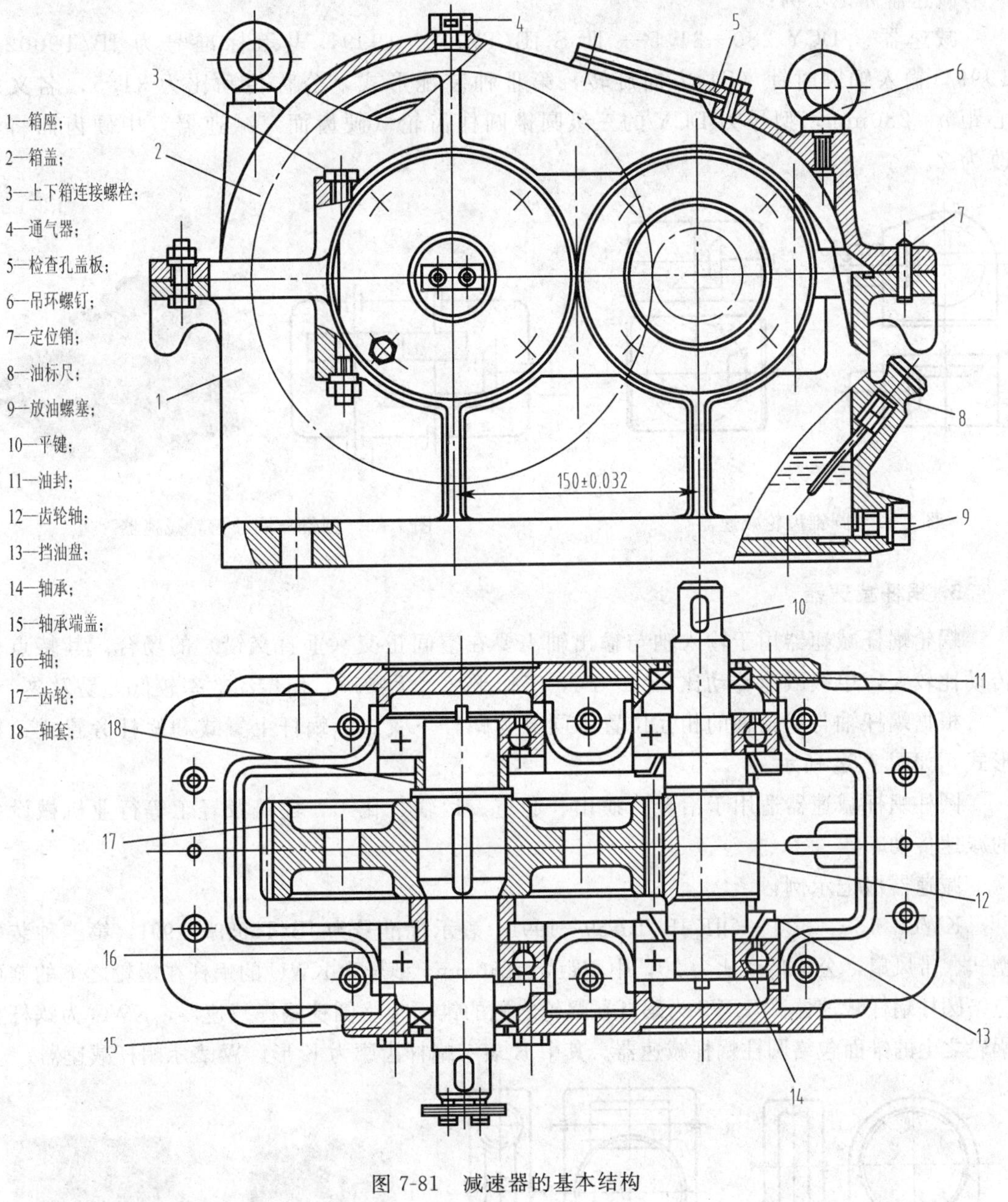

图 7-81　减速器的基本结构

2. 锥齿轮减速器

锥齿轮减速器，如图 7-82 所示，是用于输入轴与输出轴相交成一定角度（一般为 90°）的场合。单级圆锥齿轮传动比 $i \leqslant 4$。当需要较大传动比时，常用圆锥－圆柱齿轮减速器，如图 7-83所示 。对于圆锥－圆柱齿轮减速器，总是把圆锥齿轮传动作为的高速级（载荷较小），以减小其尺寸，便于提高制造精度。

减速器主要用于运输机械，也可用于冶金、矿山、化工、煤炭、建材、轻工、石油等各种通用机械。

减速器标记示例：

减速器 DCY 280—31.5— Ⅲ S JB/T9002—1999，表示标准号为 JB/T9002—1999，输入轴顺时针（S）方向旋转，第Ⅲ种装配形式，公称传动比为 31.5，名义中心距 $a=280$mm，型号为 DCY 的三级圆锥圆柱齿轮（硬齿面）减速器，中硬齿面将 Y 改为 Z。

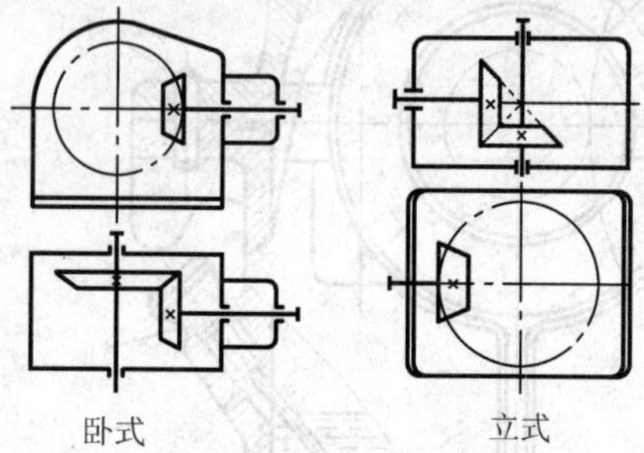

图 7-82 圆锥齿轮减速器

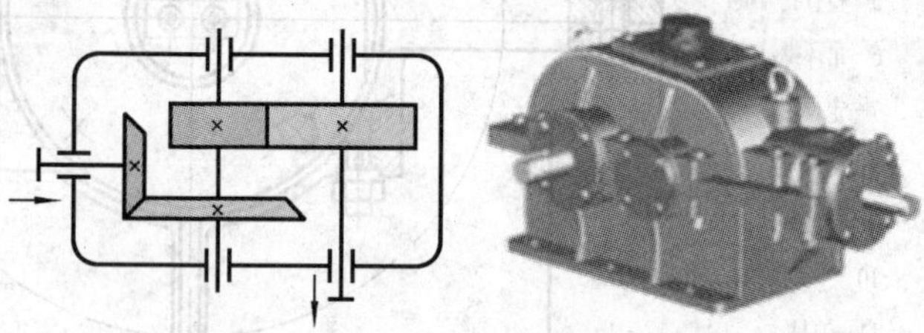
图 7-83 圆锥—圆柱齿轮减速器

3. 蜗杆减速器

蜗轮蜗杆减速器用于输入轴与输出轴需要在空间正交（垂直交错）的场合。其特点是传动比较大，单级减速传动比 $i=8\sim80$，工作平稳、无噪声，但传动效率较低，易发热。

根据蜗杆轴与蜗轮轴的相互位置不同分为蜗杆下置式、蜗杆上置式和蜗杆旁置式三种形式，如图 7-84 所示。

圆柱蜗杆减速器适用于冶金、矿山、起重、运输、化工、建筑及轻工等行业机械设备的减速传动。

减速器标记示例：

KWU 160 — 20 — ⅡF JB/T5559— 1991，表示标准号为 JB/T5559—1991，第二种装配型式、带风扇，公称传动比为 20，中心距 $a=280$mm，型号为 KWU 的蜗杆在蜗轮之下的锥面包络圆柱蜗杆减速器。（KWS 为蜗杆在蜗轮之侧的锥面包络圆柱蜗杆减速器，KWO 为蜗杆在蜗轮之上的锥面包络圆柱蜗杆减速器。其中 K 表示蜗杆齿廓为 K 形，W 表示蜗杆减速器）

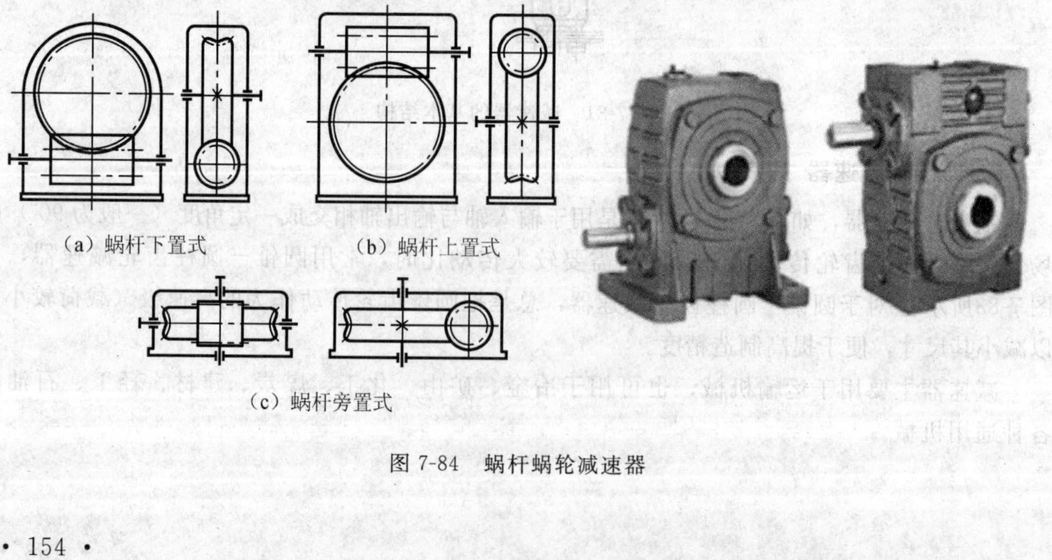

图 7-84 蜗杆蜗轮减速器

4. 行星齿轮减速器

行星齿轮减速器（见图 7-85）具有传动比大、体积小、效率高等优点，但结构比较复杂，制造精度要求较高。主要类型有渐开线（或圆弧）行星齿轮减速器、少齿差渐开线行星齿轮减速器、行星摆线针轮减速器和谐波齿轮减速器等。

图 7-85 行星减速器

*7.5.5 新型轮系的应用

1. 渐开线少齿差行星减速器

图 7-86 所示为渐开线少齿差行星减速器传动示意图。渐开线少齿差行星减速器结构如图 7-87 所示。

渐开线少齿差行星减速器的。传动比大，一级减速器可达 135，二级可达 10 000 以上；效率高（可达 0.8～0.94）；结构简单紧凑，体积小，重量轻；渐开线齿廓加工容易，装配比较方便。缺点是齿数差很少时，易发生齿形干涉现象；径向分力大，承载能力较低。适用于中、小型动力传动，在起重运输、仪表、轻化、食品机械及国防工业中广泛采用。

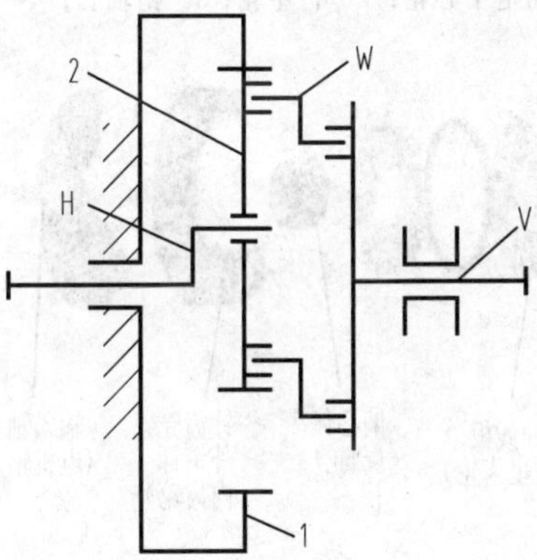

图 7-86 渐开线少齿差行星传动

2. 摆线针轮减速器

摆线针轮减速器的结构和工作原理与渐开线少齿差行星减速器基本相同。如图 7-88 所示。摆线针轮减速器如图 7-89 所示。

摆线针轮减速器与渐开线少齿差行星减速器相比具有结构简单、体积小、重量轻等特

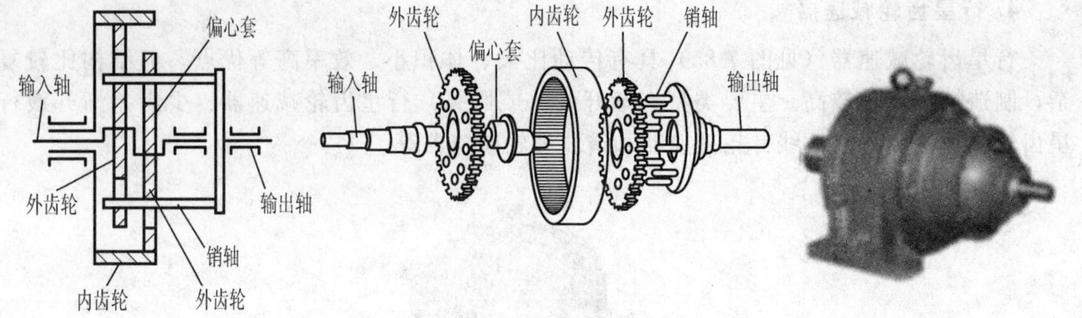

原理图　　　　结构分解图

图 7-87　少齿差减速器

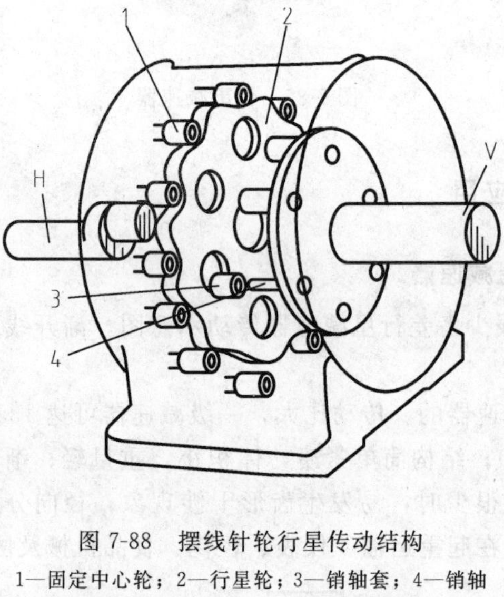

图 7-88　摆线针轮行星传动结构

1—固定中心轮；2—行星轮；3—销轴套；4—销轴

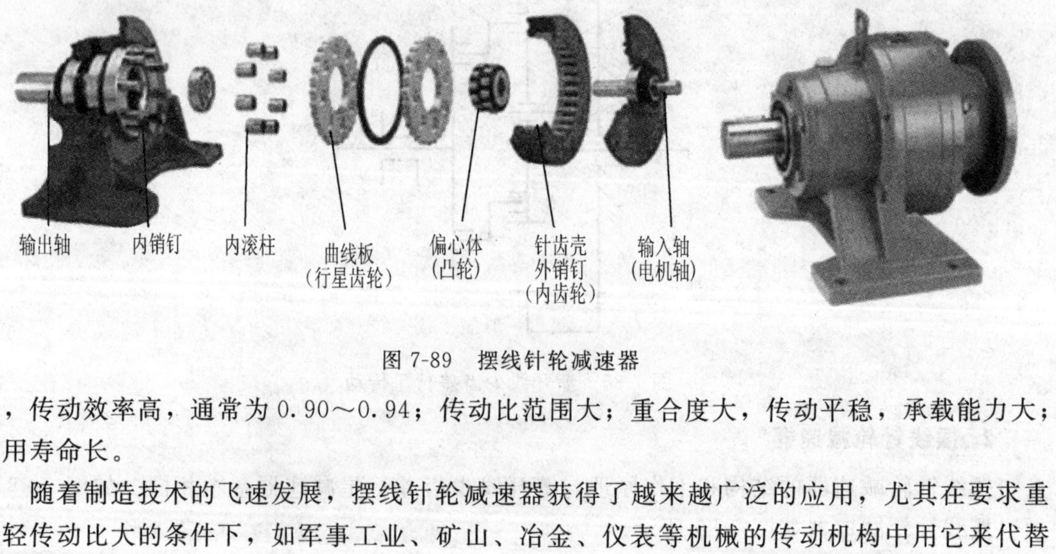

图 7-89　摆线针轮减速器

点，传动效率高，通常为 0.90～0.94；传动比范围大；重合度大，传动平稳，承载能力大；使用寿命长。

随着制造技术的飞速发展，摆线针轮减速器获得了越来越广泛的应用，尤其在要求重量轻传动比大的条件下，如军事工业、矿山、冶金、仪表等机械的传动机构中用它来代替一般的多级减速器。

3. 谐波齿轮减速器

图 7-90 为谐波齿轮传动的示意图。由于在传动过程中柔轮产生的弹性波形近似于谐波，故称为谐波传动。

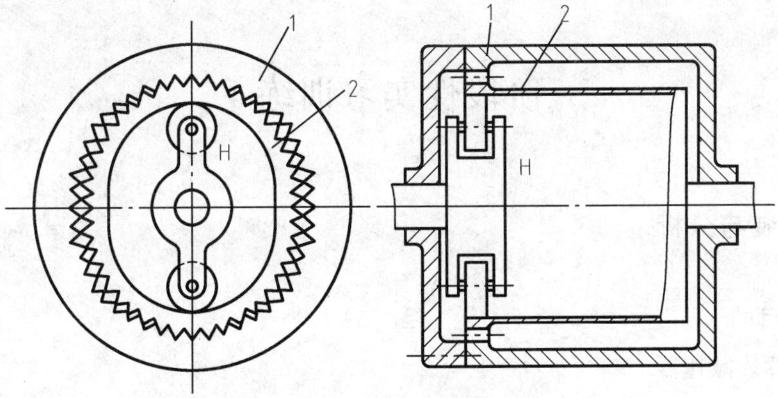

图 7-90　谐波齿轮传动的示意图

1—刚轮；2—柔轮；H—波发生器

谐波齿轮减速器如图 7-91 所示。

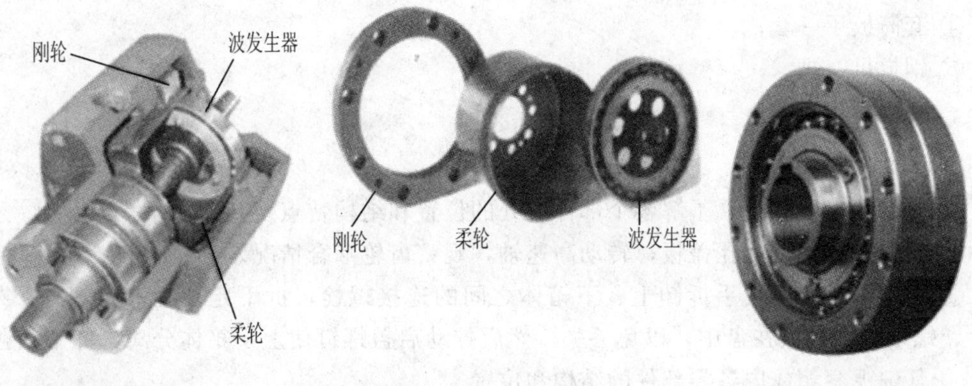

图 7-91　谐波齿轮减速器

谐波齿轮传动的优缺点：

① 传动比大。单级谐波齿轮的传动比为 50～500。多级和复式传动的传动比更大，可达 30 000 以上。不仅用于减速，还可用于增速。

② 承载能力大。谐波齿轮传动同时啮合的齿数多，可达柔轮或刚轮齿数的 30%～40%，因此能承受大的载荷。

③ 传动精度高。

④ 可以向密封空间传递运动或动力。因此，它可以用来驱动在高真空、有原子辐射或其他有害介质的空间工作的传动机构。这一特点是现有其他传动机构所无法比拟的。

⑤ 传动平稳基本上无冲击振动。

⑥ 传动效率较高单级传动的效率一般在 69%～96%的范围内。

⑦ 结构简单、体积小、重量小。

⑧ 柔轮和波发生器制造复杂，需专门设备，成本较高；

⑨ 不能做成交叉轴和相交轴的结构。

由于谐波齿轮传动的上述优点，因此广泛用于各种机电一体化产品中，如机器人、数控机床、仪器仪表、雷达、通信设备等。

阶段性实习训练 4

*减速器拆装与分析

1. 实训目的

会正确拆装减速器

2. 实训设备及工具

① 单级或二级减速器一台；

② 游标卡尺一把；

③ 活扳手二把；

④ 套筒扳手一套；

⑤ 钢板尺一把。

3. 实训内容与步骤

（1）减速器拆卸

① 观察减速器外貌，了解各个部件所处的位置和结构特点及其功用。

② 用扳手拆下观察孔盖板，转动高速轴，观察齿轮啮合情况。

③ 拆卸箱盖。用扳手拆卸上、下箱体之间的连接螺栓，拆下定位销。将螺栓、螺钉、垫片、螺母和销钉放在盘中，以免丢失，然后拧动启盖螺钉使上下箱体分离，卸下箱盖。

④ 仔细观察箱体内各零部件的结构和位置。

⑤ 卸下轴承盖，取出轴系部件放于木板上，详细观察了解齿轮、轴和和箱体的结构，按合理顺序拆卸轴上零件。

（2）减速器装配

① 检查箱体内有无零件及其他杂物留在箱体内后，擦净箱体内部。

② 将箱内各零件，用棉纱擦净，并塗上机油防锈。

③ 按原样将减速器装配好，装配时按先内部后外部的合理顺序进行，装配轴套和滚动轴承时，应注意方向，注意滚动轴承的合理装拆方法。

④ 用手转动高速轴，观察有无零件干涉。无误后，经指导老师检查后合上箱盖。

⑤ 松开起盖螺钉，并在装配上、下箱盖之间螺栓前应先安装好定位销，最后拧紧各个螺栓。

⑥ 用棉纱擦净减速器外部，放回原处，摆放整齐。

⑦ 清点好工具，擦净后交还指导老师验收。

(3) 拆装注意事项

① 切勿盲目拆装，拆卸前要仔细观察零、部件的结构及位置，考虑好拆装顺序，拆下的零、部件要统一放在盘中，以免丢失和损坏。

② 爱护工具、仪器及设备，小心仔细拆装避免损坏。

4. 实训记录与分析

见书末附表1。

思 考 题

① 减速器主要由哪几部分组成?

② 简述装拆步骤。

③ 轴承是如何进行润滑的?

小 结

1. 带传动是依靠带与带轮之间的摩擦或啮合来传递运动和动力。根据工作原理可分为摩擦型带传动和啮合型带传动两种，摩擦型带传动应用最广。

2. 带传动的弹性滑动和打滑是不同的。弹性滑动是由带传动时两边拉力差而产生的，而打滑是由于过载而引起的。带传动中，弹性滑动是不可避免的，而打滑是需要避免的。

3. 带传动的失效形式是打滑和带的疲劳损坏。

4. 带传动常用的张紧方法有调整中心距和用张紧装置两种。

5. 链传动是依靠链与链轮之间的啮合来传递运动和动力。根据工作性质可分为传动链、起重链和牵引链，一般机械传动中，常用的是滚子传动链。

6. 滚子链的结构和尺寸均已标准化，其中链节距为主要参数。链条的长度用链节数表示，为避免使用过渡链节，链节数一般取偶数。

7. 链传动的失效主要是链条的失效。链条的失效形式是链板疲劳破坏、铰链磨损、铰链胶合、链条过载拉断。

8. 链传动常用的张紧方法有调整中心距和用张紧装置两种。

9. 圆柱齿轮传动包括直齿圆柱齿轮和斜齿圆柱齿轮传动，一般用于平行轴间传动。齿轮模数m、齿轮压力角α、齿顶高系数h_a^*、顶隙系数c^*、齿数z和螺旋角β是圆柱齿轮的主要参数。

10. 圆柱齿轮正确啮合的条件是：两齿轮的模数和压力角分别相等。

11. 当齿轮的齿数$z<z_{min}$,用展成法加工轮齿会发生根切。采用变位加工的办法可以避免根切。

12. GB/T 10095.1—200l 规定，圆柱齿轮精度等级为0～12级（普通机械中齿轮常用的精度等级为6～8级）。

13. 齿轮的主要失效形式有轮齿折断、齿面疲劳点蚀、齿面磨损和齿面胶合。

14. 齿轮常用的材料是优质碳素结构钢和合金结构钢，多为锻造；直径较大、形状复杂的重要齿轮用铸钢或球墨铸铁；不重要的齿轮用灰铸铁。

15. 圆柱齿轮的结构形式有齿轮轴、实心式、腹板式和轮辐式等。

16. 锥齿轮传动用于传递两相交轴之间的运动和动力；蜗杆传动用于传递两空间交错轴之间的运动和动力。

17. 直齿锥齿轮以其大端参数为标准值，蜗杆传动以中间平面的参数为标准值。

18. 蜗杆传动的传动效率低，温升高，因此对连续工作的闭式蜗杆传动还需进行热平衡计算。

19. 定轴轮系的传动比计算公式为：

$$i_{1k}=\frac{n_1}{n_k}=(-1)^m\frac{\text{所有从动齿轮齿数乘积}}{\text{所有主动齿轮齿数乘积}}$$

20. 轮系的功用。用以传递相距较远的两轴间的运动和动力；实现变速传动；用以获得大的传动比；用以实现分路传动；用以实现换向传动；用作运动的合成；用作运动的分解。

习　题

7-1 带传动与齿轮传动及链传动比较有哪些优缺点？

7-2 为了避免带打滑，将带轮和带接触的工作表面加工粗糙些，以增大摩擦，这样解决是否合理？为什么？

7-3 车床上电动机与主轴箱之间采用 V 带传动。已知电动机主动带轮直径 $d_{d1}=140$mm，转速 $n_1=1440$r/min，从动轴转速 $n_2=720$r/min，工作中要求 $a=800$mm，求：

（1）从动带轮直径 d_{d2}；

（2）验算主动带轮包角；

（3）验算 V 带的速度 v；

（4）计算 V 带的基准长度 L_O。

7-4 齿轮传动的安全操作及维护事项有哪些？

7-5 斜齿圆柱齿轮的正确啮合条件是什么？

7-6 什么叫斜齿轮的当量齿数？标准斜齿圆柱齿轮不发生切齿干涉的最少齿数是否一定比直齿圆柱齿轮的要少？

7-7 蜗杆传动有哪些基本特点？

7-8 一对标准普通圆柱蜗杆传动，已知其蜗杆轴向模数 $m=10$ mm，蜗杆头数 $z_1=1$，蜗轮齿数 $z_2=31$，试确定蜗杆分度圆直径、蜗轮分度圆直径、蜗杆分度圆导程角、中心距。

7-9 有一对标准直齿圆柱齿轮，$z_1=20$，$z_2=54$，$m=3.5$，$\alpha=20°$，试计算这对齿轮的分度圆直径、齿顶圆直径、齿根圆直径、全齿高、齿厚和中心距。

7-10 若已知相啮合的一对标准直齿圆柱齿轮传动，传动比为 $i=3$，中心距 $a=200$ mm，模数 $m=5$ mm，试求两齿轮的齿数 z_1、z_2。

7-11 试判定下列图中的旋转方向或螺旋方向，蜗杆均为主动。

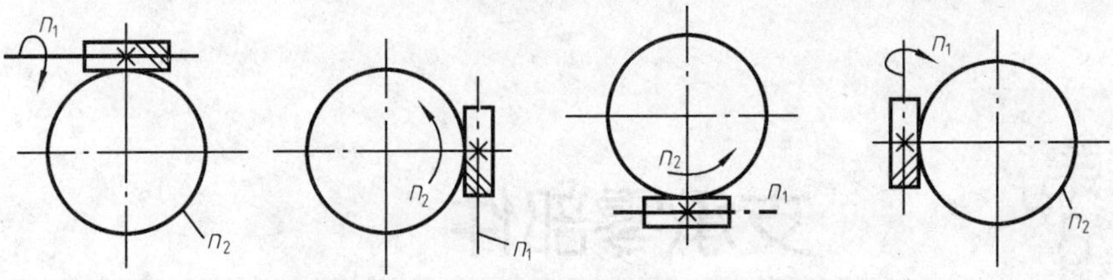

题 7-11 图

7-12 什么叫定轴轮系？什么叫周转轮系？

7-13 题图所示轮系中，已知各轮的齿数为 $z_1=z_2=20$，$z_3=60$，$z_3{}'=26$，$z_4=30$，$z_4{}'=22$，$z_5=34$。试计算传动比 i_{15}。

7-14 题图所示的手摇提升装置中，设已知各轮的齿数 $z_1=20$，$z_2=50$，$z_2{}'=15$，$z_3=30$，$z_3{}'=1$，$z_4=40$，$z_4{}'=18$，$z_5=52$。试求其传动比 i_{15}，并指出提升重物时手柄的转向。

7-15 减速器有什么特点？

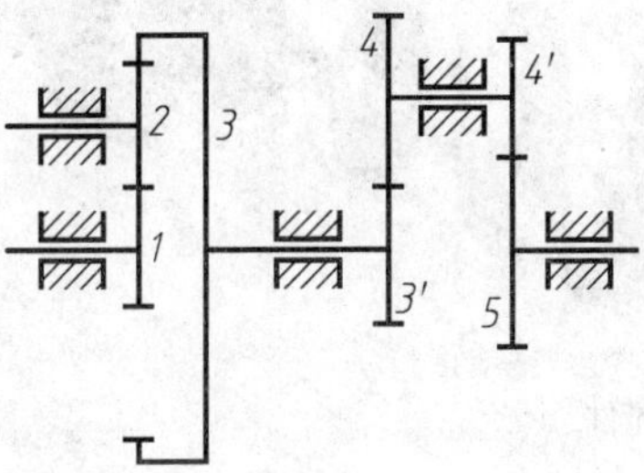

题 7-13 图　定轴轮系

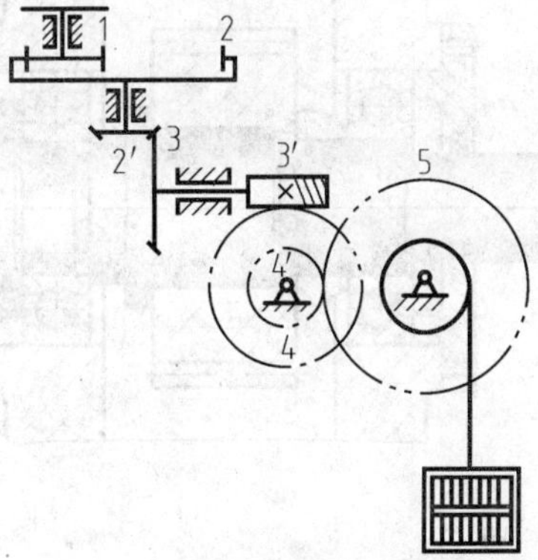

题 7-14 图　手摇提升装置

第8章 支承零部件

在机器设备中，作回转运动的零件，比如齿轮、带轮、链轮都需要轴来支承，而轴同样需要轴承来支承，图 8-1 所示为轴系部件，轴的中间支承了齿轮，轴的左端支承了带轮，而轴由安装在机架上的两滚动轴承支承。

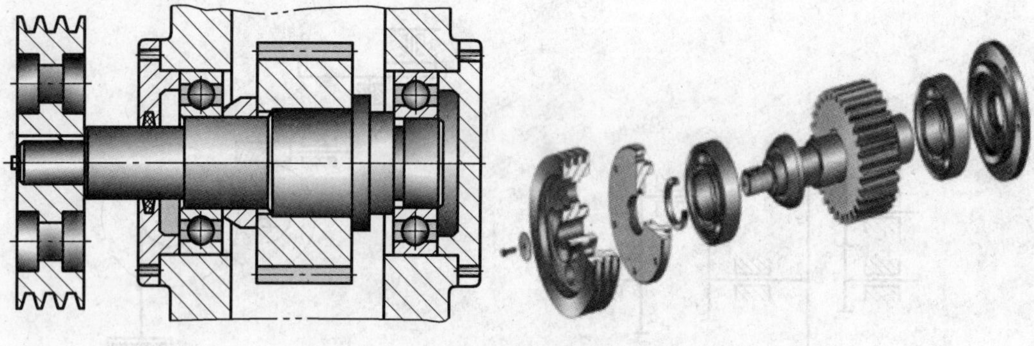

图 8-1　轴系部件

8.1　轴

轴是组成机器中最基本和重要的零件之一，其主要功能是：① 传递运动和转矩。② 支承回转零件（如齿轮、带轮）。轴一般都要有足够的强度、合理的结构和良好的工艺性。

8.1.1　概述

1. 轴的分类和应用

轴按其轴线形状不同，可分为直轴、曲轴和软轴。

(1) 直轴

直轴按其承载情况不同可分为传动轴、心轴和转轴。主要承受转矩作用的轴，如汽车的传动轴（见图 8-2），称为传动轴；只承受弯矩作用的轴，如自行车前轮轴（见图 8-3），称为心轴；既承受弯矩又承受转矩作用的轴，如卷扬机的小齿轮轮轴（见图 8-4），称为转轴。

直轴根据外形的不同，可分为光轴和阶梯轴两种，如图 8-5 所示。

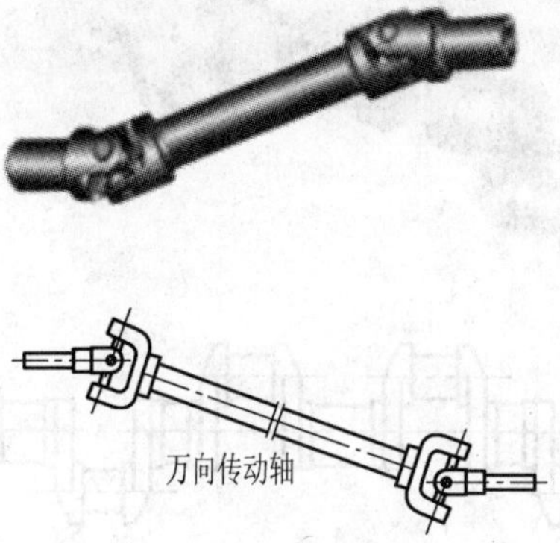

图 8-2　传动轴

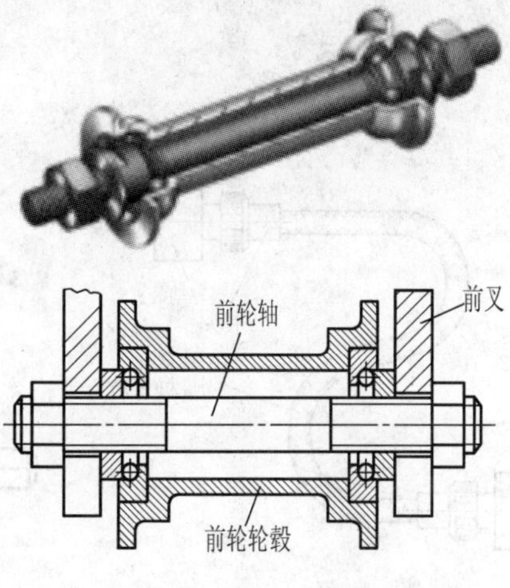

图 8-3　心轴

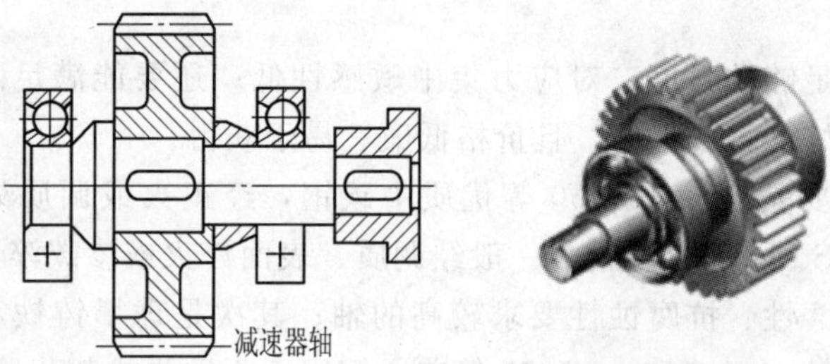

图 8-4　转轴

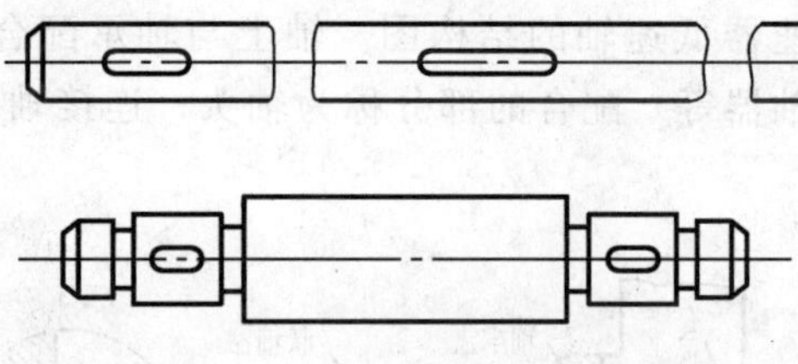

图 8-5　光轴和阶梯轴

（2）软轴

软轴具有良好的挠性，它可以把回转运动灵活地传到任何空间位置，如图 8-6 所示。

（3）曲轴

曲轴是内燃机、曲柄压力机等机器中用于往复运动和旋转运动相互转换的专用零件，它兼有转轴和曲柄的双重功能，如图 8-7 所示。

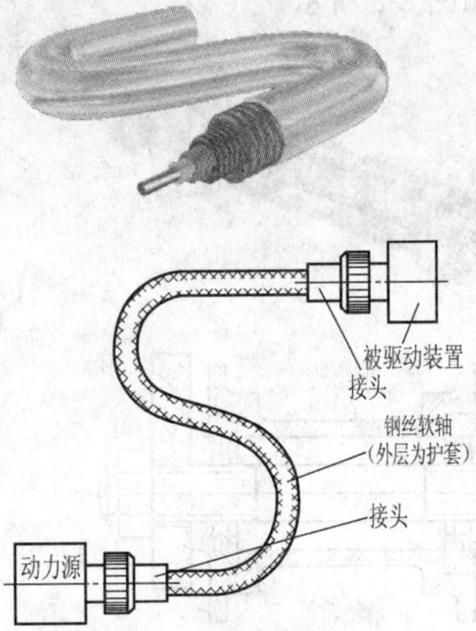

图 8-6　软轴

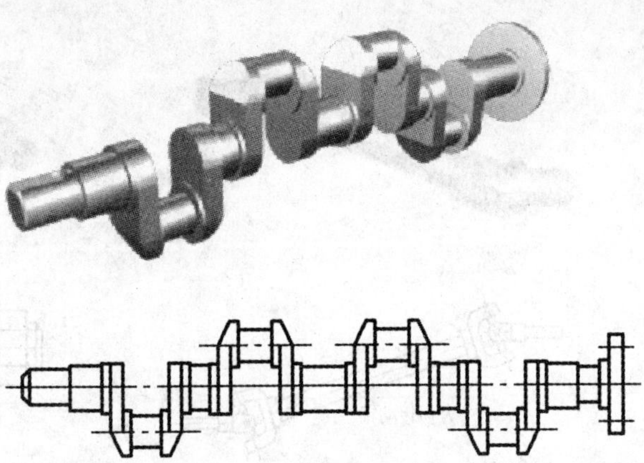

图 8-7　曲轴

2. 轴的常用材料

轴的材料要求有足够的强度，对应力集中敏感性低；还要能满足刚度、耐磨性、耐腐蚀性要求；并具有良好的加工性能，且价格低廉、易于获得。

轴的常用材料主要是 35、45、50 等优质中碳钢，经正火或调质处理，用于较重要的轴；20Cr、40Cr、35SiMn 等合金钢，一般经调质、表面淬火或渗碳淬火等热处理，应用在尺寸小，载荷大，耐磨性、抗腐蚀性要求较高的轴；其次是球墨铸铁和高强度铸铁，适于制造结构形状复杂的轴；而 Q235、Q255 等普通钢用于不重要或载荷较小的轴。

3. 轴的结构

如图 8-8 所示为圆柱齿轮减速器低速轴的结构图。轴上与轴承配合的部分称为轴颈，与其他零件（如带轮、齿轮、联轴器等）配合的部分称为轴头；连接轴头与轴颈的部分称为轴身。

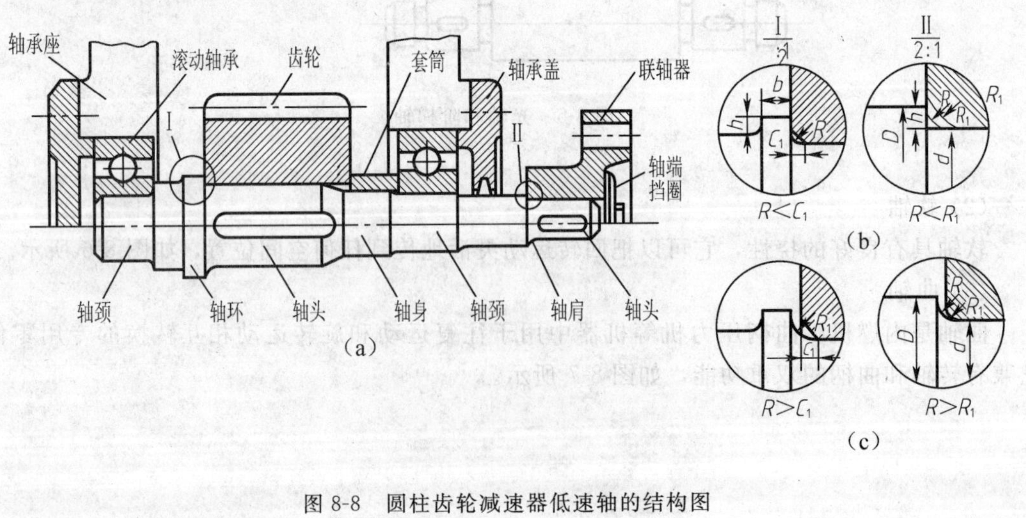

图 8-8　圆柱齿轮减速器低速轴的结构图

轴颈与滚动轴承配合时，其直径必须符合轴承的内径系列；轴头的直径应与配合零件的轮毂内径相等，并应符合标准直径系列；轴身部分的直径可采用自由尺寸。

轴各段的长度，应根据轴上零件的宽度和零件的相互位置决定。

轴的合理结构，除了根据受力情况设计合理的尺寸以满足强度和刚度要求外，还必须满足下列各方面的要求：轴和轴上的零件能保持准确的工作位置；轴应便于加工，轴上零件要易于装拆；尽量减少应力集中等。

(1) 轴上零件的轴向定位和固定

阶梯轴上截面变化的部位称为轴肩或轴环（见图 8-8），它对轴上的零件起轴向定位作用。联轴器和左端的轴承依靠轴肩作轴向定位，齿轮依靠轴环作轴向定位。右端轴承依靠套筒定位。两端轴承盖将轴在箱体上定位。

为了使轴上零件的轮毂端面能贴紧定位面，轴肩和轴环的圆角半径 R 必须小于零件轮毂孔端的圆角半径 R_1 或倒角 C_1，如图 8-8（b）所示，其大小要符合标准。否则，无法贴紧，如图 8-8（c）所示。安装滚动轴承处的定位轴肩或轴环高度必须低于轴承内圈端面高度。

轴上零件的轴向固定是为了防止零件沿轴线方向移动，并承受轴向力。常用的固定方法有轴肩（或轴环）、套筒、圆螺母、轴端挡圈等。

轴肩（或轴环）对轴上的零件起轴向定位作用，也是常用的轴向固定方法，结构简单，能承受较大的轴向力；当两个零件相隔距离不大时，采用套筒作轴向固定（见图 8-9）；当无法采用套筒或套筒太长时，用圆螺母作轴向固定（见图 8-10）；轴端零件的固定采用轴端挡圈（见图 8-11）；当轴向力很小，或仅仅为防止零件偶然沿轴向移动时，可采用弹性挡圈（见图 8-12）或紧定螺钉（见图 8-13）。

为了使套筒、圆螺母、轴端挡圈等压紧轴上零件的端面，轴头长度应略小于零件的轮毂长度，一般约短 1～3mm。

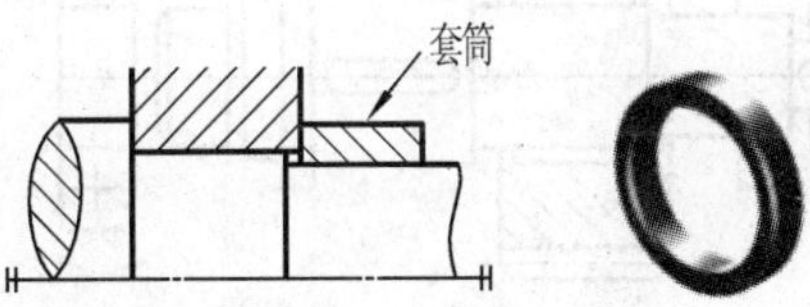

图 8-9　采用套筒固定

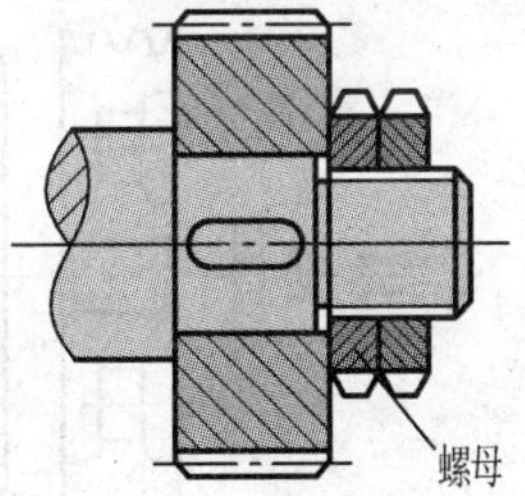

图 8-10　采用圆螺母固定

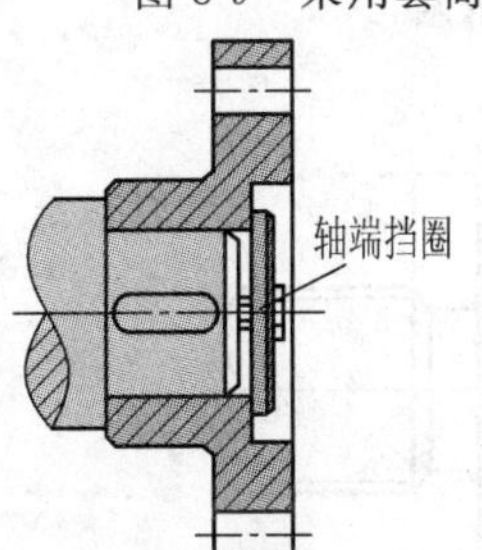

图 8-11　采用轴端挡圈固定

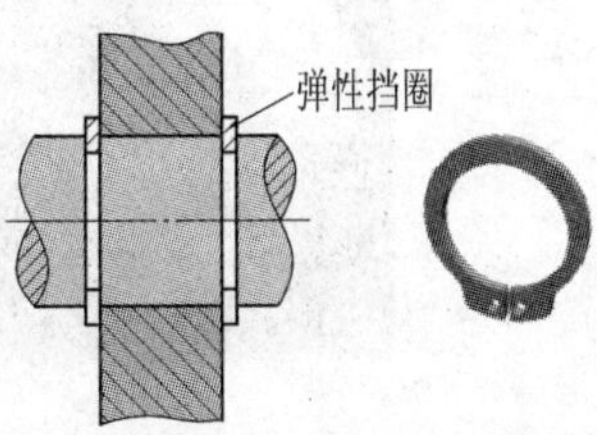

图 8-12　采用弹性挡圈固定

（2）轴上零件的周向固定

轴上零件的周向固定是为了传递转矩，防止零件与轴产生相对转动。常用的固定方法有键连接、花键连接和过盈配合等。

当传递转矩很小时，可采用紧定螺钉（图 8-13）或销（图 8-14），以同时实现周向和轴向固定。

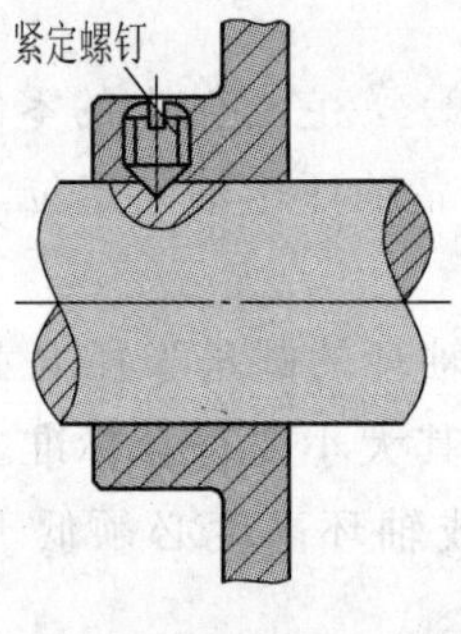

图 8-13　采用紧定螺钉固定

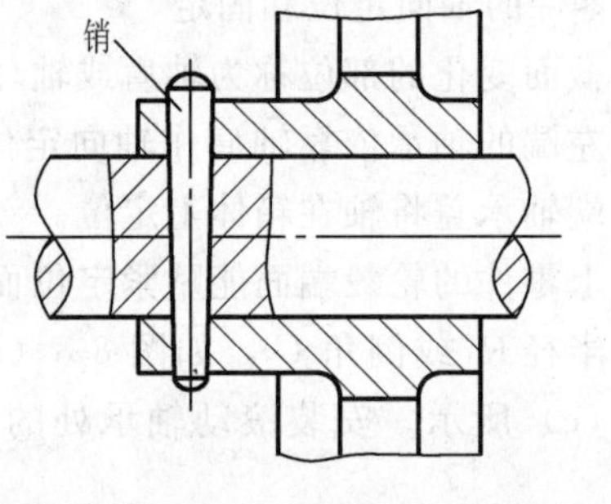

图 8-14　采用销周向和轴向固定

（3）轴的结构工艺性

为便于轴上零件的装拆和固定，常将轴设计成阶梯形。图 8-15 所示为阶梯轴上零件的装拆图。图中表明，可依次把齿轮、套筒、左端滚动轴承、轴承盖、带轮和轴端挡圈从轴的左端装入，由于轴的各段直径不同，当零件往轴上装配时，既不擦伤配合表面，又使装配方便；右端滚动轴承从轴的右端装入。为使左、右端滚动轴承易于拆卸，套筒厚度和轴肩高度均应小于滚动轴承内圈的厚度。

轴上车制螺纹时，应留有退刀槽（见图 8-16），磨削轴颈和定位轴肩时；应留出砂轮越程槽（见图 8-17），其尺寸可查阅设计手册。

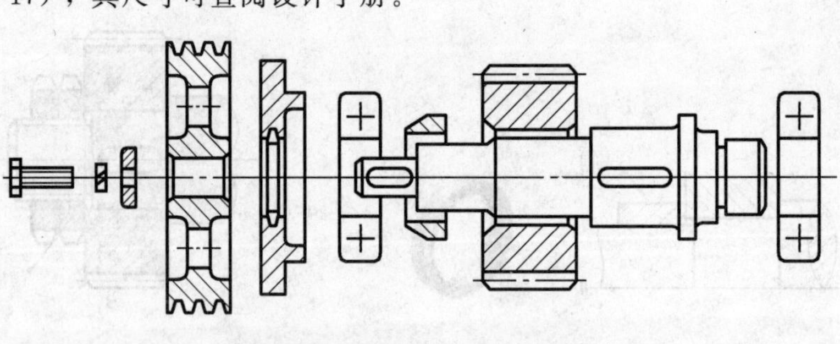

图 8-15　阶梯轴上零件的装拆图

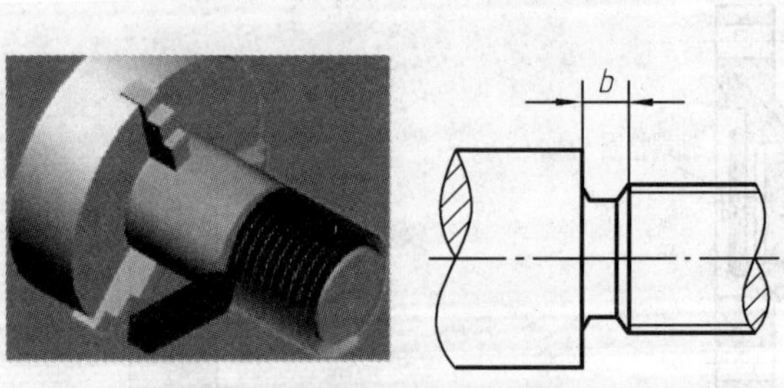

图 8-16　螺纹退刀槽

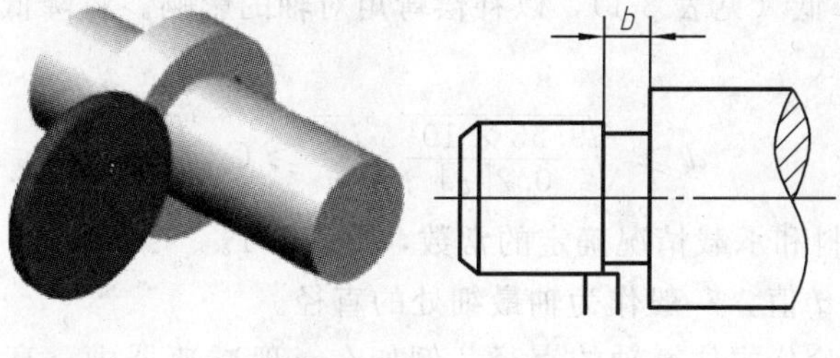

图 8-17　砂轮越程槽

轴上的圆角尽可能取同样的半径，所有退刀槽取同样宽度，不同轴段上有几个键槽时，将各键槽布置在同一母线上，以便于加工，如图 8-18 所示。

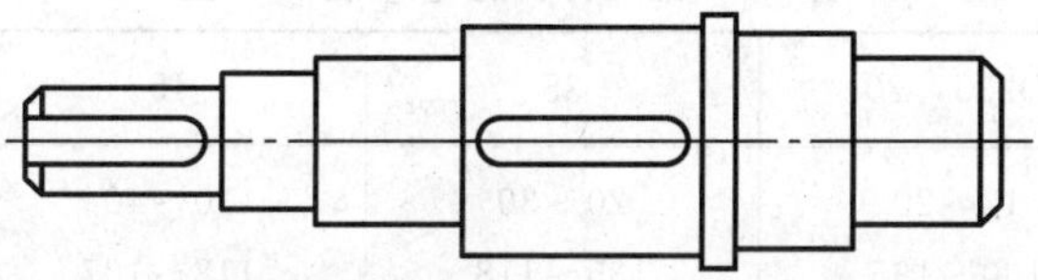

图 8-18　键槽在同一母线上

(4) 减小应力集中以提高轴的疲劳强度

轴一般是在交变应力下工作，因此轴的失效大多是由于疲劳强度不足引起的，减小应力集中和提高轴的表面质量是提高轴的疲劳强度的主要措施。

① 降低应力集中。轴的疲劳失效多数是从有应力集中的部位开始的，应尽量减少应力集中。为此，要避免轴截面的突然变化，阶梯轴相邻轴段的直径不宜相差太大，并应以较大的圆角半径过渡。

② 提高轴的表面质量。轴的表面质量对疲劳强度有显著的影响。实践证明，疲劳裂纹常发生在表面粗糙的部位，设计时应使轴具有一定的表面粗糙度。

采用辊压、喷丸、渗碳淬火、高频淬火等表面强化方法，可显著提高轴的疲劳强度。对于一般用途的轴，可以不必考虑提高轴的疲劳强度问题。

*8.1.2　轴的强度计算

轴在工作过程中，在传递转矩时，如果太细，则易被扭断；如果太粗，则不经济。轴的强度计算：在一定的载荷条件下，不被扭断又经济的轴的最小截面。根据轴的受力情况，有以下两种计算方法。

1. 按扭转强度计算

本方法适用于传动轴的精确计算，也可用于转轴的近似计算。对于只传递转矩的圆截面轴，其强度条件为

$$\tau = \frac{9.55 \times 10^6 P}{0.2 d^3 n} \leqslant [\tau]$$

式中，τ 为轴的切应力（MPa）；T 为转矩（N·mm）；P 为传递的功率（kW）；n 为轴的转速（r/min）；d 为轴的直径（mm）；$[\tau]$ 为材料的许用切应力（MPa）。

对于既传递转矩又承受弯矩的轴，可用上式初步估算轴的直径，但必须把轴材料的许用切应力［τ］适当降低（见表 8-1），以补偿弯矩对轴的影响。将降低后的许用应力代入上式，并改写为设计公式

$$d \geqslant \sqrt[3]{\frac{9.55 \times 10^6}{0.2[\tau]}} \sqrt[3]{\frac{P}{n}} \geqslant C\sqrt[3]{\frac{P}{n}}$$

式中，C 为由轴的材料和承载情况确定的常数，见表 8-1。

应用上式求出的 d 值，一般作为轴最细处的直径。

此外，也可用经验公式估算轴的直径。例如在一般减速器中，高速输入轴的直径可按与其相连的电动机直径 D 估算，$d=(0.8\sim1.2)D$；各级低速轴的轴径可按同级齿轮中心距 a 估算，$d=(0.3\sim0.4)a$。

表 8-1　常用材料的［τ］值和 C 值

轴的材料	Q235，20	35	45	40Cr，35SiMn
［τ］ C	12～20 160～135	20～30 135～118	30～40 118～107	40～52 107～98

注：当作用在轴上的弯矩比传递的转矩小或只传递转矩时，C 值取小值；否则取大值。

2. 按弯扭合成强度计算

对于转轴，在完成初步结构设计，确定了外载荷和支承反力的作用位置后，即可作轴的受力分析及绘制弯矩图和转矩图，进而可按弯扭合成强度计算轴径。

对于一般的轴，推荐使用第三强度理论（最大切应力理论）计算危险截面，计算方法可查阅有关工程设计手册。

对于有键槽的截面，应将计算出的轴径加大 4%左右。若计算出的轴径大于结构设计初步估算的轴径，则表明结构图中轴的强度不够，必须修改结构设计；若计算出的轴径小于结构设计的估算轴径，且相差不大，一般就以结构设计的轴径为准。

对于一般用途的轴，按上述方法设计计算即可。对于生产批量大或重要的轴，尚需作进一步的强度校核（如安全系数法），其计算方法可查阅有关参考书。

8.2 滑动轴承

轴承是用来支撑轴并承受轴上载荷的零件。根据工作时轴承内部的摩擦性质，轴承可分为：滑动轴承（滑动摩擦轴承）、滚动轴承（滚动摩擦轴承）。

8.2.1 滑动轴承的特点、主要结构和应用

1. 滑动轴承的特点

滑动轴承具有结构简单、易于制造、便于安装，且工作平稳、无噪声、耐冲击和承载能力强等优点，但润滑不良时，会使滑动轴承迅速失效，并且轴向尺寸较大。滑动轴承在

工作时，必须在滑动轴承内加入润滑剂。

2. 滑动轴承的主要结构和应用

滑动轴承一般由轴瓦和轴承座构成如图 8-19 所示，根据承受载荷轴承可分为：向心滑动轴承（承受径向载荷）；推力滑动轴承（承受轴向载荷）；向心推力滑动轴承（同时承受径向和轴向载荷）。向心滑动轴承的结构形式有整体式、剖分式、自动调心式三种

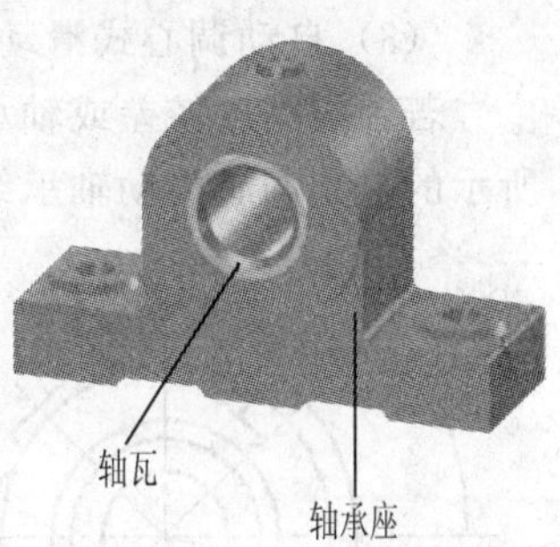

图 8-19　滑动轴承的构成

（1）整体式径向滑动轴承

图示 8-20 所示为常见的整体式滑动轴承结构。套筒式轴瓦（或轴套）压装在轴承座中（对某些机器，也可直接压装在机体孔中）。润滑油通过轴套上的油孔进入轴承内表面上的。

这种轴承结构简单、制造方便、刚度较大。缺点是轴瓦磨损后间隙无法调整，轴颈只能从端部装入。因此，它仅适用于轴颈不大，低速轻载的机械。

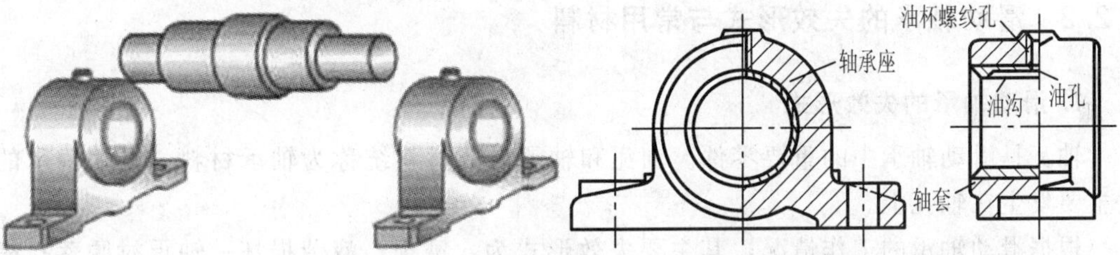

图 8-20　整体式径向滑动轴承结构

（2）剖分式径向滑动轴承

剖分式径向轴承结构如图 8-21 所示，由轴承盖、轴承座、剖分轴瓦和双头螺柱等组成。为了安装时盖座之间准确定位，轴承盖和轴承座的剖分面上作出阶梯形的榫口。润滑油通过轴承盖上的油孔和轴瓦上的油沟流入轴承间隙润滑摩擦面。轴承剖分面最好与载荷方向近于垂直，以防剖分面位于承载区出现泄漏，降低承载能力。多数轴承为水平剖分，也有斜剖分的，如图 8-22 所示，剖分面不平行于底面，以适应载荷方向或安装、调整方面的要求。

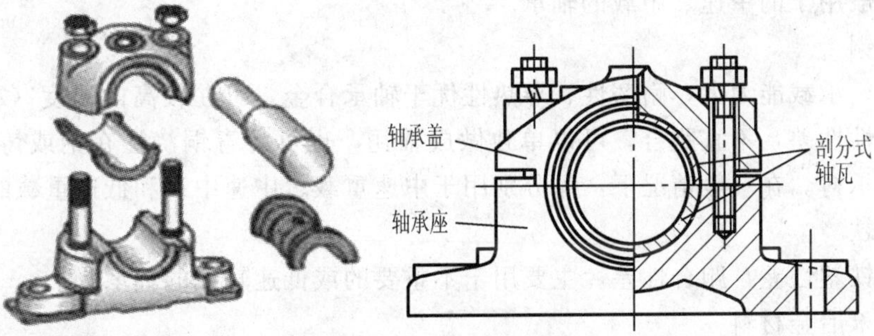

图 8-21　剖分式径向滑动轴承结构

（3）自动调心式滑动轴承

若轴的刚度较差或轴承座的安装精度较差如图 8-23（a）所示，可采用如图 8-23（b）所示的自动调心滑动轴承结构，轴瓦可在轴承座的球面内摆动，自动适应轴线方向的变化。

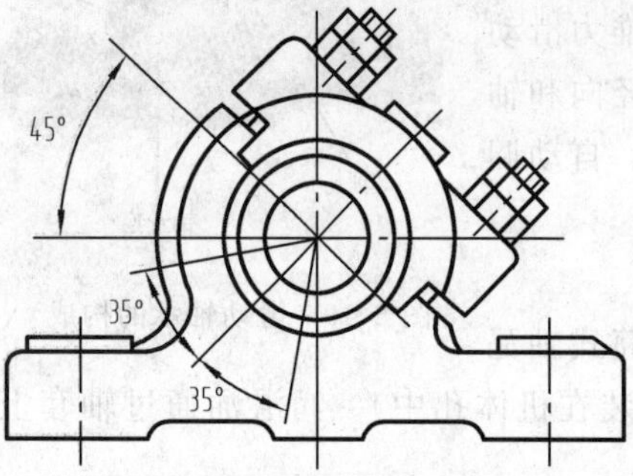

图 8-22 斜剖分式径向滑动轴承结构

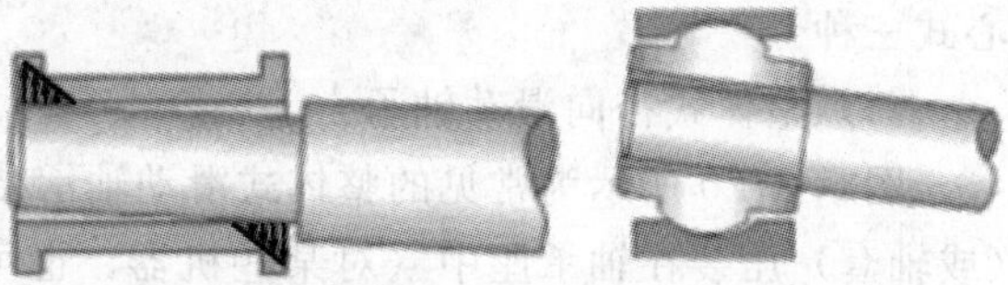

（a）轴戏要倾斜　（b）自动调心式滑动轴承

图 8-23 自动调心式滑动轴承

8.2.2 滑动轴承的失效形式与常用材料

1. 滑动轴承的失效形式

轴瓦是滑动轴承中的重要零件。轴瓦和轴承衬的材料统称为轴承材料，滑动轴承的失效主要发生在轴瓦上。

根据滑动轴承的工作情况，其主要失效形式为：磨损；疲劳损坏；轴承衬脱落；高温时，发生胶合或“抱轴”等。

因此对轴瓦材料有以下要求：良好的减摩性、耐磨性和磨合性；具有足够的机械强度；良好的导热性、耐腐蚀性和抗胶合能力。

2. 滑动轴承的常用材料

（1）轴承合金

① 锡锑轴承合金。摩擦系数小，抗胶合性能好，对油的吸附性强，耐腐蚀性好，易跑合。但它的价格较贵，机械强度较差，只能做轴承衬。常用于高速、重载的轴承。

② 铅锑轴承合金。各方面性能与锡锑轴承合金相同，但材料较脆，不宜承受较大的冲击载荷。一般用于的中速、中载的轴承。

（2）青铜

强度高，承载能力大，耐磨性、导热性优于轴承合金，可在较高的温度（250°C）下工作。但可塑性性差，不宜跑合。可以单独做成轴瓦，也可将青铜浇注在钢或铸铁轴瓦的内壁上，做轴承衬。在一般情况下，可分别用于中速重载、中速中载和低速重载的轴承。

（3）铸铁

由于铸铁塑性差，跑合性差，主要用于不重要的或低速轻载的轴承。

（4）粉末冶金材料

用粉末冶金材料（经制粉、成型、烧结等工艺）制成的轴承，具有多孔性组织，孔隙内可以贮存润滑油，常称含油轴承。常用于加油不方便的场合。

8.3　滚动轴承

滚动轴承是机器中广泛应用的部件之一。它是依靠主要元件间的滚动接触来支承转动零件的。与滑动轴承相比，滚动轴承摩擦阻力小，功率消耗少，起动容易，安装、维修方便，价格便宜。滚动轴承绝大多数已经标准化，由专门工厂大量制造和供应，在机械中只需根据工作条件选用滚动轴承的类型和尺寸。

8.3.1　概述

1. 滚动轴承的结构、类型和代号

（1）滚动轴承的结构

滚动轴承一般由内圈、外圈、滚动体和保持架四部分组成，如图8-24所示。

内圈的作用是与轴相配合并与轴一起旋转；外圈作用是与轴承座相配合，起支撑作用；滚动体是借助于保持架均匀的将滚动体分布在内圈和外圈之间，其形状大小和数量直接影响着滚动轴承的使用性能和寿命；保持架能使滚动体均匀分布，防止滚动体脱落，引导滚动体旋转起润滑作用。

图8-24　滚动轴承的结构

滚动体有多种形式，以适合不同类型滚动轴承的结构要求。常见的滚动体形式如图8-25所示。

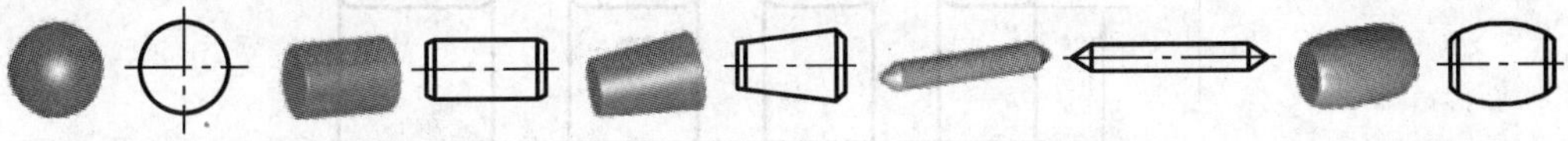

(a) 球　(b) 圆柱滚子　(c) 圆锥滚子　(d) 滚针　(e) 球面滚子

图8-25　常用的滚动体

（2）滚动轴承类型

根据滚动轴承所能承受的载荷方向，可以分为：

① 向心轴承，主要承受径向载荷；

② 推力轴承，主要承受轴向载荷。

按滚动体形状可分为：球轴承和滚子轴承。

按能否调心可分为：调心轴承和非调心轴承。

按游隙能否调整分为：可调游隙轴承和不可调游隙轴承。

(3) 滚动轴承代号

在国标 GB/T 272—1993 中规定滚动轴承由前置代号、基本代号、后置代号构成，其排列见表 8-3。

① 基本代号。基本代号用来表明轴承的内径、直径系列、宽度系列和类型，一般最多为五位数。

a. 轴承内径用基本代号右起第一、二位数字表示。对常用内径 d=20～480mm 的轴承内径一般为 5 的倍数，这两位数字表示轴承内径尺寸被 5 除得的商数，如 04 表示 d = 20mm；12 表示 d = 60mm 等。对于内径为 10mm、12mm、15mm 和 17mm 的轴承，内径代号依次为 00、01、02 和 03。对于内径小于 10mm 和大于 500mm 轴承，内径表示方法另有规定，可参看 GB/T 272—1993。

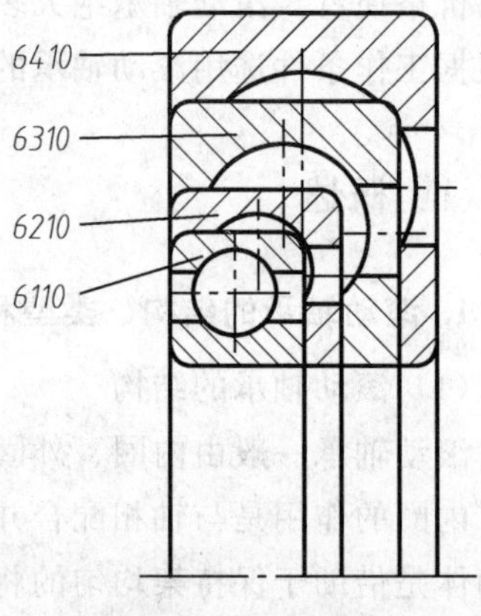

图 8-26　轴承的直径系列的尺寸对比

b. 轴承的直径系列（即结构相同、内径相同的轴承在外径和宽度方面的变化系列）用基本代号右起第三位数字表示。例如，对于向心轴承和向心推力轴承，0、1 表示特轻系列；2 表示轻系列；3 表示中系列；4 表示重系列。各系列之间的尺寸对比如图 8-26 所示。推力轴承除了 0 表示超轻系列之外，其余与向心轴承的表示一致。

c. 轴承的宽度系列（即结构、内径和直径系列都相同的轴承宽度方面的变化系列）用基本代号右起第四位数字表示。当宽度系（见图 8-27）直径系列的对比列为 0 系列（正常系列）时，对多数轴承在代号中可不标出宽度系列代号 0，但对于调心滚子轴承和圆锥滚子轴承，宽度系列代号 0 应标出。相同内径的同类型轴承，外廓尺寸大（外径，宽度）则承载能力强。

直径系列代号和宽度系列代号统称为尺寸系列代号。

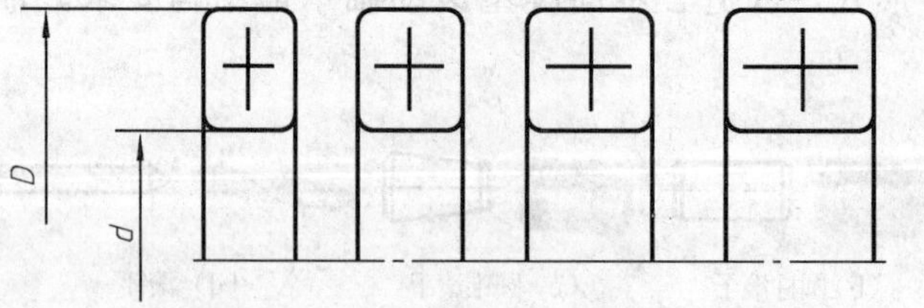

图 8-27　不同宽度系列的对比

d. 轴承类型代号用基本代号右起第五位数字表示（对圆柱滚子轴承和滚针轴承等类型代号为字母）。常见滚动轴承的类型、特性和应用如表 8-2 所示。

表 8-2　常见滚动轴承的类型、特性和应用

类型代号	类型名称	简　图	主要特性和应用	标准号
0	双列角接触球轴承	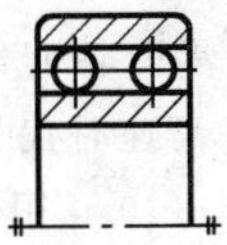	相当于一对角接触球轴承背靠背安装	GB/T 296
1	调心球轴承	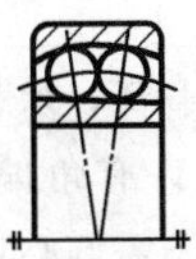	主要承受径向载荷，也可承受不大的轴向载荷；能自动调心，允许转角<2°～3°，适于多支点传动轴、刚性较小的轴及难以对中的轴	GB/T 281
2	调心滚子轴承	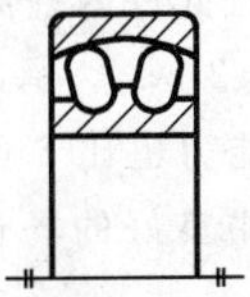	与调心球轴承特性基本相同，允许转角< 1.5°～2.5 °，承载能力比前者更大，常用于其他轴承不能胜任的重载场合	GB/T 288
	推力调心滚子轴承	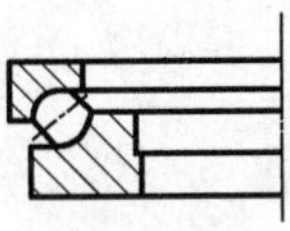	主要承受轴向载荷，承载能力比推力轴承大得多，并能承受一定的径向载荷，允许转角<2°～3°。适于重型机床，大型立式电动机等	GB/T 5859
3	圆锥滚子轴承	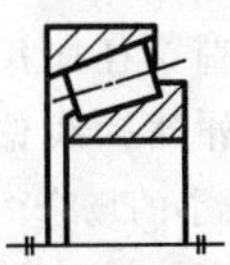	可同时承受径向轴向载荷，承载能力强，内外圈可分离，轴向径向间隙易调整，允许转角<2′。常用于斜齿轮，蜗杆轴，一般成对使用	GB/T 297
4	双列深沟轴承	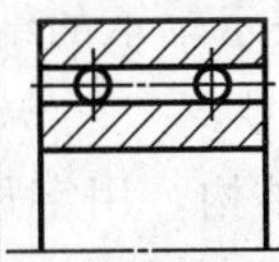	比深沟球轴承承载能力大，刚性更大，相当于一对深沟球轴承并列使用	—
5	推力球轴承	51000 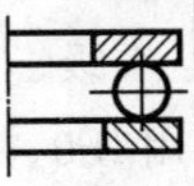 52000 	只能承受轴向载荷 51000 用于承受单向载荷，52000 用于承受双向载荷。不宜在高速下工作	GB/T 301
6	深沟球轴承	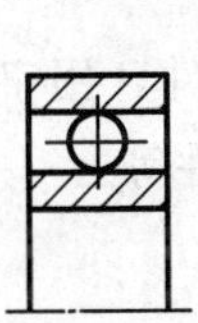	主要承受径向载荷，也可承受一定的轴向载荷。极限转速较高，摩擦力小，高速时可承受纯轴向载，允许转角<2′～10′，承受冲击能力差，用于刚性大的轴上，如齿轮箱、小功率电动机	GB/T 276

续表

类型代号	类型名称	简　图	主要特性和应用	标准号
7	角接触球轴承		可同时承受径向载荷和轴向载荷（单向），接触角越大，承受轴向载能力越大，一般成对使用，高速时代替 5 类轴承较好，允许转角 2′～10′，用于轴刚性好，转速高及有轴向载的场合，承冲能力比 3 类差	GB/T 292
8	推力圆柱滚子轴承	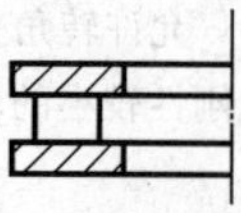	只能承受单向轴向载荷，承载能力比 5 类轴承大得多，不允许有角偏差，常用于承受轴向载荷大又不需调心场合	GB/T 4663
N	圆柱滚子轴承（外圈无挡边）	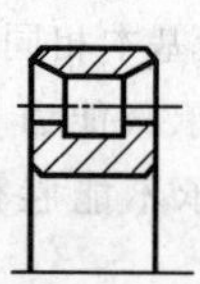	内外圈可分离，且允许内外圈少量轴向移动，允许转角＜2′～4′。承冲能力比 6 类轴承大，承载能力也比 6 类大。适用于轴刚性大、对中良好的场合。可做浮动端轴承	GB/T 283
NU	圆柱滚子轴承（内圈无挡边）	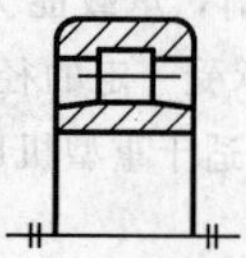	同上	GB/T 283
NA	滚针轴承	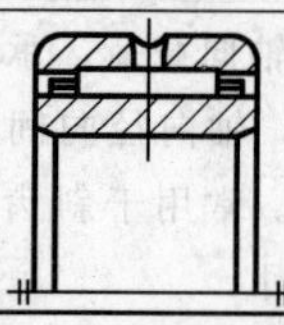	只能承受径向载荷，径向尺寸特小，极限转速低，对内外圈轴线偏斜敏感。适用于径向尺寸要求小的场合	GB/T 5801

② 后置代号。轴承的后置代号是用字母和数字等表示轴承的结构、公差及材料的特殊要求等。后置代号的内容很多，下面介绍几个常用的代号。

a. 内部结构代号是表示同一类型轴承的不同内部结构，用字母紧跟着基本代号表示。如：接触角为 15°、25°和 40°的角接触球轴承分别用 C、AC 和 B 表示内部结构的不同。

b. 轴承的公差等级分为 0 级、6 级、6x 级、5 级、4 级、2 级。0 级最低（代号中不标出），向右依次增高，2 级最高。在轴承代号中分别用/P0、/P6、/P6x、/P5、/P4、/P2 表示。

c. 常用的轴承径向游隙系列分为 1 组、2 组、0 组、3 组、4 组和 5 组，共 6 个组别，径向游隙依次由小到大。0 组游隙是常用的游隙组别，在轴承代号中不标出，其余的游隙组别在轴承代号中分别用/C1、/C2、/C3、/C4、/C5 表示。

③ 前置代号。轴承的前置代号用于表示轴承的分部件，用字母表示。如用 L 表示可分离轴承的可分离套圈；K 表示轴承的滚动体与保持架组件等。

【例】　解释下列轴承含义。

7　2　10　AC

- 7 — 角接触球轴承
- 2 — 尺寸系列（0）2，宽度系列为0省略，直径系列为2
- 10 — 轴承内径50mm
- AC — 公称接触角，α=25°
- （无代号）— 公差等级为普通级，省略

NU　2 2　0 8　/ P6

- NU — 内圈无挡边圆柱滚子轴承
- 2 2 — 尺寸系列22，宽度系列2，直径系列2
- 0 8 — 轴承内径40mm
- / P6 — 公差等级P6

L　N　2　07 / P 6　3

- L — 外圈可分离（前置代号）
- N — 圆柱滚柱轴承
- 2 — 尺寸系列02，宽度系列0，省略，直径系列2
- 07 — 内径36mm
- / P 6 — 公差等级P6
- 3 — 游隙组别C3

表 8-3　滚动轴承代号

<table>
<tr><td rowspan="2">前置代号</td><td colspan="6">基本代号</td><td colspan="8" rowspan="2">后置代号</td></tr>
<tr><td>五</td><td>四</td><td>三</td><td>二</td><td colspan="2">一</td></tr>
<tr><td rowspan="2">成套轴承分部件代号</td><td rowspan="2">类型代号</td><td colspan="2">尺寸系列代号</td><td colspan="3" rowspan="2">内径代号</td><td rowspan="2">内部结构代号</td><td rowspan="2">密封与防尘结构代号</td><td rowspan="2">保持架及材料代号</td><td rowspan="2">特殊轴承材料代号</td><td rowspan="2">公差等级代号</td><td rowspan="2">游隙代号</td><td rowspan="2">多轴承配置代号</td><td rowspan="2">其他代号</td></tr>
<tr><td>宽度系列代号</td><td>直径系列代号</td></tr>
</table>

注：基本代号下面的一至五表示代号自右向左的位置序号。

2. 滚动轴承的特点及应用

滚动轴承与滑动轴承相比，具有下列优点：

① 在一定条件下，摩擦阻力小，传动效率高；

② 标准化专业生产，供应充足，互换性好；

③ 在轴径直径相同的条件下，滚动轴承宽度较小；

④ 内部间隙很小，运转精度较高；

⑤ 润滑简便，易于维护与密封；

⑥ 滚动轴承可以方便地应用于空间任何方位的轴上。

滚动轴承也有一定的缺点，主要是：

① 在轴径直径相同的条件下，滚动轴承径向尺寸大；

② 抗冲击能力较差；

③ 寿命较短；

④ 安装精度要求较高，有时安装困难（如位于长轴中部时）；

⑤ 高速时噪声较大。

滚动轴承与滑动轴承相比较，各有优缺点，各有一定的适用场合，因此，两者不能完全互相取代。目前，滚动轴承已发展成为机械的主要支承形式，应用愈来愈广泛。

*8.3.2 滚动轴承选择原则

滚动轴承的选择就是滚动轴承类型的选择。滚动轴承类型的选择非常重要，如选择不当，会使机器的性能要求得不到满足或降低了轴承寿命。在选择轴承类型时，应从具体工作条件出发，考虑各类轴承的特点及应用场合，所承受的载荷的大小、方向、性质和转速的高低以及刚度、调心性能、结构尺寸、轴承的装卸和经济性等要求，从中选出比较合适的轴承类型。

① 当载荷较大或有冲击载荷时，宜用滚子轴承；当载荷较小时，宜用球轴承。

② 当只受径向载荷或虽同时受径向和轴向载荷，但以径向载荷为主时，应用向心轴承；当只受轴向载荷时，一般应用推力轴承。而当转速很高时，可用角接触球轴承或深沟球轴承；当径向和轴向载荷都较大时，应采用角接触球轴承。

③ 当转速较高时，宜用球轴承；当转速较低时，可用滚子轴承，也可用球轴承。

④ 当要求支承具有较大刚度时，应用滚子轴承。

⑤ 当轴的挠曲变形大或两轴承座孔直径不同、跨度大且对支承有调心要求时，应选用调心轴承。

⑥ 为便于轴承的装拆，可选用内、外圈可分离的轴承。

⑦ 从经济角度看，球轴承比滚子轴承便宜，精度低的轴承比精度高的轴承便宜，普通结构轴承比特殊结构轴承便宜。

阶段性实习训练 5

认识轴系的结构

1. 实训目的

① 理解轴系的结构；

② 会正确安装、拆卸轴承。

2. 实训设备及场所

① 实习车间车床主轴箱、齿轮减速器。

② 活扳手、呆板手、拉杆拆卸器、锤子、内外卡钳、游标卡尺、钢皮尺等。

3. 实训内容与步骤

轴系结构的认识

图 8-28 所示为车床的主轴部件，图 8-29 所示为齿轮减速器的轴系部件。

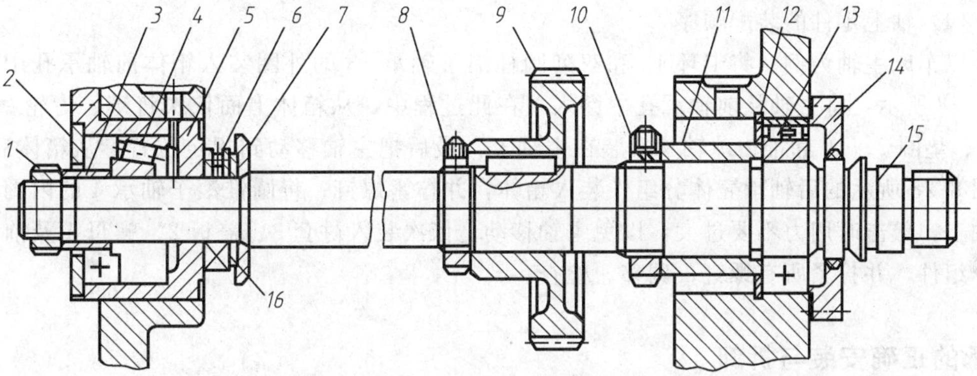

图 8-28　车床主轴部件

1，8，10—螺母；2—盖板；3，11—衬套；4—圆锥滚子轴承；
5—轴承壳体；6—推力球轴承 7，16—垫圈；9—齿轮；
12—卡环；13—双列圆柱滚子轴承；14—盖；15—主轴

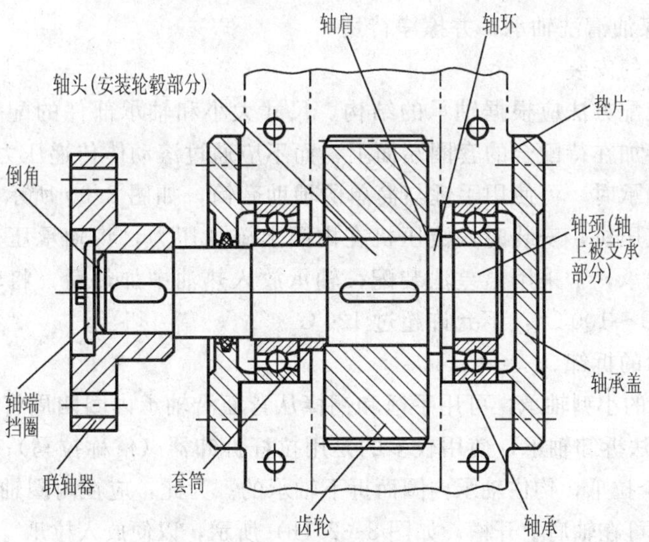

图 8-29　减速器轴系部件

（1）轴系部件的组成

主要有轴及轴上零件，包括齿轮、轴承、联轴器、轴套、螺母、挡圈、轴承端盖、键、销等。齿轮、联轴器是工作零件，轴承是支承零件。

（2）轴与轴上零件的连接方法

轴与轴上零件的连接方法有键连接、销连接、螺纹连接。观察齿轮、联轴器与轴的连接方式；轴上的螺母、轴端挡圈与轴的连接方式；轴套与轴的连接方式。

（3）轴上零件的定位与固定

轴上零件是由轴肩定位；轴上零件的周向固定采用键连接、销连接、紧定螺钉连接、过盈配合；轴上零件的轴向固定采用轴肩、轴环、轴套、挡圈、圆螺母。观察齿轮、联轴器、轴承在轴上的定位方式；齿轮、联轴器、轴承在轴上的轴向和周向固定方式。

（4）轴上零件的装配顺序

以车床主轴为例。将卡环 12 和双列圆柱滚子轴承 13 的外圈装入箱体前轴承孔中；按图 8-28 所示，将主轴从前轴承孔中穿入，在此过程中，从箱体上面依次将键、齿轮 9、螺母 8、垫圈 7、16 和推力球轴承 6 装在主轴上，最后把主轴移动到规定位置；从箱体后端，把图 8-28 所示的后轴承壳体分组件装入箱体，并拧紧螺钉；将圆锥滚子轴承 4 的内圈装在主轴上，敲击时用力不要过大，以免主轴移动；依次装入衬套 3、盖板 2、螺母 1 及前法兰盘分组件，并拧紧所有螺钉；调整、检查。

轴承的正确安装与拆卸

（1）滚动轴承安装前的准备工作

① 准备必要的工具。

② 检查与轴承相配的相关零件，其尺寸是否符合图样要求；轴承型号与图样要求是否一致；擦洗零件相关表面，并在上面涂上一层薄油。

③ 用汽油或煤油清洗轴承，并擦净待用。

（2）滚动轴承的安装

滚动轴承的装配方法应根据轴承的结构、尺寸大小和轴承部件的配合性质来确定。装配时的压力应直接加在待配合的套圈端面上，而不应通过滚动体传递压力。

当装配小型轴承时，可使用手锤与简单的辅助套筒，如图 8-30 所示。而对于中、小型轴承，可用各种液压机，安装时，液压机在内圈上施加压力，将轴承压套到轴颈上；对于较大的中、大型轴承，常采用温差法装配，轴承放入热油中加热后，将轴承套入轴颈。加热温度一般为 80℃～100℃ ，不允许超过 120℃ 。

（3）滚动轴承的拆卸

对于配合较松的小型轴承，可用手锤和铜棒从背面沿轴承内圈四周将轴承轻轻敲出（见图 8-31）。用压力法拆卸轴承，使用较多的是用拉杆拆卸器（俗称拉马）；如图 8-32（a）所示。它是靠 2～3 个拉爪，钩住轴承内圈而拆下轴承的。为此，应在内圈轴肩上留出足够的高度，若高度不够，可在轴肩上开槽，如图 8-32（b）所示，以便放入拉爪 。

对于拆卸后还需重复使用的轴承，拆卸时不能将拆卸的作用力施加在滚动体上，同时不能损坏轴承的配合表面。

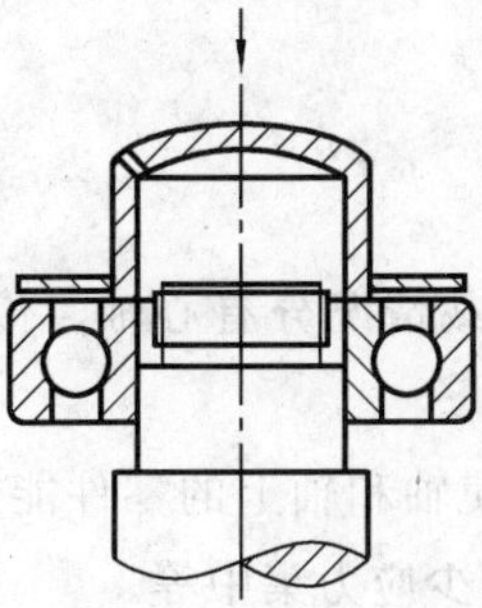

图 8-30　用手锤和套筒安装轴承

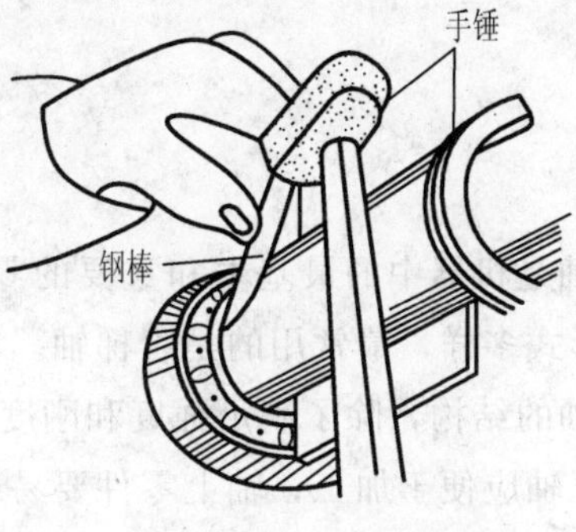

图 8-31　用手锤和铜棒拆出轴承

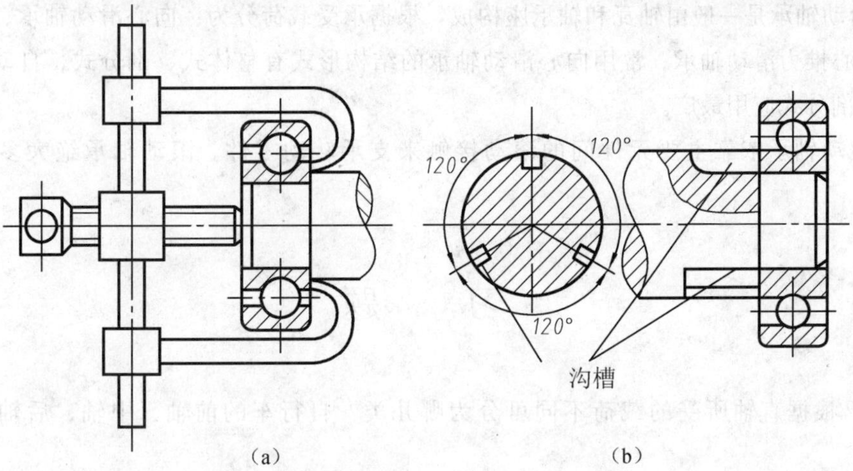

图 8-32　用拉杆拆卸器拆出轴承

(4) 滚动轴承的装配注意事项

在装配过程中，应保持环境洁净，以免污染轴承；在同轴的两个轴承中，必须有一个轴承的外圈（或内圈）可以在热胀时产生轴向移动，以免轴或轴承产生附加应力，严重时会使轴承咬住；滚动轴承上标有代号的端面应装在可见的部位，以便于今后的检修；装配后，轴承在轴上和壳体孔中不能有歪斜和卡住现象，运转应灵活，无噪声。

4. 实训记录与分析

见书末附表 1。

思　考　题

① 轴与轴之间依靠什么连接？

② 如何调节由于运转使温度升高而导致主轴的伸长量？

小　结

1. 轴是机器中的最基本和重要的零件之一，根据受载情况分有心轴、传动轴和转轴。其结构形式多样，最常用的是阶梯轴。

2. 轴的结构，除了满足强度和刚度要求外，还必须使轴和轴上的零件能保持准确的工作位置；轴应便于加工，轴上零件要易于装拆；应尽量减少应力集中等。

3. 轴的强度计算可以按扭转强度计算也可以按弯扭合成强度计算。

4. 滑动轴承是一般由轴瓦和轴承座构成，根据承受载荷分为：向心滑动轴承、推力滑动轴承、向心推力滑动轴承。常用向心滑动轴承的结构形式有整体式、剖分式、自动调心式三种，其中剖分式应用最广。

5. 滚动轴承依靠主要元件间的滚动接触来支承转动零件。滚动轴承绝大多数已经标准化。

习　题

8-1　根据直轴所受的载荷不同可分为哪几类？自行车的前轴、中轴、后轴各属什么类型？

8-2　轴的常用材料有哪些？

8-3　试述轴上零件的固定形式有哪几种？其目的是什么？各有哪些方法？

8-4　轴的结构形式应满足哪些要求？

8-5　列举出六种不同的轴向定位方式。

8-6　轴上零件的周向固定有哪些方法？

8-7　为什么许多轴都设计成阶梯形？

8-8　提高轴疲劳强度的结构措施有哪些？

8-9　如题 8-9 图所示，轴的结构有哪些地方需要改进？为什么？

8-10　检查题 8-10 图中 1 、2 、3 、4 处的结构是否合理？应如何改进？

8-11　滑动轴承适用于什么场合？

8-12　滑动轴承有哪些主要类型？各类轴承的结构特点是什么？

8-13　选用轴瓦和轴承衬材料应满足哪些基本要求？常用的材料有哪些？

8-14　滚动轴承的基本结构由哪些零件组成？

8-15　试说明下列滚动轴承代号的含义：30308、LN203、6210/C3、7210C、51208、N208E/P4、7208AC/P5。

8-16　下列情况选择哪种轴承比较合适？

(1) 主要承受径向力而轴向力较小者。

(2) 承受纯轴向力。

(3) 承受径向力，又承受较大轴向力，转速较高者。

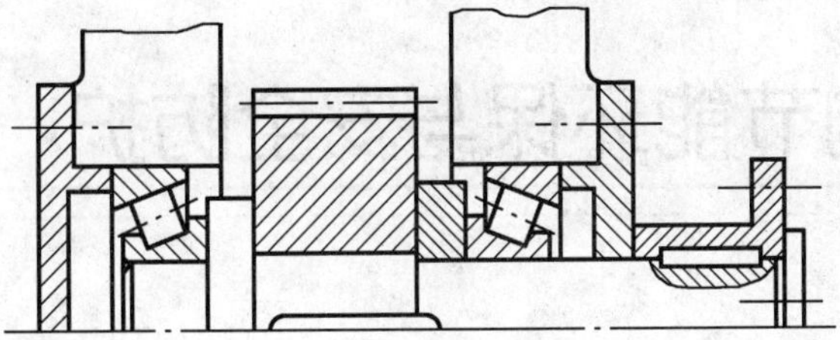

题 8-9 图

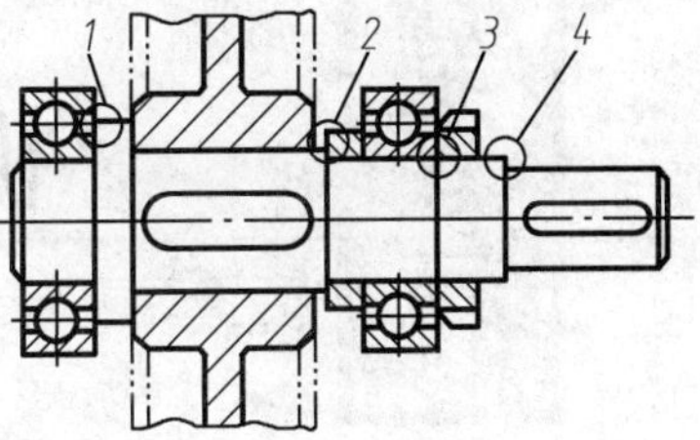

题 8-10 图

第9章 机械的节能环保与安全防护

由于科技工业的高度发展，人们使用了大量的自动化机械，上至天，下至地，提高了生产效率，使交通更加便利，科技带给人们美好的生活。但万事皆利弊并存，在人类享受高科技的同时也遭受到其负面影响。机械的节能环保与生产的安全防护问题越来越受到人们的关注与重视，如图 9-1 和图 9-2 所示。

图 9-1　风力发电

图 9-2　安全防护

9.1　机械润滑

机械在运动过程中，各相对运动的零部件的接触表面会产生摩擦和磨损，摩擦是机械运动过程中不可避免的。在日常生活和工程实践中，很多器具和设备的最终报废不是强度和刚度的原因，而是因磨损严重导致不能正常使用而废弃。要维护机械的正常运转，减少噪声，保持运转精度，必须采用合理的润滑，如图 9-3 所示。

9.1.1　润滑剂的种类、性能及选用

在摩擦面间加入润滑剂不仅可以降低摩擦，减轻磨损，保护零件不遭锈蚀，而且在采用循环润滑时还能起到散热降温的作用。由于液体的不可压缩性，润滑油膜还具有缓冲、吸振的能力。使用膏状的润滑脂，既可防止内部的润滑剂外泄，又可阻止外部杂质侵入，

图 9-3 添加润滑油

避免零件的磨损，起到密封作用。

1. 润滑剂的种类和性能

工业生产中最常用的润滑剂有润滑油、润滑脂，此外还有固体润滑剂、气体润滑剂等。

(1) 润滑油

润滑油分为工业润滑油和车用润滑油两大类。其中工业润滑油主要有液压油、齿轮油、轴承油等；车用润滑油油包括发动机油，水箱及冷却系统用油，刹车及离合系统用油等。

润滑油是用量最大、品种最多的一类润滑材料，包括矿物油、合成油、动植物油和水基液体等。流体润滑剂可提供低的、稳定的摩擦系数以及低的可压缩性，能有效地从摩擦表面带走热量，保证相对运动部件的尺寸稳定和设备精度，而且它的价格低廉，因而获得广泛应用。矿物油是目前用量最大的一种液体润滑剂。

(2) 润滑脂

这是在常温、常压下呈半流体状态，并且有胶体结构的润滑材料，称为润滑脂。一般分为皂基脂、烃基脂、无机脂、有机脂四种。它们除具有抗摩、减磨性能外，还能起密封、减震等作用，并使润滑系统简单、维护管理方便、节省操作费用，从而获得广泛使用。其缺点是流动性小，散热性差，高温下易产生相变、分解等。

(3) 固体润滑剂

固体润滑剂分为无机物和有机物两类。前一类包括石墨、二硫化钼、氧化物、氟化物、软金属等；后一类包括聚四氟乙烯、尼龙、聚乙烯、聚酰亚胺等。按其形状可分为固体粉末、薄膜和自润滑复合材料三种。这类润滑材料能够适应高温、高压、低速、高真空、强辐射等特殊使用工况，特别适合于给油不方便、装拆困难的场合。当然，它也有摩擦系数较高、冷却散热不良等缺点。

(4) 气体润滑剂

常用气体润滑剂有空气、氦、氮、氢等。一般较常用的是气体轴承，其特点为提高运动精度。

2. 润滑剂的选用

润滑剂的选用的一般原则见表 9-1。

表 9-1　润滑剂的选用的一般原则

工作条件	润滑剂的选用
载　荷	载荷大或冲击负荷较大，适于选用粘度较高，或极压性能好的润滑油，锥入度较小或极压性能好的润滑脂，或固体润滑剂 载荷小，适于选用粘度较小的润滑油，或锥入度较大的润滑脂
速　度	速度高，适于选用粘度较小的润滑油，或锥入度较大的润滑脂，或固体润滑剂 速度低，适于选用粘度较大的润滑油，或锥入度较小的润滑脂
温　度	高温条件下，适于选用粘度较大、闪点较高、油性好以及氧化安定性好的润滑油，或选用氧化安定性好，滴点较高的润滑脂，或固体润滑剂 低温条件下，适于选用粘度较小、凝点低的润滑油，或低温性能好的润滑脂。
环　境	在潮湿或与水接触较多的工作条件下，适于选用抗乳化能力强和油性、防渗性较好的润滑油、脂 在强辐照和放射线条件下，在人不便于接近的场合、有腐蚀的环境中、或超高真空条件下，适于选用固体润滑剂
工作位置	在润滑油容易流失的工作表面上，适于选用粘度较大的润滑油，或稠度大的润滑脂，或固体润滑剂
表面精度	工作表面粗糙，适于选用粘度较大的润滑油，或锥入度较小的润滑脂。反之，适于选用粘度较小，或锥入度较大的润滑油或润滑脂。
润滑方式	在循环润滑系统中，要求换油期长、易散热，适于选用粘度小、氧化安定性好、抗泡沫性能好的润滑油。 在集中干油润滑系统中，适于选用锥入度大的润滑脂。

9.1.2　机械常用润滑剂和润滑方式

1. 常用润滑剂

(1) 润滑油

润滑油是使用最广泛的润滑剂，可以分为三类：一是有机油，通常是动物或植物油；二是矿物油，主要是石油产品；三是化学合成油。其中因矿物油来源充足，成本低廉，适用范围广，而且稳定性好，故应用最多。

无论哪类润滑油，若从润滑观点考虑，主要是从以下指标评判它们的优劣，见表 9-2。

表 9-2　润滑油主要质量指标

指　标	说　明
黏　度	流动物质内部阻力的量度，对润滑油来说，是在一定温度下，黏稠程度的指标，黏度是润滑油分类分级和评定油品质量的最主要质量指标。我国使用的黏度指标为运动黏度

续表

指　　标	说　　明
黏度指数	表示润滑油随温度变化的指标，是一相对值，指数高则表示润滑油随温度变化小
闪　　点	在规定条件下，加热润滑油所逸出的蒸气和空气组成的混合物与火焰接触发生瞬间闪火时的最低温度，称为闪点。闪点是一个安全指标，划分油品的危险等级，闪点在45℃以下为易燃品，45℃以上为可燃品。
凝　　点	润滑油在规定的条件下，冷却至油不流动时最高温度，称为凝点，它是评价油品低温流动性能的指标。凝点高的油不能在低温下使用，一般润滑油的使用温度应高于润滑油凝点10℃～20℃。
倾　　点	在规定条件下，被冷却了的润滑油开始连续流动时的最低温度，称为倾点。它是表示油品低温流动性能的指标，由于倾点比凝点更能反映低温流动性能，因此多用倾点表示低温流动性能

常用润滑油的主要质量指标及用途见表9-3.

表9-3　常用润滑油的主要质量指标及用途

名　　称	黏度牌号	主要质量指标					简要说明及主要用途
		运动黏度/($mm^2 \cdot s^{-1}$)(40℃)	凝点/℃(≤)	倾点/℃(≤)	闪点/℃(≤)	黏度指数	
全损耗系统用油(GB443—1989)	L—AN15	13.5～16.5	−15		65		适用于对润滑油无特殊要求的锭子、轴承、齿轮和其他低负荷机械等部件的润滑，不适用于循环系统
	L—AN22	19.8～24.2	−15		170		
	L—AN32	28.8～35.2	−15		170		
	L—AN46	41.4～50.6	−10		180		
	L—AN68	61.2～74.8	−10		190		
L－HL液压油(GB11118.1—1994)	L—HL32	28.8～35.2		−6	180	90	抗氧化、防锈、抗浮化等性能优于普通机油。适用于一般机床主轴箱、液压箱和齿轮箱及类似的机械设备的润滑
	L—HL46	41.4～50.6		−6	180	90	
	L—HL68	61.2～74.8		−6	200	90	
	L—HL100	90.0～110		−6	200	90	
工业闭式齿轮油(GB5903—1995)	L—CKB100	90.0～110		−8		90	一种抗氧防锈型润滑油。适用于正常油温下运转的轻载荷工业闭式齿轮润滑
	L—CKB150	135～165		−8		90	
	L—CKB220	198～242		−8		90	

(2) 润滑脂

这是除润滑油外应用最多的一类润滑剂。它是润滑油与稠化剂（如钙、锂、钠的金属皂）的膏状混合物。根据调制润滑脂所用皂基之不同，润滑脂主要有以下几类。

① 钙基润滑脂。这种润滑脂具有良好的抗水性，但耐热能力差，工作温度不宜超过55℃～65℃。

② 钠基润滑脂。这种润滑脂有较高的耐热性，工作温度可达120℃，但抗水性差。由于它能与少量水乳化，从而保护金属免遭腐蚀，比钙基润滑脂有更好的防锈能力。

③ 锂基润滑脂。这种润滑脂既能抗水、耐高温（工作温度不宜高于145℃），而且有较好的机械安定性，是一种多用途的润滑脂。

④ 铝基润滑脂。这种润滑脂具有良好的抗水性，对金属表面有高的吸附能力，故可起到很好的防锈作用。

润滑脂的主要质量指标见表9-4.

表9-4　润滑脂主要质量指标

指　标	说　明
滴　点	规定条件下，润滑脂达到一定流动性时的最低温度，称为滴点，以 *c* 表示。根据滴点可以判定润滑脂的使用温度，润滑脂的使用温度，一般应低于滴点20℃～30℃，甚至还低
锥 入 度	在25℃时，总载荷为150g±0.25g的标准锥在5 s内垂直穿入润滑脂深度，以1/10 mm表示。锥入度是表示润滑脂软硬程度、锥入度大则表示润滑脂软、稠度小，锥入度是润滑脂最重要质量指标
机械安定性	又称剪切安定性，表示润滑脂在机械工作条件抵抗稠度变化的能力

2. 润滑方式

（1）手工定时润滑

靠手工定时加油、加脂，属于间歇润滑。润滑装置结构简单，但不可靠，用于轻载、低速和不重要部位。常用油杯的结构如图9-4所示。

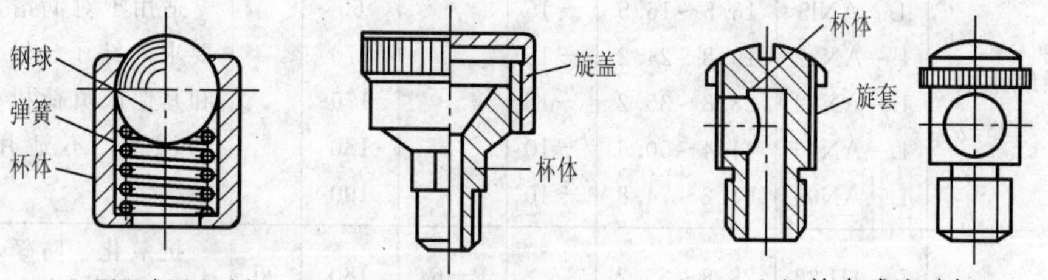

（a）压配式压注油杯（GB/T 1155—1989）　（b）旋盖式油杯（GB/T 1154—1989）　（c）旋套式注油杯（GB/T 1156—1979）

图9-4　油杯

（2）连续润滑

连续润滑，供油比较可靠，有的还可以调节。常用的连续润滑方式有以下几种。

① 油绳、油垫润滑。油绳润滑是用毛线或棉纱作成芯捻，其一端浸在油内，利用毛细管的虹吸原理向供油部位供油，如图9-5所示。润滑装置结构简单，但油量不大，调节不便。用于载荷、速度不大的场合。

油垫润滑是另一种利用毛细管虹吸原理的润滑方式。将毛毡、棉纱和泡沫塑料制成的油垫浸在油池中，油垫靠本身弹性压紧在摩擦表面上供油，如图9-6所示。

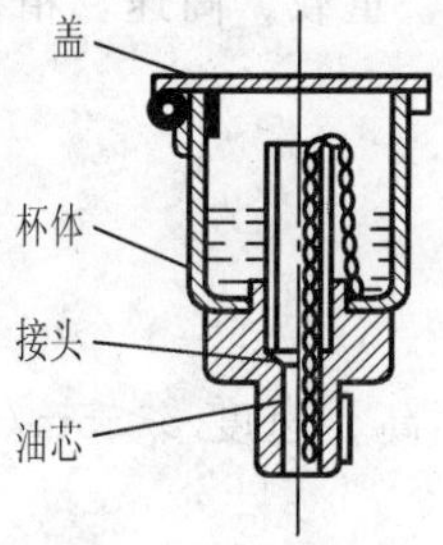

图 9-5　油绳润滑

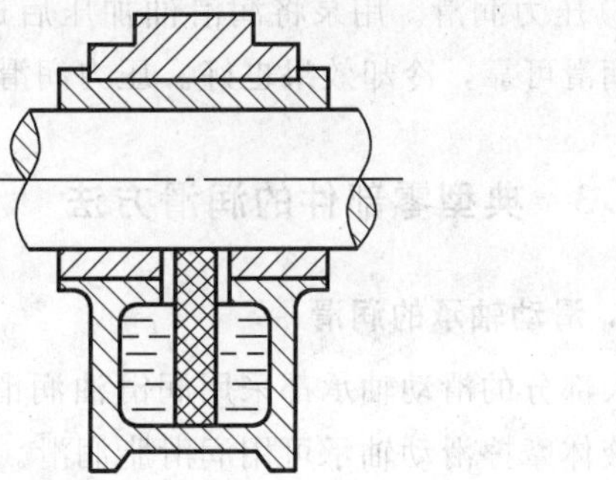

图 9-6　油垫润滑

② 针阀式注油油杯润滑。当手柄位于图 9-7 所示的水平位置时，针阀受弹簧推压向下堵住油孔。手柄转 90°变为直立位置时，针阀上提，油孔敞开供油。调整调节螺母可以调节滴油量。这种润滑装置可以手动，也可以自动，用于要求供油量一定、连续供油的场合。

③ 油浴、溅油润滑。如图 9-8 所示，齿轮减速器的大齿轮下部浸在油中，齿轮转动时将油带入啮合部位，进行润滑，这种润滑方式称为油浴润滑。齿轮转动时使润滑油飞溅雾化散布到其他零件上进行润滑，称为溅油润滑。

由于油浴、飞溅润滑都能保证在开车后自动将润滑油送入摩擦副，而停车时又自行停送，所以润滑可靠、耗油少、维护简单，广泛应用于机床、减速器及内燃机等闭式传动中。

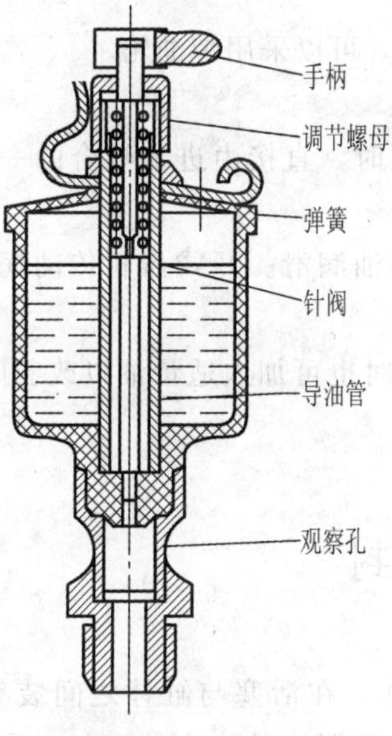

图 9-7　针阀式注油杯

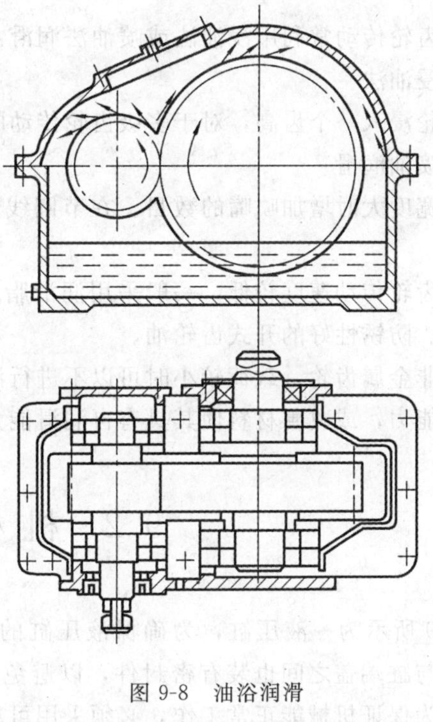

图 9-8　油浴润滑

④ 油雾润滑。用压缩空气将润滑油从喷嘴喷出，使润滑油雾化后随压缩空气弥散至摩擦表面起润滑作用。油雾能带走摩擦热和冲洗掉磨屑，常用于高速滚动轴承、齿轮传动以及滑板、导轨的润滑。

⑤ 压力润滑。用泵将润滑油加压后送到润滑部位，给油量丰富，而且油量控制方便，不但润滑可靠，冷却效果也好。压力润滑广泛用于大型、重载、高速、精密等重要场合。

*9.1.3 典型零部件的润滑方法

1. 滑动轴承的润滑

大部分的滑动轴承都采用润滑油润滑，对于要求不高、速度 $v<5m/s$、难以经常供油的非液体摩擦滑动轴承可用润滑脂润滑。

滑动轴承采用润滑油的润滑方式有针阀油杯滴油、飞溅油环、压力循环供油方式；采用润滑脂的润滑方式有压注油杯、旋盖油杯供油方式。

2. 滚动轴承的润滑

滚动轴承既有滚动摩擦也有滑动摩擦。随着速度和负荷的增加，滚动轴承的滑动摩擦增大。采用合理的润滑方式和正确地选用润滑剂，适宜地控制润滑剂数量对提高轴承寿命非常重要。

在 dn 值较高或轴上零件采用油润滑时，滚动轴承应采用油润滑。

滚动轴承的润滑方法可采用飞溅润滑、压力润滑、油雾润滑等。

在 dn 值较小时，采用脂润滑。换用润滑脂时，必须拆卸有关连接部件。

3. 齿轮传动的润滑

闭式齿轮传动常利用浸油法或喷油法润滑：

(1) 浸油法

大齿轮浸入一个齿高，对于多级齿轮传动的高速级，可以采用带油轮。

(2) 喷油润滑

齿轮宽度大时增加喷嘴的数目。在节圆线速度不大时，直接由进入啮合的一侧向啮合处喷油。

开式齿轮传动速度较低，一般采用润滑脂或定时滴油润滑。开式齿轮传动润滑油采用粘度很高、防锈性好的开式齿轮油。

对于非金属齿轮，载荷较小时可以不进行润滑。有时也可加入适量油以改善摩擦性能，提高承载能力，或改善材料使其具有自润滑能力。

9.2 机械密封

图 9-9 所示为一液压缸，为确保液压缸的正常工作，在活塞与缸体之间装有密封件、在活塞杆与缸端盖之间也装有密封件，以避免液压油的泄漏、及防止外面灰尘和水分的进入。因此为保证机械能正常工作，必须采用可靠的密封。

密封装置的类型很多，把位于相对运动结合面之间的密封称为动密封，如图 9-9 所示的活塞与缸体之间和活塞杆与缸端盖之间的密封；把位于相对静止不动结合面之间的密封称为静密封，如液压缸端盖与缸体之间和活塞与活塞杆之间的密封。按密封件与其作用相

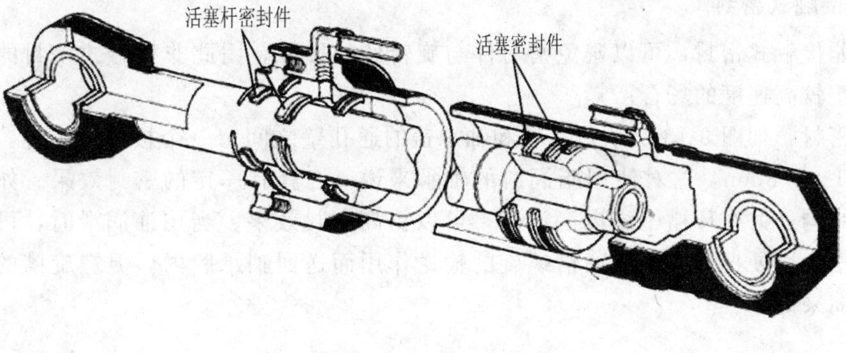

图 9-9　液压缸

对运动的零部件是否接触，可以分为接触式密封和非接触式密封。所有的静密封和大部分的动密封都是接触式密封。

1. 接触式密封

由于接触式密封是利用密封元件与结合面的压紧而起密封作用，必定产生摩擦损耗，因此这种密封方式不宜用于高速。

① 垫片密封，用于静密封。在结合面处加垫片，达到密封的目的。常温、常压、普通介质可用纸或橡胶垫片；高压、特殊高温、低温场合可用聚四氟乙烯垫片；高温、高压可用金属垫片。

② 密封胶密封，用于静密封。

③ O 形橡胶圈密封。用于静密封，利用安装沟槽使密封圈预压缩而密封，在介质压力作用下产生自紧作用而增强密封效果。O 形圈具有双向的密封能力，如图 9-10 所示。

④ 毡圈密封。用于动密封，在轴承端盖上开出梯形槽，放置在梯形槽中以与轴紧密接触，这种密封主要用于脂润滑的场合，它结构简单，但摩擦阻力较大，只适用于滑动速度较小的场合，主要起防尘作用。当与其他密封组合使用时也可用于油润滑，如图 9-11 所示。

⑤ 唇形密封圈密封。用于动密封，在轴承端盖中，放置一个用耐油橡胶制的唇形密封圈，以起到密封作用。若主要是为了封油，密封唇应对着轴承；若主要是为了防止外物浸入，则密封唇应背着轴承；若两个作用都要有，应使用密封唇反向放置的两个唇形密封圈。有的唇形密封圈还装在一个钢套中，可与端盖较精确地装配，如图 9-12 所示。

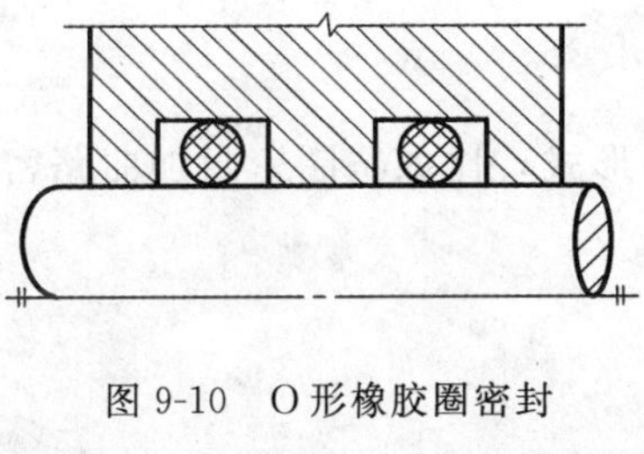

图 9-10　O 形橡胶圈密封

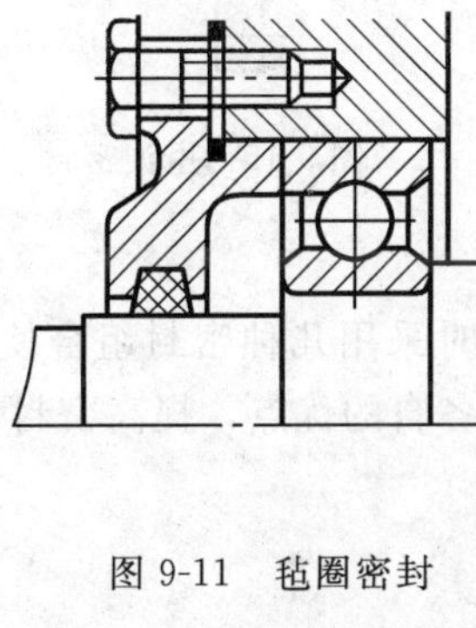

图 9-11　毡圈密封

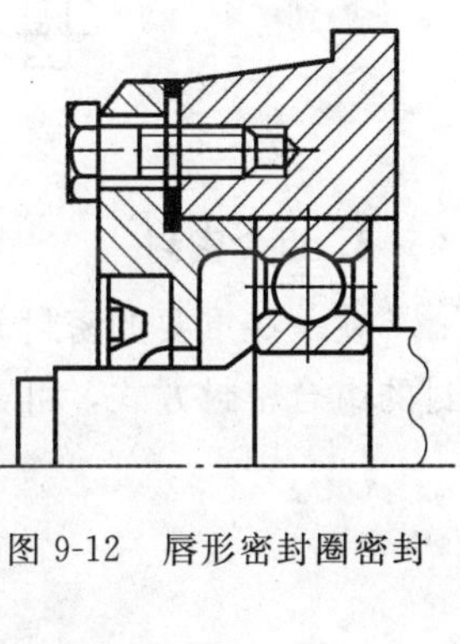

图 9-12　唇形密封圈密封

2. 非接触式密封

采用非接触式密封，可以避免密封件与旋转件的接触。因此非接触式密封的密封性较差，适用于较高速度的场合。

间隙密封：如图 9-13 所示，在轴和轴承盖的通孔壁之间留一个极窄的隙缝，半径间隙通常为 0.1～0.3mm，这对使用脂润滑的轴承来说，已具有一定的密封效果。如果再设计一些环槽结构，并在环槽中添以润滑脂，可以提高密封效果。当用油润滑时，可在端盖上车出螺纹槽，以便把欲流出的油借螺旋的输送作用而送回轴承腔内。但螺旋槽的旋向需根据轴的转向来确定。

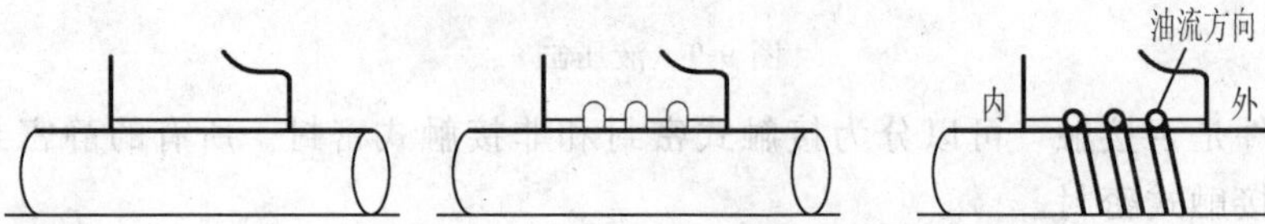

图 9-13　间隙密封

曲路密封：当环境比较脏和比较潮湿时，采用曲路密封是相当可靠的。如图 9-14 所示，曲路密封是由旋转的和固定的密封零件之间拼合成的曲折的隙缝所形成的。隙缝中添入润滑脂，可增加密封效果。根据结构，曲路的布置可以径向的或轴向的。

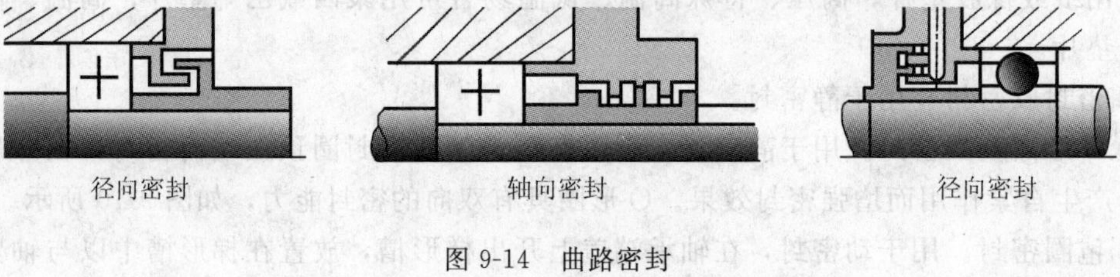

径向密封　　轴向密封　　径向密封

图 9-14　曲路密封

甩油密封：如图 9-15 所示，油润滑时，在轴上开出沟槽或装入一个环，都可以把欲向外流失的油甩开，再经过轴承端盖的集油腔及与轴承腔相通的油孔流回。或在紧贴轴承处装一甩油环，在轴上车有螺旋式送油槽，可有效地防止油外流，但这时轴必须按一个方向旋转。

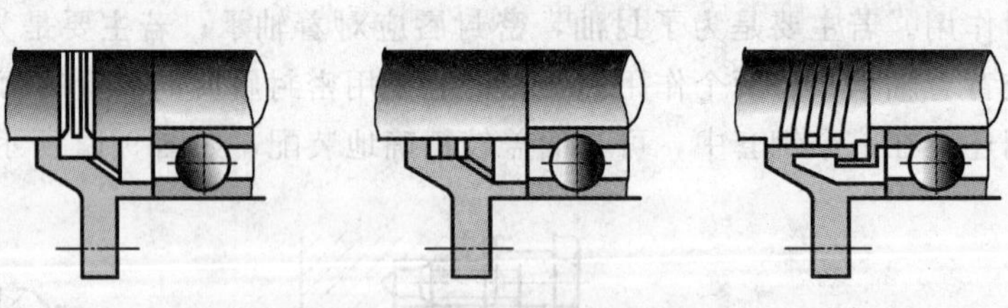

图 9-15　甩油密封

3. 组合密封

在一些重要的密封部位常同时采用几种密封组合使用的形式，比如毡圈密封加曲路密封的组合密封方式，可充分发挥各自的优点，提高密封效果。

9.3　机械环保与安全防护

机械是现代生产和生活中必不可少的装备。机械在给人们带来高效、快捷和方便的同时，在其制造及运行、使用过程中，也会带来撞击、挤压、切割等机械伤害（见图 9-16）和触电、噪声、高温等非机械危害。

图 9-16　工地上 17m 塔吊“折腰”倒地

*9.3.1　机械噪声的形成和防护措施

噪声危害主要表现在它对环境和人体健康方面的影响，会影响人的睡眠、工作、交谈、收听和思考，会造成人的听觉器官损伤，会使人出现头疼、脑涨、记忆力减退等症状等。

噪声通常定义为“不需要的声音”，是一种环境现象。人一生都暴露在有噪声的环境里。因此要采用一定的措施降低噪声的强度和减少噪声危害。

1. 机械噪声形成

物体振动是产生声音的根源。因此机械噪声按声源的不同可分为三类。

① 空气动力性噪声：由气体振动产生，如通风机、压缩机、发动机、喷气式飞机等产生的噪声。

② 机械性噪声：由固体振动产生，如齿轮、轴承和壳体等振动产生的噪声；

③ 电磁性噪声：由电磁振动产生，如电动机、发电机和变压器等产生的噪声。

2. 机械噪声的防护措施

控制噪声的基本途径首先是控制噪声源，其次是控制噪声传播和噪声接收。

（1）噪声源的控制

控制噪声源的振动是最根本的办法。一般措施包括：减小冲击力、对旋转质量作动平衡；在设备安装和零部件装配时进行正确的校准和对中；保证相对运动件结合面的良好润滑，并降低结合面的表面粗糙度；电气部件间的电磁力平衡；采取减振和隔振措施，以降低辐射噪声的构件对激励力的响应，如改变构件的固有频率，增大振动件或整个机械系统的阻尼等。

（2）噪声传播的控制

使噪声在传播途中衰减，以减少传递到接收部分的能量。一般措施包括：对噪声源采用隔声罩；在噪声源与接收部分之间设置隔声障壁；在车间的四壁、顶板上加附吸声材料，在空间装设吸声板；针对某些设备安装消声器；合理选择新建厂厂址、合理布置车间建筑物等。

（3）噪声接收部分的控制

当控制噪声源和噪声传播不能满足要求时，可使用耳塞、耳罩和头盔等个人防护装置。

合理安排劳动制度。工作日宽余插休息时间，休息时间离开噪声环境，限制噪声作业的工作时间，可减轻噪声对人体的危害。

9.3.2 机械传动装置中的危险零部件

机械传动装置大都由刚性构件组成，运动构件作转动，往复及直线运动，因此机械设备的危险部位可造成碰撞、挤夹、切割、卷入、烫伤等多种伤害。其主要危险部位如下：

① 旋转部件和成切线运动部件间的咬合处，如动力传输皮带和皮带轮、链条和链轮、齿条和齿轮等。

② 旋转的轴，包括连接器、心轴、卡盘、丝杠和杆等。

③ 旋转的凸块和孔处。含有凸块或空洞的旋转部件是很危险的，如风扇叶、凸轮、飞轮等。

④ 对向旋转部件的咬合处，如齿轮、混合辊等。

⑤ 旋转部件和固定部件的咬合处，如辐条手轮或飞轮和机床床身、旋转搅拌机和无防护开口外壳搅拌装置等。

⑥ 接近类型，如锻锤的锤体、动力压力机的滑枕等。

⑦ 通过类型，如金属刨床的工作台及其床身、剪切机的刀刃等。

⑧ 单向滑动部件，如带锯边缘的齿、砂带磨光机的研磨颗粒、凸式运动带等。

⑨ 旋转部件与滑动之间，如某些平板印刷机面上的机构、纺织机床等。

⑩ 动力部件，电动机、内燃机、蒸汽机、气压，油压等。

9.3.3 机械伤害的成因及防护措施

1. 机械伤害的成因

① 不安全的环境。

机械安全设计不良；工作地点照明不良；工作地点不整洁；机械保养或调整不当；工作位置拥挤等。

② 不安全的动作行为操作人员训练不足而使用安全防护工具；操作人员未用钳和铗等工具，而用手直接进料；采用不适当的速度操作机器；使用安全装置无效的机器；修理运转中的机械等。

③ 安全生产制度、操作规程不健全，执行与监管不到位等。

2. 机械伤害的防护措施

(1) 护罩法

护罩式是四周围完全将工作点或伤害点封闭。固定式护罩最常使用，因可将危险动作完全隔绝，并可避免机件破裂时的碎片飞出伤人。

(2) 连锁法

连锁法的防护装置，并不固定，视操作需要可以开启或移动，原则是防护未装上，机器不能开动，防护必须装上，机器才能开动。

(3) 遥控法

通常皆用两手远距机器操作，可采用电气按钮、机械手柄、气动开关操作。此种遥控动作，要确保操作人员双手均不可能进入危险地区。

(4) 改善进料与出料之方法

许多机器的进料，多半是以人手直接将料送进机器的工作点，因此造成很多的伤害。常用工具代替手进料，即以钳、铗、吸嘴等工具代替手直接进料，机器的出料，可采用自动出料方法，即震动法、吹出法、重力法等。

(5) 其他方法

机械意外事故的防护方法还有：维护机器的正常运转、保持良好的机械作业环境、使用经形式检定合格的机械、制定完善的安全守则、在职的上岗培训等。

小　结

1. 润滑的主要作用是降低摩擦、减少磨损、防止腐蚀、提高效率，改善机器运转状况，延长机器的使用寿命。

2. 常用的润滑剂有：润滑油、润滑脂、固体润滑剂、气体润滑剂。

3. 常用的润滑方式有：手工加油润滑、滴油润滑、油环润滑、浸油润滑、飞溅润滑、压力润滑。

4. 常用密封方式有：接触式密封和非接触式密封。

5. 机械设备的危险部位可造成碰撞、挤夹、切割、卷入、烫伤等多种伤害。

6. 机械安全防护措施的选择。

习　题

9-1　润滑油和润滑脂的主要质量指标有哪几项？

9-2　常用的润滑方式有哪几种？各有何特点？各适用于什么场合？

9-3　试述滑动轴承、滚动轴承的润滑。

9-4　密封的分类有哪些？

9-5　对密封的要求有哪几项？

9-6　试述机械噪声的形成和防护措施。

9-7　简述机械安全防护措施的选择。

第10章

机械零件的精度

如图 10-1 所示的齿轮液压泵，各个零件通过键连接、螺纹结合、齿轮传动等各种形式连接成为一个整体。显然，要满足齿轮泵的使用功能，保证装配质量，必须控制零件的精度；机械零件加工后，是否符合零件的精度要求，还要通过检测才能知道。

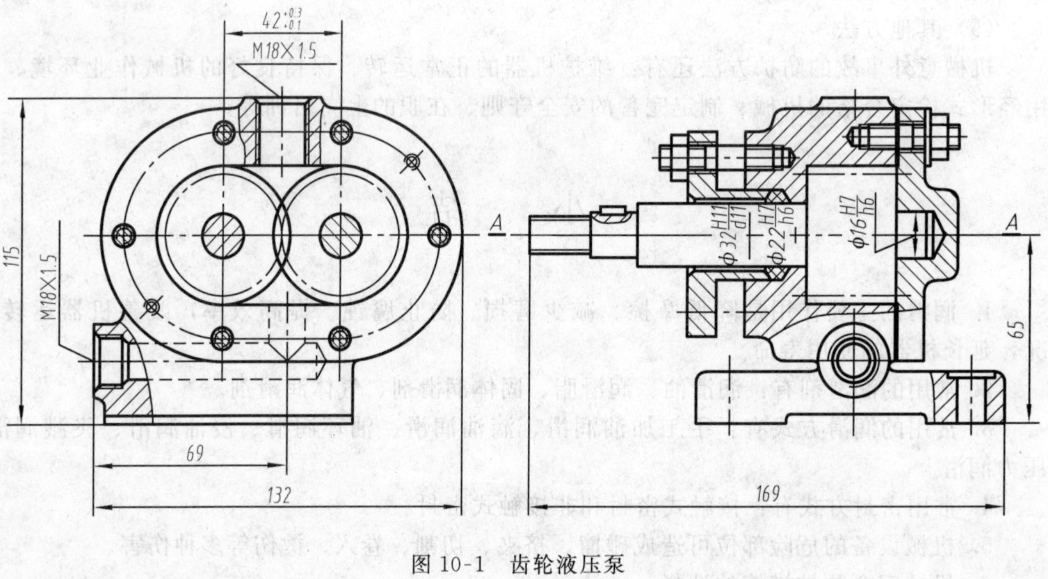

图 10-1　齿轮液压泵

10.1 极限与配合

以零件的尺寸公差为例。图 10-1 中齿轮轴的两端轴颈与泵盖的孔作间隙配合，由于轴颈要求在泵盖孔中作中速运转，因此配合间隙既不能过大，也不能过小（设计间隙允许范围为＋0.016～＋0.045mm），为此对轴颈和泵盖的孔分别规定了实际尺寸的变动范围。譬如：轴颈实际尺寸允许在 ϕ14.973～ϕ14.984mm 范围内变化；泵盖孔的实际尺寸在 ϕ15.000～ϕ15.018mm 范围内变化。在这方面，国家标准作了相应的规定。

10.1.1 极限与配合的术语、定义和相关标准

在成批或大量生产中，一批零件在装配前不经过挑选，在装配过程中不经过修配，在装配后即可满足设计和使用性能要求，零件的这种在尺寸与功能上可以互相代替的性质称为互换性。极限与配合是保证零件具有互换性的重要标准。

1. 极限与配合的术语和定义

通常把工件的圆柱形内表面，也包括非圆柱形内表面称为孔；把工件的圆柱形外表面，也包括非圆柱形外表面称为轴。

(1) 有关尺寸的术语定义

① 尺寸。尺寸是指用特定单位表示线性尺寸的数值。图样上的尺寸通常以毫米（mm）为单位，在标注时常将单位省略。

② 公称尺寸。公称尺寸是设计给定的尺寸，一般应符合标准尺寸系列。如图 10-2 所示，ϕ24 mm 及 30 mm 为圆柱销直径和长度的公称尺寸。

③ 实际尺寸。通过测量所得的尺寸。由于测量过程中，不可避免地存在测量误差，因此实际尺寸并非尺寸的真值。另外，由于零件形状误差的影响，在同一横截面内，不同方向上的实际尺寸也可能不相等，如图 10-3 所示。

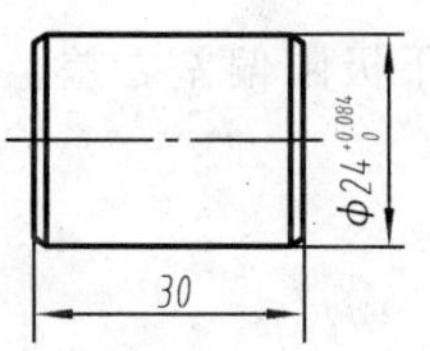

图 10-2 公称尺寸

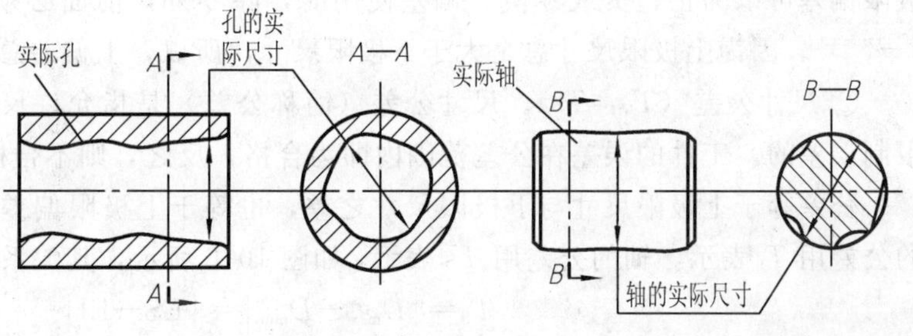

(a) (b)

图 10-3 孔、轴的实际尺寸

④ 极限尺寸。允许尺寸变化的两个界限值就是极限尺寸。其中较大的称为上极限尺寸，较小的称为下极限尺寸。若完工零件任一位置的实际尺寸都在此范围内，即实际尺寸小于或等于上极限尺寸，大于或等于下极限尺寸的零件方为合格。否则，为不合格。

如图 10-4 所示：孔的公称尺寸（D）为 ϕ30mm，孔的上极限尺寸（D_{max}）为 ϕ 30 .021 mm，孔的下极限尺寸（D_{min}）为 ϕ30mm；轴的公称尺寸（d）为 ϕ30mm，轴的上极限尺寸（d_{max}）为 ϕ29. 980mm，轴的下极限尺寸（d_{min}）为小 ϕ29. 967mm 。

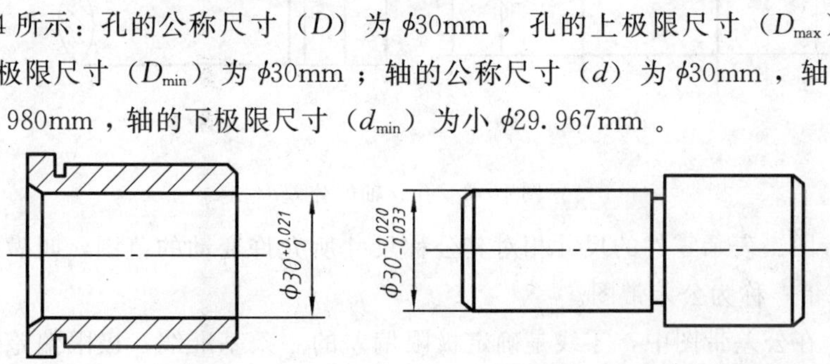

(a) (b)

图 10-4 孔、轴的公称尺寸和极限尺寸

(2) 有关尺寸偏差和公差的术语及定义

① 尺寸偏差（简称偏差）。某一尺寸（实际尺寸、极限尺寸等）减其公称尺寸所得的代数差称为尺寸偏差（简称偏差）。

a. 实际偏差。实际尺寸减其公称尺寸所得的代数差称为实际偏差。零件的实际偏差应在规定的极限偏差范围内。

b. 极限偏差。极限尺寸减其公称尺寸所得的代数差称为极限偏差，如图 10-5 所示。

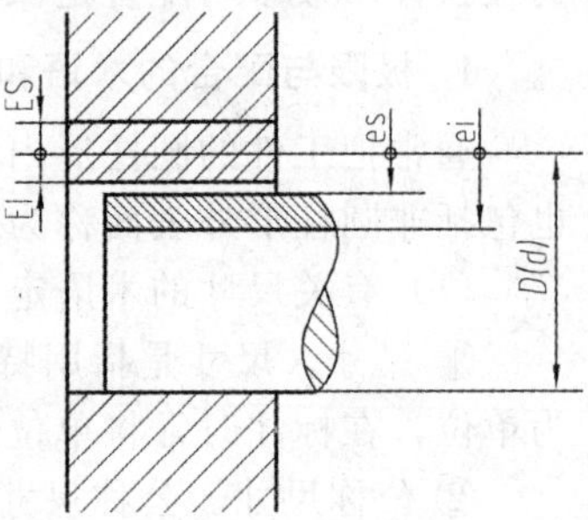

图 10-5　极限偏差

上极限偏差：最大极限尺寸减其公称尺寸所得的代数差称为上极限偏差。孔用 ES 表示，轴用 es 表示。

$$\mathrm{ES}= D_{\max}-D$$

$$\mathrm{es}= d_{\max}-d$$

下极限偏差：最小极限尺寸减其公称尺寸所得的代数差称为下极限偏差。孔用 EI 表示，轴用 ei 表示。

$$\mathrm{EI}= D_{\min}-D$$

$$\mathrm{ei}= d_{\min}-d$$

由于极限偏差是用代数差来定义的，极限尺寸可能大于、小于、等于公称尺寸，所以极限偏差可以为正、负或零值。偏差使用时，除零外，前面必须标上相应的“＋”号或“－”号。因为上极限尺寸总是大于下极限尺寸，所以，上偏差总是大于下偏差。

② 尺寸公差（T_h，T_s）。尺寸公差（简称公差）是指允许尺寸的变动量。公差是用以限制误差的，工件的误差在公差范围内即为合格；反之，则不合格。

公差等于上极限尺寸与下极限尺寸之差，也等于上极限偏差与下极限偏差之差。若孔的公差用 T_h表示，轴的公差用 T_s 表示，如图 10-6 所示，其关系为

$$T_h=|D_{\max}-D_{\min}|=|\mathrm{ES}-\mathrm{EI}|$$

$$T_s=|d_{\max}-d_{\min}|=|\mathrm{es}-\mathrm{ei}|$$

由上式可知，公差值永远为正值。

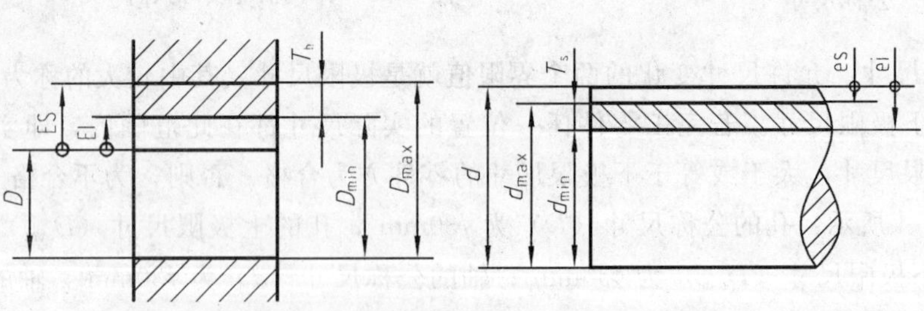

(a)　(b)

图 10-6　孔、轴的公差

③ 公差带图。表示零件的尺寸相对其公称尺寸所允许变动的范围，叫做公差带。用图所表示的公差带，称为公差带图。

a. 零线。在公差带图中，零线是确定极限偏差的一条基准线，极限偏差位于零线上方为正，位于零线下方为负，当与零线重合时，表示偏差为零。

b. 公差带。上、下极限偏差之间的宽度表示公差带的大小，即公差值，此值由标准公差确定。公差带相对零线的位置由基本偏差确定。如图 10-7 所示。

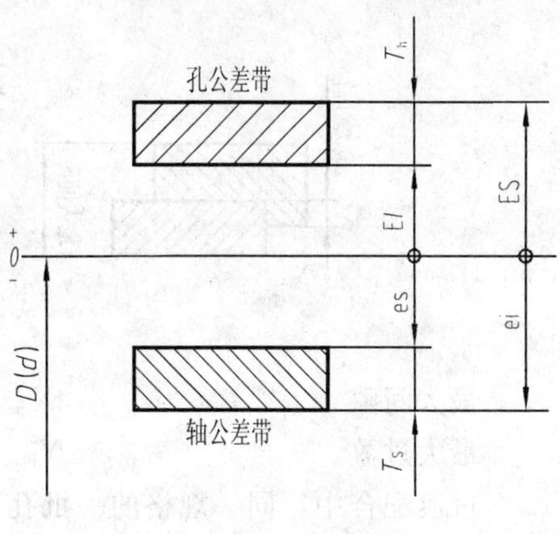

图 10-7 公差带图

④ 基本偏差。用以确定公差带相对于零线位置的上偏差或下偏差称为基本偏差。一般为公差带靠近零线的那个偏差。

（3）有关配合的术语及定义

① 配合的基本概念。配合是指公称尺寸相同、相互结合的孔、轴公差带之间的关系。

② 配合的种类。根据孔、轴公差带之间的关系，配合分为 3 大类，即间隙配合、过盈配合、过渡配合。

a. 间隙配合。

间隙配合是指孔的公差带位于轴的公差带之上，具有间隙（包括最小间隙为零）的配合，如图 10-8 所示。

最大间隙 $X_{max}=D_{max}-d_{min}=ES-ei$

最小间隙 $X_{min}=D_{min}-d_{max}=EI-es$

间隙配合，必须保证同一规格的一批孔大于或等于相互配合的一批轴。

b. 过盈配合。具有过盈（包括最小过盈等于零）的配合，称为过盈配合。此时孔的公差带在轴的公差带之下。如图 10-9 所示

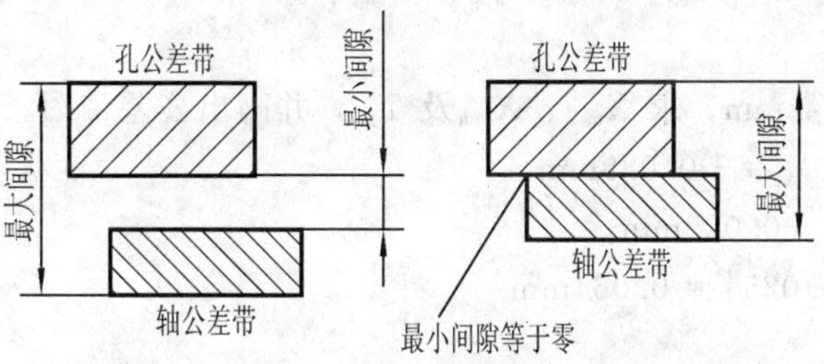

图 10-8 间隙配合

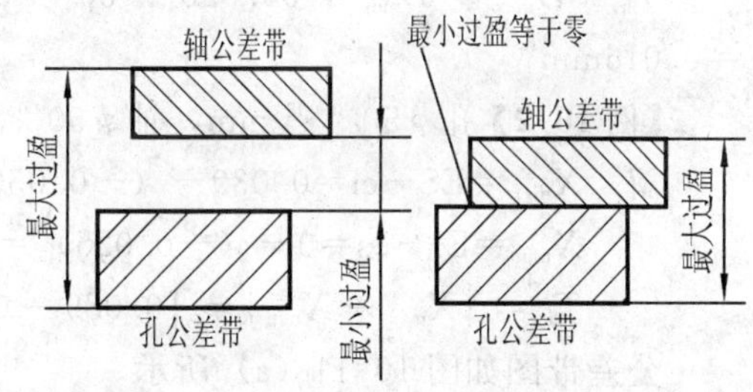

图 10-9 过盈配合

最大过盈 $Y_{max}=D_{min}-d_{max}=EI-es$

最小过盈 $Y_{min}=D_{max}-d_{min}=ES-ei$

过盈配合必须保证同一规格的一批孔小于或等于相互配合的一批轴。

c. 过渡配合。可能具有间隙或过盈的配合，称为过渡配合。此时，孔的公差带与轴的公差带相互交叠，如图 10-10 所示。

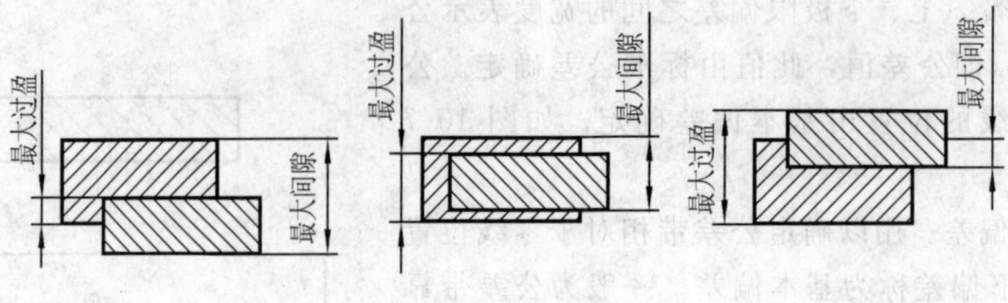

图 10-10 过渡配合

最大间隙 $X_{max}=D_{max}-d_{mi}=ES-ei$

最大过盈 $Y_{max}=D_{min}-d_{max}=EI-es$

过渡配合中，同一规格的一批孔可能大于、小于或等于相互配合的一批轴。

③ 配合公差。配合公差是指允许间隙或过盈的变动量。

$$T_f=T_h+T_s$$

【例 10-1】已知轴和孔的公称尺寸均为 50mm，孔的极限尺寸 $D_{max}=50.025$mm，$D_{min}=50$mm；轴的极限尺寸 $d_{max}=49.950$mm，$d_{min}=49.934$mm。现测得孔、轴的实际尺寸分别为 $D_a=50.010$mm，$d_a=49.946$mm。求孔、轴的极限偏差、实际偏差及公差。

解 孔的极限偏差与轴的极限偏差：

$ES=D_{max}-D=50.025-50=+0.025$mm；$es=d_{max}-d=49.950-50=-0.050$mm

$EI=D_{min}-D=50-50=0$；$ei=d_{min}-d=49.934-50=-0.066$mm

孔的实际偏差与轴的实际偏差：

$D_a-D=50.010-50=+0.010$mm；$d_a-d=49.946-50=-0.054$mm

孔的公差与轴的公差：

$T_h=D_{max}-D_{min}=50.025-50=0.025$mm；$T_s=d_{max}-d_{min}=49.950-49.934=0.016$mm

【例 10-2】孔 $\phi 50_{0}^{+0.039}$ mm，轴 $\phi 50_{-0.050}^{-0.025}$ mm，求 X_{max}、X_{min} 及 T_f，并画出公差带图。

解 $X_{max}=ES-ei=0.039-(-0.050)=+0.089$mm

$X_{min}=EI-es=0-(-0.025)=+0.025$mm

$T_f=|X_{max}-X_{min}|=|0.089-0.025|=0.064$mm

公差带图如图 10-11（a）所示。

【例 10-3】孔 $\phi 50_{0}^{+0.039}$ mm，轴 $\phi 50_{+0.054}^{+0.079}$ mm，求 Y_{max}、Y_{min} 及 T_f，并画出公差带图。

解 $Y_{max}=EI-es=0-0.079=-0.079$mm

$Y_{min}=ES-ei=0.039-0.054=-0.015$mm

$T_f=|Y_{min}-Y_{max}|=|-0.015-(-0.079)|=0.064$mm

公差带图如图 10-11（b）所示。

【例 10-4】孔 $\phi 50_{0}^{+0.039}$ mm，轴 $\phi 50_{+0.009}^{+0.034}$ mm，求 X_{max}、Y_{max} 及 T_f，并画出公差带图。

解 $X_{max}=ES-ei=0.039-0.009=+0.030$mm

$Y_{max}=EI-es=0-0.034=-0.034$mm

$T_f=|X_{max}-Y_{max}|=|0.030-(-0.034)|=0.064$mm

公差带图如图 10-11（c）所示。

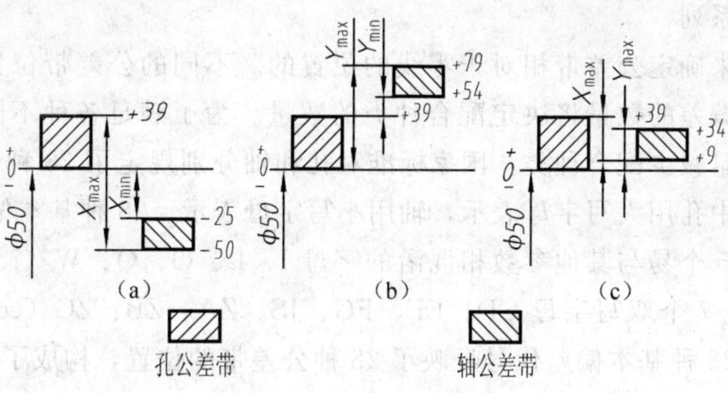

图 10-11　公差带图

2. 极限与配合的相关标准

(1) 标准公差系列

标准公差是指国家标准 GB/T　1800.1—2009 所规定的已标准化的公差值，用以确定公差带大小。标准公差的数值由公称尺寸和公差等级来决定，如表 10-1 所示。标准公差等级代号用符号 IT 和数字组成，例如 IT7。

公差等级是指确定尺寸精确程度的等级。国家标准设置了 20 个标准公差等级，各级标准公差的代号为 IT01，IT0，IT1，IT2，IT3…，IT18，其中 IT01 精度最高，其余代号精度依次降低，标准公差值依次增大。不同的公称尺寸，公差等级相同，尺寸的精确程度相同；公称尺寸相同时，公差等级越高（数值越小），标准公差也越小；公差等级相同时，公称尺寸越大，标准公差越大。

标准公差等级 IT01 和 IT0 在工业中很少用到，所以在标准正文中没有给出该两公差等级的标准公差数值。

表 10-1 标准公差数值（摘自 GB/T 1800.1—2009）

公称尺寸/mm		标准公差等级																	
		IT1	IT2	IT3	IT4	IT5	IT6	IT7	IT8	IT9	IT10	IT11	IT12	IT13	IT14	IT15	IT16	IT17	IT18
大于	至	μm											mm						
—	3	0.8	1.2	2	3	4	6	10	14	25	40	60	0.1	0.14	0.25	0.4	0.6	1	1.4
3	6	1	1.5	2.5	4	5	8	12	18	30	48	75	0.12	0.18	0.3	0.48	0.75	0.2	1.8
6	10	1	1.5	2.5	4	6	9	15	22	36	58	90	0.15	0.22	0.36	0.58	0.9	1.5	2.2
10	18	1.2	2	3	5	8	11	18	27	43	70	110	0.18	0.27	0.43	0.7	1.1	1.8	2.7
18	30	1.5	2.5	4	6	9	13	21	33	52	84	130	0.21	0.33	0.52	0.84	1.3	2.1	3.3
30	50	1.5	2.5	4	7	11	16	14	28	51	100	160	0.25	0.39	0.62	1	1.6	2.5	3.9
50	80	2	3	5	8	13	19	30	46	74	120	190	0.3	0.46	0.74	1.2	1.9	3	4.6
80	120	2.5	4	6	10	15	22	35	54	87	140	220	0.35	0.54	0.87	1.4	2.2	3.5	5.4
120	180	3.5	5	8	12	18	25	40	63	100	160	250	0.4	0.63	1	1.6	2.5	4	6.3
180	250	4.5	7	10	14	20	29	46	72	115	185	290	0.46	0.72	1.15	1.85	2.9	4.6	7.2
250	315	6	8	12	16	23	32	52	81	130	210	320	0.52	0.81	1.3	2.1	3.2	5.2	8.1
315	400	7	9	13	18	25	36	57	89	140	230	360	0.57	0.89	1.4	2.3	3.6	5.7	8.9
400	500	8	10	15	20	27	40	63	97	155	250	400	0.63	0.97	1.55	2.5	4	6.3	9.7

(2) 基本偏差系列

基本偏差是用来确定公差带相对于零线的位置的。不同的公差带位置与基准件将形成不同的配合。基本偏差的数量将决定配合种类的数量。为了满足各种不同松紧程度的配合需要，同时为了尽量减少配合种类，国家标准对孔和轴分别规定了 28 种基本偏差，分别用拉丁字母表示，其中孔用大写字母表示，轴用小写字母表示。28 种基本偏差代号，由 26 个拉丁字母中去掉了 5 个易与其他参数相混淆的字母 I、L、O、Q、W（i、1、o、q、w）剩下的 21 个字母加上 7 个双写字母 CD、EF、FG、JS、ZA、ZB、ZC（cd、ef、fg、js、za、zb、zc）组成。这 28 种基本偏差代号反映了 28 种公差带的位置，构成了基本偏差系列，如图 10-12 所示。轴和孔的基本偏差数值已标准化，见书末附表 2、附表 3。

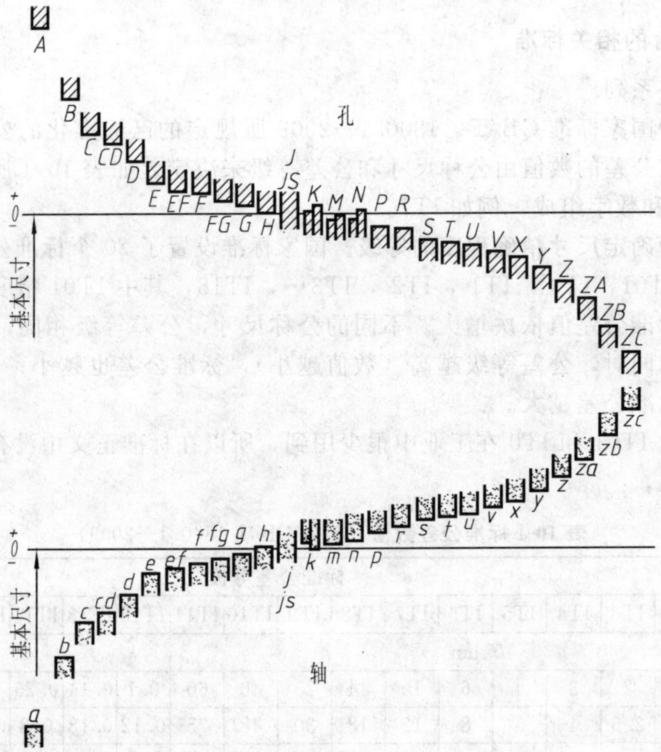

图 10-12　基本偏差系列

(3) 配合制（基准制）

配合性质是由孔、轴公差带的相对位置决定的，因而改变孔和（或）轴的公差带位置，就可以得到不同性质的配合。国家标准规定了两种配合制度，即基孔制和基轴制。

① 基孔制。基本偏差为一定的孔的公差带，与不同基本偏差的轴的公差带形成各种配合的一种制度。

基孔制配合中的孔为基准孔，是配合的基准件。标准规定，基准孔的代号为 H。

显然，基准孔 H 与基本偏差为 a～h 的轴形成间隙配合；与基本偏差为 js～ n 的轴一般形成过渡配合；与基本偏差为 p～zc 的轴一般形成过盈配合如图 10-13 所示。

② 基轴制。基轴制是指基本偏差为一定的轴的公差带，与不同基本偏差的孔的公差带

形成各种配合的一种制度。

基轴制配合中的轴为基准轴，是配合的基准件。标准规定，基准轴的代号为h。

同理，基准轴h与基本偏差为A～H的孔形成间隙配合；与基本偏差为JS～N的孔一般形成过渡配合；与基本偏差为P～ZC的孔一般形成过盈配合，如图10-13所示。

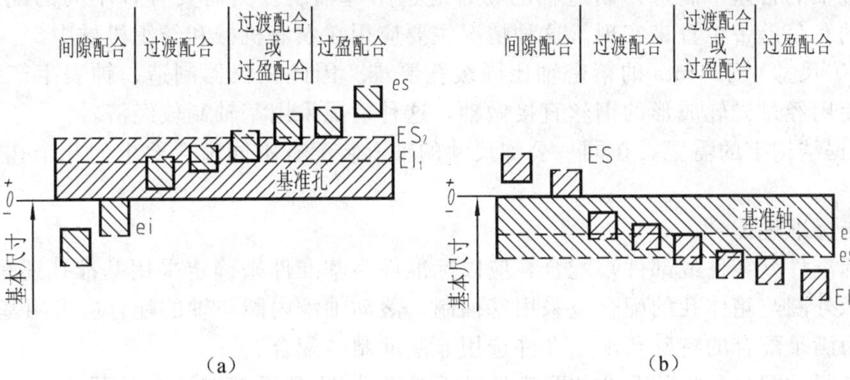

图10-13 配合制

(4) 优先和常用配合

对于配合，国标GB/T 1801—1999规定基孔制常用配合59种，优先配合13种；基轴制常用配合47种，优先配合13种。

(5) 线性尺寸的一般公差（线性尺寸的未注公差）

一般公差是指在车间普通工艺条件下机床设备一般加工能力可保证的公差。国家标准GB/T1804—2000《一般公差：线性尺寸的未注公差》对线性尺寸的一般公差规定了4个公差等级，这4个公差等级f、m、c、v相当于IT12、IT14、IT16和IT17。

当采用一般公差时，在图样上只注公称尺寸，不注极限偏差，而且应在图样的技术要求或有关技术文件中用标准号和公差等级代号做出总的表示。例如，当选用中等级m时，应表示为GB/T 1804－m。

一般公差主要用于精度较低的非配合尺寸。

*10.1.2 配合制、公差等级及配合种类的选用

公差与配合的选择是否恰当，对产品的性能、质量、互换性及经济性有着重要的影响。其内容包括选择基准制、公差等级和配合种类三个方面，选择的原则是在满足使用要求的前提下能够获得最佳的技术经济效益。选择的方法有计算法、试验法和类比法等。

1. 配合制的选用

选择基准制时，应从结构、工艺性及经济性等方面综合分析考虑。

(1) 一般情况下优先选用基孔制

优先选用基孔制，这主要是从工艺性和经济性来考虑的。孔通常用定值刀具（如钻头、铰刀、拉刀）加工，用极限量规（塞规）检验。当孔的公称尺寸和公差等级相同而基本偏差改变时，就需更换刀具、量具。而一种规格的磨轮或车刀，可以加工不同基本偏差的轴，

轴还可以用通用量具进行测量。所以，为了减少定值刀具、量具的规格和数量，利于生产，提高经济性，应优先选用基孔制。

（2）在下列情况下，应选用基轴制

1）直接使用有一定公差等级（IT8～IT11）而不再进行机械加工的冷拔钢材（这种钢材是按基准轴的公差带制造）制造轴的场合应选用基轴制。当需要各种不同的配合时，可选择不同的孔公差带位置来实现。这种情况主要应用在农业机械和纺织机械中。

2）加工尺寸小于1mm的精密轴比同级孔要难．因此在仪器制造、钟表生产无线电工程中，常使用经过光轧成形的钢丝直接做轴，这种情况采用基轴制较经济。

3）根据结构上的需要，在同一公称尺寸的轴上装配有不同配合要求的几个孔件时应采用基轴制。

（3）与标准件配合。

若与标准件（零件或部件）配合，应以标准件为基准件来确定采用基准孔还是基准轴。如滚动轴承外圈与箱体孔的配合应采用基袖制，滚动轴承内圈与轴的配合应采用基孔制。

（4）为满足配合的特殊要求，允许选用非基准制的配合。

非基准制的配台是指相配合的两零件既无基准孔 H 又无基准铀 h 的配合。当一个孔与几个轴相配合或一个轴与几个孔相配合，其配合要求各不相同时．有的配合要选用非基准制的配合。

2. 公差等级的选用

公差等级的选用就是确定尺寸的制造精度。在选择公差等级时，要正确处理使用要求、加工工艺及成本之间的关系。选择公差等级的基本原则：在满足使用要求的前提下，尽量选取较低的公差等级。

公差等级一般采用类比法确定，即参考经过实践证明为合理的类似产品上相应尺寸的公差，来确定孔、轴的公差等级。

3. 配合种类的选用

配合种类的选用就是在确定基准制的基础上，根据使用中允许间隙或过盈的大小及其变化范围，选定非基准件的基本偏差代号，有的同时确定基准件与非基准件的公差等级。

（1）确定配合的类别

间隙、过渡或过盈配合应根据具体的使用要求来确定。如孔、轴有相对运动（转动或移动）要求时，必须选择间隙配合；当孔、轴无相对运动要求时，应根据具体工作条件的不同确定过盈、过渡甚至间隙配合。确定配合类别后，应尽可能地选用优先配合，其次是常用配合，再次是一般配合。如仍不能满足要求，可以选择其他的配合。

（2）选定基本偏差的方法

选择方法有3种：计算法、试验法和类比法。

计算法就是根据理论公式计算出使用要求的间隙或过盈大小来选定配合的方法。一般情况下，很少使用计算法。

试验法就是用试验的方法确定满足产品工作性能的间隙或过盈范围。该方法主要用于对产品性能影响大而又缺乏经验的场合。试验法比较可靠，但周期长，成本高．应用也较少。

类比法就是参照同类型机器或机构中经过生产实践验证的配合的实际储况，再结合所设计产品的使用要求和应用条件来确定配合。该方法应用最广。

10.2 几何公差

零件在机械加工过程中，由于机床、夹具、刀具、工件系统存在一定的几何误差，以及加工中出现的受力变形、热变形、振动、刀具磨损、工件材料内应力变化等影响，不可避免地会产生形状方向、跳动、位置误差（简称几何误差）。形位误差会影响机械产品的工作精度、连接强度、运动平稳性、密封性、耐磨性、噪声和使用寿命等。因此，为保证机械产品的质量和零件的互换性，应规定形状、方向、位置、跳动公差（简称几何公差），以限制形位误差。

10.2.1 几何公差的基本概念

1. 几何要素的分类

几何要素（简称要素）是指构成零件几何特征的点、线和面，如零件的球面、圆柱面、圆锥面、端面、轴线和球心等，如图 10-14 所示。几何要素的分类见表 10-2 所示。

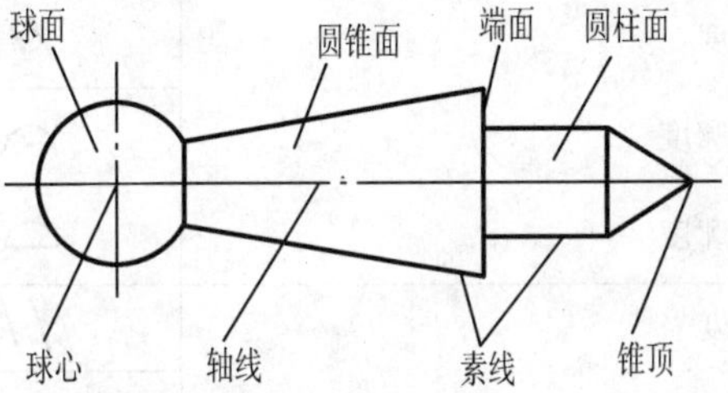

图 10-14 零件的几何要素

表 10-2 几何要素的分类

类 别	名 称	含 义	举 例
按结构特征	组成要素	指构成零件外形的点、线、面各要素	零件的球面、圆柱面、圆锥面、端平面以及圆锥面和圆柱面的素线
	导出要素	指轮廓要素对称中心所表示的点、线、面各要素	零件的轴线和球心
按存在状态	实际要素	是指零件实际存在的要素	通常用测量得到的要素代替
	理想要素	指具有几何意义的要素，它们不存在任何误差	机械零件图样表示的要素均为理想要素
按所处地位	被测要素	指图样上给出了形状或（和）位置公差的要素，即需要研究和测量的要素	指引线箭头所指的表面
	基准要素	指用来确定被测要素方向或（和）位置的要素	在图样上应当用基准符号标注

续表

类别	名称	含义	举例
按功能关系	单一要素	仅对其本身给出形状公差要求的要素	在图样上仅有形状公差要求而没有位置公差要求的要素属于单一要素
	关联要素	指相对基准要素有功能要求而给出位置公差的要素	

2. 几何公差特征项目及其符号

几何公差国家标准将几何公差特征分为19种，其名称及符号如表10-3所示。

表10-3　形位公差特征项目及其符号

公差类型	几何特征	符号	有无基准
形状公差	直线度	—	无
	平面度	▱	无
	圆度	○	无
	圆柱度	⌭	无
	线轮廓度	⌒	无
	面轮廓度	⌓	无
方向公差	平行度	//	有
	垂直度	⊥	有
	倾斜度	∠	有
	线轮廓度	⌒	有
	面轮廓度	⌓	有
位置公差	位置度	⌖	有或无
	同心度（用于中心点）	◎	有
	同轴度（用于轴线）	◎	有
	对称度	⌯	有
	线轮廓度	⌒	有
	面轮廓度	⌓	有
跳动公差	圆跳动	↗	有
	全跳动	⌰	有

3. 形位公差的标注方法

（1）公差框格

形位公差在图样上用框格的形式标注，如图 10-15 所示。公差框格由两格或多格组成。两格的一般用于形状公差，多格的一般用于位置公差。框格中的内容从左到右顺序填写：几何特征符号，公差值和相关符号，基准字母和相关符号。

（2）被测要素的标注

带箭头的指引线应指向相关的被测要素。

① 当被测要素为轮廓要素时，指引线的箭头应置于要素的轮廓线或其延长线上，并与尺寸线明显错开。

② 当被测要素为中心要素时，指引线的箭头应与该要素的尺寸线对齐。

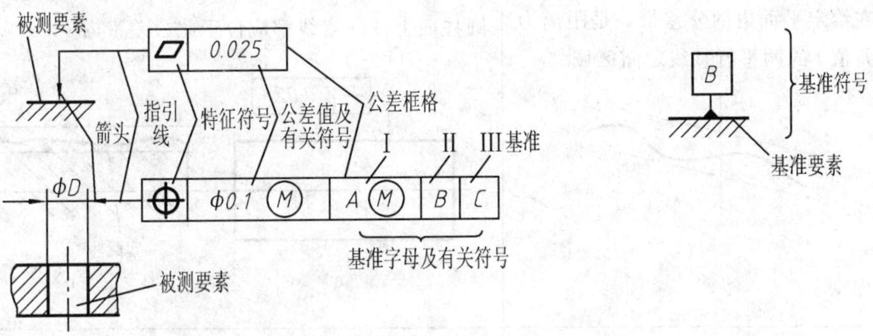

（a）公差框格　　（b）基准符号

图 10-15　公差框格及基准符号

（3）基准要素的标注

① 当基准要素为轮廓线或为有积聚性投影的表面时，将基准符号置于轮廓线上或轮廓线的延长线上，并使基准符号中的连线与尺寸线明显地错开。

② 当基准要素为中心要素时基准符号中的连线应与尺寸线对齐。如图 10-16 所示是基准要素为一般公共轴线时的标注。当基准要素为中心孔时，标注方法如图 10-17 所示。

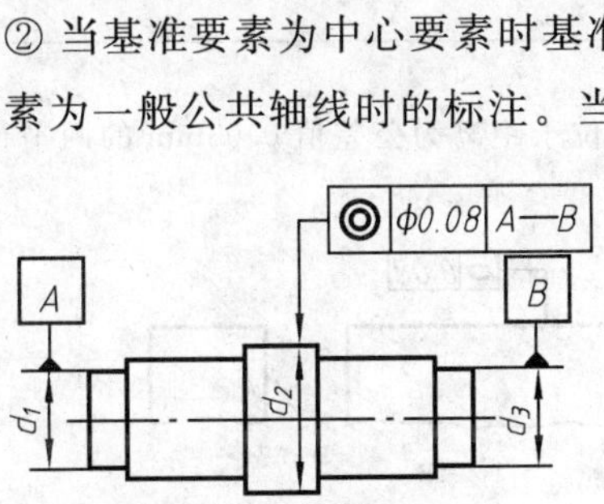

图 10-16　以两圆柱的公共轴线为基准时的标注

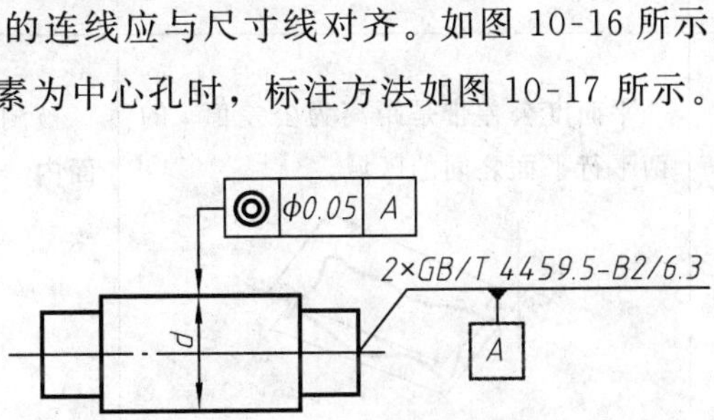

图 10-17　以两端中心孔的公共轴线为基准时的标注

10.2.2 几何公差及几何公差带

1. 形状公差及形状公差带

（1）直线度与平面度

直线度是限制实际直线对理想直线变动量的一项指标，它是针对直线发生不直而提出的要求；平面度是限制实际平面对其理想平面变动量的一项指标，如表 10-4 所示。

表 10-4　直线度与平面度典型示例

特征	公差带定义	标注和解释
直线度	在给定平面内的公差带，是距离为公差值 t 的两平行直线之间区域 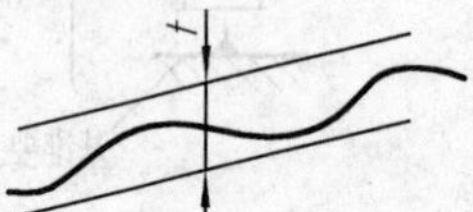	圆柱面的素线有直线度要求，公差值为 0.02mm，公差带的形状是在圆柱的轴向平面内的两平行直线。实际圆柱面上任一素线都应位于此公差带内 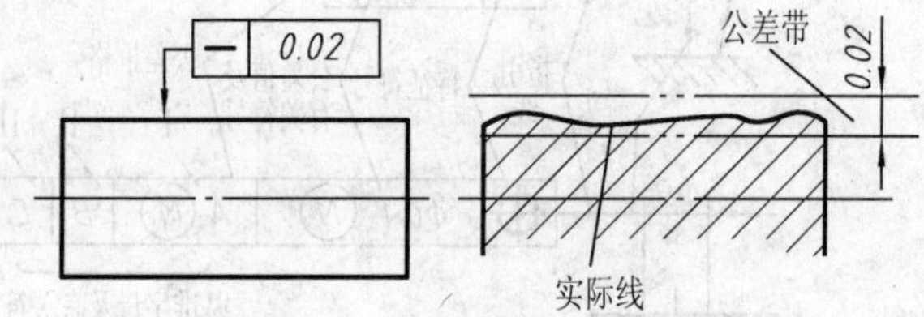 （a）（b）
	在任意方向上的公差带，是直径为公差值 t 的圆柱面内的区域 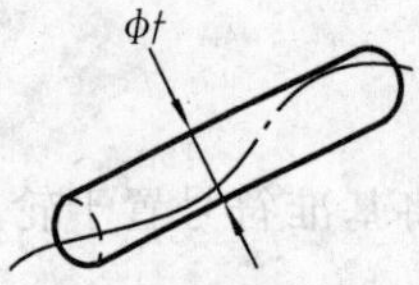	被测圆柱体的轴线必须位于直径为 ϕ0.08mm 的圆柱面内 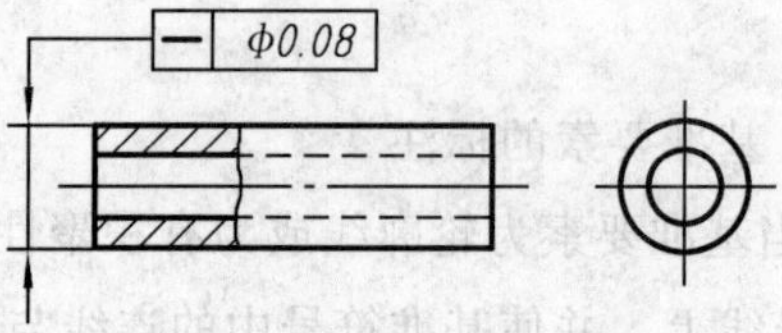
平面度	平面度公差带是距离为公差值 t 的两平行平面之间的区域。 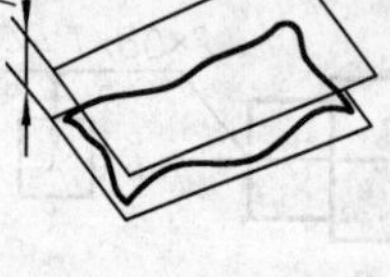	被测表面必须位于距离为公差值 0.08mm 的两平行平面内 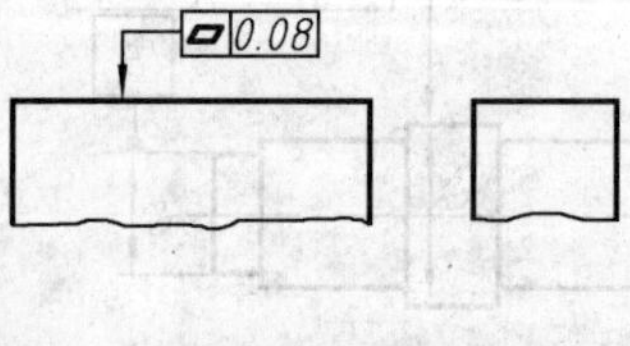

（2）圆度与圆柱度

圆度是限制实际圆对理想圆变动量的一项指标，是对具有圆柱面（包括圆锥面、球面）零件，在一正截面内的圆形轮廓要求；圆柱度是限制实际圆柱面对理想圆柱面变动量的一项指标，它控制了圆柱体横截面和轴截面内的各项形状误差，如圆度、素线直线度、轴线直线度等。圆柱度是圆柱体各项形状误差的综合指标，如表 10-5 所示。

表 10-5　圆度与圆柱度典型示例

特征	公差带定义	标注和解释
圆度	圆度公差带是在同一正所截面内半径差为公差值 t 的两同心圆之间的区域 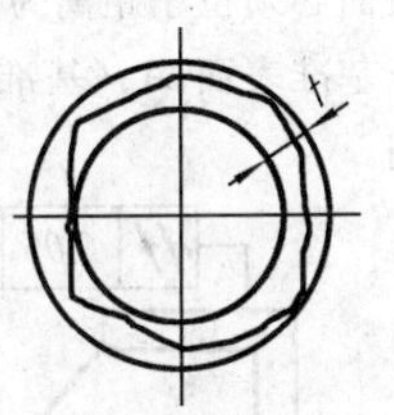	被测圆柱面任一正截面的圆周必须位于半径差为公差值 0.03mm 的两同心圆之间 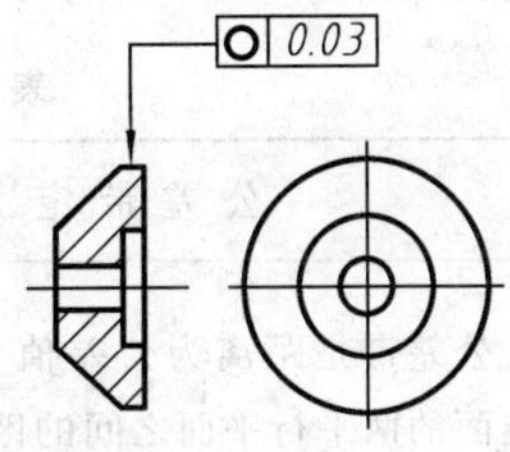 被测圆锥面任一正截面上的圆周必须位于半径差为 0.01mm的两同心圆之间 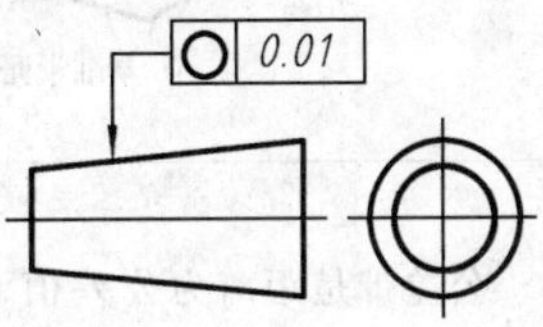
圆柱度	圆柱度公差带是半径差为公差值 t 的两同轴圆柱面之间的区域 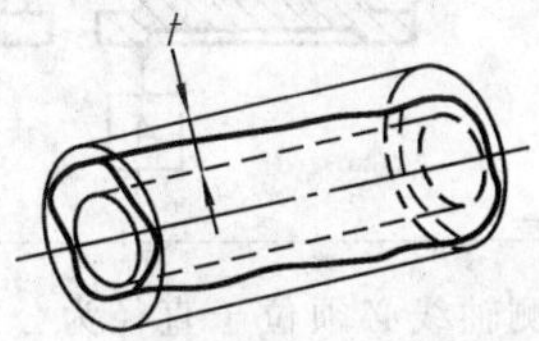 	被测圆柱面必须位于半径差为公差值 0.05mm 的两同轴圆柱面之间 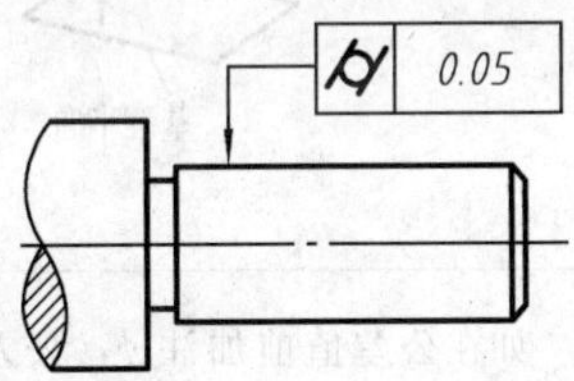

2. 位置公差及位置公差带

位置公差是限制两个或两个以上要素在方向和位置关系上的误差，按照要求的几何关系分为定向、定位和跳动三类公差。三类公差的共同特点是以基准作为确定被测要素的理想方向、位置和回转轴线。

(1) 定向公差

定向公差控制方向误差，是被测要素对基准在方向上允许的变动全量。包括平行度、垂直度、倾斜度三项。各项指标都有面对面、面对线、线对面、线对线四种关系。因此，定向公差带有四种形式：两平行直线、两平行平面、一个四棱柱和一个圆柱体，如表 10-6

所示。

平行度公差用来控制零件上被测要素（平面或直线）相对于基准要素（平面或直线）的平行度误差。

垂直度公差用来控制零件上被测要素（平面或直线）相对于基准要素（平面或直线）的垂直度误差。

倾斜度公差是用来控制零件上被测要素（平面或直线）相对于基准要素（平面或直线）成某一理想角度（$0° < \alpha < 90°$）的方向误差。

表 10-6　定向公差典型示例

特征		公差带定义	标注和解释
平行度	面对面	公差带是距离为公差值 t，且平行于基准面的两平行平面之间的区域 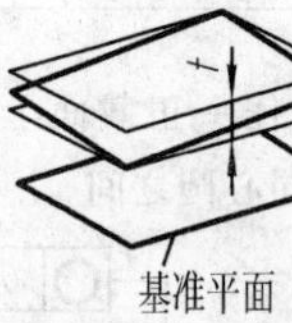 	被测表面必须位于距离为公差值 0.05mm，且平行于基准表面 A（基准平面）的两平行平面之间 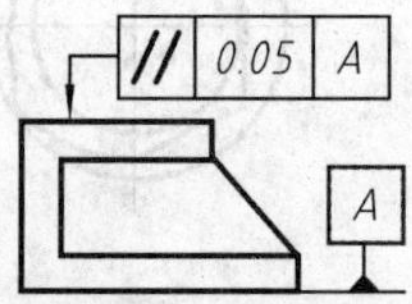
	线对面	公差带是距离为公差值 t 且平行于基准平面的两平行平面之间的区域 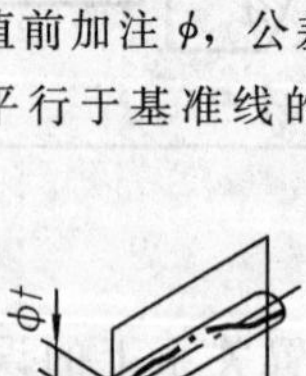 	被测轴线必须位于距离为公差值 0.03mm，且平行于基准表面 A（基准平面）的两平行平面之间 
	线对线	如在公差值前加注 ϕ，公差带是直径为公差值 t 且平行于基准线的圆柱面内的区域 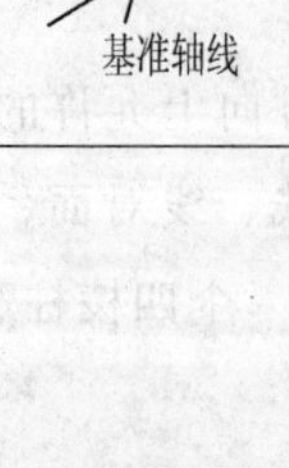 	被测轴线必须位于直径为公差值 0.03mm 且平行于基准轴线的圆柱面内 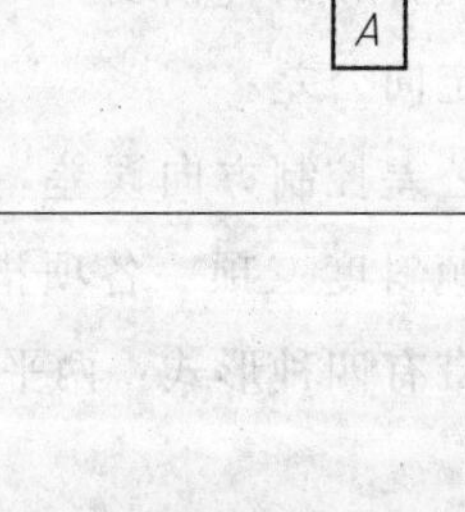

续表

特征		公差带定义	标注和解释
垂直度	面对面（面对线类似）	公差带是距离为公差值 t 且垂直于基准面的两平行平面之间的区域 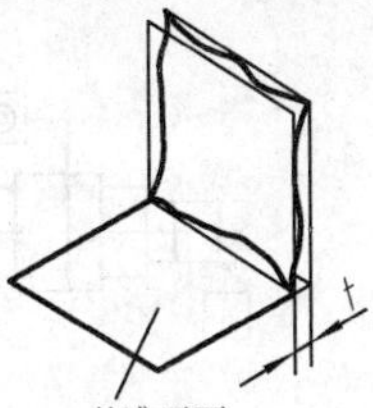 基准平面	被测面必须位于距离为公差值 0.05mm，且垂直于基准平面 C 的两平行平面之间 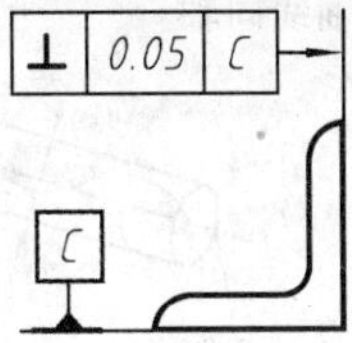
	线对面	在给定方向上，公差带是距离为公差值 t 且垂直于基准面的两平行平面之间的区域 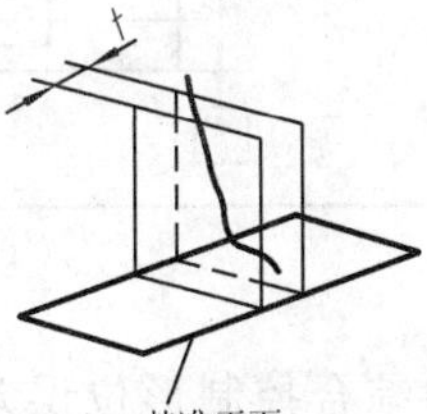 基准平面	在给定方向上被测轴线必须位于距离为公差值 0.1mm 且垂直于基准表面 A 的两平行平面之间 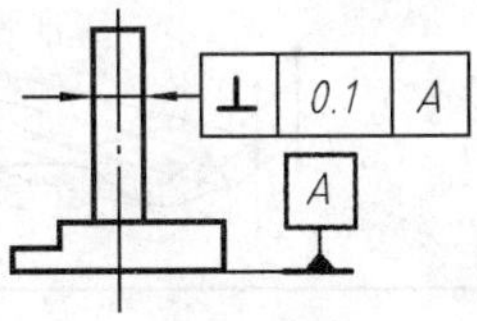
		如公差值前加注 ϕ，则公差带是直径为公差值 t 且垂直于基准面的圆柱面内的区域 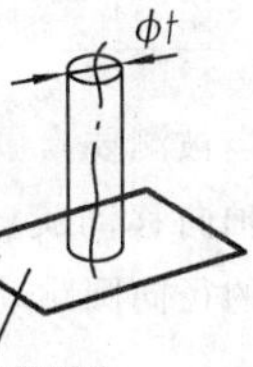 基准平面	被测轴线必须位于直径为公差值 ϕ0.01mm 且垂直于基准面 A（基准平面）的圆柱面内 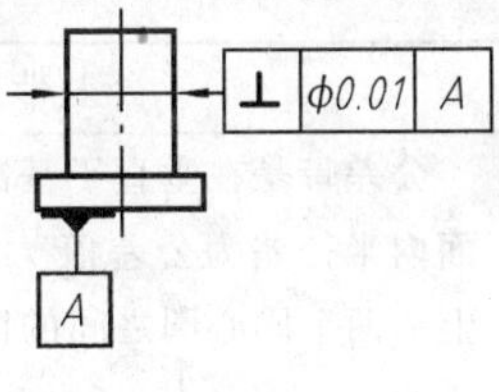

(2) 定位公差

定位公差控制位置误差，是被测要素对基准在位置上允许的变动全量。包括同轴度、对称度、位置度。当被测要素和基准都是中心要素，要求重合或共面时，可用同轴度或对称度，其他情况规定位置度，如表 10-7 所示。

同轴度公差用来控制理论上应同轴的被测轴线与基准轴线的不同轴程度。

对称度一般控制理论上要求共面的被测要素（中心平面、中心线或轴线）与基准要素（中心平面、中心线或轴线）的不重合程度。

位置度公差用来控制被测实际要素相对于其理想位置的变动量，其理想位置是由基准和理论正确尺寸确定。理论正确尺寸在图样上用加方框的数字表示。

表 10-7　定位公差典型示例

特征		公差带定义	标注和解释
同轴度	轴线的同轴度公差	公差带是直径为公差值 ϕt 的圆柱面内的区域，该圆柱面的轴线与基准轴线同轴 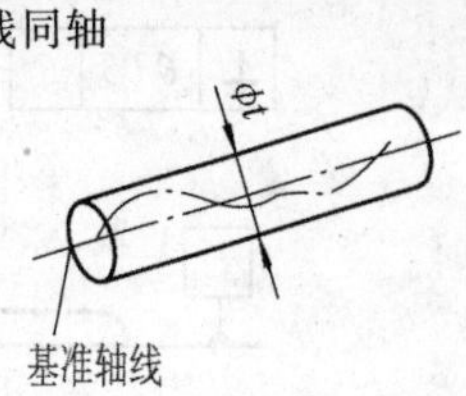	大圆的轴线必须位于直径为公差值 ϕ0.1mm，且与公共基准线 $A-B$（公共基准轴线）同轴的圆柱面内 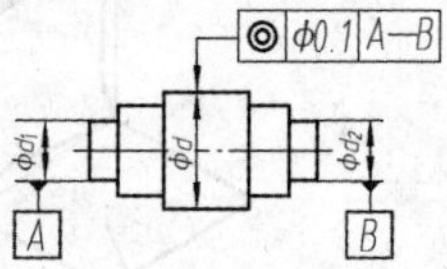
对称度	中心平面的对称度	公差带是距离为公差值 t 且相对基准的中心平面对称配置的两平行平面之间的区域 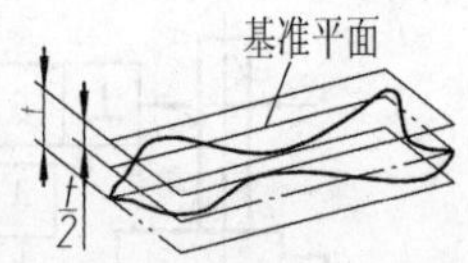	被测中心平面必须位于距离为公差值 0.08mm，且相对基准中心平面 A 对称配置的两平行平面之间 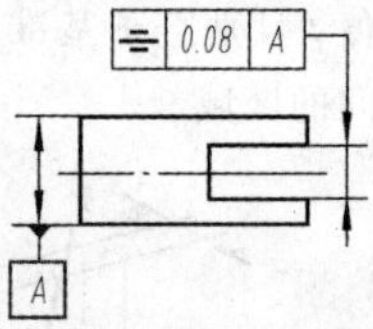

3. 跳动公差

跳动公差是以检测方式定出的项目，具有一定的综合控制形位误差的作用，是被测实际要素绕基准轴线回转一周或连续回转时所允许的最大跳动量。包括圆跳动、全跳动。其中圆跳动包括径向圆跳动、端面圆跳动和斜向圆跳动，如表 10-8 所示。

表 10-8　跳动公差典型示例

特征		公差带定义	标注和解释
圆跳动	径向圆跳动	公差带是在垂直于基准轴线的任一测量平面内半径差为公差值 t，且圆心在基准轴线上的两个同心圆之间的区域 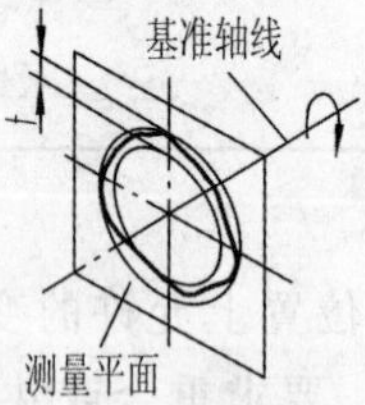	当被测要素围绕基准线 A（基准轴线）作无轴向移动旋转一周时，在任一测量平面内的径向圆跳动量均不大于 0.05mm 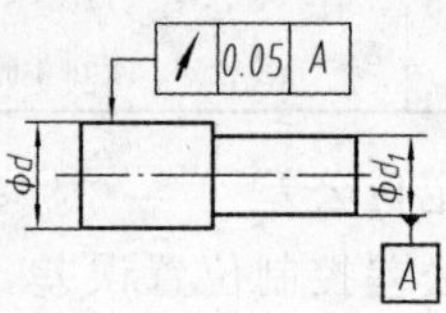
	端面圆跳动	公差带是在与基准同轴的任一半径位置的测量圆柱面上距离为 t 的圆柱面区域 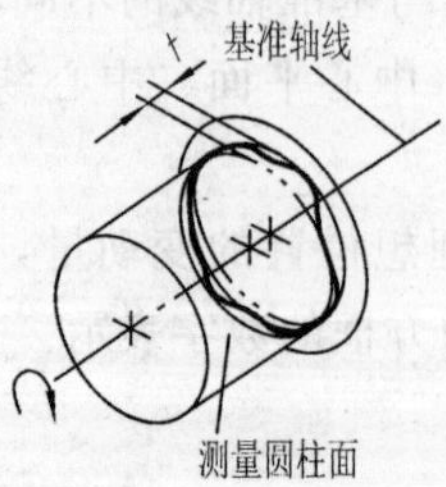	被测面绕基准线 A（基准轴线）作无轴向移动旋转一周时，在任一测量圆柱面内的轴向跳动量均不得大于 0.06mm 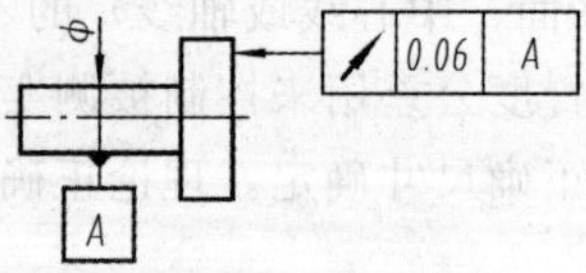

圆跳动是被测实际要素绕基准轴线作无轴向移动回转一周时，由位置固定的指示器在给定方向上测得的最大与最小读数之差。它是形状和位置误差的综合（圆度、同轴度等），所以圆跳动是一项综合性的公差。

全跳动是被测实际要素绕基准轴线作无轴向移动的连续回转，同时指示器沿理想素线连续移动由指示器在给定方向上测得的最大与最小读数之差。全跳动是对整个表面的形位误差综合控制。

*10.2.3 几何公差项目、基准、公差数值的选用

1. 几何公差项目的选用

几何公差项目的选择应根据零件的形体结构、功能要求、检测方便及经济性等方面因素，经综合分析后决定。

零件本身的形体结构决定了它可能要求的公差项目特征。如对于圆柱形零件，可选择圆度、圆柱度、轴心线直线度及素线直线度等；对于平面零件可选平面度，对于窄长平面，则可选直线度；对于凸轮类零件，可选线轮廓度等。

根据对零件不同的功能要求，应约定不同的几何公差。如齿轮箱两孔轴线的不平行，将影响齿轮正常啮合，降低承载能力，故应规定平行度公差；为了保证机床的回转精度和工作精度，应对机床主轴轴颈规定圆柱度和同轴度公差要求；为了使箱盖、法兰盘等零件上各螺栓孔能自由装配，应规定孔组的位置度公差；为了使结合平面的密封性良好，应给定平面度公差等。

确定公差项目时，必须与检测条件相结合，考虑检测的可能性与经济性。例如，对于轴类零件，可用径向全跳动综合控制圆柱度、同轴度，用端面全跳动代替端面对轴线的垂直度。因为跳动误差的检测较方便，又能较好地控制相应的形位公差项目。

在满足功能要求的前提下，项目应尽量减少，以获得较好的经济效益。

2. 基准的选用

基准分为：单一基准、组合基准、三基面体系。

基准的选用：

① 根据要素的功能及对被测要素间的几何关系来选择基准。

② 根据装配关系，应选择零件相互配合、相互接触的表面作为各自的基准，以保证装配要求。

③ 从加工、检验角度考虑，应选择在夹具、检具中定位的相应要素为基准，以使基准重合。

④ 从零件的结构考虑，应选较大的表面，较长的要素作基准，以便定位稳固、准确。

通常定向公差项目，只要单一基准，定位公差项目中的同轴度、对称度，其基准可以是单一基准，也可以是组合基准；对于位置度采用三基面较为常见。

3. 公差数值的选用

几何公差精度的高低是用公差等级数字的大小来表示的。按国家标准规定，对 19 项几何公差特征，除线面轮廓度及位置度未规定公差等级外，其余 11 项均有规定。一般划分为

12 级，即 1～12 级，精度依次降低；仅圆度和圆柱度划分为 13 级.

*10.2.4 熟悉基本测量手段、会使用常用测量量具

1. 基本测量手段

（1）计量器具的分类

测量器具（也称计量器具）是测量仪器和测量工具的总称。

按用途分类有标准计量器具，如线纹尺、量块、多面棱体等，通常用来校对和调整其他计量器具，或作为标准量与被测几何量进行比较；通用计量器具，如千分尺、千分表、测长仪等，可用来测量一定范围内各种尺寸（或其他几何量）并能获得具体读数值的计量器具；专用计量器具，如量规、因度仪、基节仪等，用于专门测量某种或某个特定几何量的计量器具。

（2）测量方法的分类（见表 10-9）。

表 10-9 测量方法的分类

序号	测量方法	作 用	举 例
1	直接测量	直接从计量器具获得被测量的量值	用游标卡尺、千分尺或比较仪测量轴径
	间接测量	测量与被测件有一定函数关系的量，通过函数关系算出被测量值	如测量大尺寸圆柱形零件的直径 D 时，先测量出其周长 L，然后再按公式 $D=L/\pi$ 求得零件的直径 D
2	绝对测量	被测量的全值从计量器具的读数装置直接读出	用测长仪测量零件，尺寸由刻度尺上直接读出
	相对测量	计量器具的示值仅表示被测的量相对于已知标准量的偏差	用比较仪测量时，被测量值为计量器具所示偏差值与标准量值的代数和
3	单项测量	分别测量工件的各个参数	如分别测量螺纹的中径、螺距和牙型半角
	综合测量	同时测量工件上某些相关的几何量的综合结果，以判断综合结果是否合格	如用螺纹通规检验螺纹的作用中径
4	接触测量	计量器具测头与被测表面直接接触	如用卡尺、千分尺测量工件
	非接触测量	计量器具的测头与被测表面不接触	如用气动量仪测量孔径和用显微镜测量工件的表面粗糙度
5	在线测量	在加工过程中直接对工件的测量	用来控制工件的加工过程，可及时防止废品的产生
	离线到量	在加工后对工件进行的测量	用于发现并剔除废品

① 为减少测量误差，一般都采用直接测量，必要时才采用间接测量。

② 一般说来，相对测量的测量精度比绝对测量的测量精度高。

③ 单项测量的效率比综合测量的低，但单项测量结果便于工艺分析。

④ 接触测量有测量力，会引起被测表面和有关计量器具产生弹性变形．因而会影响测量精度，非接触测量则无此影响。

2. 常用测量量具

人们常称游标卡尺、外径千分尺、内径百分表为生产一线的测量“三大件”。

(1) 游标卡尺

游标卡尺属于游标类测量器具，它是一种常用的量具，具有结构简单、使用方便、测量的尺寸范围大等特点，常用它来测量零件的外径、内径、长度、和孔距等，应用范围很广。

图 10-18 所示为一种常用的轻巧型游标卡尺，它的测量范围为 0～125 mm。

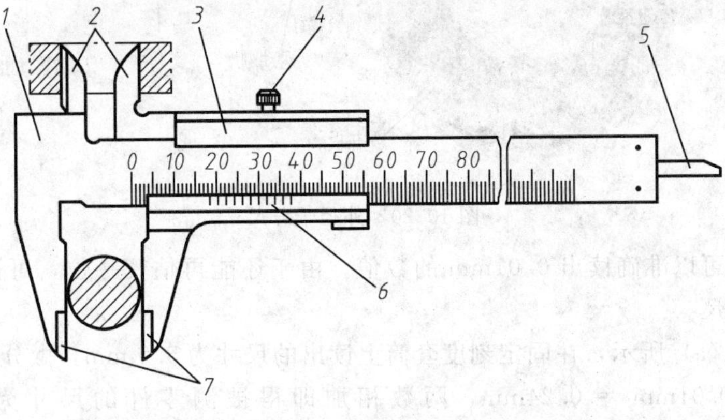

图 10-18 游标卡尺

1—尺身；2—上量爪；3—尺框；4—紧固螺钉；5——深度尺；6—游标；7—是理爪

按其测量精度分，游标卡尺有 0.10 mm 、0.05 mm 、0.02 mm 等 3 种。目前机械加工中常用精度为 0.02mm 的游标卡尺。

以测量精度为 0.02 mm 的游标卡尺为例：

游标卡尺的主尺的最小刻度为 1mm，游标上共有 10 个等分刻度，游标上每一分度，精确度为 0.02 mm，因而整数部分为 20 mm 。游标的第 1 格刻线与尺身的一条刻线对齐，因而小数部分值为 0.02 mm ，所以被测尺寸为 20.02 mm，如图 10-19 (b) 所示。

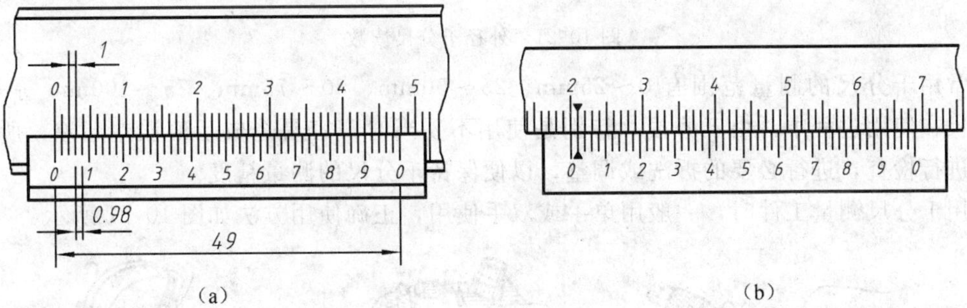

图 10-19 游标零位和读数举例

因此读数步骤为：先读出游标上零线在尺身上的毫米数；然后找出游标上哪一条刻线与尺身的刻线对齐，读出游标上的读数；把尺身和游标上的两尺寸加起来，即为测量尺寸。

(2) 外径千分尺

应用螺旋测微原理制成的量具，称为螺旋测微量具。它们的测量精度比游标卡尺高，并且测量比较灵活，因此当加工精度要求较高时多被应用。

外径千分尺由尺架、测微头、测力装置和制动器等组成。图 10-20 所示为测量范围为 0～25 mm 的外径千分尺。

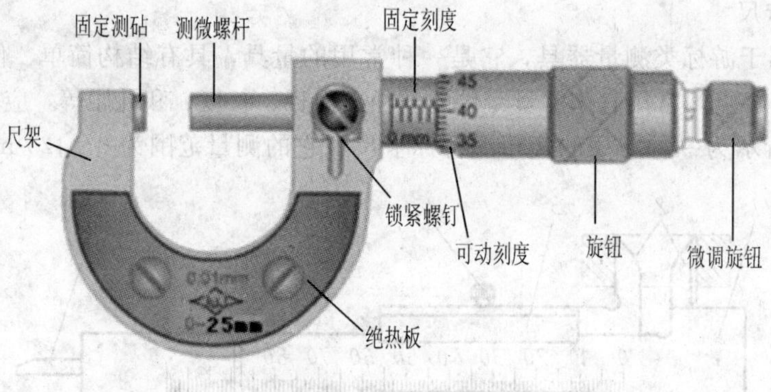

图 10-20　外径千分尺

使用千分尺可以准确读出 0.01mm 的数值。由于还能再估读一位，可读到毫米的千分位，故又名千分尺。

如图 10-21（a）所示，在固定刻度套筒上读出的尺寸为 5.5 mm，微分筒上读出的尺寸为 24（格）×0.01mm ＝0.24mm，两数相加即得被测零件的尺寸为 5.74 mm；如图 10-21（b)所示，在固定刻度套筒上读出的尺寸为 3 mm，在微分筒上读出的尺寸为 1.9（格）×0.01 mm＝0.019mm，两数相加即得被测零件的尺寸为 3.019mm。

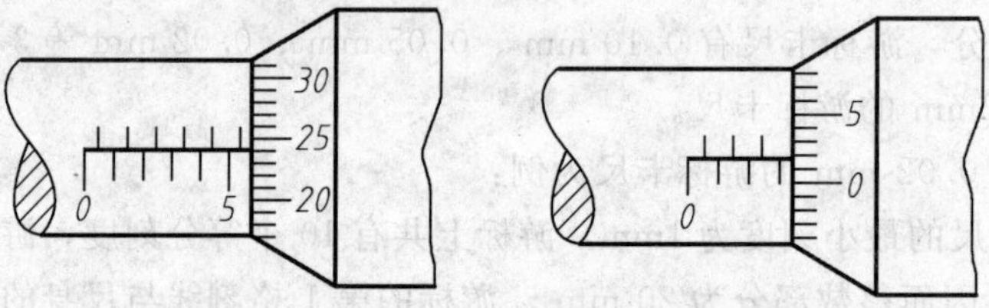

（a）　（b）

5.740mm　3.019mm

图 10-21　外径千分尺读数

常用千分尺的测量范围有 0～25mm、25～50mm、50～75mm、75～100mm 等多种。千分尺在使用过程中，由于磨损，特别是使用不妥当时，容易造成示值误差超差，所以应定期进行检查，进行必要的拆洗或调整，以便保持千分尺的测量精度。

用千分尺测量工件时，一般用单手或双手使用，正确使用方法如图 10-22 所示

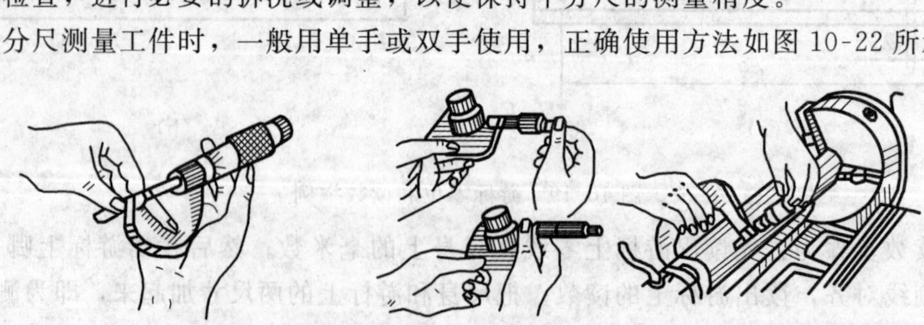

（a）单手使用千分尺　（b）双手使用千分尺

图 10-22　千分尺的正确使用方法

（3）内径百分表

内径百分表是内量杠杆式测量架和百分表的组合，如图 10-23 所示。用以测量或检验零件的内孔、深孔直径及其形状精度。

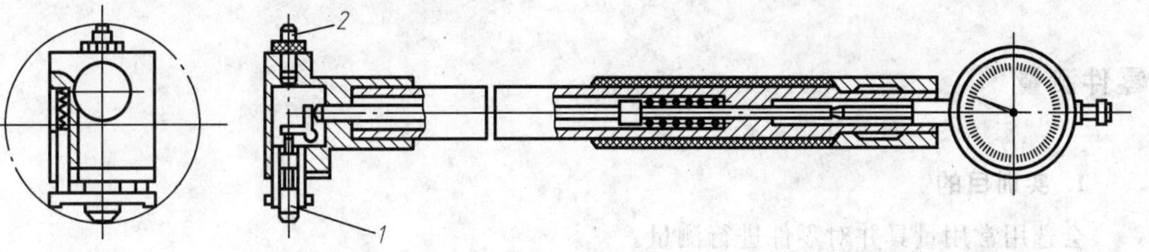

图 10-23　内径百分表

如图 10-23 所示，在三通管 3 的一端装有活动测量头 1，另一端装有可换测量头 2，活动测量头的移动量，可以在百分表上读出来。

内径百分表的测量范围是由更换或调整可换测头的长度来达到的。国产内径百分表的读数值为 0.01 mm，测量范围有 10～18 mm、18～35 mm、35～50 mm、50～100 mm、100～160 mm 等。

内径百分表的使用方法如下：

① 预调整。将百分表装入量杆内，预压缩 1 mm 左右（百分表的小指针指在 1 的附近）后锁紧。

② 校对零位。因内径百分表是相对法测量的器具，故在使用前必须用其他量具根据被测件的公称尺寸校对内径百分表的零位。如图 10-24 所示。

③ 测量。当测头达到指定的测量部位时，将表微微在轴向截面内摆动，如图 10-25 所示，读出指示表最小读数，即为该测量点孔径的实际偏差。

测量时要特别注意该实际偏差的正、负符号：当表针按顺时针方向未达到零点的读数是正值，当表针按顺时针方向超过零点的读数是负值。

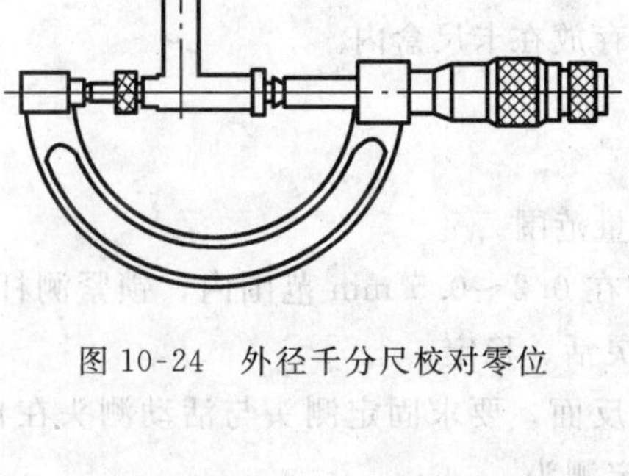

图 10-24　外径千分尺校对零位

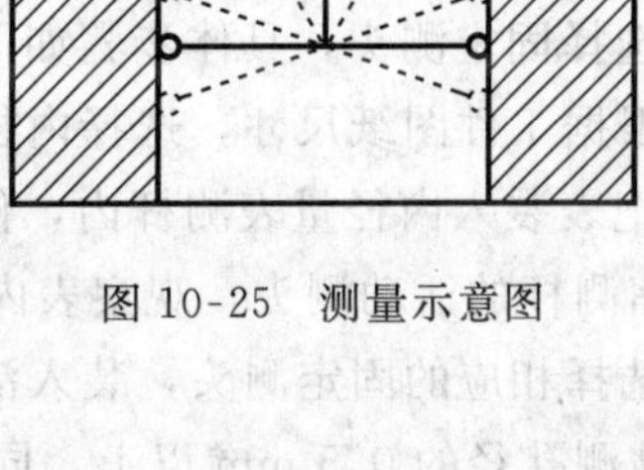

图 10-25　测量示意图

阶段性实习训练 6

零件测量

1. 实训目的

会选用常用量具并对零件进行测量。

2. 测量工具与零件

① 外径千分尺、游标卡尺、内径百分表、零件盘一只、、全棉布数块、油石、汽油或无水酒精、防锈油。

② 被测件：轴类零件、套类零件。

3. 实训内容与步骤

（1）轴类零件的外径与长度测量

① 测量外径，具体步骤如下：

a. 根据被测工件的尺寸选择相应的千分尺。

b. 使用前，把千分尺测砧端面擦拭干净，校准零线。

c. 测量时，将工件被测表面擦拭干净，并将千分尺置于两测量面之间，使千分尺测量轴线与工件中心线垂直或平行。

d. 测砧与工件接触，然后旋转活动套筒（副尺），使砧端与工件测量表面接近，这时旋转棘轮盘，直到棘轮发出 2 ～3 响“咔咔”声时为止，然后旋紧固定螺钉。

e. 轻轻取下千分尺。这时，千分尺指示数值就是所测量工件的尺寸。

f. 进行读数并记录，进行数据分析。

g. 使用完毕后，应将千分尺擦拭干净，并涂上一层工业凡士林，存放在卡尺盒内。

② 测量长度，具体步骤如下：

a. 选择合适的游标卡尺。

b. 测量前，先把游标卡尺擦拭干净；检验卡脚紧密贴合时是否有明显缝隙；检查尺身和游标的零位是否对准；最后检查被测量面是否平直无损。

c. 进行测量并记录数值。

d. 使用完毕后，应将游标卡尺擦拭干净，存放在卡尺盒内。

（2）轴类零件的内径测量

① 选择固定测头，具体步骤如下：

a. 根据工件图纸尺寸，选择内径量表的测量范围。

b. 把表装入内径量表测杆内，使表头压缩在 0.2～0.5 mm 范围内，锁紧测杆、螺钉，手指压缩测杆的活动测头，观察表内指针是否灵活、稳定。

c. 选择相应的固定测头，装入活动测头的反面，要求固定测头与活动测头在自然状态下大于被测孔径的 0.5 mm 以上，同时销紧固定测头。

② 调节校准零位，具体步骤如下：

a. 用一级千分尺，将量值设定到图纸中的被测孔径公称尺寸，销紧千分尺制动器。

b. 将内径百分表的两测头放人两量爪（侧砧）之间，与两量爪（侧砧）接触。为了使内径百分表的两测头的轴线与两量爪（侧砧）平面相垂直，需拿住表杆中部微微摆动内径百分表，找出表针的转折点，并转动表盘使“0”刻线对准转折点，此时零位已调好。

③ 测量孔径。测量套类零件内孔尺寸。将内径百分表放入被侧孔中，微微摆动百分表，并按百分表的最小示值读数。该数值为内径局部实际尺寸与其公称尺寸的偏差。在孔轴向的三个截面及每个截面相互垂直的两个方向上，共测六个点，将数据记入测量报告单内。按孔的验收极限判断其合格与否。

④ 零件合格性的评定

4. 实训记录与分析

按要求将被测件的相关信息、测量结果及测量条件填入测量报告单中，如表10-10、表10-11所示。

表10-10 直径与长度的测量报告单

<table>
<tr><td>工件名称</td><td colspan="2"></td><td>工件编号</td><td colspan="3"></td></tr>
<tr><td>测量器具</td><td colspan="6"></td></tr>
<tr><td>测量示意图</td><td colspan="6">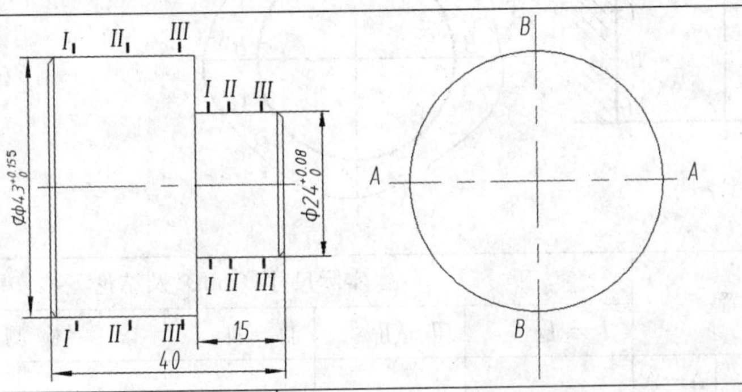
</td></tr>
<tr><td rowspan="8">测量结果</td><td colspan="2" rowspan="2">测量位置</td><td colspan="4">实际尺寸（mm）及结论</td></tr>
<tr><td>Ⅰ－Ⅰ</td><td>Ⅱ－Ⅱ</td><td>Ⅲ－Ⅲ</td><td>检测结论</td></tr>
<tr><td rowspan="2">$\phi24^{+0.084}_{0}$</td><td>A－A</td><td></td><td></td><td></td><td rowspan="4"></td></tr>
<tr><td>B－B</td><td></td><td></td><td></td></tr>
<tr><td rowspan="2">$\phi43^{+0.15}_{0}$</td><td>A－A</td><td></td><td></td><td></td></tr>
<tr><td>B－B</td><td></td><td></td><td></td></tr>
<tr><td colspan="2">15±0.2</td><td colspan="3"></td><td></td></tr>
<tr><td colspan="2">40±0.3</td><td colspan="3"></td><td></td></tr>
<tr><td>检测结论</td><td colspan="6">合格：
不合格：</td></tr>
</table>

续表

工件名称		工件编号			
检测人员		自我评价		小组评价	
检测人员		自我评价		小组评价	
检测人员		自我评价		小组评价	
检测日期					
组长签字		教师评价		总 评	

表 10-11　孔的测量

工件名称		工件编号			
测量器具					
测量示意图	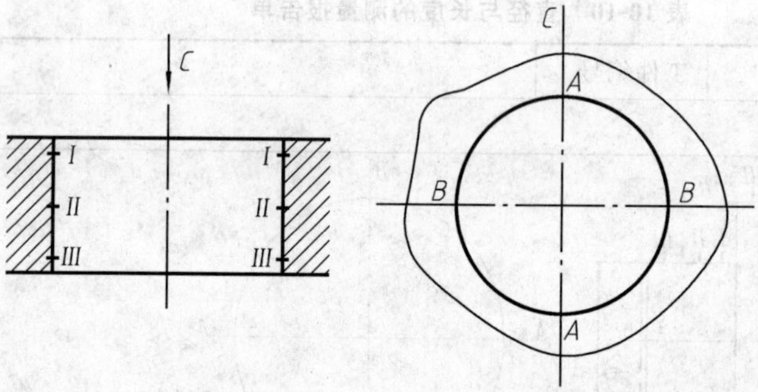				
测量结果	测量位置	实际尺寸（mm）及结论			
		Ⅰ－Ⅰ	Ⅱ－Ⅱ	Ⅲ－Ⅲ	检 测 结 论
	A－A				
	B－B				
检测结论	合格： 不合格：				

检测人员		自我评价		小组评价	
检测人员		自我评价		小组评价	
检测人员		自我评价		小组评价	
检测日期					
组长签字		教师评价		总 评	

小 结

本章介绍了公差、偏差和配合的基本规定；标准公差和基本偏差数值表。

对于极限与配合的术语和定义，必须牢固地掌握。不仅要明确定义，还要能熟练计算。

标准公差系列和基本偏差系列是公差标准的核心，标准公差决定了公差带的大小；而基本偏差则决定了公差带的位置。

公差与配合的选用是本章的难点，本章介绍了一些选用的基本方法、原则。

本章介绍了 19 个几何公差项目，其中形状公差有 6 项，方向公差有 5 项位置公差有 6 项，跳动公差有 2 项。对每一个几何公差项目应熟记相应符号、公差带的特点，以及正确的标注方法。

习 题

10-1 什么是公称尺寸、极限尺寸和实际尺寸？它们之间有何区别和联系？

10-2 什么是尺寸公差、极限偏差和实际偏差？它们之间有何区别和联系？

10-3 什么是标准公差？什么是基本偏差？

10-4 什么是基准制？在哪些情况下采用基轴制？

10-5 配合有哪几种？简述各种配合的特点。

10-6 计算出下表中空格处数值，并按规定填写在表中。

公称尺寸	上极限尺寸	下极限尺寸	上极限偏差	下极限偏差	公差	尺寸标注
孔 φ12	12.050	12.032				
轴 φ60			+0.072		0.019	
孔 φ30		29.959			0.021	
轴 φ80			−0.010	−0.056		
孔 φ50				−0.034	0.039	
孔 φ40						$\phi40^{+0.014}_{-0.011}$
轴 φ70	69.970				0.074	

10-7 根据下表中给出的数据计算出空格中的数据，并填入空格内。

基本	孔			轴			X_{max}	X_{min}	X_{av} 或 Y_{av}	T_f
尺寸	*ES*	*EI*	T_h	T_{ees}	*ei*		或 Y_{min}	或 Y_{max}		
φ25		0				0.021	+0.074		+0.057	
φ14		0				0.010		−0.012	+0.0025	
φ45			0.025	0				−0.050	−0.0295	

第11章 气压传动与液压传动

随着控制技术、计算机技术的发展，液压传动和气压传动在工程机械、数控机床等先进技术设备方面，以及汽车、钢铁、轻工、食品和军事领域得到广泛的应用。如图 11-1 所示的气动机械手，可以左右移动、上下伸缩、抓取物体；图 11-2 所示为液压传动的塑料注射成型机，动作顺序是加料、预塑、合模、注射、保压、冷却、开模、顶出制品。

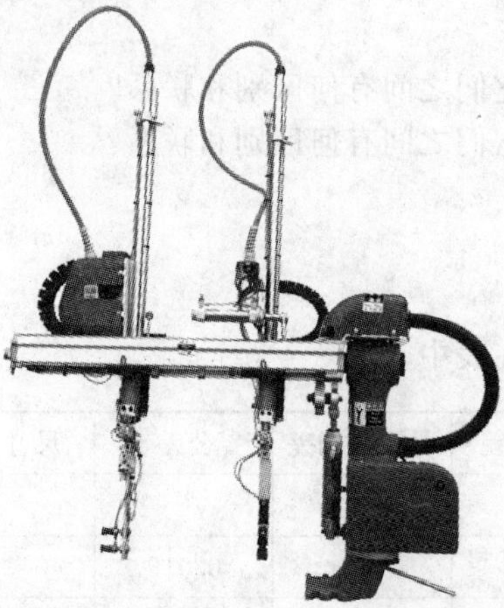

图 11-1　双壁式注塑机机械手

图 11-2　塑料注射成型机

11.1　气压传动与液压传动的工作原理

无论是气动机械手还是液压传动的注射成型机，均要有完成各种动作的执行元件，比如气缸或液压缸；驱动执行元件运动的工作介质（压缩空气或压力油）；要有输出压缩空气或压力油的动力元件（空压机或油泵）；还要有控制动作顺序的气动或液压控制阀。他们的工作有其共性，也有其相应的个性。

11.1.1　工作原理、基本参数和传动特点

气压传动和液力传动均是以流体作为工作介质进行能量传递的传动方式。液压传动主要是利用液体的压力能来传递能量；而气压传动则主要是利用气体的压力能来传递能量。

1. 工作原理

图 11-3 所示为一驱动机床工作台的液压传动系统工作原理图，它由液压泵、各种控制阀、液压缸和油箱、压力表、管路等组成。其工作原理：液压泵由电动机驱动后，从油箱中吸油。油液经滤油器进入液压泵，油液在泵腔中从入口低压到泵出口高压，在图 11-3 (a) 所示状态下，通过开关阀、节流阀、换向阀进入液压缸左腔，推动活塞使工作台向右移动。这时，液压缸右腔的油经换向阀和回油管 6 排回油箱。

如果将换向阀手柄转换成图 11-3 (b) 所示状态，则使工作台向左移动。

工作台的移动速度是通过节流阀来调节的。工作台的移动速度减小。为了克服移动工作台时所受到的各种阻力，液压缸必须产生一个足够大的推力，这个推力是由液压缸中的油液压力所产生的。要克服的阻力越大，缸中的油液压力越高；反之压力就越低。这种现象正说明了液压传动的一个基本原理——压力大小取决于负载。

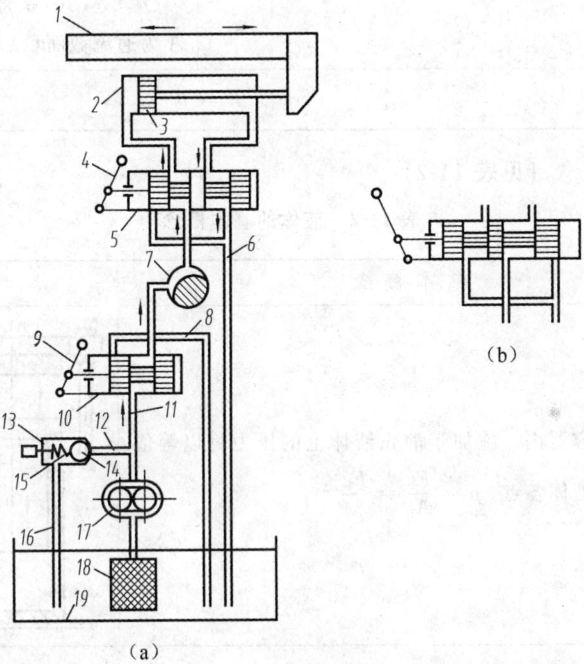

图 11-3 曲线切线示意图

1—工作台；2—液压缸；3—活塞；4—换向手柄；5—换向阀；
6、8、16—回油管；7—节流阀；9—开停手柄；10—开关阀；
11—压力管；12—压力支管；13—溢流阀；14—钢球；15—弹簧；
17—液压泵；18—滤、油管；19—油箱

2. 基本参数（见表 11-1）

表 11-1 基本参数

项目	气压传动	液压传动
流体的粘度	空气的粘度很小，	粘度对温度的变化非常敏感，温度升高，粘度下降；受压力影响较小，一般可忽略
可压缩性	空气的压缩性很大	压缩量可忽略不计，可认为是不可压缩
压力/MPa	$p > \frac{F}{A\eta}$（执行元件效率 $\eta=0.8\sim0.9$）	压力由负载决定 $p=\frac{F}{A}$（F 为负载，A 为受力面积）
流量/（m^3/s）	$Q=v\cdot A$	$Q=v\cdot A$（v 为通流截面的平均流速，A 为通流截面积）
功率/kW	$P=p\cdot Q$	

3. 液体的基本概念（见表 11-2）

表 11-2 液体的基本概念

项目	基本概念	说明
静压传递原理（帕斯卡原理）	在密闭容器内，施加于静止液体上的压力将以等值同时传到液体各点。$p=\frac{F_1}{A_1}=\frac{F_2}{A_2}$	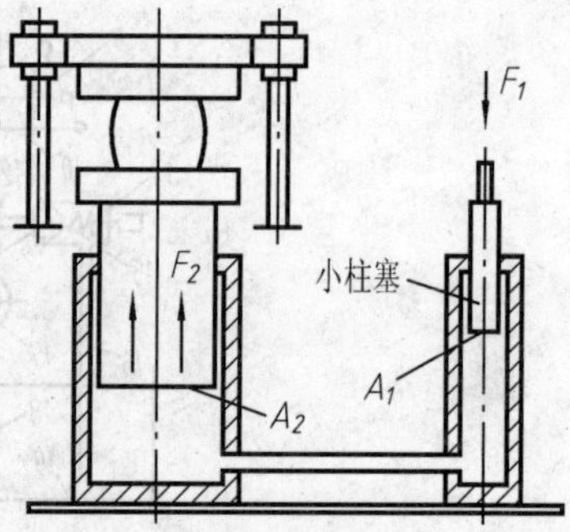
液流的连续性方程	不计损失时，油液流经无分支管道时，通过管道任一通流截面的流量相等。 $Q_1=Q_2$；$A_1\cdot v_1=A_2\cdot v_2$	流体的流速与管道通流截面积成反比，即管路细处流速大，管路粗处流速小。

注：表中 P 是油液压力；F 为作用力，单位是 N；A 为作用面积，单位是 m^2；Q 为油液流量；v 为油液流速。

压力的单位为 N/m^2 或 Pa（帕斯卡），由于 Pa 单位太小，工程上常用其倍数单位 MPa（兆帕）来表示，即

$$1MPa = 10^6 Pa$$

流量的单位为 $\frac{m^3}{s}$，常用单位为 L/min（升/分）。

4. 传动特点（见表 11-3）

表 11-3 气压传动与液压传动的特点

项 目	气压传动特点	液压传动特点
结 构	气动装置结构简单	液压传动装置的体积小、结构紧凑。
工 作 性 能	工作压力低，气动装置的输出力或力矩受到限制，适用于小功率的场合	易于获得很大的力和力矩，传递运动均匀平稳，负载变化时速度较稳定
	可实现无级调速	调速范围大，易实现无级调速
	动作稳定性较差，外载变化时，对工作速度的影响较大；气动动作迅速、反应快	能迅速换向和变速，传动平稳
	便于和其他传动方式联用采用，易实现远距离操纵和自动控制	
使 用 维 护	气压元件需另加油雾器进行润滑	液压元件能够实现自动润滑
	过载能自动保护	易于实现过载保护
	元件易于实现系列化、标准化、通用化	
	工作介质是压缩空气，不污染环境	存在泄漏，无法保证严格的传动比
	便于集中供气和远距离输送	存在压力损失和泄漏损失，传动效率较低，不适宜远距离传动
	空气的特性受温度影响小。在高温下能可靠地工作	对油温的变化敏感，不宜在较高、较低的温度下工作
	成本低，维护方便，噪声较大，在超音速排气时要加消声器。工作环境适应性好，	液压系统发生故障不易检查和排除

11.1.2 气压传动与液压传动系统的组成和元件符号

1. 常见的气压与液压系统组成

一个完整的气压与液压传动系统的组成见表 11-4。

表 11-4 气压与液压传动系统的组成

组 成	作 用	气压传动系统	液压传动系统
能源装置（动力元件）	把机械能转换成气压能或液压能的装置	空气压缩机：提高压缩空气	液压泵：提供压力油
执行装置（元件）	把气压能或液压能或转换成机械能以驱动工作机构的装置	气缸和气动马达：输出力和速度（或转矩和转速）	液压缸和液压马达：输出力和速度（或转矩和转速）
控制调节装置（元件）	对系统中的压力、流量或流动方向进行控制或调节的装置	溢流阀、节流阀、换向阀等	

续表

组　成	作　用	气压传动系统	液压传动系统
辅助装置（元件）	除以上部分之外的其他装置，对完成主运动起辅助作用	过滤器、油雾器、冷却器、分水滤气器、消声器等	油箱，滤油器，油管、蓄能器、等
工作介质	传递能量的流体	压缩空气	液压油

2. 常用的气压与液压元件的图形符号

常用的气压与液压元件的图形符号如表 11-5 所示。

表 11-5　气压传动、液压元件的图形符号

名　称	符　号	名　称	符　号
泵	 定量泵　变量泵	单向阀	 梭阀　单向阀　液控单向阀　或门型
马达	 定量马达　变量马达	换向阀	 二位二通换向阀　二位三通换向阀
缸	 单作用活塞　双作用活塞缸	换向阀	 三位四通换向阀　三位五通换向阀
溢流阀	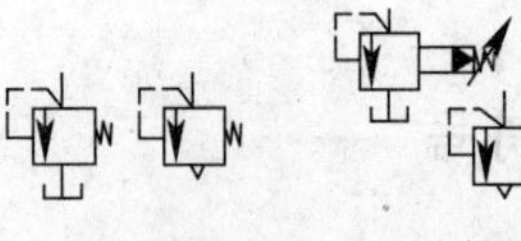 直动型溢流阀　先导型溢流阀	蓄能器	
减压阀	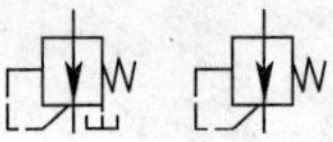 减压阀	冷却器	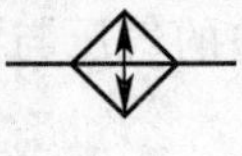
顺序阀	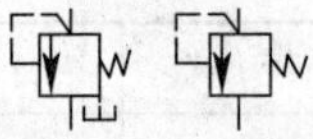 顺序阀	油雾器	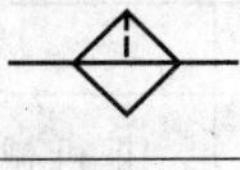
流量阀	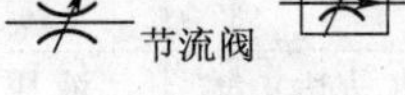 节流阀　调速阀	干燥器	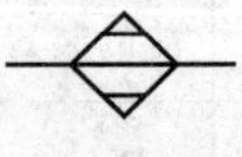
除油器	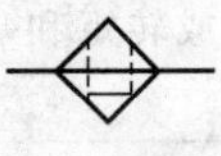	过滤器	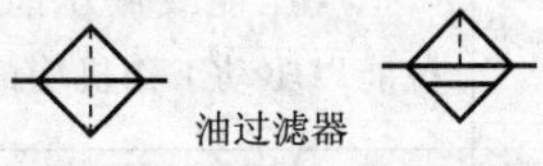 油过滤器　空气过滤器

11.2 气压传动

采用气压传动方式的机械很多，如何正确使用、维护保养和排除出现的故障，就得了解气动原件的结构、特点和工作原理；就得能识读气压传动的基本回路，了解其工作原理和应用场合。

11.2.1 气源装置及辅助元件的结构

气压传动采用的工作介质是压缩空气，因此压缩空气要进行净化处理。

1. 气源装置

空气压缩机产生的压缩空气，必须经过降温、净化、减压、稳压等一系列处理后，才能供给控制元件和执行元件使用。

(1) 压缩空气站的设备组成及布置

压缩空气站的设备一般包括产生压缩空气的空气压缩机和使气源净化的辅助设备。图 11-4所示为是压缩空气站设备组成及布置示意图。

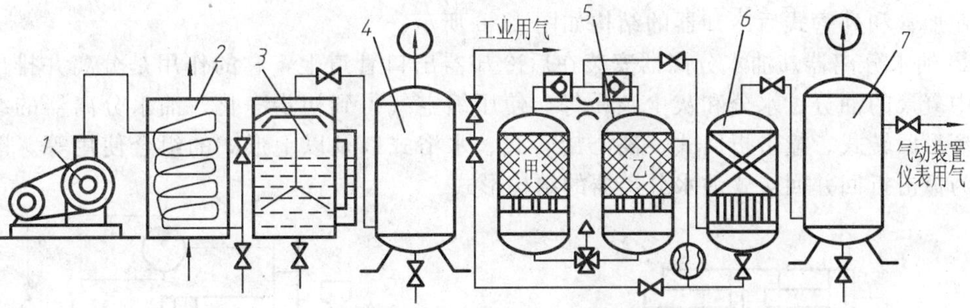

图 11-4 压缩空气站设备组成及布置示图

1—空气压缩机；2—后却器；3—油水分离器；4、7—贮气罐；5—干燥器；6—过滤器

(2) 空气压缩机的工作原理

空气压缩机是往复活塞式，其工作原理如图 11-5 所示。当活塞 3 向右运动时，空气在大气压力作用下进入气缸 2 内，称为“吸气过程”。当活塞向左移动时，缸内气体被压缩，称为压缩过程。当气缸内空气压力增高到略高于输气管内压力后，排气阀 1 被打开，压缩空气进入输气管道，这个过程称为“排气过程”。图中只表示一个活塞一个缸的空气压缩机，大多数空气压缩机是多缸多活塞的组合。

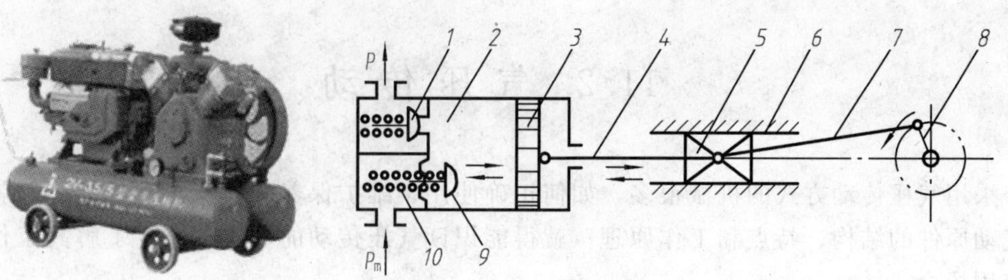

图 11-5　往复活塞式空气压缩机工作原理图

1—排气阀；2—气缸；3—活塞；4—活塞杆；5、6—十字头与滑道；7—连杆；8—曲柄；9—吸气阀；10—弹簧

2. 气动辅助元件

气动辅助元件分为气源净化装置和其他辅助元件两大类。

(1) 气源净化装置

压缩空气净化装置一般包括：后冷却器、油水分离器、贮气罐、干燥器、过滤器等。

① 后冷却器。后冷却器安装在空气压缩机出口处的管道上。它的作用是将空气压缩机排出的压缩空气温度由 140℃～170℃降至 40℃～50℃。这样就可使压缩空气中的油雾和水汽迅速达到饱和，使其大部分析出并凝结成油滴和水滴，以便经油水分离器排出。后冷却器的结构形式有：蛇形管式、列管式、散热片式、管套式。冷却方式有水冷和气冷两种方式，蛇形管和列管式后冷却器的结构如图 11-6 所示。

② 油水分离器。油水分离器安装在后冷却器出口管道上，它的作用是分离并排出压缩空气中凝聚的油分、水分和灰尘杂质等，使压缩空气得到初步净化。油水分离器的结构形式有环形回转式、撞击折回式、离心旋转式、水浴式以及以上形式的组合使用等。图 11-7 所示为撞击折回并回转式油水分离器的结构形式。

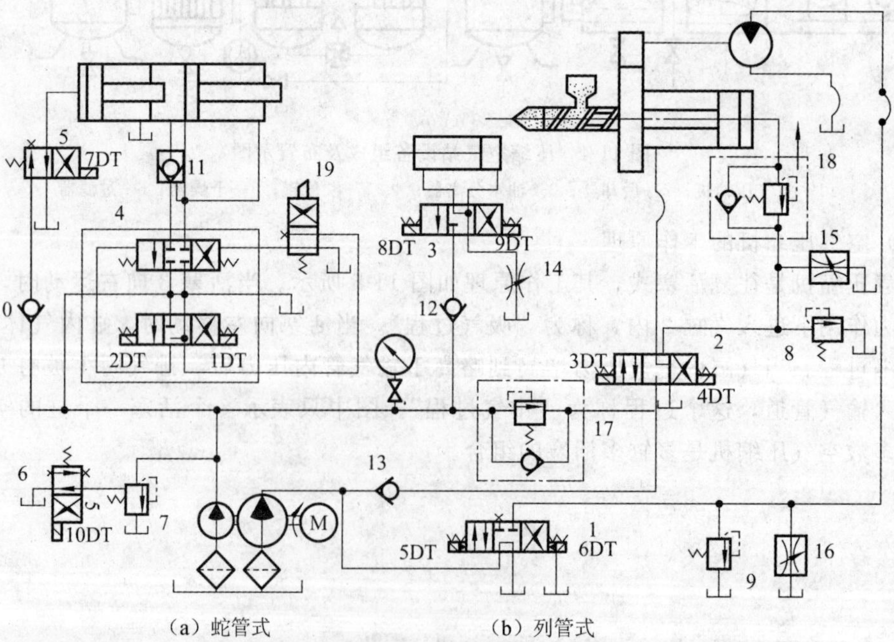

(a) 蛇管式　　(b) 列管式

图 11-6　后冷却器

③ 贮气罐贮气罐的主要作用：

a. 储存一定数量的压缩空气，以备发生故障或临时需要应急使用；

b. 消除压力脉动，保证输出气流的连续性和平稳性；

c. 进一步分离压缩空气中的油、水等杂质。

贮气罐结构如图 11-8 所示。

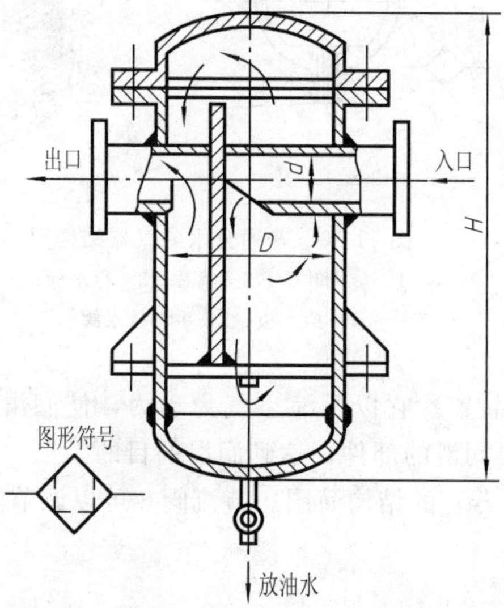

图 11-7　油水分离器

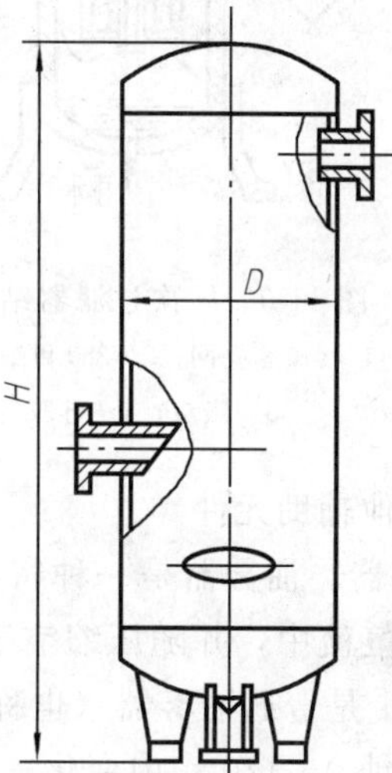

图 11-8　贮气罐结构图

④ 干燥器。经过后冷却器、油水分离器和贮气罐后得到初步净化的压缩空气，仍含一定量的油、水以及少量的粉尘。压缩空气还必须进行干燥处理。

压缩空气干燥方法主要采用吸附法和冷却法。

吸附法是利用具有吸附性能的吸附剂（如硅胶、焦炭、活性氧化铝或分子筛等）来吸附压缩空气中含有的水分，而使其干燥；冷却法是利用制冷设备使空气冷却到一定的露点温度，析出空气中超过饱和水蒸气部分的多余水分，从而达到所需的干燥度。

⑤ 过滤器。过滤器的作用是进一步滤除压缩空气中的杂质。常用的过滤器有一次过滤器（也称简易过滤器，滤灰效率为 50%～70%）；二次过滤器（滤灰效率为 70%～99%）。在要求高的特殊场合，还可使用高效率的过滤器（滤灰效率大于 99%）。

图 11-9 所示为一种一次过滤器，分水滤气器滤灰能力较强，属于二次过滤器。它和减压阀、油雾器一起被称为气动三联件，是气动系统不可缺少的辅助元件。普通分水滤气器的结构如图 11-10 所示。

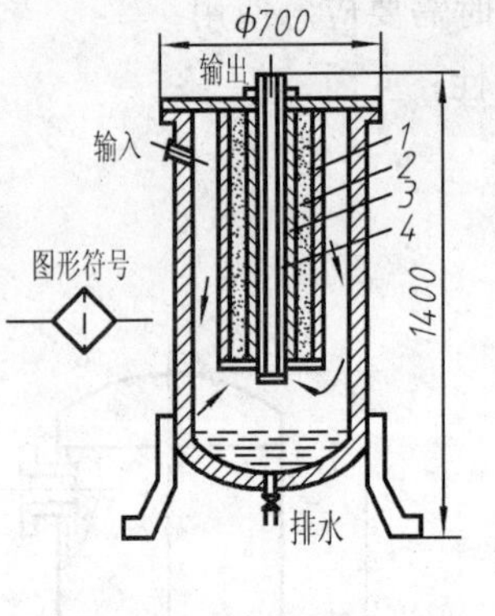

图 11-9　一次过滤器结构图

1—φ10 密孔网；2—280 目细钢丝网；

3—焦炭；4—硅胶等

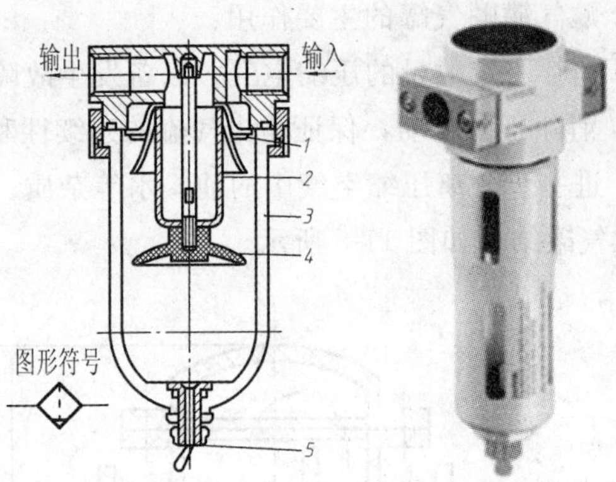

图 11-10　普通分水滤气器结构图

1—旋风叶子；2—滤芯；3—存水标；

4—挡水板；5—手动排水阀

（2）其他辅助元件

① 油雾器。油雾器是一种特殊的注油装置。它以压缩空气为动力，使润滑油雾化后，注入压缩空气流中，并随压缩空气进入需要润滑的部件，达到润滑的目的。

图 11-11 是普通油雾器（也称一次油雾器）的结构简图。节流阀 8 可以调节流量，使滴油量在每分钟 0～120 滴内变化。

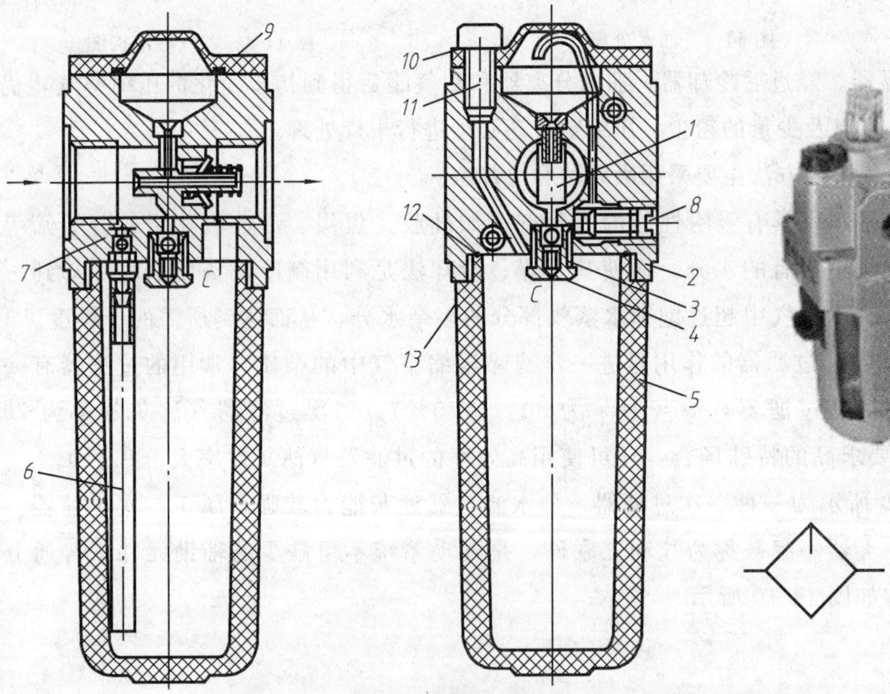

图 11-11　普能油雾器（一次油雾器）结构简图

1—喷嘴；2—钢球；3—弹簧；4—阀座；5—存油杯；6—吸油管；7—单向阀；

8—节流阀；9—视油器；10、12—密封垫；11—油塞；13—螺母、螺钉

② 消声器。在气压传动系统之中，气缸、气阀等元件工作时，排气速度较高，气体体积急剧膨胀，会产生刺耳的噪声。为了降低噪声可以在排气口装消声器。

气动元件使用的消声器一般有三种类型：吸收型消声器、膨胀干涉型消声器和膨胀干涉吸收型消声器。常用的是吸收型消声器。图 11-12 所示为是吸收型消声器的结构简图。这种消声器主要依靠吸音材料消声。消声罩 2 为多孔的吸音材料，一般用聚苯乙烯或铜珠烧结而成。当消声器的通径小于 20mm 时，多用聚苯乙烯作消音材料制成消声罩，其消声原理：当有压气体通过消声罩时，气流受到阻力，声能量被部分吸收而转化为热能，从而降低了噪声强度。

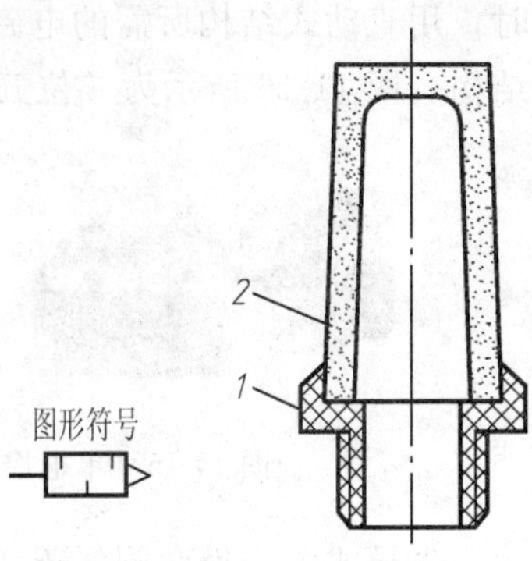

图 11-12 吸收型消声器结构简图
1—连接螺丝；2—消声罩

*11.2.2 气动控制元件与基本回路的组成、特点和应

1. 气动控制元件

在气压传动系统中，气动控制元件是控制和调节压缩空气的压力、流量和方向的控制阀，其作用是保证气动执行元件（如气缸、气马达等）按设计的程序正常地进行工作。

(1) 方向控制阀

方向控制阀是气压传动系统中通过改变压缩空气的流动方向和气流的通断，来控制执行元件启动、停止及运动方向的气动元件。

① 单向阀。控制气流只能朝一个方向流动而不能反向流动的阀，如图 11-13 所示。

② 梭阀。梭阀相当于两个单向阀组合的阀。图 11-14 为梭阀的工作原理图。

梭阀有两个进气口 P_1 和 P_2，一个工作口 A，阀芯 1 在两个方向上起单向阀的作用。当 P_1 进气时，使 P_1 与 A 相通；反之，P_2 进气时，使 P_2 与 A 相通；若 P_1 与 P_2 都进气时，阀芯就可能停在任意一边，这主要看压力加入的先后顺序和压力的大小而定。若 P_1 与 P_2 不等，则高压口的，通道打开，低压口则被封闭，高压气流从 A 口输出。

梭阀的应用很广，多用于手动与自动控制的并联回路中。

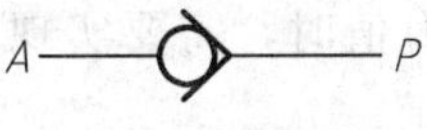

图 11-13 单向阀

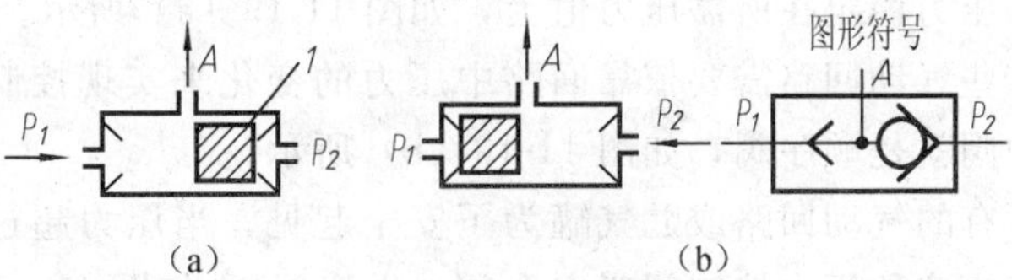

图 11-14 梭阀

③ 电磁控制换向阀。电磁换向阀是利用电磁力的作用来实现阀的切换以控制气流的流动方向。常用的电磁换向阀有直动式和先导式两种。

a. 直动式电磁换向阀。图 11-15 所示为二位三通直动式电磁换向阀控，它只有一个电磁铁。图中为常态情况，即激励线圈不得电，其通路状态为 A 与 T 相通，A 口排气。当通电时，电磁铁 1 推动阀芯向右移动，气路换向，其通路为 P 与 A 相通，A 口进气。

b. 先导式电磁换向阀。直动式电磁阀是由电磁铁直接推动阀芯移动的，当阀通径较大时，用直动式结构所需的电磁铁体积和电力消耗都必然加大，为克服此弱点可采用先导式结构。图 11-16 所示为二位五通先导式电磁换向阀。

图 11-15　单电控电磁换向阀

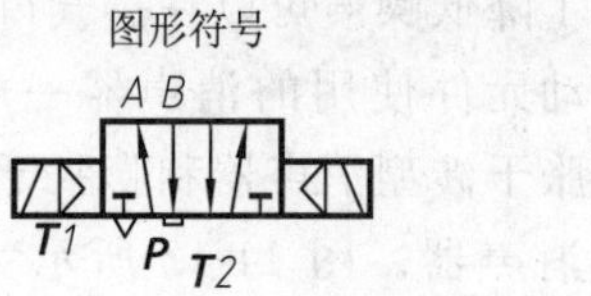

图 11-16　先导式双电控换向阀

先导式电磁换向阀便于实现电、气联合控制，所以应用广泛。

换向阀还有机械控制换向阀又称行程阀，如图 11-17 所示，作为信号阀使用；人力控制换向阀，采用手动及脚踏两种操纵方式，如图 11-18 所示。

图 11-17　机械控制换向阀

图 11-18　手动控制换向阀

(2) 压力控制阀

在气动系统中，需要用减压阀（调压阀）将其压力减到每台装置所需的压力，并使减压后的压力稳定在所需压力值上，如图 11-19 (a) 所示。

有些气动回路需要依靠回路中压力的变化来实现控制两个执行元件的顺序动作，所用的这种阀就是顺序阀，如图 11-19 (b) 所示。

所有的气动回路或贮气罐为了安全起见，当压力超过允许压力值时，需要实现自动向外排气，这种压力控制阀叫安全阀（溢流阀），如图 11-19 (c) 所示。

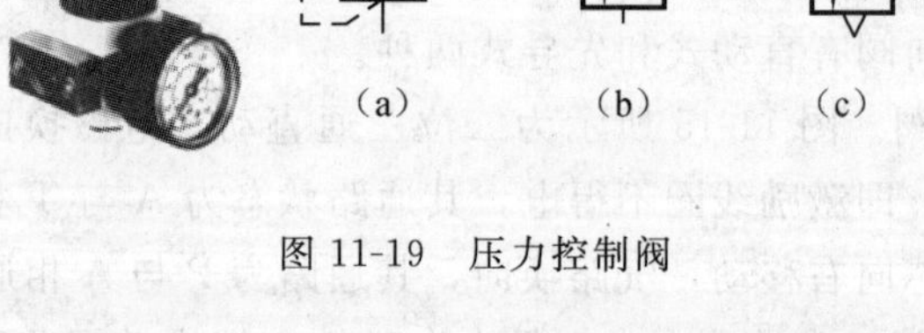

图 11-19　压力控制阀

（3）流量控制阀

流量控制阀就是通过改变阀的通流截面积来实现流量控制的元件。流量控制阀包括节流阀、单向节流阀、排气节流阀和快速排气阀等。图 11-20 所示为排气节流阀，它不仅能调节执行元件的运动速度，还常带有消声器件。图 11-21 所示为快速排气阀，它使气缸的排气不用通过换向阀而快速排出，从而加速了气缸往复的运动速度，缩短了工作周期。图 11-22表示了快速排气阀在回路中的应用。

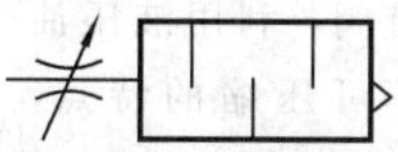

图 11-20　排气节流阀

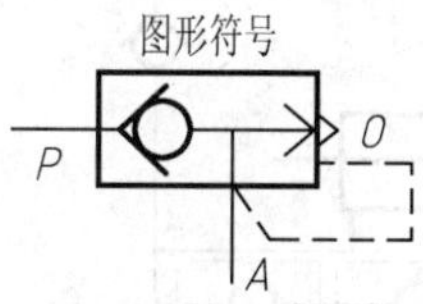

图 11-21　快速排气阀

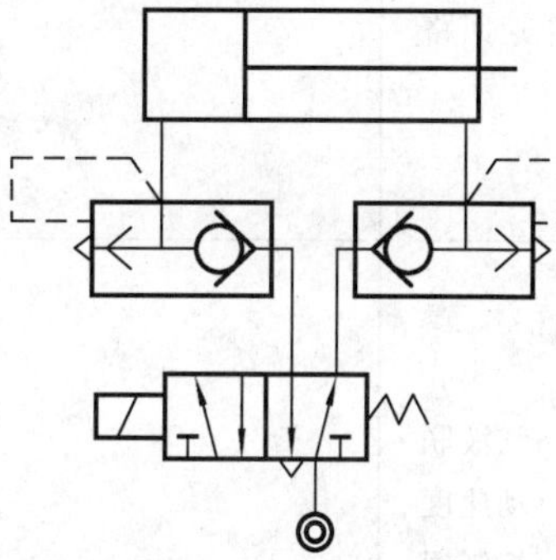

图 11-22　快速排气阀的应用问题

2. 气压传动基本回路

气压传动基本回路有压力控制回路、方向控制回路、速度控制回路、气液联动回路、安全保护和操作回路、顺序动作回路等。常见的气压传动控制回路见表 11-6。

表 11-6　常见的气压传动控制回路

名　称		图　例	特　点
	压力控制回路	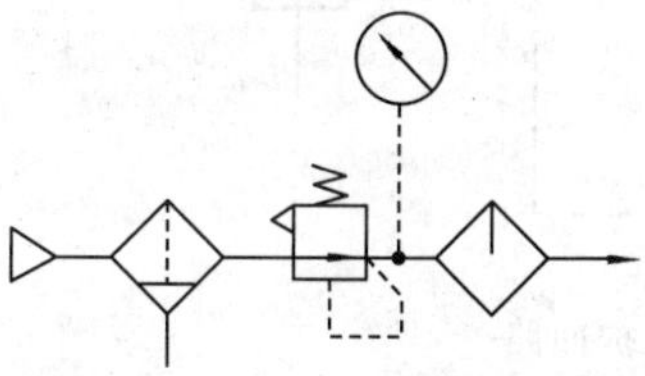	输出压力的大小由溢流式减压阀调整。在该回路中，分水滤气器、减压阀、油雾器常联合使用
方向控制回路	双作用气缸换向回路	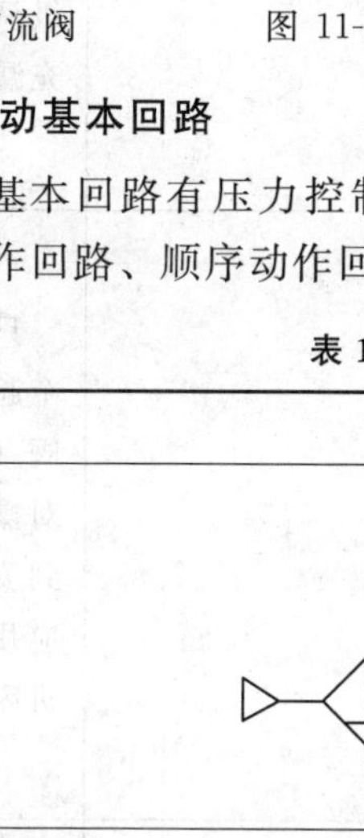 双作用气缸二态控制回路 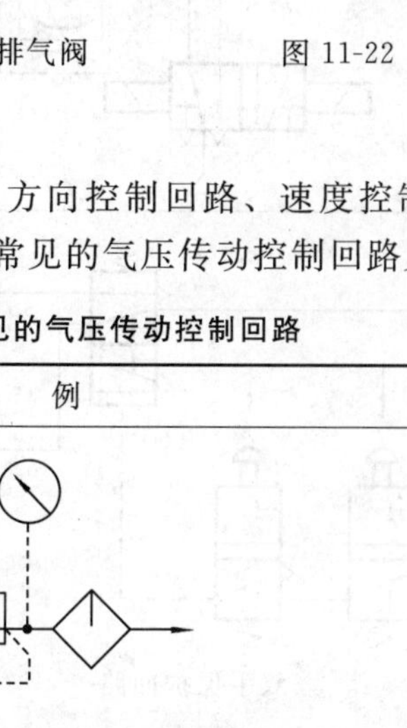 双作用气缺三态控制回路	用三位五通换向阀除控制双作用缸伸、缩换向外，还可实现任意位置停止

续表

名称		图形	特点
速度控制回路	排气节流阀调速回路	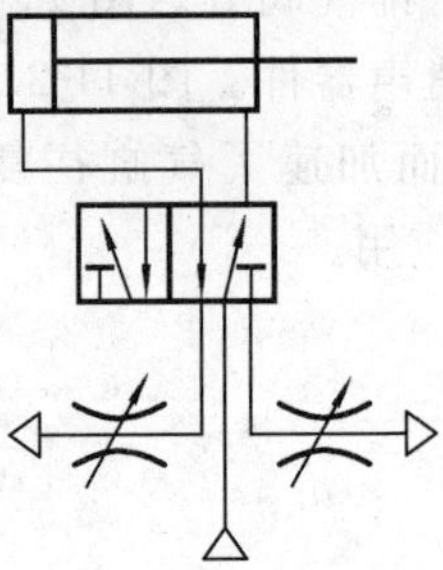	通过两个排气节流阀控制气缸伸缩的速度
	气液联动速度控制回路	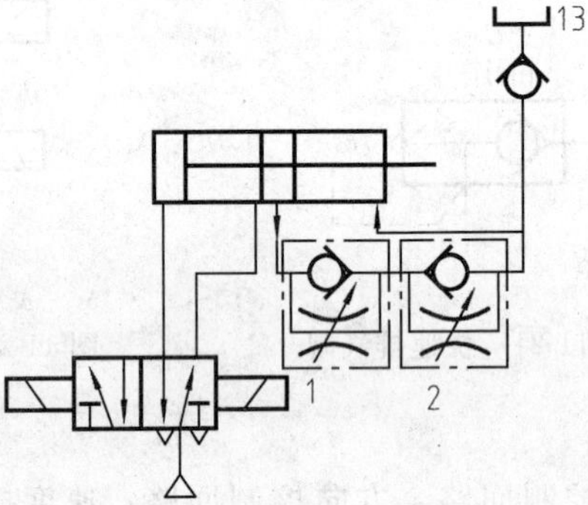	通过两个单向节流阀，利用液压油不可压缩的特点，实现两个方向的无级调速，油杯为补充漏油而设
气动其他回路	双手操作安全回路	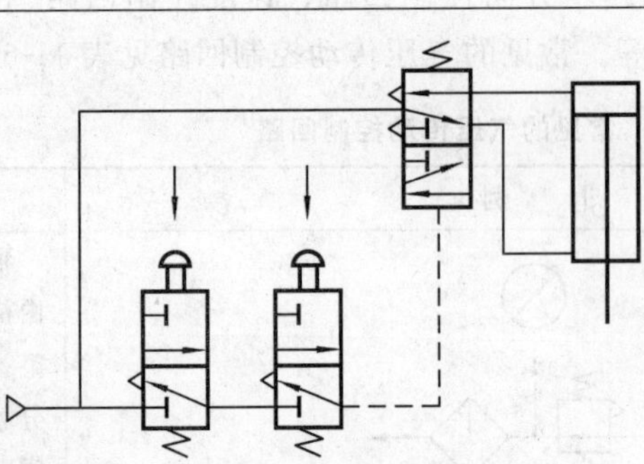 双手保护回路	只有同时按下两个起动用手动换向阀，气缸才动作，对操作人员的手起到安全保护作用。应用在冲床、锻压机床上
	往复动作回路	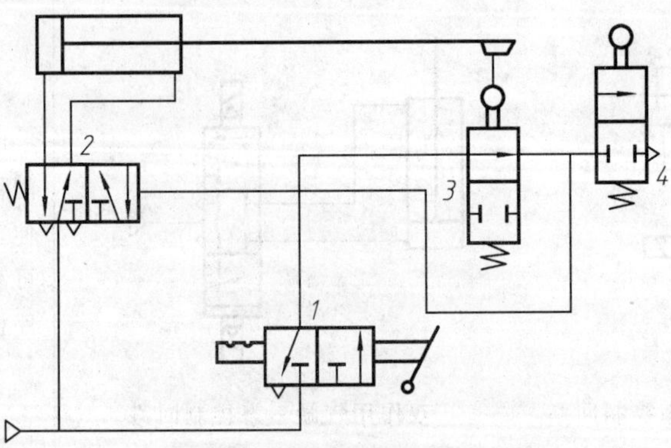 连续往复动作回路	手动阀 1 换向，高压气体经阀 3 使阀 2 换向，气缸活塞杆外伸，阀 3 复位，活塞杆挡块压下行程阀 4 时，阀 2 换至左位，活塞杆缩回，阀 4 复位，当活塞杆缩回压下行程阀 3 时，阀 2 再次换向，如此循环往复

11.3　液压传动

采用液压传动方式的机械很多，如何正确使用、维护保养和排除出现的故障，就得了解液压原件的结构、特点和工作原理；就得能识读液压传动的基本回路，了解其工作原理和应用场合。

11.3.1　液压元件的结构和工作原理

液压传动机构，通过泵和油缸及各种液压阀实现能量的转换、调节和输送，完成各种工艺动作的循环。

1. 液压动力元件（油压机的液压源）

(1) 液压泵的工作原理及特点

液压泵是液压传动的心脏，也是液压系统的动力源。

① 液压泵的工作原理。液压泵都是依靠密封容积变化的原理来进行工作的，故一般称为容积式液压泵，图 11-23 所示的是一单柱塞液压泵的工作原理图，原动机驱动偏心轮 1 旋转使柱塞 2 作往复运动，使密封容积 a 的大小发生周期性的交替变化。当 a 由小变大时就形成部分真空，使油箱中油液在大气压作用下，经吸油管顶开单向阀 6 进入油箱 a 而实现吸油；反之，当 a 由大变小时，a 腔中吸满的油液将顶开单向阀 5 流入系统而实现压油。原动机驱动偏心轮不断旋转，液压泵就不断地吸油和压油。

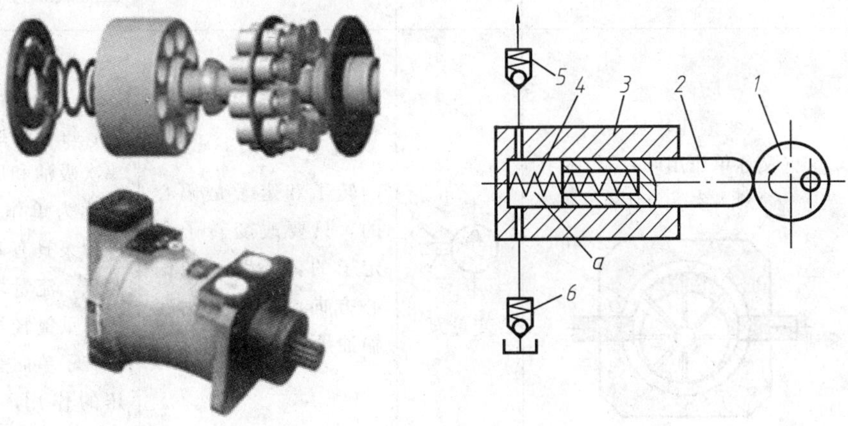

图 11-23　液压泵工作原理图

② 液压泵的特点。单柱塞液压泵具有一切容积式液压泵的基本特点：

a. 必须有一个或多个密闭容积，并且容积随着时间成周期性变化。

b. 为保证液压泵正常吸油，油箱必须与大气相通，或采用密闭的充压油箱。

c. 具有相应的配流机构，将吸油腔和排液腔隔开，保证液压泵有规律地、连续地吸、排液体。如图 11-23 中的单向阀 5、6 就是配油机构。

（2）液压泵的类型

液压泵的类型见表 11-7。

表 11-7　液压泵的类型

分　类	名　称	符　号	工作原理	特　点
低压泵	齿轮泵 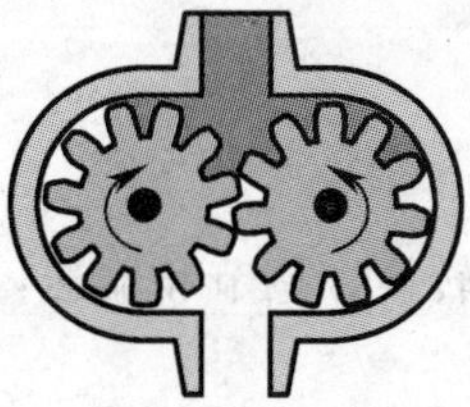	 定量泵	密封容积由泵体、端盖、齿轮的各齿间形成的。轮齿脱开啮合时，密封容积变大，产生真空，齿轮泵吸油；轮齿进入啮合时，密封容积变小，油被压出；两齿轮的啮合线与泵盖将吸压油口隔开	结构简单，工作可靠，自吸能力强，对油液污染不敏感，但易泄漏，噪声较大，输油量不均
中压泵	定量叶片泵 （又称双作用叶片泵） 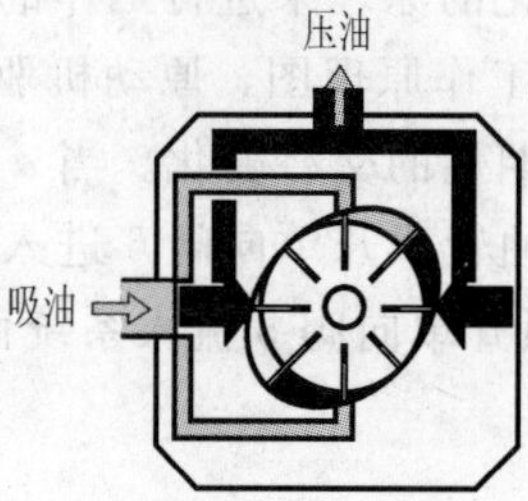 	 定量泵	两叶片之间、转子的外圆柱面、定子内表面及前后配油盘形成一个个密封工作容腔	泵的转子每转一周，每个密封工作腔就完成两次吸油和压油，所以又称为双作用叶片泵。 两个吸油区和两个压油区正好是对称的，因此作用在转子上的径向液压力相平衡
	变量叶片泵 （又称单作用叶片泵） 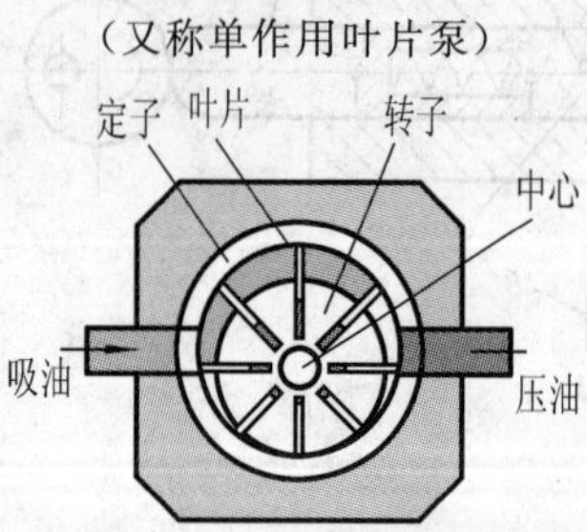 	 变量泵	转子和定子是偏心的，只要改变转子和定子的偏心距 e 和偏心方向，就可以改变输油量和输油方向	叶片泵的转子每转一周，每个密封容积完成一次吸油和压油，因此称为单作用叶片泵。叶片泵具有寿命长，噪声低，流量均匀，体积小，重量轻等特点。由于转子单向受压油腔油压的作用，径向力不平衡

续表

分类	名称	符号	工作原理	特点
高压泵	径向柱塞泵 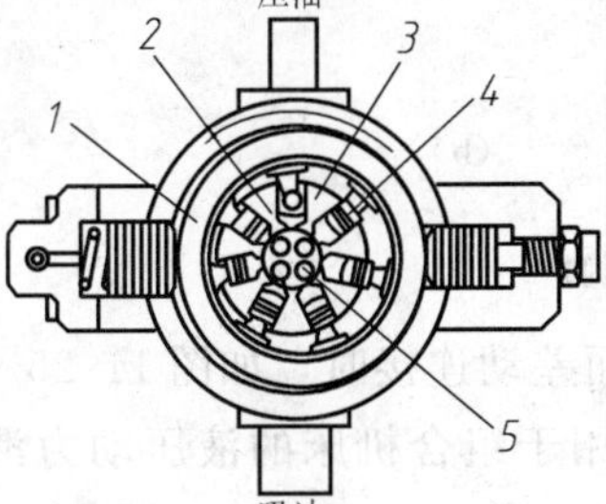	 变量泵	柱塞泵是由定子、配油轴、转子、柱塞等组成。利用柱塞在有柱塞孔的缸体内作往复运动，使密封容积发生变化，从而完成吸油和压油的	柱塞泵具有压力高、结构紧凑、密封性能好，在高压下工作有较高的容积效率，同时易于实现流量的调节及液流方向的改变

2. 液压执行元件（油压机的夹紧装置）

液压执行元件有液压缸和液压马达，是把油液的压力能转换成机械能的装置。

(1) 液压缸的类型

液压缸的种类很多，有活塞缸、柱塞缸、摆动缸三类，活塞缸和柱塞缸实现往复运动，输出推力和速度，摆动缸能实现小于360°的往复摆动，输出转矩和角速度。

(2) 常用的液压缸

① 活塞式液压缸。活塞式液压缸根据其使用要求不同可分为双杆式和单杆式两种。

a. 双杆式活塞缸。活塞两端都有一根直径相等的活塞杆伸出的液压缸称为双杆式活塞缸，它一般由缸体、缸盖、活塞、活塞杆和密封件等零件构成。根据安装方式不同可分为缸筒固定式，如图11-24 (a) 所示，和活塞杆固定式，如图11-24 (b) 所示。

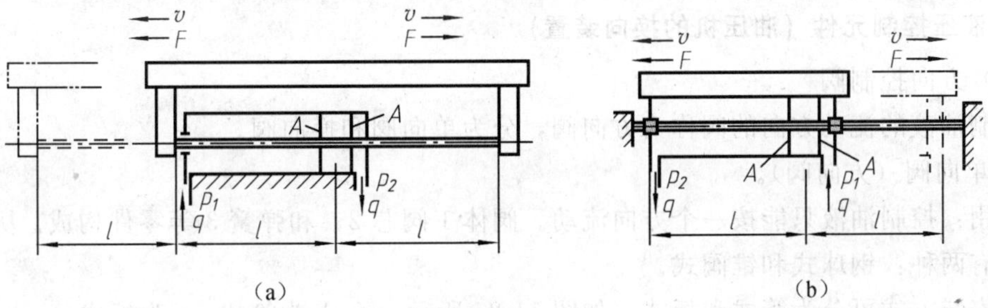

图 11-24 双杆活塞缸

液压缸左、右两个方向的推力和速度相等，当活塞的有效行程为 l 时，如果缸体固定时，工作台的运动范围为 $3l$；如果活塞杆固定时，工作台的运动范围为 $2l$。

b. 单杆式液压缸。如图11-25所示，不管是缸筒固定还是活塞固定，其上的工作台的运动范围均略大于缸体有效行程的两倍。

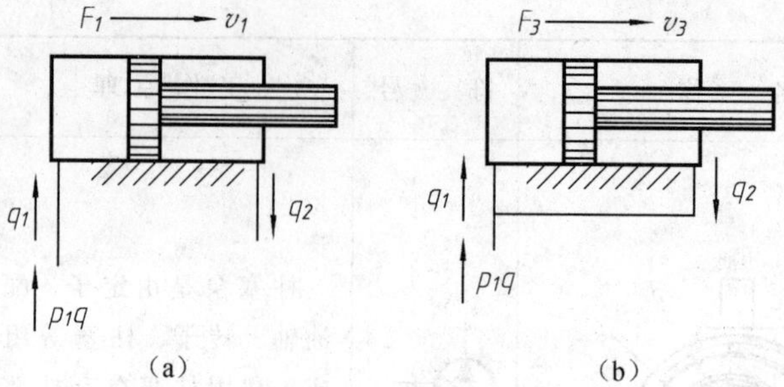

图 11-25　单杆式液压缸

无杆腔进油时，活塞推力最大，运动速度最慢；而差动连接时，如图 11-25（b）所示，活塞推力最小，运动速度最快。这种连接方式广泛应用于组合机床的液压动力滑台和其他机械设备的快速运动中。

② 柱塞缸。图 11-26（a）所示为柱塞缸，它只能实现一个方向的液压传动，反向运动要靠外力。若需要实现双向运动，则必须成对使用。如图 11-26（b）所示，这种液压缸中的柱塞和缸筒不接触，因此缸筒的内壁不需精加工，它特别适用于行程较长的场合。

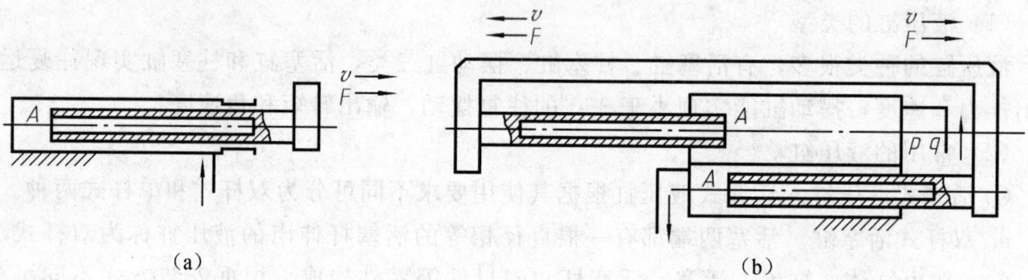

图 11-26　柱塞缸

3. 液压控制元件（油压机的换向装置）

（1）方向控制阀

控制油液的流动方向的阀称为方向阀，分为单向阀和换向阀。

① 单向阀（方向阀）。

功用：控制油液只能按一个方向流动。阀体 1 阀芯 2，和弹簧 3 等零件构成。从结构来分主要有两种：钢球式和锥阀式。

从安装方式可分为管式和板式，如图 11-27 所示，a、b 为管式，c 为板式。

② 液控单向阀。当控制油口不通压力油时，与普通的单向阀在结构上基本相同，如图 11-28，当控制油口 K 通入主油路最小液控压力油（约为主油路的 0.3～0.4）时，活塞 1 通过顶杆 2 将阀芯 3 顶开，P_1 和 P_2 接通，两个方向流通。

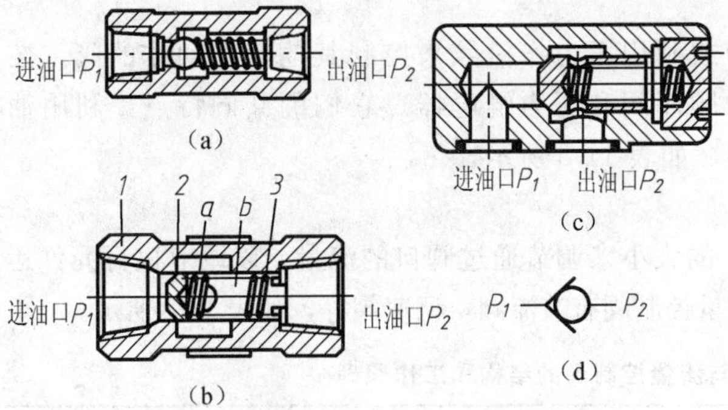

图 11-27 单向阀

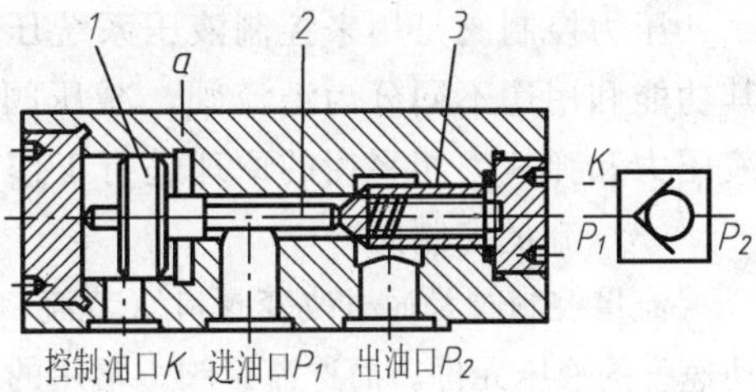

（a）结构示意图 （b）国形符号

图 11-28 液控单向阀

③ 换向阀。换向阀工作原理：换向阀是利用阀口在阀体内的相对位置发生变化，使各流体通路之间，实现接通或断开以改变流动方向，从而控制执行机构的运动，如图 11-29 所示的三位四通阀。当滑阀处于中位时，B、P、A、T 相互不通；当滑阀移至右端，P 与 A 相通，B 与 T 相通；当滑阀移至左端时，P 与 B 相通，A 与 T 相通。

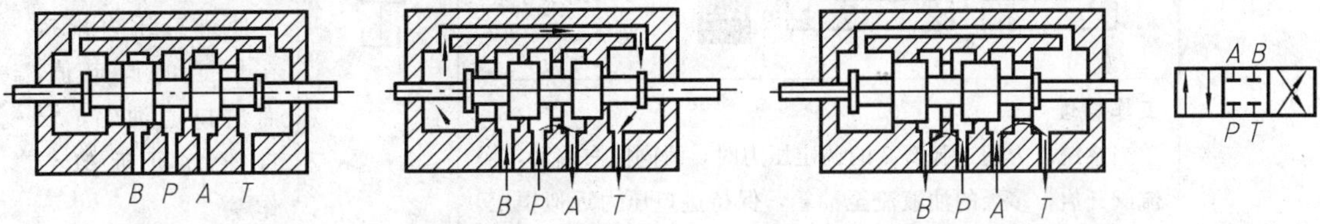

（a）滑阀位处于中位 （b）滑阀移到右端 （c）滑阀移到左端 （d）图形符号

图 11-29 滑阀工作原理

换向阀滑阀的工作位置数称为“位”，与液压系统中油路相连通的油口数称为“通”。常用的换向阀有二位二通、二位三通、二位四通、二位五通、三位四通、三位五通等。控制滑阀移动的方法有手动、机动、电磁、液动、电液动等，如图 11-30 所示。

三位阀的中间方格及二位阀侧面画有弹簧那一格为常态位置

一个完整的换向阀的图形符号，应该有表明工作位置数，油口数，在各工作位置上油口的连通关系，操纵（控制）方式，复位和定位方式。三位换向阀的阀芯在阀体中有左、中、右三个位置，左右位置使执行元件产生不同的运动方向，而阀芯在中间位置的油口连接关系称为中位机能。

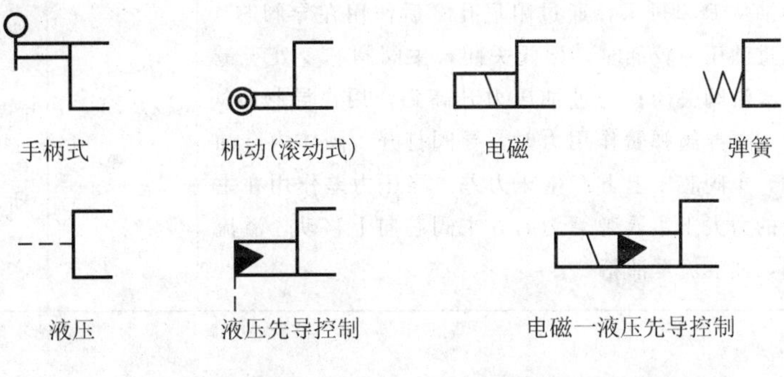

图 11-30 常见的控制形式图形符号

（2）压力控制阀

压力控制阀是用来控制液压系统压力或利用压力作信号来控制其他元件动作的阀。按其功能和用途不同分为溢流阀、减压阀、顺序阀和压力继电器。它们的共同特点：利用油液压力和弹簧力相平衡的原理进行工作的，如表 11-8 所示。

（3）流量控制阀

流量控制阀是通过改变阀口（节流口）的大小来调节通过阀口的流量，以调节执行元件运动速度的液压元件。简称流量阀。常用的流量控制阀有节流阀，调速阀等，如表 11-8 所示。

表 11-8　压力控制阀与流量控制阀的结构和工作原理

分　类	名称与工作原理	符　号	作用与特点
压力阀	直动型溢流阀 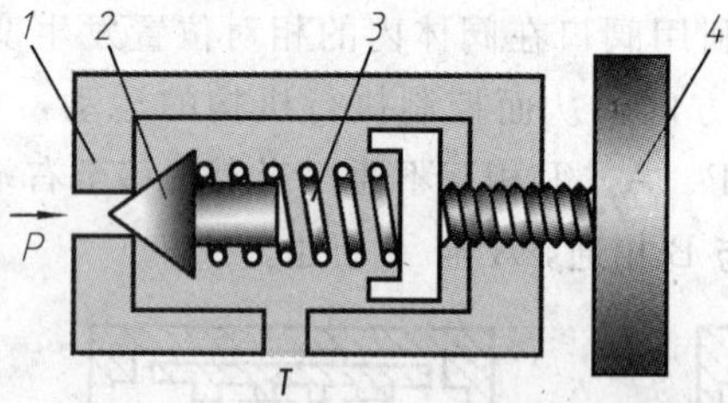 1—阀体； 2—阀芯； 3—调压弹簧； 4—调节手轮 **工作原理** 当系统压力超过弹簧 3 的调定压力时，滑阀向右移动，溢流阀开启，多余的油液流至油箱，保持进口压力近似恒定。系统的压力则可以由调压螺帽通过改变弹簧力来调节。	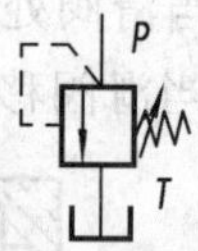	**作用** 溢流、稳压；限压保护作用；起背压阀作用 **特点** 使进口压力维持在恒定的调定值，而出口通油箱，出口压力可近似看作零
	先导型溢流阀 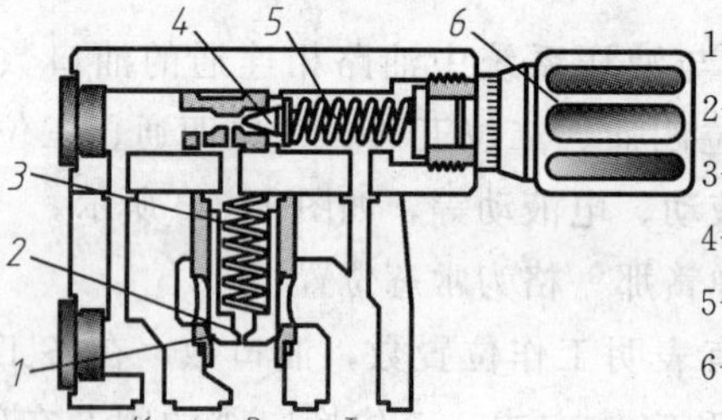 1—主阀阀芯； 2—阻尼孔； 3—主阀弹簧； 4—导阀阀芯； 5—导阀弹簧； 6—调压手轮 **工作原理** 压力油从 P 口进入，通过阻尼孔 2 后作用在导阀芯 4 上，当进油压力较低时，导阀关闭，主阀阀芯 1 处于最下端，溢流阀关闭；当进油压力升高到作用在导阀芯 4 液压力大于导阀弹簧作用力时，导阀打开，阀体内有油液流动，主阀芯 1 上下产生压力差，当压力差作用在主阀芯上的力大于主阀弹簧力时，主阀芯向上移动，溢流阀开启，油液流至油箱	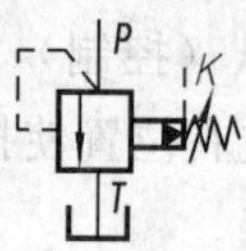	**作用** 作用与直动型溢流阀的作用相同。 当远程遥控口 K 连接到另一个远程调压阀，则调节远程调压阀的弹簧力，就可调节溢流阀主阀芯上端的压力，从而对溢流阀压力实现远程调压 **特点** 它具有结构紧凑，调压轻便，压力稳定，灵敏度高，波动小等优点，常用于中、高压系统

续表

分　类	名称与工作原理	符号	作用与特点
压力阀	直动式减压阀 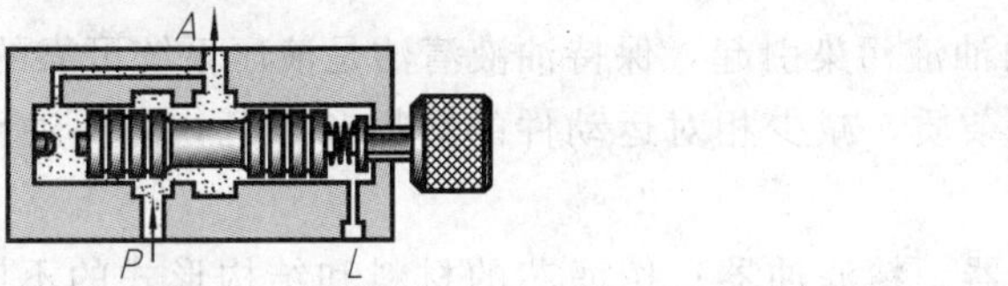 **工作原理** 当其出口压力未达到调压弹簧的预设值时，阀芯处于最左端，阀口全开。 减压阀稳压过程：当输入压力变大，出口压力随之增大，阀芯也相应右移，使阀口开度减小，阀口处压降增加，出口压力回到调定值；当输入压力变小，出口压力减小，阀芯相应左移，使阀口开度增大，阀口处压降减小，出口压力也会回到调定值	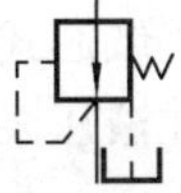	减压，并保持输出压力稳定
	工作原理和直动式的溢流阀的工作原理类似	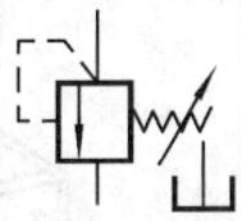	用于产生平衡力；用于多个执行元件的顺序动作控制；起背压作用；用作普通溢流阀
	压力继电器 压力继电器是利用油液压力来克服弹簧力，使微动开关触点闭合，发出电信号的。改变弹簧的预压缩量就能调节压力继电器的动作压力	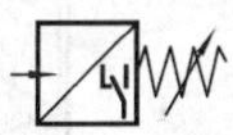	用于多个执行元件的顺序动作控制
流量阀	节流阀 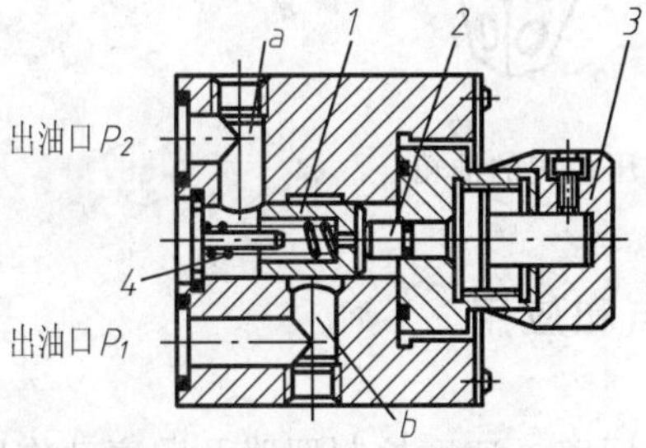 1—阀芯； 2—推杆； 3—手柄； 4—弹簧 **工作原理** 调节手柄 3，通过推杆 2 使阀芯做轴向移动，改变节流口的通流截面积来调节流量	 	**作用** 适用于负载和温度变化不大或稳定性要求不高的液压系统 **特点** 结构简单，制造容易，体积小，但负载和温度的变化对流量的稳定性影响较大
	调速阀是将减压阀和节流阀串联而成的组合阀。它用减压阀来保证节流阀前后压力差 Δp 不受影响，从而使通过节流阀的流量为恒值	 	通过阀的流量基本不受负载的影响

4. 液压辅助元件

液压辅助元件包括滤油器、油箱、蓄能器、油管、管接头和压力表，它们是液压系统工作的重要保证。

（1）滤油器

液压系统75％以上的故障因油液污染引起，保持油液清洁是液压系统可靠的工作关键。滤油器作用：清除油液中的各种杂质，减少相对运动件的磨损和卡死，防止油路堵塞而影响液压系统正常工作。

按过滤精度不同，有粗滤油器、精滤油器；按滤芯的材料和结构形式的不同：分为网式、线隙式、烧结式、纸芯式及磁性滤油器。

滤油器通常安装在液压泵的吸油口、泵的出口油路上、系统的回油管路上等。

（2）油箱

油箱在液压系统中主要用来储存系统中所需要的足够工作介质，散发系统工作产生部分热量，分离工作介质中部分气体和杂质。根据油箱与大气是否相通，可分为开式油箱和闭式油箱。如图11-31所示为一常见的油箱（带有液压泵）。

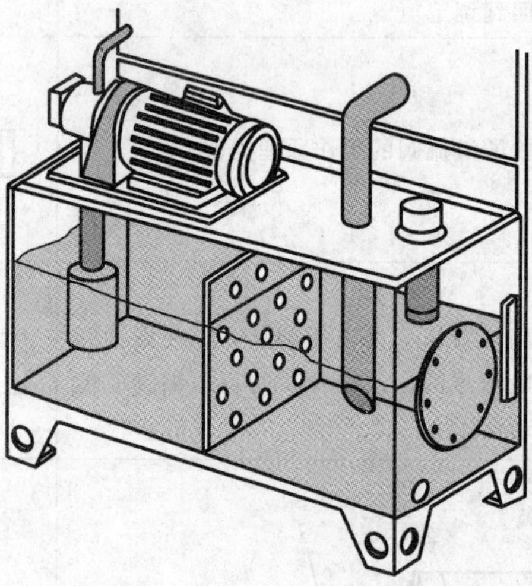

图11-31　常见的液压系统的油箱

*11.3.2　液压传动基本回路的组成、特点和应用

常见的液压系统有压力控制回路、方向控制回路、速度控制回路及顺序动作回路。

1. 压力控制回路

其核心元件是压力控制阀，一般是对系统整体或系统某一部分的压力进行控制的回路。常见的压力控制回路见表11-9。

表 11-9 压力控制回路

<table>
<tr><th>名 称</th><th>图 例</th><th>特点及应用</th></tr>
<tr><td>调压回路</td><td>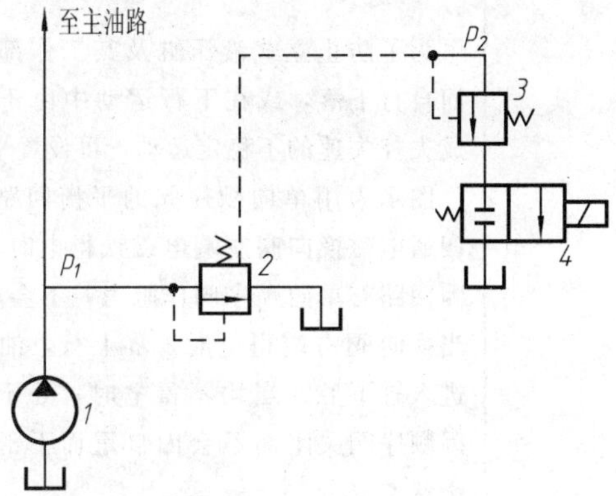
</td><td>调压回路用于控制整个系统或局部的压力，使之保持恒定或限制其最大值。系统工作压力应根据负载的大小来调节
定量泵系统中工作压力一般由溢流阀调定，使泵在恒定压力下工作；变量泵系统用安全阀限定其最高压力，防止系统过载。
当系统中需要两种以上压力时，可采用多级调压回路。其中的核心控制元件是溢流阀 $p_2 < p_1$</td></tr>
<tr><td>减压回路</td><td>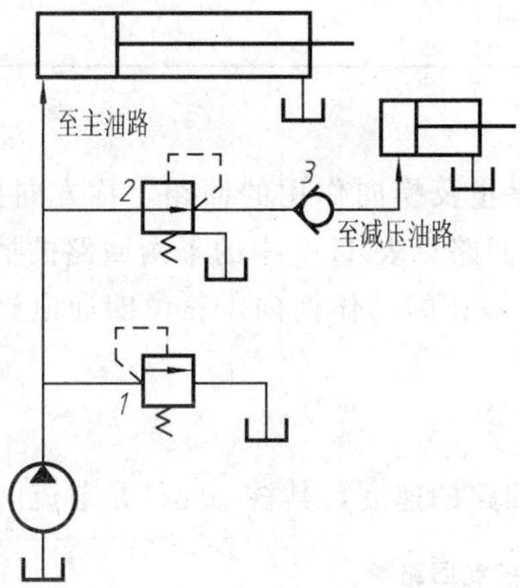
</td><td>减压回路的功用是，使系统中的某一部分油路具有较低的稳定压力
如图所示，当主油路压力低于减压阀 2 的调整压力时，单向阀 3 能防止油液倒流，起短时保压作用</td></tr>
<tr><td>卸荷回路</td><td>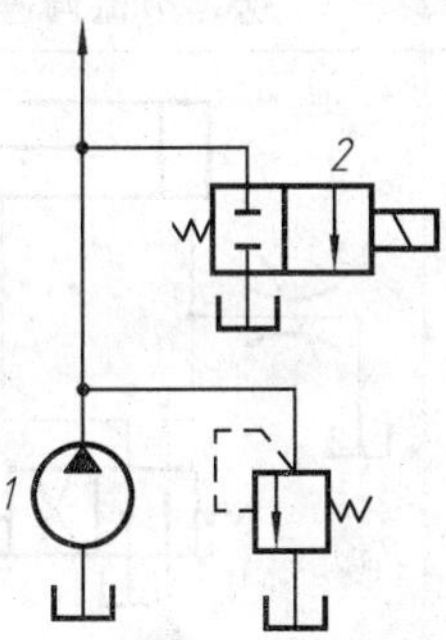
</td><td>卸荷回路的功用是，当执行元件停止工作时，液压泵输出的油液以很低的压力排回油箱，以减少功率损失和系统发热，延长泵和电机的使用寿命
如图所示，当二位二通电磁换向阀 2 得电时，泵卸荷
卸荷方式还有采用三位换向阀的 M、H 中位机能进行卸荷</td></tr>
</table>

续表

名称	图例	特点及应用
平衡回路	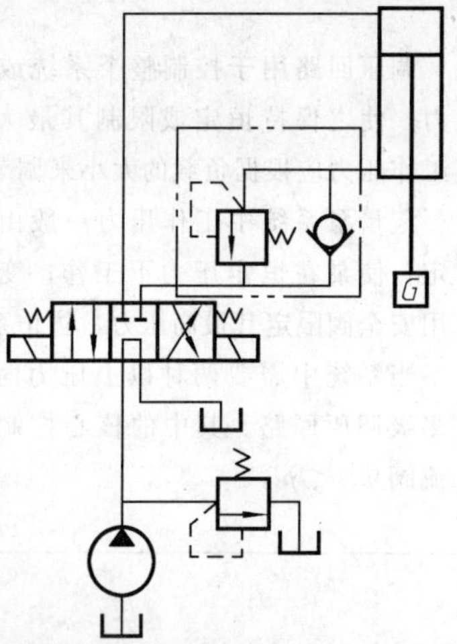	为了防止立式液压缸及其工作部件因自重而自行下落，或在下行运动中由于自重而造成失控失速的不稳定运动，可设置平衡回路 图示为用单向顺序阀的平衡回路。当三位四通电磁换向阀左端电磁铁得电时，缸下行，因回路有单向顺序阀作阻力，不会产生超速；当换向阀右端得电时，缸上行，油经单向阀进入缸下腔；当均不得电时，处于中位，缸因顺序阀关闭而不会因自重而下滑，处于平衡状态

2. 方向控制回路

在液压系统中，起控制执行元件的起动、停止及换向作用的回路，称方向控制回路。方向控制回路有换向回路和锁紧回路。换向控制回路见表11-9中的平衡回路的插图，三位四通电磁换向阀就控制了油缸活塞下行、上行、停止的动作换向，三位四通电磁换向阀组成了系统的换向回路。

3. 速度控制回路

速度控制回路见表11-10，主要是用来调节回路的速度，其核心元件是节流阀。

表11-10　速度控制回路

	进油节流调速回路	回油节流调速回路	旁路节流调速回路
图形	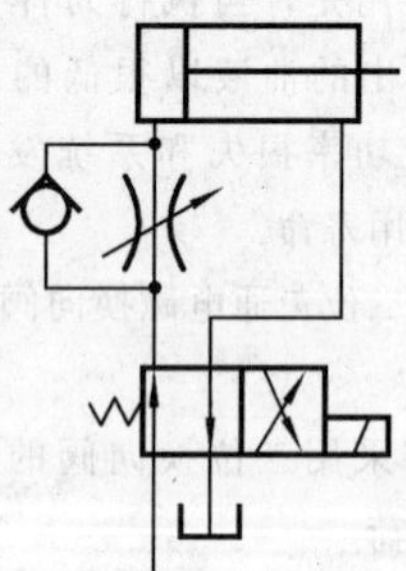	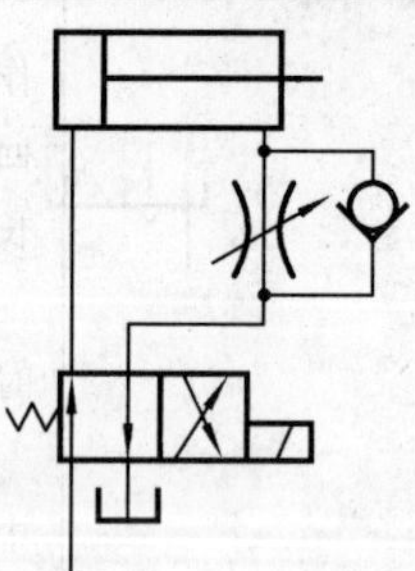	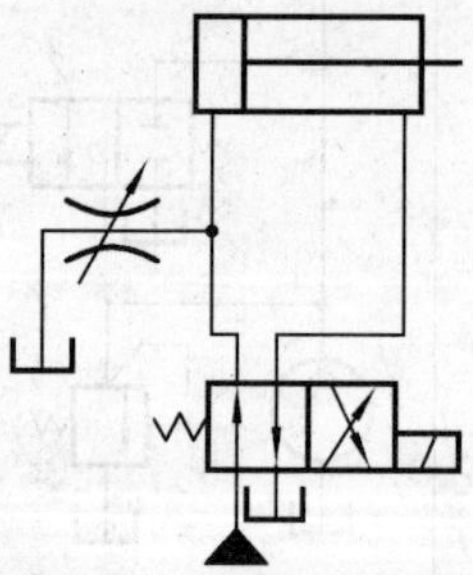
特点	将节流阀串联在泵与阀之间，即构成进油节流阀调速回路（见上图）。泵输出的油液一部分经节流阀进入缸的工作腔，泵多余的油液经溢流阀回油箱。改变通过节流阀的流量，从而调节缸的速度	回油节流阀调节回路的节流阀使缸的回油腔形成一定的背压，因而能承受负值负载，并提高了缸的速度平稳性	这种回路只有节流损失而无溢流损失 由于本回路的速度－负载特性很软，只用于高速、重载、对速度平稳性要求不高的较大功率的系统

*11.3.3 识读一般气压传动与液压传动系统图

气压传动技术是实现生产机械化、自动化方式之一，其应用遍及国民经济生产的各个部门。

1. 气动和液压回路原理图的读图步骤

① 看懂图中各元件的图形符号及用途。

② 分析基本回路及功用。

③ 了解系统工作程序及程序转换的发信元件。

④ 按工作程序图分析其程序动作。特别是注意主控阀阀芯的切换是否存在障碍。

2. 工件夹紧气压传动系统

图 11-32 所示为工件夹紧气压传动系统。

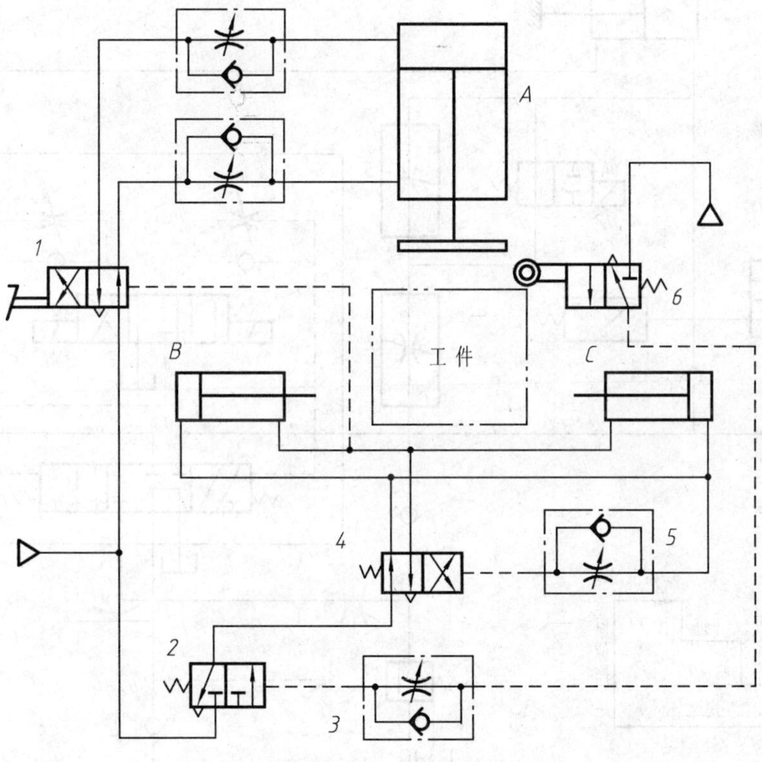

图 11-32 工件夹紧气压传动系统

工作原理：当工件运行到指定位置后，气缸 A 的活塞杆伸出，将工件定位锁紧后，两侧的气缸 B 和 C 的活塞杆同时伸出，从两侧面夹紧工件，而后进行机械加工。其气压系统得动作过程如下。

当用脚踏下脚踏换向阀 1 后，压缩空气经单向节流阀进入气缸 A 的上腔，夹紧头下降至锁紧位置后使行程阀 6 换向；压缩空气通过阀 6 的左位、经单向节流阀 3 进入气动阀 2 的右侧，使阀 2 换向；压缩空气通过阀 2 的右位、经阀 4 的左位进入气缸 B 和 C 的无杆腔，两气缸的活塞杆同时伸出。与此同时，压缩空气的一部分经单向节流阀 5 延时后，使主控阀 4 换向，则两气缸 B 和 C 活塞杆同时返回；在两气缸返回过程中，有杆腔的压缩空气使脚踏阀 1 复位，气缸 A 返回。

由于行程阀 6 复位，所以阀 2 也复位，气缸 B 和 C 的无杆腔通大气，主控阀 4 自动复位，由此完成了一个工作循环。

3. 阅读动力滑台液压系统

动力滑台是组合机床的主要通用部件，是用来实现进给运动的，只要配有不同用途的主轴头，就可实现钻、扩、铰、镗、铣、刮端面、倒角及攻螺纹等加工。图 11-33 所示为动力滑台液压系统图。

该系统采用限压式变量泵供油、电液动换向阀换向；由液压缸差动连接来实现快进；用行程阀实现快进与工进的转换；二位二通换向阀进行两个工进速度之间的换接。通常实现的工作循环：快进→第一次工作进给→第二次工作进给→止挡块停留→快退→原位停止。

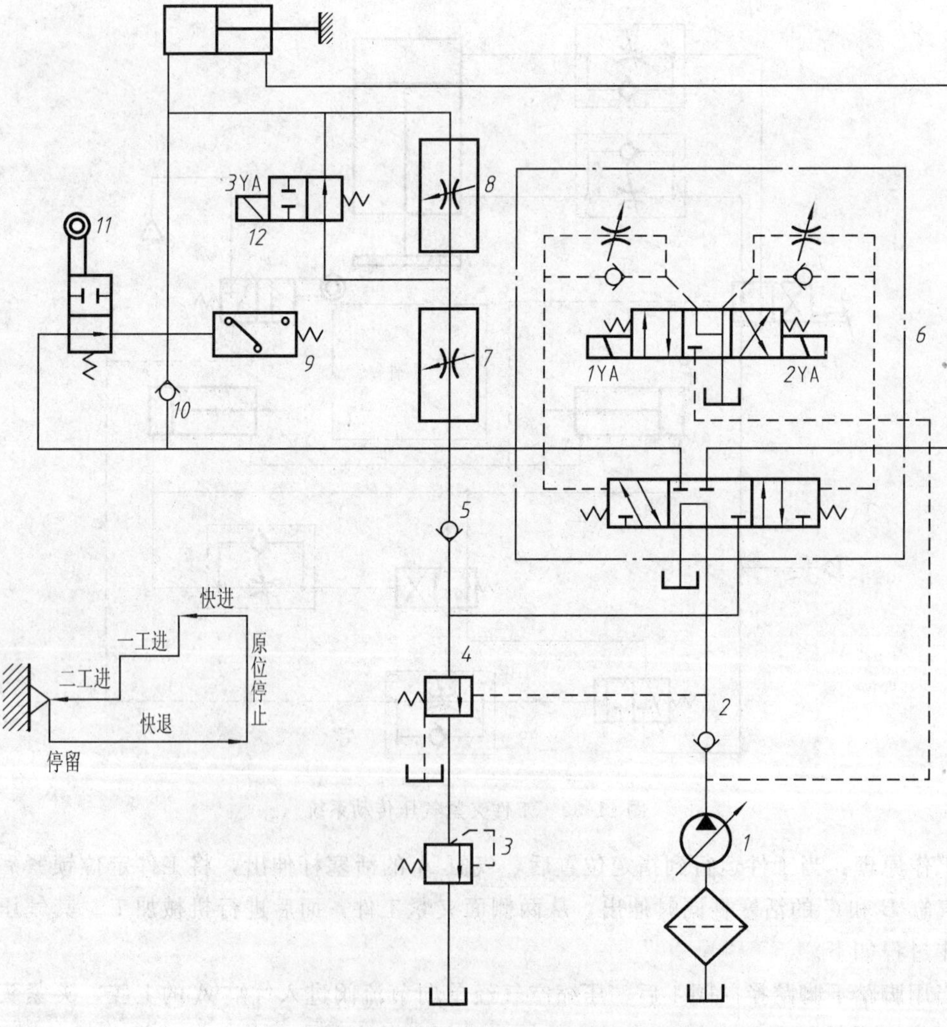

图 11-33　动力滑台液压系统

(1) 快进

电磁铁1YA得电，电液动换向阀6的先导阀阀芯右移，引起主阀芯右移，使其主阀的左位接入系统，其主油路为：

进油路：泵1→单向阀2→换向阀6左位→行程阀11下位→液压缸左腔；

回油路：液压缸右腔→换向阀6左位→单向阀5→行程阀11下位→液压缸左腔。形成差动连接。

(2) 第一次工作进给（一工进）

当滑台快速运动到预定位置时，滑台上的行程挡块压下了行程阀11的阀芯，切断了该通道，使压力油须经调速阀7进入液压缸的左腔。由于油液流经调速阀，系统压力上升，打开液控顺序阀4，此时单向阀5的上部压力大于下部压力，所以单向阀5关闭，切断了液压缸的差动回路，回油经液控顺序阀4和背压阀3流回油箱使滑台转换为第一次工作进给。其油路：

进油路：泵1→ 单向阀2 →换向阀6左位 →调速阀7 →换向阀12右位→ 液压缸左腔；

回油路：液压缸右腔 →换向阀6左位→ 顺序阀4 →背压阀3 →油箱。

因为工作进给时，系统压力升高，所以变量泵1的输油量便自动减小，以适应工作进给的需要，进给量大小由调速阀7调节。

(3) 第二次工作进给（二工进）

第一次工进结束后，行程挡块压下行程开关使3YA得电，二位二通换向阀将通路切断，进油必须经调速阀7、8才能进入液压缸，此时由于调速阀8的开口量小于阀7，所以进给速度再次降低，其他油路情况同一工进。

(4) 止挡块停留

当滑台工作进给完毕之后，碰上止挡块，滑台不再前进，停留在止挡块处，同时系统压力升高，当升高到压力继电器9的调整值时，压力继电器动作，经过时间继电器的延时，再发出信号使滑台返回，滑台的停留时间可由时间继电器在一定范围内调整。

(5) 快退

时间继电器经延时发出信号，2YA得电，1YA、3YA失电，主油路：

进油路：泵1→ 单向阀2 →换向阀6右位）→ 液压缸右腔；

回油路：液压缸左腔 →单向阀10 →换向阀6右位）→油箱。

(6) 原位停止

当滑台退回到原位时，行程挡块压下行程开关，发出信号，使2YA失电，换向阀6处于中位，液压缸失去液压动力源，滑台停止运动。液压泵输出的油液经换向阀6直接回油箱，泵卸荷。

阶段性实习训练7

气压与液压传动回路的搭建

1. 实训目的

用气压与液压元件搭建简单常用回路。

2. 实训设备

① 气动实训台，各类相关元器件若干。

② 液压实训备，各类相关元器件若干。

3. 实训内容与步骤

(1) 搭建客车门开启和关闭气压传动回路

如图 11-34 所示，要求在司机能控制客车门开启和关闭。

① 分析客车门开启和关闭气压传动系统所要完成的任务，即气缸的动作顺序。

② 画出客车门开启和关闭气压传动回路图。

③ 按照气压传动回路图选择合适的气动元件。

④ 在气动实训台组装一个气动控制回路。

⑤ 按照回路图，确认安装和连接正确。

⑥ 起动空压机，合理操纵各控制阀，观察气缸的动作过程是否满足系统要求。

⑦ 关闭气源，拆下管路，整理好所有元件。

⑧ 完成实训报告。

(2) 搭建炉门的启闭液压传动回路

如图 11-35 所示，要求炉门的开启与关闭均需采用快慢快的速度变化；炉门关闭后要锁紧；炉门开启后要自锁；炉门的开启与关闭采用手动控制。

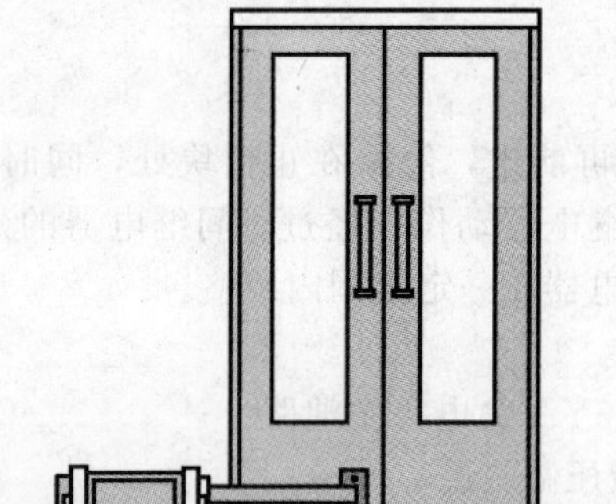

图 11-34 车门开启和关闭

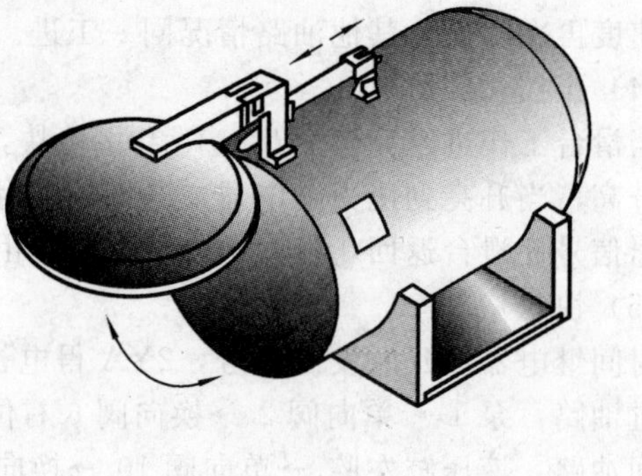

图 11-35 炉门的开启与关闭

① 分析炉门的开启与关闭液压传动系统所要完成的任务，画出液压缸的动作顺序图。

② 画出炉门的开启与关闭液压传动系统工作原理图。

③ 按照系统工作原理图选择合适的液压元件。

④ 将检验好的液压元件安装在插件板适当位置，通过快速接头和软管按回路要求，在液压实训台组装一个液压控制回路。

⑤ 按照回路图，确认安装和连接正确。

⑥ 旋松溢流阀，启动油泵；三位换向阀处于中位的时候，调节溢流阀观察压力表变化情况；将压力调到 2×10^5 Pa，使得换向阀左右电磁铁得电，观察活塞运动方向；然后，使左边电磁铁得电，观察活塞运动方向；然后使得右边电磁铁得电，观察活塞运动速度的变化。

⑦ 合理操纵各控制阀，观察液压缸的动作过程是否满足系统要求。

⑧ 训练完毕后，经教师检查后，首先旋松回路中的溢流阀，然后将泵关闭。确认压力为零的时候方可拆卸回路、清理元件，将元件放回原位。

4. 实训记录与分析

见书末附表1。

小 结

1. 液压传动是依靠密封容积的变化来传递运动，依靠油液内部的压力来传递动力。

2. 油液的粘度随温度的变化而变化；压力的大小取决于负载，并随负载的变化而变化。

3. 静压传递原理（帕斯卡原理）、液流的连续性原理。

4. 气压传动系统由气源装置（空气压缩机）、气源净化装置（后冷却器、除油器、储气罐、空气干燥器、过滤器）、气动辅助元件（油雾器、消声器）、气动控制元件（方向控制阀包括单向阀、梭阀、双压阀、快速排气阀、换向型控制阀；压力阀包括减压阀、安全阀、顺序阀；流量控制阀）、气动执行元件（气缸、气动马达）等组成。

5. 气压传动基本回路主要有换向回路、速度控制回路、压力控制回路、安全保护回路、顺序动作回路等。

6. 液压传动系统由液压动力元件［齿轮泵，叶片泵（包括定量叶片泵与变量叶片泵），柱塞泵（包括径向柱塞泵与轴向柱塞泵）］、液压执行元件［液压缸（包括活塞式液压缸、柱塞式液压缸和摆动式液压缸），马达（包括高速小转矩液压马达和低速大转矩液压马达）］、液压控制元件［方向控制阀（包括单向阀、液控单向阀），压力控制阀（包括溢流阀、减压阀、顺序阀、压力继电器），流量控制阀（包括节流阀、调速阀），液压辅助元件（油箱、过滤器、冷却器、蓄能器等）］等组成。

7. 液压传动基本回路主要有换向回路、速度控制回路、压力控制回路、安全保护回路、顺序动作回路等。

习 题

11-1 斤顶柱塞的直径 $D=34\text{mm}$，活塞的直径 $d=13\text{mm}$，杠杆长度如图所示，试求在杠杆端点加多大的力 F 才能将重量为 5×10^4 N 的重物 W 顶起？

11-2 向阀和液压换向阀有哪几方面的区别？

11-3 顺序阀、安全阀这三种压力阀的图形符号有什么区别？它们各有什么用途？

11-4 如图所示，完成相关问题。

(1) 分别填写出序号1至10气动元件的名称；

(2) 其中气源装置是指________、________、________、________；

(3) 气动三大件是指________、________、________。

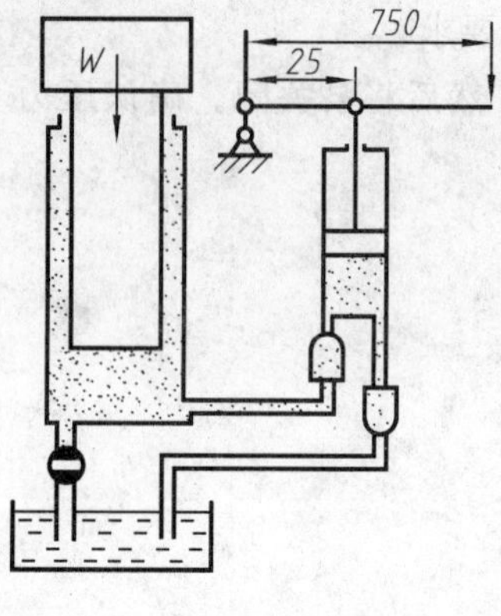

题 11-1 图

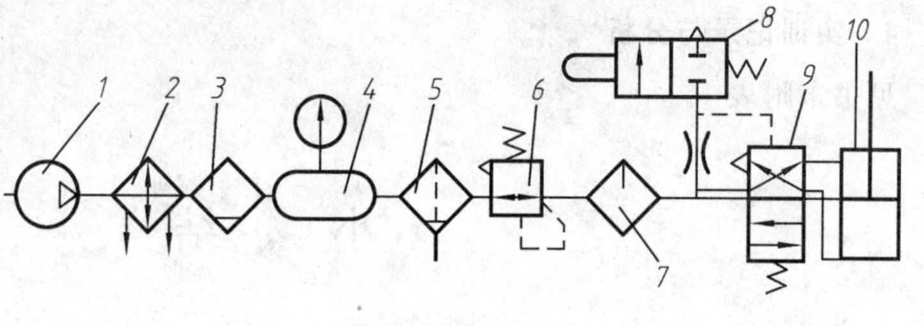

题 11-4 图

11-5　试简述液压泵的工作原理，正常工作必备的条件．

11-6　双作用叶片泵和单作用叶片泵各有什么优缺点？

11-7　指出图中标有序号的图形符号所表示的名称。

11-8　如图所示液压传动系统中，已知：$F_1=15\ 000\text{N}$，$F_2=5\ 000\text{N}$，$A_1=5\times10^{-3}\text{m}^2$，$A_2=2.5\times10^{-3}\text{m}^2$，活塞 1 和 2 运动终点都有固定挡铁限位，溢流阀开启压力为 $3.5\times10^{6}\text{Pa}$，不记压力损失。

(1) 活塞 1 动作时，液压缸工作压力 P_1 多大？

(2) 活塞 2 动作时，液压缸工作压力 P_2 多大？

(3) 说明当换向阀电磁铁得电后，哪个活塞先动作？另一个活塞何时动作？溢流阀何时开启？

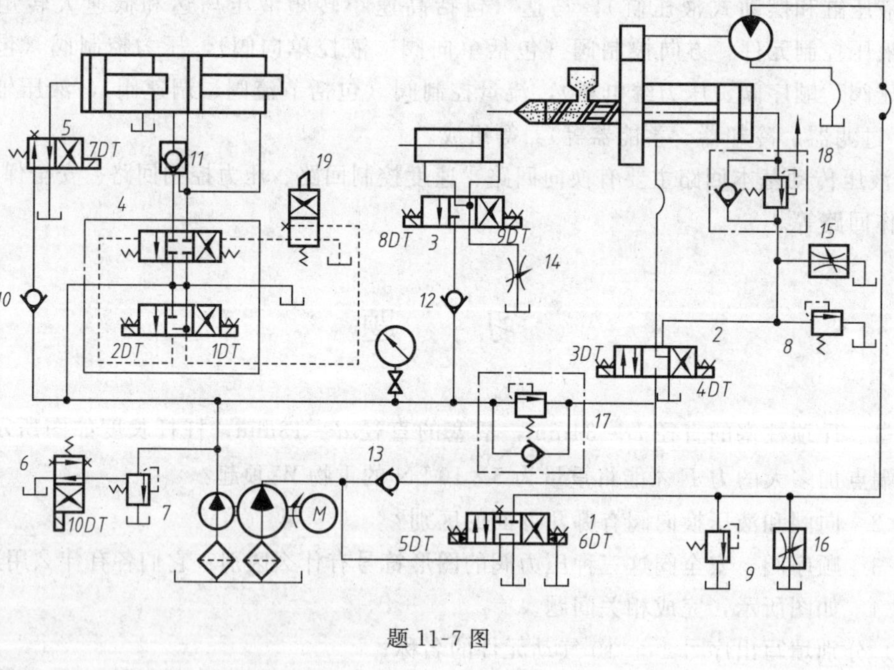

题 11-7 图

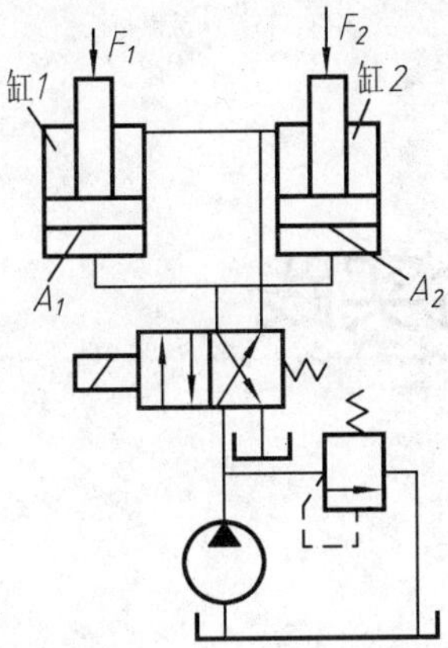

题 11-8 图

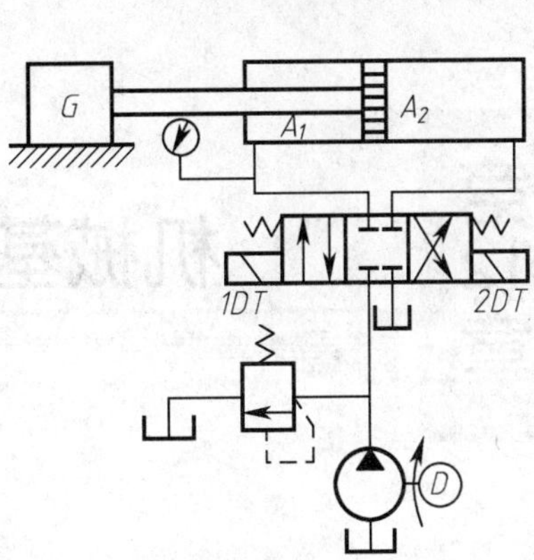

题 11-9 图

11-9 如图所示的液压系统有杆腔有效面积 $A_1=10\times10^{-3}\ \mathrm{m}^2$，无杆腔有效面积 $A_2=20\times10^{-3}\ \mathrm{m}^2$，重物 $G=2\times10^{5}\ \mathrm{N}$，水平放置在工作台面上的重物与工作面间的摩擦系数为 0.1。

（1）活塞往右运动时，压力表的读数是多少？

（2）活塞推动重物往左运动时，1DT 和 2DT 哪个通电？

（3）当 1DT 和 2DT 都处于断电状态时，液压缸处于何种状态？

11-10 图所示为组合钻床液压系统其滑台可实现“快进—工进—快退—原位停止”工作循环。

（1）填写其电磁铁动作顺序表；

（2）分析组成系统的液压基本回路。

（3）写出工进时的进油路线和回油路线。

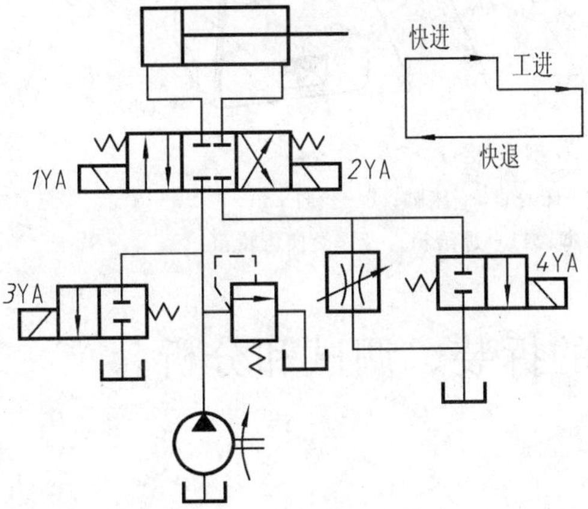

动　作	1YA	2YA	3YA	4YA
快进				
工进				
快退				
原位停止				
泵卸载				

图 11-10 图

第12章 机械基础综合实践

综合实践模块也是本课程的重要组成部分，是对学生进行机械基础综合能力训练的重要环节。本书选择车床主轴箱、液压油缸作为教学课题，也可选择柴油机、汽油机、旧机床或其他典型机械作为教学课题。图12-1所示为普通车床，其中1是主轴箱。

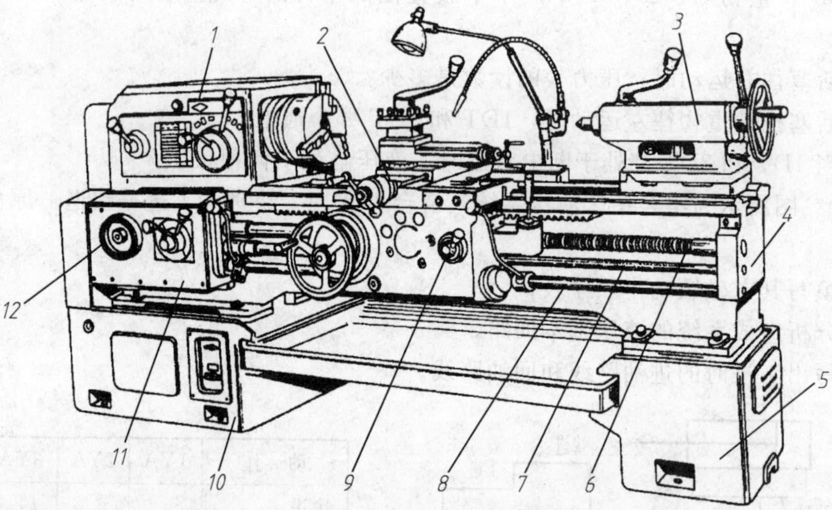

图12-1　CA6140型车床

1—主轴箱；2—刀架；3—尾座；4—床身；5—床脚；6—丝杠；7—光杠；8—操纵杆；9—溜板箱；10—床脚；11—进给箱；12—交换齿轮箱；

12.1　普通车床主轴箱的拆装、调试和分析

12.1.1　实训目的

① 了解分析机械组成的方法；
② 了解机械各部分的作用；
③ 培养分析机械的能力；
④ 写出实训报告。

12.1.2　实训设备与工具

① 车床主轴箱。

② 内六角扳手、活扳手、旋具（螺丝刀）、手锤、机油、冲子、铲子、尖嘴钳、锉刀和零件存放盘等。

12.1.3　实训内容与步骤

车床的主轴箱是一个比较复杂的部件。工件的旋转运动和车刀的纵横向运动都是通过主轴箱传递。主轴箱包括有卸荷皮带轮、摩擦离合器、传动轴、润滑系统、滑动齿轮组、操作系统、主轴等。动力是从主电机经过皮带轮和三角带传给轴Ⅰ并输进主轴箱，主轴箱中共有 7 个滑动齿轮，在主轴箱中共有三套操纵机构操纵这些滑动齿轮。图 12-2 所示为车床主轴传动系统。

拆装的顺序是先拆的零件最后装配，后拆的零件先装配。

1. 拆卸

（1）拆卸轴Ⅰ

首先从主轴箱的左端开始的。先卸下轴Ⅰ左端的带轮，然后卸下轴承套（用手锤配合铜棒把轴承套从主轴箱的右端向左端敲击），最后轴Ⅰ整体轴组可以一同卸到箱体外面。

轴Ⅰ上的零件从两端开始拆卸。拆卸轴承时，采用手锤配合铜棒敲击齿轮，连带轴承一起卸下，卸下空套齿轮；取出摩擦片；整个轴Ⅰ上的零件卸下。

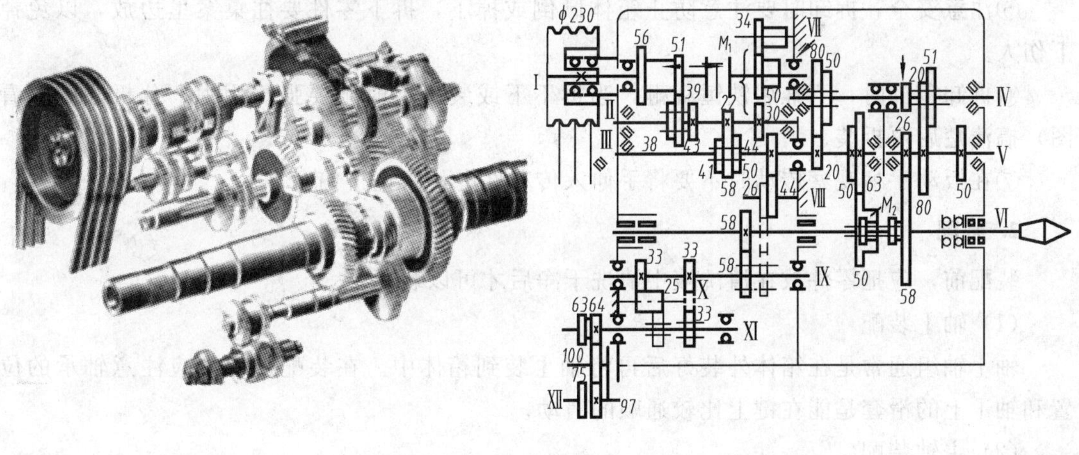

图 12-2　车床主轴传动系统

（2）拆卸主轴

如图 12-3 所示，主轴的拆卸应从两端的端盖开始，然后从箱体左侧向右侧拆卸。卸下左侧箱体外端盖和锁紧调整螺母；松下主轴上的卡簧，卸下齿轮和衬套上的螺钉；用大手锤配合垫铁把主轴从左端向右端敲击，卸下主轴。

（3）拆卸主轴箱的润滑装置

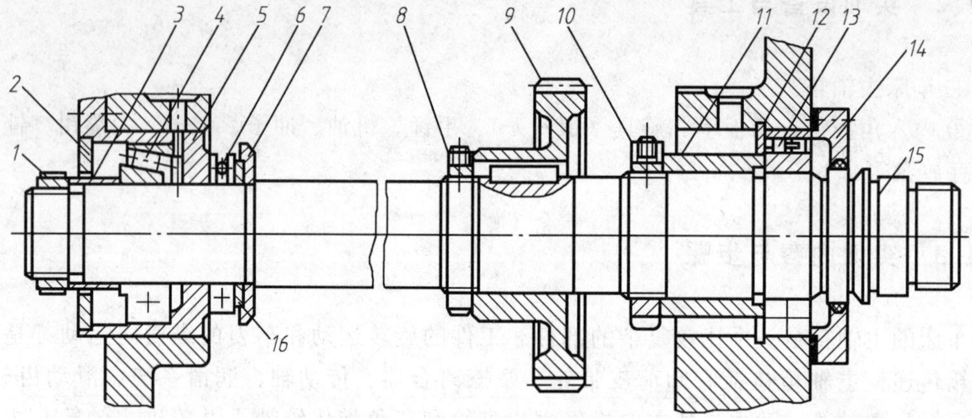

图 12-3　车床主轴部件

1，8，10—螺母；2—盖板；3，11—衬套；4—圆锥滚子轴承；5—轴承壳体；6—推力球轴承；7，16—垫圈；9—齿轮；12—卡环；13—双列圆柱滚子轴承；14—盖；15—主轴

（4）拆卸摩擦离合器和制动装置

（5）拆卸滑动齿轮组

（6）拆卸时注意事项

①看懂结构再动手拆，并按先外后里，先易后难，先下后上顺序拆卸。

②先拆紧固、联结、限位件（顶丝、销钉、卡圆、衬套等）。

③拆前看清组合件的方向、位置排列等，以免装配时搞错。

④拆下的零件要有秩序的摆放整齐，做到键归槽、钉插孔、滚珠丝杠盒内装。

⑤注意安全，拆卸时要注意防止箱体倾倒或掉下，拆下零件要往桌案里边放，以免掉下伤人。

⑥拆卸零件时，不准用铁锤猛砸，当拆不下或装不上时不要强行用力，分析原因（看图）搞清楚后再拆装。

⑦在扳动手柄观察传动时不要将手伸入传动件中，防止挤伤。

2. 装配

装配前，应把零件放在清洗液中清洗干净后才可以装配。

（1）轴Ⅰ装配

轴Ⅰ轴组通常是在箱体外装好后再将轴Ⅰ装到箱体中。在装配过程中应注意轴承的位置和轴Ⅰ上的滑套是能在键上比较通顺的滑动。

（2）主轴装配

主轴的装配应从箱体的左侧向右侧进行。

① 先将双列圆柱滚子轴承外圈装入箱体前轴承孔中。

② 将主轴分组件先装好，然后从前轴承孔中穿入，从箱体上面依次将键、齿轮、螺母、垫圈和推力球轴承装在主轴上，最后把主轴移动到规定位置。

③ 从箱体后端，把后轴承壳体分组件装入箱体，并拧紧螺钉。

④ 将圆锥滚子轴承的内圈装在主轴上，敲击时用力不要过大，以免主轴移动。

⑤ 依次装入衬套、盖板、螺母及前法兰盘分组件，并拧紧所有螺钉。

⑥ 调整、检查。

⑦ 在装配的过程中，第一注意主轴的前轴承的装配应该均匀的装在轴承圈中，否则会损坏轴承；第二注意齿轮的装配应咬合均匀，无顶齿现象；第三，装配后，主轴应能正常旋转。

（3）其他轴和部件的装配

（4）装配时注意事项

① 各轴间的装配顺序依次为Ⅲ轴、Ⅱ轴、Ⅰ轴、Ⅳ轴。

② 装配时各零件间的相互位置基本按先拆后装的原则。

③ 对于滚动轴承、双列短圆柱滚子轴承等要涂抹黄油。

④ 装配时不能乱敲乱打，应垫铜棒或木板。

3. 调试

主轴部件的装配调整是至关重要的，通常分预装调整和试车调整两步进行。

（1）主轴预装调整

主要是检查组成主轴部件的各零件是否能达到装配要求，一般应先调整后轴承，再调整前轴承。将圆螺母松开并缓慢旋转调整后轴承的间隙，用手转动齿轮，直到手感觉主轴旋转灵活自如、无阻滞后，再将螺母锁紧；逐渐拧紧螺母调整前轴承的间隙，用手旋转大齿轮，应感觉灵活自如，无阻滞现象。

（2）主轴试车调整

机床正常运转时，会有温升，温度升高后，主轴间隙会发生变化。因此要使主轴获得理想的运转状态，主轴间隙一般应在机床温升稳定后再调整，这称为试车调整。

12.1.4 实训记录与机械分析

1. 机械组成的方法

① 主轴的零件名称、传动原理是什么？轴Ⅰ的传动原理是什么？

② 车床上共有几种离合器？摩擦离合器的工作原理是什么？制动器的传动原理是什么？

③ 主轴上有几个轴承？各叫什么？

④ 主轴箱中各轴的排列顺序是什么？

2. 机械各部分的作用

① 主轴箱有几种润滑方式？

② 片式摩擦离合器有何作用？过紧或过松有何不妥？

③ 销连接有何特点？拆卸销时所用的工具叫什么？

④ 齿轮传动有何特点？变速操纵机构的作用是什么？

⑤ 装配螺纹时常用的工具有哪些？

⑥ 装配前的准备工作有哪些？

3. 完成实训报告

12.2　液压油缸的拆装、调试和分析

12.2.1　实训目的

① 了解分析机械组成的方法；

② 了解机械各部分的作用；

③ 培养分析机械的能力；

④ 完成实训报告。

12.2.2　实训设备与工具

① 油缸，如图 12-4 所示。

② 内六角扳手、活扳手、旋具（螺丝刀）、手锤、机油、冲子、铲子、尖嘴钳、锉刀和零件存放盘等。

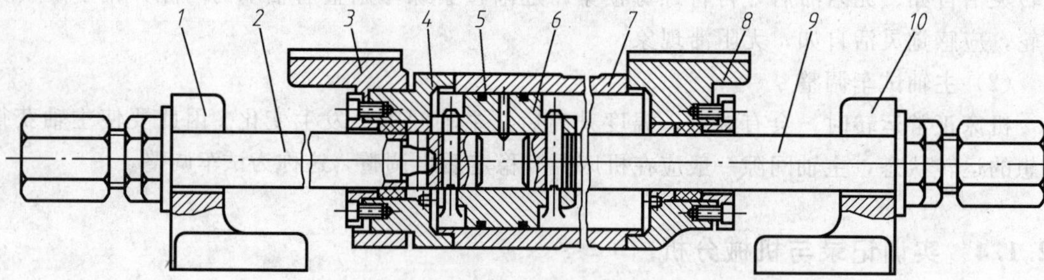

图 12-4　油缸

1，3，8，10—支架；2，9—活塞杆；4—缸盖；5—密封圈；6—活塞；7—缸体

12.2.3　实训内容与步骤

1. 拆卸

① 如果是从液压设备上拆卸液压油缸，则在拆卸液压油缸之前，应使液压回路卸压。否则，当把与油缸相连接油管接头拧松时，回路中的高压油就会迅速喷出。液压回路卸压时应先拧松溢流阀等处的手轮或调压螺钉，使压力油卸荷，然后切断电源或切断动力源，使液压装置停止运转。

② 拆卸时要按顺序进行。液压缸结构和大小不同，拆卸顺序也稍有不同。一般应先放掉油缸两腔的油液，然后拆卸缸盖，最后拆卸活塞与活塞杆。

③ 拆卸时应防止损伤活塞杆顶端螺纹、油口螺纹和活塞杆表面、缸套内壁等。

④ 拆卸时应尽量在干净的环境下进行；拆卸后所有零件要用塑料布盖好，不要用棉布或其他工作用布覆盖。

⑤ 油缸拆卸后要认真检查，以确定哪些零件可以继续使用，哪些零件可以修理后再用，

哪些零件必须更换。

2. 装配

① 装配前必须用纯净柴油清洗缸体、活塞杆、活塞及缸盖。

② 将活塞与活塞杆组装，装入圆锥销。

③ 校直活塞杆。检查活塞杆全长直线度误差、活塞和活塞杆同轴度误差，用百分表找正，在校正器中调整，

④ 正确安装各处的密封装置。在安装 Y 形和 V 形密封圈时，要注意其安装方向，避免因装反而漏油。对 Y 形密封圈而言，其唇边应对着有压力的油腔；V 形密封圈由形状不同的支承环、密封环和压环组成，安装时应将密封环的开口面向压力油腔；调整压环时，应以不漏油为限，不可压得过紧，以防密封阻力过大。

⑤ 把活塞放在缸体内，全长移动时应灵活无阻滞。

⑥ 两端盖装上后，均匀扳紧螺钉，使活塞杆能全长移动，无阻滞和轻重不一现象。

3. 调试

① 活塞与活塞杆液压机装配后，须设法测量其同轴度和在全长上的直线度是否超差。

② 装配完毕后活塞组件移动时应无阻滞感和阻力大小不匀等现象，往复速度应均匀。

③ 液压缸向主机上安装时，进出油口接头之间必须加上密封圈并紧固好，以防漏油。

④ 按要求装配好后，应在低压情况下进行几次往复运动，以排除缸内气体。

⑤ 在规定压力下，观察接合处是否有渗漏。

4. 拆装注意事项

① 拆卸缸盖时，不允许锤击或硬撬。

② 在活塞和活塞杆难以抽出时，不可强行打出，应先查明原因再进行拆卸。

③ 为了防止活塞杆等细长件弯曲或变形，放置时应用垫木支承均衡。

④ 拆卸前后要防止零件被周围的灰尘和杂质污染。

⑤ 密封装置如与滑动表面配合，装配时应涂以适量的液压油。

⑥ 拆卸后的 O 形密封圈和防尘圈应全部换新。

12.2.4 实训记录与机械分析

1. 机械组成的方法

① 活塞与活塞杆的连接方式是什么？还可以采用什么连接方式？

② 缸盖与缸体的连接方式是什么？

③ 活塞与缸体之间、缸盖与缸体之间、活塞杆与缸盖之间各采用什么密封圈密封？

2. 机械各部分的作用

① 安装 Y 形密封圈时，为什么唇边应对着有压力的油腔能避免漏油？

② 在调整 V 形密封圈的压环时，为什么不可压得过紧？

③ 为什么拆卸后的 O 形密封圈和防尘圈应全部换新？

④ 该油缸是否设置了缓冲装置？活塞运动中如何进行缓冲？

3. 完成实训报告

见书末附表 1。

附表 1　　**机械基础实训报告**

<table>
<tr><td>实训名称</td><td colspan="5"></td></tr>
<tr><td>班　级</td><td></td><td>学　号</td><td></td><td>学生姓名</td><td></td></tr>
<tr><td>实训日期</td><td colspan="3">年　月　日</td><td>教师签名</td><td></td></tr>
<tr><td colspan="6">一、实训目的

二、实训设备与工具

三、实训步骤

四、实训记录与机械分析

五、实训技能训练考核

指导教师：
年　月　日</td></tr>
</table>

附表 2 **轴的基本偏差数值** 单位：μm

公称尺寸/mm		基本偏差数值																
		上极限偏差 es												下极限偏差 ei				
大于	至	所有标准公差等级												IT_5和IT_6	IT_7	IT_8	IT_4和IT_7	$\leqslant IT_3$ $>IT_7$
		a	b	c	cd	d	e	ef	f	fg	g	h	js	j			k	
—	3	-270	-140	-60	-34	-20	-14	-10	-6	-4	-2	0	偏差=±$\frac{IT_n}{2}$，式中IT_n是IT值数	-2	-4	-6	0	0
3	6	-270	-140	-70	-46	-30	-20	-14	-10	-6	-4	0		-2	-4		+1	0
6	10	-280	-150	-80	-56	-40	-25	-18	-13	-8	-5	0		-2	-5		+1	0
10	14	-290	-150	-95		-50	-32		-16		-6	0		-3	-6		+1	0
14	18																	
18	24	-300	-160	-110		-65	-40		-20		-7	0		-4	-8		+2	0
24	30																	
30	40	-310	-170	-120		-80	-50		-25		-9	0		-5	-10		+2	0
40	50	-320	-180	-130														
50	65	-340	-190	-140		-100	-60		-30		-10	0		-7	-12		+2	0
65	80	-360	-200	-150														
80	100	-380	-220	-170		-120	-72		-36		-12	0		-9	-15		+3	0
100	120	-410	-240	-180														
120	140	-460	-260	-200		145	-85		-43		-14	0		-11	-18		+3	0
140	160	-520	-280	-210														
160	180	-580	-310	-230														
180	200	-660	-340	-240		-170	-100		-50		-15	0		-13	-21		+4	0
200	225	-740	-380	-260														
225	250	-820	-420	-280														
250	280	-920	-480	-300		-190	-110		-56		-17	0		-16	-26		+4	0
280	315	-1050	-540	-330														
315	355	-1200	-600	-360		-210	-125		-62		-18	0		-18	-28		+4	0
355	400	-1350	-680	-400														
400	450	-1500	-760	-440		-230	-135		-68		-20	0		-20	-32		+5	0
450	500	-1650	-840	-480														
500	560					-260	-145		-76		-22	0					0	0
560	630																	
630	710					-290	-160		-80		-24	0					0	0
710	800																	
800	900					-320	170		-86		-26	0					0	0
900	1000																	
1000	1120					-350	-195		-98		-28	0					0	0
1120	1250																	
1250	1400					-390	-220		-110		-30	0					0	0
1400	1600																	
1600	1800					-430	-240		-120		-32	0					0	0
1800	2000																	
2000	2240					-480	-260		-130		-34	0					0	0
2240	2500																	
2500	2800					-520	-290		-145		-38	0					0	0
2800	3150																0	0

续表

公称尺寸/mm		基本偏差数值													
		下极限偏差 ei													
		所有标准公差等级													
大于	至	m	n	p	r	s	t	u	v	x	y	z	za	zb	zc
—	3	+2	+4	+6	+10	+14		+18		+20		+26	+32	+40	+60
3	6	+4	+8	+12	+15	+19		+23		+28		+35	+42	+50	+80
6	10	+6	+10	+15	+19	+23		+28		+34		+42	+52	+67	+97
10	14	+7	+12	+18	+23	28		+33		+40		+50	+64	+90	+130
14	18								+39	+45		+60	+77	+108	+150
18	24	+8	+15	+22	+28	+35		+41	+47	+54	+63	+73	+98	+136	+188
24	30						+41	+48	+55	+64	+75	+88	+118	+160	+218
30	40	+9	+17	+26	+34	+43	+48	+60	+68	+80	+94	+112	+148	+200	+274
40	50						+54	+70	+81	+97	+114	+136	+180	+242	+325
50	65	+11	+20	+32	+41	+53	+66	+87	+102	+122	+144	+172	+226	+300	+405
65	80				+43	+59	+75	+102	+120	+146	+174	+210	+274	+360	+480
80	100	+13	+23	+37	+51	+71	+91	+124	+146	+178	+214	+258	+335	+445	+585
100	120				+54	+79	+104	+144	+172	+210	+254	+310	+400	+525	+690
120	140	+15	+27	+43	+63	+92	+122	+170	+202	+248	+300	+365	+470	+620	+800
140	160				+65	+100	+134	+190	+228	+280	+340	+415	+535	+700	+900
160	180				+68	+108	+146	+210	+252	+310	+380	+465	+600	+780	+1000
180	200	+17	+31	+50	+77	+122	+166	+236	+284	+350	+425	+520	+670	+880	+1150
200	225				+80	+130	+180	+258	+310	+385	+470	+575	+740	+960	+1250
225	250				+84	+140	+196	+284	+340	+425	+520	+640	+820	+1050	+1350
250	280	+20	+34	+56	+94	+158	+218	+315	+385	+475	+580	+710	+920	+1200	+1550
280	315				+98	+170	+240	+350	+425	+525	+650	+790	+1000	+1300	+1700
315	355	+21	+37	+62	+108	+190	+268	+390	+475	+590	+730	+900	+1150	+1500	+1900
355	400				+114	+208	+294	+435	+530	+660	+820	+1000	+1300	+1650	+2100
400	450	+23	+40	+68	+126	+232	+330	+490	+595	+740	+920	+1100	+1450	+1850	+2400
450	500				+132	+252	+360	+540	+660	+820	+1000	+1250	+1600	+2100	+2600
500	560	+26	+44	+78	+150	+280	+400	+600							
560	630				+155	+310	+450	+660							
630	710	+30	+50	+88	+175	+340	+500	+740							
710	800				+185	+380	+560	+840							
800	900	+34	+56	+100	+210	+430	+620	+940							
900	1000				+220	+470	+680	+1050							
1000	1120	+40	+66	+120	+250	+520	+780	+1150							
1120	1250				+260	+580	+840	+1300							
1250	1400	+48	+78	+140	+300	+640	+960	+1450							
1400	1600				+330	+720	+1050	+1600							
1600	1800	+58	+92	+170	+370	+820	+1200	+1850							
1800	2000				+400	+920	+1350	+2000							
1000	2240	+68	+110	+195	+440	+1000	+1500	+2300							
2240	2500				+460	+1100	+1650	+2500							
2500	2800	+76	+135	+240	+550	+1250	+1900	+2900							
2800	3150				+580	+1400	+2100	+3200							

注：1. 公称尺寸小于或等于 1mm 时，基本偏差 a 和 b 均不采用。

2. 公差带 js7 至 js11，若 IT_n 值数是奇数，则取偏差 $=\pm\frac{IT_n-1}{2}$。

附表 3 孔的基本偏差数值

单位：μm

公称尺寸/mm		基本偏差数值																				
		下极限偏差 EI												上极限偏差 ES								
大于	至	所有标准公差等级												IT_6	IT_7	IT_8	≤ IT_8	> IT_8	≤ IT_8	> IT_8	≤ IT_8	> IT_8
		A	B	C	CD	D	E	EF	F	FG	G	H	JS	J			K		M		N	
—	3	+270	+140	+60	+34	+20	+14	+10	+6	+4	+2	0	偏关＝±$\frac{IT_n}{2}$，式中IT_n是IT值数	+2	+4	+6	0	0	−2	−2	−4	−4
3	6	+270	+140	+70	+46	+30	+20	+14	+10	+6	+4	0		+5	+6	+10	−1+Δ		−4+Δ	−4	8+Δ	0
6	+10	+280	+150	+80	+56	+40	+25	+18	+13	+8	+5	0		+5	+6	+12	−1+Δ		−6+Δ	−6	−10+Δ	0
10	14	+290	+150	+95		+50	+32		+16		+6	0		+6	+10	+15	−1+Δ		−7+Δ	−7	−12+Δ	0
14	18																					
18	24	+300	+160	+110		+65	+40		+20		+7	0		+8	+12	+20	−2+Δ		−8+Δ	−8	−15+Δ	0
24	30																					
30	40	+310	+170	+120		+80	+50		+25		+9	0		+10	+14	+24	−2+Δ		−9+Δ	−9	−17+Δ	0
40	50	+320	+180	+130																		
50	65	+340	+190	+140		+100	+60		+30		+10	0		+13	+18	+28	−2+Δ		−11+Δ	−11	−20+Δ	0
65	80	+360	+200	+150																		
80	100	+380	+220	+170		+120	+72		+36		+12	0		+16	+22	+34	−3+Δ		−13+Δ	−13	−23+Δ	0
100	120	+410	+240	+180																		
120	140	+460	+260	+200		+145	+85		+43		+14	0		+18	+26	+41	−3+Δ		−15+Δ	−15	−27+Δ	0
140	160	+520	+280	+210																		
160	180	+580	+310	+230																		
180	200	+660	+240	+200		+170	+100		+50		+15	0		+22	+30	+47	−4+Δ		−17+Δ	−17	−31+Δ	0
200	225	+740	+380	+260																		
225	250	+820	+420	+280																		
250	280	+920	+480	+300		+190	+110		+56		+17	0		+25	+36	+55	−4+Δ		−20+Δ	−20	−34+Δ	0
280	315	+1050	+540	+330																		
315	355	+1200	+600	+360		+210	+125		+62		+18	0		+29	+39	+60	−4+Δ		−21+Δ	−21	−37+Δ	0
355	400	+1350	+680	+400																		
400	450	+1500	+760	+440		+230	+135		+68		+20	0		+33	+43	+66	−5+Δ		−23+Δ	−23	−40+Δ	0
450	500	+1650	+840	+480																		
500	560					+260	+145		+76		+22	0					0		−26		−44	
560	630																					
630	710					+290	+160		+80		+24	0					0		−30		−50	
710	800																					
800	900					+320	+170		+86		+26	0					0		−34		−56	
900	1000																					
1000	1120					+350	+195		+98		+28	0					0		−40		−66	
1120	1250																					
1250	1400					+390	+220		+110		+30	0					0		−48		−78	
1400	1600																					
1600	1800					+430	+240		+120		+32	0					0		−58		−92	
1800	2000																					
2000	2240					+480	+260		+130		+34	0					0		−68		−110	
2240	2500																					
2500	2800					+520	+290		+145		+38	0					0		−76		−135	
2800	3150																					

续表

公称尺寸/mm		基本偏差数值													Δ值					
		下极限偏差 ES													标准公差等级					
		≤IT7	标准公差等级大于 IT7																	
大至	至	P 至 ZC	P	R	S	T	U	V	X	Y	Z	ZA	ZB	ZC	IT_3	IT_4	IT_5	IT_6	IT_7	IT_8
—	3	在大于 IT7 的相应数值上增加一个Δ值	−6	−10	−14		−18		−20		−26	−32	−40	−60	0	0	0	0	0	0
3	6		−12	−15	−19		−23		−28		−35	−42	−50	−80	1	1.5	1	3	4	6
6	10		−15	−19	−23		−28		−34		−42	−52	−67	−97	1	1.5	2	3	6	7
10	14		−18	−23	−28		−33		−40		−50	−64	−90	−130	1	2	3	3	7	9
14	18							−39	−45		−60	−77	−108	−150						
18	24		−22	−28	−35		−41	−47	−54	−63	−73	−98	−136	−188	1.5	2	3	4	8	12
24	30					−41	−748	−55	−64	−75	−88	−118	−160	−218						
30	40		−26	−34	−43	−48	−60	−68	−80	−94	−112	−148	−200	−274	1.5	3	4	5	9	14
40	50					−54	−70	−81	−97	−114	−136	−180	−242	−325						
50	65		−32	−41	−53	−66	−87	−102	−122	−144	−172	−226	−300	−405	2	3	5	6	11	16
65	80			−43	−59	−75	−102	−120	−146	−174	−210	−274	−360	−480						
80	100		−37	−51	−71	−91	−124	−146	−178	−214	−258	−335	−445	−585	2	4	5	7	13	19
100	120			−54	−79	−104	−144	−172	−210	−254	−310	−400	−525	−690						
120	140		−43	−63	−92	−122	−170	−202	−248	−300	−365	−470	−620	−800	3	4	6	7	15	23
140	160			−65	−100	−134	−190	−228	−280	−340	−415	−535	−700	−900						
160	180			−68	−108	−146	−210	−252	−310	−380	−465	600	−780	−1000						
180	200		−50	−77	−122	−166	−236	−284	−350	−425	−520	−670	−880	−1150	3	4	6	9	17	26
200	225			−80	−130	−180	−258	−310	−385	−470	−575	−740	−960	−1250						
225	250			−84	−140	−196	−284	−340	−425	−520	−640	−820	−1050	−1350						
250	280		−56	−94	−158	−218	−315	−385	−475	−585	−710	−920	−1200	−1550	4	4	7	9	20	29
280	315			−98	−170	−240	−350	−425	−525	−650	−790	−1000	−1300	−1700						
315	355		−62	−108	−190	−268	−390	−475	−590	−730	−900	−1150	−1500	−1900	4	5	7	11	21	32
355	400			−114	−208	−294	−435	−530	−660	−820	−1000	−1300	−1650	−2100						
400	450		−68	−126	−232	−330	−490	−595	−740	−920	−1100	−1450	−1850	−2400	5	5	7	13	23	34
450	500			−132	−252	−360	−540	−660	−820	−1000	−1250	−1600	−2100	−2600						
500	560		−78	−150	−280	−400	−600													
560	630			−155	−310	−450	−660													
630	710		−88	−175	−340	−500	−740													
710	800			−185	−380	−560	−840													
800	900		−100	−210	−430	−620	−940													
900	1000			−220	−470	−680	−1050													
1000	1120		−120	−250	−520	−780	−1150													
1120	1250			−260	−580	−840	−1300													
1250	1400		−140	−250	−520	−780	−1150													
1400	1600			−260	−580	−840	−1300													
1600	1800		−170	−370	−820	−1200	−1850													
1800	2000			−400	−920	−1350	−2000													
2000	2240		−195	−440	−1000	−1500	−2300													
2240	2500			−460	−1100	−1650	−2500													
2500	2800		−240	−550	−1250	−1900	−2900													
2800	3150			−580	−1400	−2100	−3200													

注：1. 公称尺寸小于或等于 1mm 时，基本偏差 A 和 B 及大于 IT8 的 N 均不采用。

2. 公差带 JS7 至 JS11，若 IT_n 值数是奇数，则取偏差 $=\pm\frac{IT_n-1}{2}$

3. 对小于或等于 IT8 的 K、M、N 和小于或等于 IT7 的 P～ZC，所需Δ值从表内右侧选取。
例如：18～30mm 段的 K7：Δ＝8μm，所以 ES＝－2μm＋8μm＝＋6μm
18～30mm 段的 S6：Δ＝4μm，所以 ES＝－35μm＋4μm＝－31μm

4. 特殊情况：250～315mm 段的 M6，ES－9μm（代替－11μm）。

参考文献

[1] 机械设计手册编委会．机械设计手册［M］．北京：机械工业出版社，2007.

[2] 胡家秀．机械设计基础［M］．北京：机械工业出版社，2001.

[3] 柴鹏飞．机械设计基础［M］．北京：机械工业出版社，2004.

[4] 徐春燕．机械设计基础［M］．北京：北京理工大学出版社，2006.

[5] 倪森寿．机械技术基础［M］．北京：人民邮电出版社，2009.

[6] 倪森寿，袁锋．机械基础［M］．北京：高等教育出版社，2000.

[7] 陈海魁．机械基础［M］．3版．北京：中国劳动社会保障出版社，2001.

[8] 张应龙．机器设备的装配与检修［M］．2版．北京：化学工业出版社，2007.

[9] 左健民．液压与气压传动［M］．3版．北京：机械工业出版社，2007.

[10] 孙开元，冯晓梅．公差与配合速查手册［M］．北京：化学工业出版社，2009.

[11] 陈舒拉．公差与配合与检测技术［M］．北京：人民邮电出版社，2007.

[12] 张林．极限配合与测量技术［M］．北京：人民邮电出版社，2006.

[13] 吴建生．工程力学［M］．北京：机械工业出版社，2003.

[14] 张秉荣，章剑青．工程力学［M］．北京：机械工业出版社，1996.

[15] 许亚南．气动与液压控制技术［M］．北京：高等教育出版社，2008.

[16] 邬建忠．测量技术基础与训练［M］．北京：高等教育出版社，2007.

[17] 李荣芬，马丽霞．极限配合与技术测量学习与实验指导［M］．北京：高等教育出版社，2004.

[18] 邹燕．测量技术基本常识与技能训练［M］．北京：高等教育出版社，2005.

Learn more about it !

笔记栏